普通高等教育"十三五"规划教材暨智能制造领域人才培养规划教材

工程材料及其应用

主　编　徐志农　倪益华
副主编　赵　朋　吴超华
主　审　周华民

华中科技大学出版社
中国·武汉

内 容 简 介

本书根据教育部高等学校机械基础课程教学指导分委员会制定的工程材料课程教学基本内容和要求编写，在保留工程材料核心内容的基础上，增加了提高学生兴趣的元素和内容。每章后附有“身边的工程材料”，将抽象的理论知识和现实生活结合起来，提高学生的阅读兴趣，增加学生对工程材料的感性理解。课程中诸多核心知识点和专业术语配有网络媒体素材，可以用移动终端扫描二维码获取，便于学生自主学习和理解。

全书共8章，主要包括：金属材料结构及力学性能、金属的塑性变形与再结晶、铁碳合金、钢的热处理、合金钢、非铁金属及其合金、其他工程材料和工程材料的选择及应用。

本书可作为高等院校机械类和近机类各专业的教材，也可供远程教育、成人高校、电视大学等机构选作教材或参考书，还可供有关工程技术人员参考。

图书在版编目(CIP)数据

工程材料及其应用/徐志农，倪益华主编. —武汉：华中科技大学出版社，2019.3
普通高等教育“十三五”规划教材暨智能制造领域人才培养规划教材
ISBN 978-7-5680-5081-4

Ⅰ.①工…　Ⅱ.①徐…　②倪…　Ⅲ.①工程材料　Ⅳ.①TB3

中国版本图书馆 CIP 数据核字(2019)第 048197 号

工程材料及其应用　　徐志农　倪益华　主编
GONGCHENG CAILIAO JI QI YINGYONG

策划编辑：万亚军
责任编辑：邓　薇
封面设计：原色设计
责任监印：周治超
出版发行：华中科技大学出版社(中国·武汉)　　电话：(027)81321913
武汉市东湖新技术开发区华工科技园　　邮编：430223
录　排：武汉三月禾文化传播有限公司
印　刷：湖北新华印务有限公司
开　本：787mm×1092mm
印　张：18
字　数：456 千字
版　次：2019 年 3 月第 1 版第 1 次印刷
定　价：45.00 元

前　　言

本书作为"普通高等教育'十三五'规划教材暨智能制造领域人才培养规划教材"之一，根据教育部高等学校机械基础课程教学指导分委员会对工程材料及机械制造基础课程教学的基本要求，参照机械基础课程教学指导分委员会和工程训练教学指导委员会教研项目"工程材料与机械制造基础课程知识体系和能力要求""工程材料与机械制造基础课程标准的制定依据和原则"，以及高校教育面向21世纪教学内容和课程体系改革项目"机械类专业人才培养方案和课程体系改革的研究与实践"等相关研究成果进行编写。在上述基础上，本书的编写还融合了兄弟院校的多年实际教学经验，按照当前本科机械类和近机类专业人员对材料及成形技术知识的要求，以及学生的学习接受能力，搭建了本教材的基本架构。

全书共8章，每一章结尾都附有一定量的习题，系统阐述了金属材料的力学性能、金属的体结构与结晶、金属的塑性变形理论及再结晶过程、材料的分类与性能、合金的相组成与相图分析、铁碳合金、工业用钢、工业铸铁、合金钢、非铁金属及其合金、非金属材料、特殊用途材料、钢的热处理、表面工程技术、机械工程材料选用与成形工艺制定等基本原理与基础知识。

本书在内容取舍和编写体系方面有一定的改革创新，并力求为适应"智能制造"的大工程发展前景做出教学探索。本书的编写主要体现了以下几个特点。

(1) 全书依据课程教学基本要求编写。其一，根据课程的知识体系和能力要求体系，保留了现有同类教材的基本内容；其二，基于本课程的专业教育属性及与机械制造基础和实习中部分通识教育属性的关系，围绕人才培养需求、产品制造流程逻辑关系和教学特点，汇集了工程材料及其与机械制造相关的有代表性知识点，精选了工程材料教学内容；其三，从培养学生选择工程材料及应用成形工艺能力出发，去掉一些繁冗的细节，既避免本书内容过于繁杂而不利于教学，又在某些方面适当加深或拓宽，如对新材料和新工艺及其发展趋势的介绍，以适应科技发展对材料的多样性需求；其四，根据相关专业的教学要求及规定学时，可选择适当内容进行讲授，能适合24～56学时的课堂教学。

(2) 系统性地处理专业课程教育的理论深度与工程应用的通识性教育的关系。如对以往同类教材关于金属材料结构的内容进行了整合与筛选，并加入了关于材料力学性能的内容，组成了本书第1章，以鼓励机械类学生将工程材料课程与材料力学课程进行同步参考学习，培养学生的联动思维。对于尚未学习材料力学的学生，第1章则可以选择性地发挥本课程的入门作用。又如在本书的第4章"钢的热处理"中适度配置了热喷涂、涂装、表面形变强化等表面工程技术内容，拓宽热处理技术的外延，丰富了教学内容。

(3) 提供了“互联网＋”教学平台的服务内容。为促进学生学习理解本书内容，针对教材中各重要知识点和关键名词配有相关教学视频（视频仅供参考，以教材为准），并将视频链接以二维码形式附在对应名词或知识点后面，方便学生自学与课后复习。

(4) 力求做到寓教于乐。本书中每个章节末尾都附有“身边的工程材料”环节，该环节或介绍与本章内容相关的故事、新闻、社会热点等内容，或具有一定的选材应用逻辑关系，既归纳本章要点又拓宽学生的知识面，激发学生的学习兴趣，起到将本章所学知识付诸实际应用的启迪作用。

(5) 全书的名词术语、符号和计量单位采用最新国家标准及其他有关标准，如采用新国家标准规定的强度与塑性指标的表示方法等。标准内容与教材内容紧密结合。

本书可作为高等院校理工科机械类及近机类专业的教学用书，也可供远程教育、成人高校、电视大学等机构选作教材或参考书，还可供有关技术人员参考。使用本书时，可结合专业的具体情况进行调整，有些内容可供学生自学。

本书由徐志农、倪益华任主编，赵朋、吴超华任副主编，参加本书的编写并做出贡献的还有严波、李吉泉、侯英岢、倪忠进、许小锋、周继烈、尹俊。分工如下：第 1 章，上海交通大学严波；第 2 章，浙江工业大学李吉泉；第 3 章，浙江农林大学侯英岢、倪忠进；第 4 章，浙江大学赵朋；第 5 章，浙江农林大学倪益华、许小锋；第 6 章 6.1、6.2 节，浙江大学周继烈；第 6 章 6.3、6.4 节和第 7 章 7.1～7.3 节，武汉理工大学吴超华；第 7 章 7.4 节，浙江大学尹俊；第 8 章，浙江大学徐志农。华中科技大学周华民教授作为主审对全书进行了细致审阅并提出许多关键性改进意见。

本书的编写工作得到了同仁的大力支持和校内外人士的热情帮助与指导，再次向他们致以真诚的谢意。浙江大学陈培里、陆秋君为本书提供了部分网络视频和图片等素材，本书还参考和引用了国内外有关教材、科技著作及论文等文献的内容与插图，在此特向有关作者及单位致以衷心的感谢。

本书编写力求适应工程科学技术的进步和高校教育的发展与改革，但由于编者的理论水平与教学经验有限，书中难免存在疏漏与欠妥之处，敬请各位读者、同仁和专家批评指正。

编　者

2018 年 11 月 8 日

目　　录

绪　论

材料是人类制作各种工具和产品，进行生产和生活的基本物质基础。材料的研究和生产水平是一个国家工业技术水平的重要标志。

第一，人类社会的全部活动都与材料紧密相关。每种有重要影响的新材料问世，都推动着生产技术的一次跨越式飞跃。石器的应用使原始社会的生产水平提高了一大步。炼铜技术的成熟，使人类社会由石器时代进入了铜器时代，社会生产力随之大大提高。炼铁技术的发展，使人类社会进入一个新的历史时代——铁器时代。在这些伟大的人类历史发展进程中，我国都处于世界的前列。

第二，材料的发展是一种从感性向理性逐步深化的过程。直到18世纪英国工业革命前，人们对材料的认识仍然是表面的、非理性的，停留在工匠、艺人的经验技术水平上。工业革命使制造技术和机械生产社会化有了第一次鼎新革故的发展。产品的大工业生产方式具备了物质基础和技术条件，依赖手工业生产的材料选择和产品制造转为以机器为加工手段的批量化生产，产品的材料则不仅要求达到使用性能，还要与材料的加工方法与可加工性能相适应。这样的发展过程既满足了批量实现的市场需求，反过来又促进了金属材料的研究和钢铁工业迅猛发展。

18世纪后，作为测量工具的显微镜率先在金属材料研究中得到应用和拓展，进而在化学、物理、材料力学等基础上发展出了一门新的工程技术学科——金属学。金属学提供研究金属材料化学成分、微观组织结构与性能之间关系，以及研究制取和使用金属材料的相关知识与理论，使人们对材料的认识进入到理性认知阶段——材料微观研究。其后，X射线技术与电子显微镜等实验物理技术的发明与应用，以及与材料学相关的固体物理、量子力学等基础理论的发展，使人们对各类材料的微观世界认识进入到更深层次，推动了材料研究的深入发展。

综述——铁碳合金与相图关系

第三，材料和材料学研究构成了近代科学技术发展的重要支柱。每一种新材料的发明和应用，都会促使一类新兴工业的产生和发展，使人类的生活更加丰富多彩。例如，合成纤维的研究成功，改变了化学工业和纺织工业的面貌，人们的衣着发生了重大变化；超高温合金的发明，使航空航天技术高速度发展；超纯半导体材料的研制和应用，使超大规模集成电路技术日新月异，为当代计算机工业的迅速发展提供了物质保证；光导纤维的开发应用，使通信技术和制造加工技术发生重大变革；高硬度、高强度材料的开发，具有各种优异性能的工、模具材料的应用，热强钢、高淬透性钢以及某些功能材料的应用，使机械制造业从产品设计到制造工艺均发生了重大变化，并向机电一体化和自动化方向前进了一大步。

目前，我国机械工业中应用的材料仍以金属材料为主。金属材料中以铁合金材料应用最多，其中碳钢和灰铸铁占铁合金材料的一半以上，合金钢用量占铁合金材料的15%～20%。非铁合金（铜合金和铝合金）在机械工业中的应用虽然相对比例较小，但是比强度高的轻质金属材料（如铝合金）发展较快，生产应用逐年增多，其他高强度合金（如钛合金）材料在工业应用有所扩大。在非金属材料中，目前应用最多的是塑料，已遍及机械工业各个领域乃至国民经济的各部门。粉末冶金材料由于成型方法比较简单，成分和结构容易调整，并具有某些特殊性能，其应用范围正在逐步扩大。复合材料是近来发展起来的新型结构材料，可根据使用要求调整材料组分而获得满意性能，因而应用范围越来越广。非金属材料中的陶瓷材料具有独特性能，如耐热性、耐磨性、耐蚀性和电绝缘性是其他材料难以媲美的，在机械、化工、电气、纺织等工业部门的某些领域，是不可替代的重要材料。

由于科学技术的发展和现实需求的多样化，仅采用自然状态的物质直接制造产品和工具远远无法满足人们的需求。自然状态的物质常常需要经过加工处理才可以转化为能应用或者批量化应用的材料。材料的开发过程及应用领域的拓展，使得各种新产品、新技术得以产生并更新换代。如机械工业中，机电一体化进程加快，机械设备多功能化、自动化乃至智能化程度随之提高，对材料性能的要求也趋于多样化。有些领域，如轻工业或医疗技术领域除了要求材料有特殊的强度、硬度等力学性能外，还要求材料有良好的耐热性、耐蚀性、耐疲劳性、耐老化性和生物相容性等，或具备压电效应、热电效应、光电效应等物理性能，因此发展功能材料就有了现实意义和急迫需求。兵器、航天、核能等特殊工业部门，更需要大量具有某种特殊性能的新材料。目前来看，材料研制、生产和应用将发生重大变化，钢铁材料的应用比例会逐步减少，其他金属和非金属材料的应用比例会增加；对材料性能的要求将向综合化和功能化方向发展。可以预见，在不远的将来，众多新材料的问世是产品升级换代的重要前提，并使工业领域乃至人类生活更加五彩斑斓。

第 1 章　金属材料结构及力学性能

1.1　纯金属的晶体结构与结晶

1.1.1　晶体的一些重要概念

1. 晶体

固体材料按原子排列是否有序，可分为晶体和非晶体。原子按一定规则排列的称为晶体，如图 1-1(a)所示；原子排列不规则的称为非晶体。绝大多数的固体金属都是晶体。

2. 晶格

在晶体中，通过原子中心将原子用线段连接起来，即呈一定的空间几何形状，这种空间格子称为晶格，又称晶体的空间点阵，如图 1-1(b)所示。晶格形式与晶体的性能有密切关系。

3. 晶胞

晶格中最基本的几何单元称为晶胞，如图 1-1(c)所示。每一种晶格都是由晶胞堆砌而成的，晶胞的结构特征就是晶格的结构特征。

4. 晶格常数

用以表示晶胞大小及几何特征的参数称为晶格常数，通常用晶胞中各棱边的长度及各棱边的夹角表示，如图 1-1(c)所示。

5. 晶粒

晶体中晶格方位相同的晶区称为晶粒，如图 1-1(d)所示。在一个晶粒内，由于各个方向原子排列的状况不同，故呈现各向异性。但实际金属都是由很多晶粒组成的多晶体结构，因而呈现各向同性。

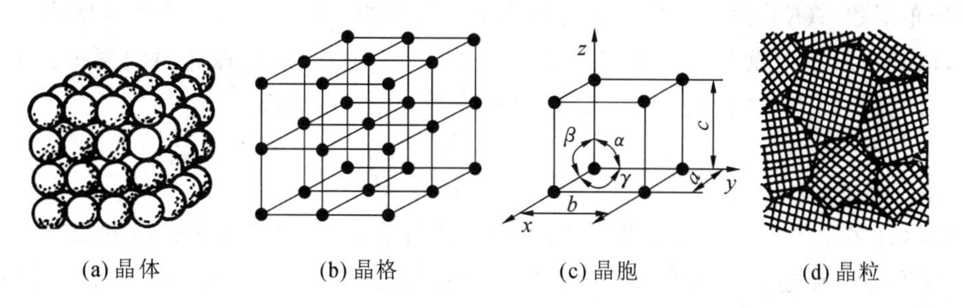

(a) 晶体　(b) 晶格　(c) 晶胞　(d) 晶粒

图 1-1　晶体结构

6. 点阵

晶体的基本特征是其原子或原子团的排列具有三维周期性。组成这种三维周期结构的最小结构单元称为基元，基元在三维空间的周期性排列构成晶体。在每个基元上选择一个环境相同的点，这些点的集合称为空间点阵或简称点阵。显然，点阵只是描述晶体中原子或原子团排列的一种几何抽象，它反映了晶体的对称性，并和基元一起反映了晶体的全部结构信息。为了画图的方便，以二维晶体为例，其示意图如图 1-2 所示。

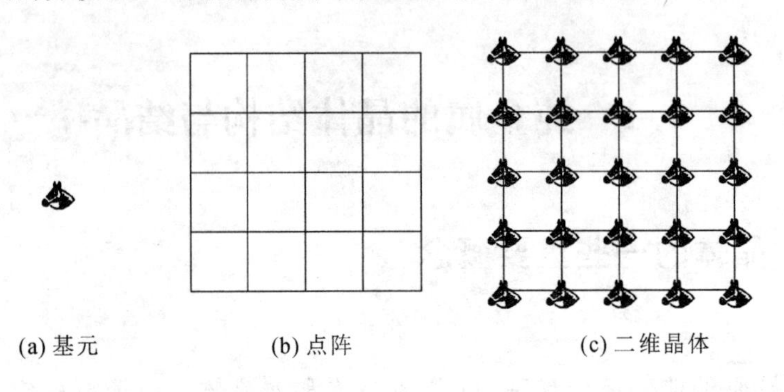

图 1-2　置于点阵上的基元构成二维晶体的示意图

点阵可按其对称性进行分类，这里所说的对称性除平移对称性外，还包括其他对称性，如旋转、反映、反演等。对称性的不同组合决定了三维点阵只能有 14 种，称为 14 种 Bravais 格子，分属于 7 个晶系。任何晶体对应的晶格都是这些 Bravais 格子中的一种。Bravais 格子的格点分别在一系列相互平行的直线或平面上，这些直线或平面称为晶列或晶面。

7. 非晶态

晶体中原子的排列具有周期性，称为长程序。非晶态材料原子的排列不具有周期性，但由于各种原子的大小及成键的方向都有自身的规律，非晶态材料原子的排列也并非杂乱无章，虽然没有长程序，但存在短程序。所谓短程序是指近邻原子之间的距离、近邻原子的种类与数目、近邻原子的方位等存在某些规律。当然，短程序不能唯一确定非晶态材料的结构。

非晶态金属又称金属玻璃，由于金属键没有明显的方向性，其结构可用硬球无规堆积模型来描述。这一模型用不同直径的硬球代表不同元素的原子，将这些硬球放入布袋充分混合并敦实压紧，球的排列状态便和金属玻璃中原子的排列状态相近。描述其短程序的参量是径向分布函数 $G(R)$，由同一种元素构成的金属玻璃的二维示意图如图 1-3 所示。在三维系统中，取某一原子为原点，如果中心落在半径为 R，厚度为 $\mathrm{d}R$ 的球壳内的原子数为 $\mathrm{d}n$，单位体积中的原子数为 N，那么该原子附近的原子径向分布函数为

$$G(R)=\frac{1}{4\pi R^2 N}\frac{\mathrm{d}n}{\mathrm{d}R} \tag{1-1}$$

分别以许多原子为原点重复以上计算过程，然后求平均，便得到该材料的径向分布函数 $G(R)$。它实际上描述了在原子外围其他原子分布随距离变化的状况，是统计平均的结果。$G(R)$的具体形式可由 X 射线衍射的试验结果计算得到。非晶态材料中原子和它的第一近邻原子大都非常接近但不能相互重叠，所以在 $R<R_1+R_2$（其中 R_1、R_2 分别为相邻两原子的半径）处 $G(R)=0$；在 R 稍大于 R_1+R_2 处 $G(R)$出现一较尖锐的峰值；而在 R 很大处 $G(R)=1$，标志着长程序的消失。对于晶态材料，因为长程序的存在，径向分布函数 $G(R)$表现为

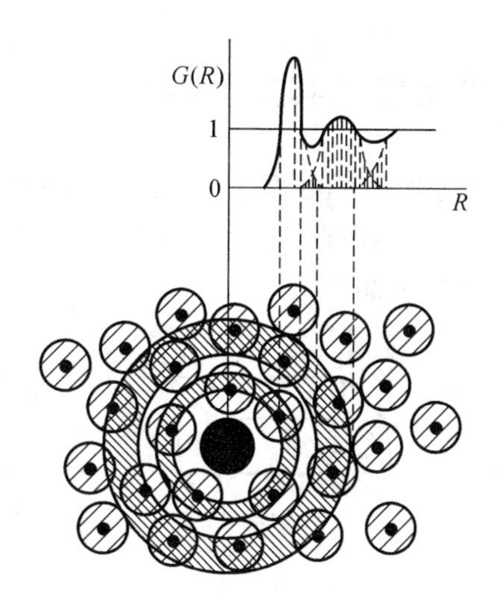

图 1-3　金属玻璃的二维示意图

一系列尖锐的峰。

8. 准晶

如前所述，从几何学的角度考虑，将许多同样的晶胞在空间作平移周期性排列填满空间便形成了晶体，其结构与对称性已为人们熟知。但是，放弃了平移周期性，是否可以采用某些基本拼块而无空隙地布满空间呢？答案是肯定的。以二维问题为例，1974 年 Penrose 提出，用图 1-4(a)所示的两种拼块，即“风筝”和“箭”完全可以做到这一点。图 1-4(b)是用“风筝”和“箭”拼出的许多种具有五次对称性的图案之一，它不具有平移周期性。

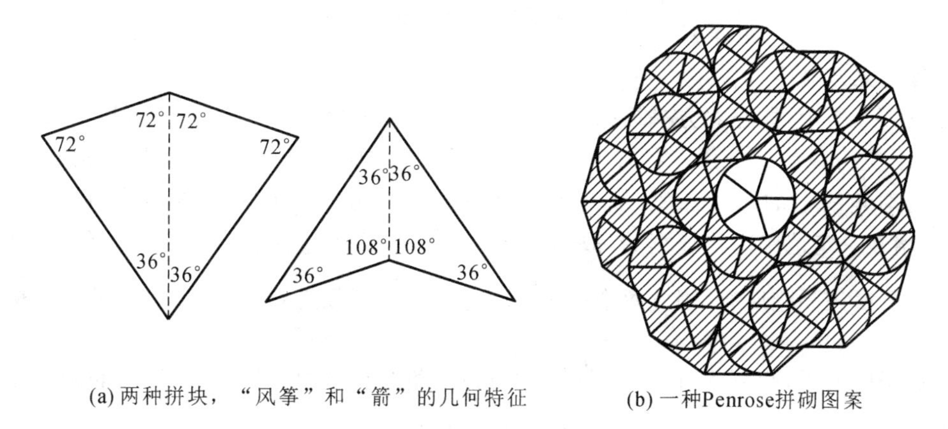

(a) 两种拼块，“风筝”和“箭”的几何特征　　(b) 一种Penrose拼砌图案

图 1-4　二维 Penrose 拼砌

1984 年 Shechtman 等人在快淬的 Al-Mn 合金的电子衍射图中发现了具有五重对称的斑点分布，它和周期结构是相矛盾的，因而在传统晶体结构理论框架内无法予以解释。Steinhardt 等人提出，这种材料结构正是 Penrose 拼砌的三维推广，它具有 20 面体对称性，并称其为“准晶”。准晶态的特点是具有长程取向序而没有长程平移对称性，它是一种新的有序相。按照这一模型计算出来的该种快淬的 Al-Mn 合金的衍射花样，包括斑点的位置与强度，都和试验结果吻合。

1.1.2 常用金属的晶格及其主要参数

目前已知的晶格形式分为七种晶系，如图 1-5 所示。每一种晶系又有多种空间点阵，如体心点阵、面心点阵、密排点阵等。然而在常用的金属中，主要的晶格形式只有三种，即体心立方晶格、面心立方晶格和密排六方晶格。

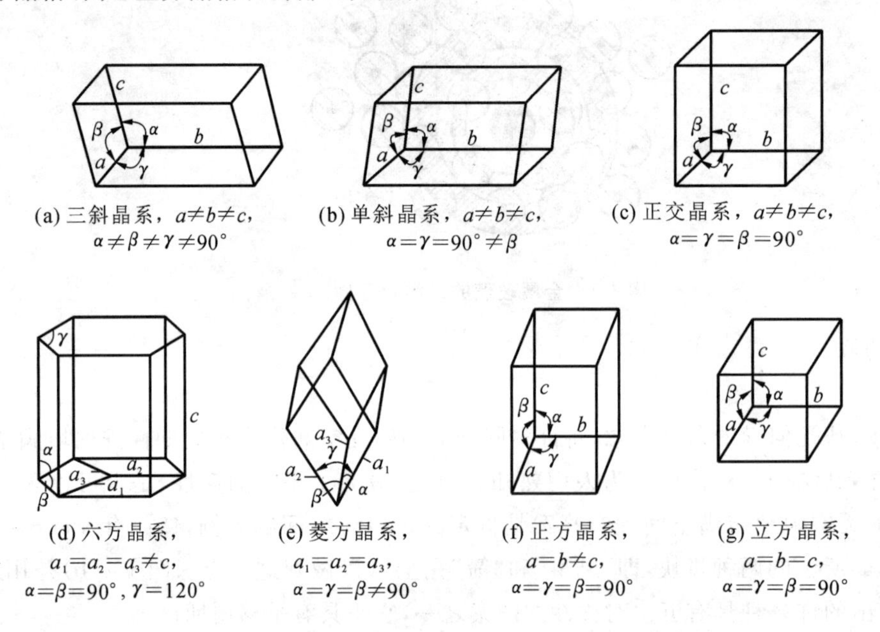

(a) 三斜晶系，$a\neq b\neq c$，$\alpha\neq\beta\neq\gamma\neq 90^\circ$

(b) 单斜晶系，$a\neq b\neq c$，$\alpha=\gamma=90^\circ\neq\beta$

(c) 正交晶系，$a\neq b\neq c$，$\alpha=\gamma=\beta=90^\circ$

(d) 六方晶系，$a_1=a_2=a_3\neq c$，$\alpha=\beta=90^\circ, \gamma=120^\circ$

(e) 菱方晶系，$a_1=a_2=a_3$，$\alpha=\gamma=\beta\neq 90^\circ$

(f) 正方晶系，$a=b\neq c$，$\alpha=\gamma=\beta=90^\circ$

(g) 立方晶系，$a=b=c$，$\alpha=\gamma=\beta=90^\circ$

图 1-5 七种晶系

1. 体心立方晶格

如图 1-6 所示，体心立方晶格的晶胞是立方体。晶格常数 $a=b=c$，三棱边的夹角 $\alpha=\gamma=\beta=90^\circ$。立方体的 8 个顶点各有 1 个原子，立方体的中心有 1 个原子，各原子紧密堆积，故立方体内对角线上的原子靠紧，而 8 个顶点的原子彼此有一定间隙(假定原子呈球形，下同)。晶格在一定范围内是连续的，故晶胞各顶点的原子均属相邻 8 个晶胞共有，只有晶胞中心的原子属该晶胞所有，因此每个晶胞实际包含的原子数为 $8\times\frac{1}{8}+1=2$。若以晶格常数来表示原子的大小，则原子直径 $d=\frac{\sqrt{3}a}{2}$(立方体对角线包含两个原子直径)。晶胞内原子实际占有的体积与晶胞体积之比称为晶格致密度，用符号 η 表示。体心立方晶格的致密度 $\eta_{体}$ 约为 68%。属于这类晶格的金属有 α-Fe、铬、钼、钨、钒等。

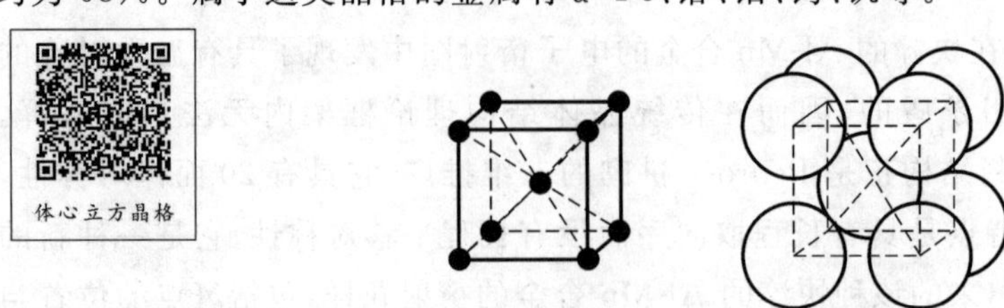

图 1-6 体心立方晶胞

2. 面心立方晶格

如图 1-7 所示，面心立方晶格的晶胞也呈立方体。立方体的 8 个顶点各有 1 个原子，立方体 6 个面的中心各有 1 个原子。各原子紧密堆积，故立方体 6 个面的对角线上原子靠紧。晶胞各顶点的原子属 8 个晶胞共有，6 个面中心的原子属 2 个晶胞共有，故每个晶胞实际包含的原子数为 $8\times\frac{1}{8}+6\times\frac{1}{2}=4$。原子直径 $d=\frac{\sqrt{2}a}{2}$，晶格致密度 $\eta_{面}$ 约为 74%。属于这类晶格的金属有 γ-Fe、铜、铝等。

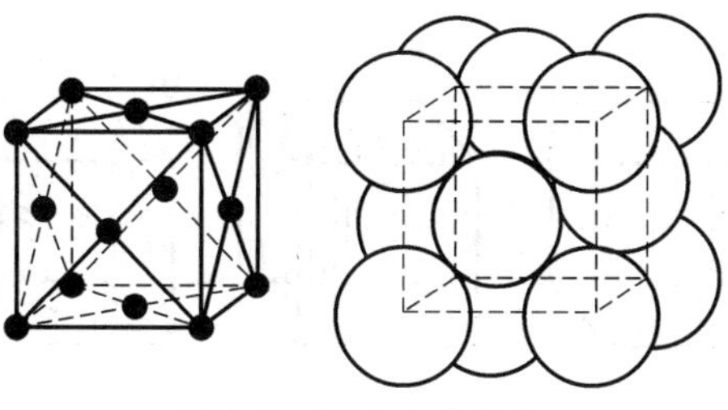

面心立方晶格

图 1-7　面心立方晶胞

3. 密排六方晶格

如图 1-8 所示，密排六方晶格的晶胞呈六方柱体。六方柱的 12 个顶点各有 1 个原子，上下面的中心各有 1 个原子，上下面之间有 3 个原子。上下面边长为 a，六方柱高 $c=1.633a$。每个晶胞实际包含的原子数为 $12\times\frac{1}{6}+2\times\frac{1}{2}+3=6$。原子直径 $d=a$。晶格致密度 $\eta_{密}$ 约为 74%。属于这类晶格的金属有铍、镁、锌等。

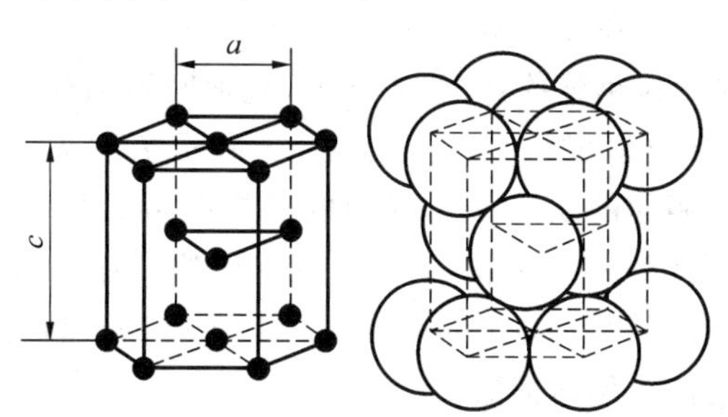

图 1-8　密排六方晶胞

1.1.3　晶面与晶向的表示方法

晶体中，通过原子中心的平面称为晶面，通过原子中心的原子列方向称为晶向。不同晶面和不同晶向上原子排列的状态不同，为便于分析，用晶面指数和晶向指数来表示晶面的方位和晶向的方向。

1. 立方晶系的晶面指数

立方晶系晶面指数的计算步骤如下：

（1）选定晶胞的一个节点为坐标系原点，以与该点连接的三条棱边为坐标轴；

（2）以晶格常数作为坐标轴上的度量单位，求出欲定晶面在 3 个坐标轴上的截距（截距为负值时，在指数上方加“－”号）；

(3) 求 3 个截距的倒数并将它们化为最小整数；

(4) 将 3 个整数加圆括号，整数间不加标点。

用符号将所得晶面指数写成(hkl)。图 1-9 所示为立方晶系 3 个主要晶面的晶面指数。(hkl)是以某个特定晶面求得的晶面指数，由于坐标系可以平移，故此晶面指数实际上代表了原子排列相同的所有平行晶面的晶面指数。某些晶面虽然彼此不平行，但原子排列情况相同，这些晶面称为晶面族，以{hkl}表示晶面族的晶面指数。在立方晶系中，{100}包含 3 个(100)，{110}包含 6 个(110)，{111}包含 4 个(111)。

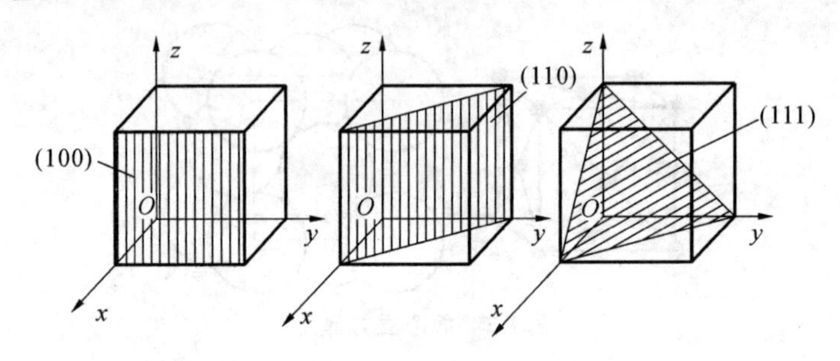

图 1-9　立方晶系 3 个主要晶面的晶面指数

2. 立方晶系的晶向指数

立方晶系晶向指数的计算步骤如下：

(1) 同计算立方晶系晶面指数的方法一样选定坐标系；

(2) 过坐标原点作一直线平行于指定晶向；

(3) 求出该直线上任意点在 3 个坐标轴上的投影值；

(4) 将 3 个投影值化为最小整数，并加方括号，整数间不加标点。

用符号将所得晶向指数写成[uvw]。图 1-10 所示为立方晶系 3 个主要晶向指数。[uvw]同样表示原子排列相同的所有平行晶向的晶向指数。将 3 个指数加尖括号⟨uvw⟩，则表示彼此不平行但原子排列相同的晶向族的晶向指数。在立方晶系中，⟨100⟩包含 6 个[100](其中 3 个对应负号，下同)，⟨110⟩包含 12 个[110]，⟨111⟩包含 8 个[111]。

3. 六方晶系的晶面指数与晶向指数

六方晶系的坐标系由 4 个坐标轴组成，如图 1-11 所示。在底平面上选择 3 个坐标轴并互成 120°夹角，三轴交点为原点 O，过原点与三轴垂直的方向为第四坐标轴。晶面指数为($hkil$)，晶面族指数为{$hkil$}。晶向指数为[$uvtw$]，晶向族指数为⟨$uvtw$⟩。指数确定方法与立方晶系相同。

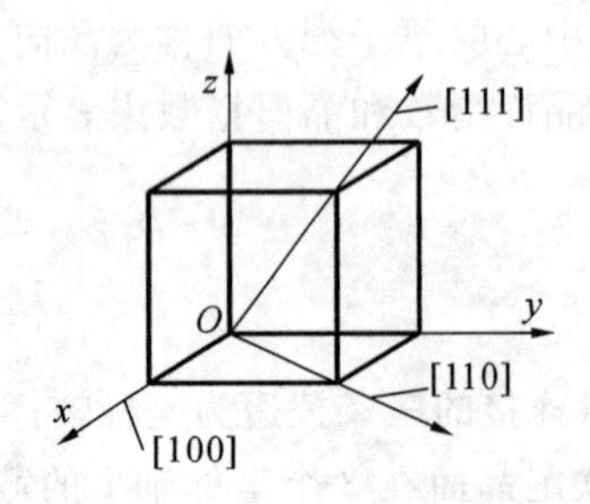

图 1-10　立方晶系 3 个主要晶向指数

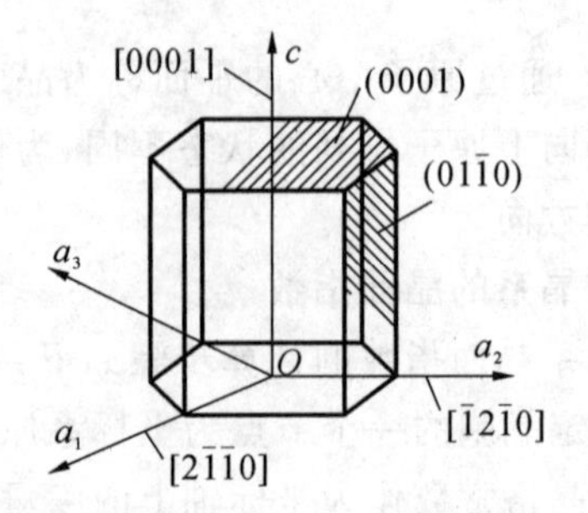

图 1-11　六方晶系的晶面指数与晶向指数

1.1.4　晶体结构缺陷

晶体结构中，若全部原子按一定的晶格形式规则地排列在各节点上，既不多一个原子，也不缺一个原子，也无原子偏离节点位置，这种晶体称为理想晶体。

实际晶体中存在晶体缺陷，即晶体中存在原子的周期性排列受到破坏的微小区域。通常人们按缺陷的维数将其分类：零维缺陷主要指点缺陷，一维缺陷主要指位错，二维缺陷主要指表面与界面缺陷。材料的许多性质，如强度、扩散、离子导电等，对缺陷的存在极为敏感。

在实际金属中，绝大多数原子按一定的晶格形式排列在晶格的各节点上，但由于原子热振动的作用和其他原因，有少数原子偏离正常位置，或余、缺原子，或局部原子错排。这种现象称为晶体结构的不完整性，或称晶体缺陷。按照缺陷的形态特征和区域大小，可分为以下三种。

1. 点缺陷

点缺陷表示晶格的周期结构在某些点受到破坏，通常是由于晶格中个别原子的缺失或错位造成的。在热力学平衡态下点缺陷是存在的，这是因为点缺陷使系统的熵和内能都增加，所以一定浓度点缺陷的存在可使系统的自由能降为最低，相应的点缺陷浓度称为平衡浓度。由于经历多种非平衡过程，例如淬火、机械加工、粒子辐射、合金化等，晶体中的实际点缺陷浓度可高于甚至远高于其平衡浓度。按其原子的构成，点缺陷可分为自身点缺陷和杂质点缺陷。前者包括空位和自间隙原子，后者包括置换原子和杂质间隙原子。在有序合金中还会存在反位原子。注意点缺陷往往伴随着周围的晶格畸变。在半导体晶体中，杂质原子不仅会造成晶格周期性的破坏，而且经常导致禁带中的缺陷电子能态的产生，这对半导体材料制备是非常重要的。点缺陷的移动是材料中原子扩散的主要机制之一。离子晶体中点缺陷在电场作用下的定向移动就是离子导电现象。

1）空位

空位指在晶格的某个节点上没有原子存在，如图1-12(a)所示。晶体中空位的位置是变化的，而且有时是连续几个节点空位。空位主要由原子的热运动产生，因此晶体的空位平衡浓度（晶体中的空位数与总原子数之比）随温度的升高而增大。

2）置换原子

置换原子指晶体中的异类原子不是位于晶格的间隙处，而是取代晶体的原子位于晶格的节点上，如图1-12(b)所示。这种缺陷通常在异类原子与晶体原子大小相近时存在。

3）间隙原子

间隙原子指在晶体的非节点位置存在原子，这种缺陷又可分为自间隙原子（见图1-12(c)）和杂质间隙原子（见图1-12(d)）。自间隙原子是晶体本身的原子偏离节点位置存在于晶格的间隙中形成的，杂质间隙原子则是由于晶体中存在异类原子而形成的。

以上几种点缺陷都使缺陷周围的晶格发生畸变，提高晶体的内能，从而使晶体抵抗外力作用的能力增强。

点缺陷的平衡浓度可根据热力学公式进行计算。以空位为例，如果空位的形成能为E_V，按Boltzmann统计，在热平衡状态下任一格点被空位占据的概率P，亦即空位的平衡浓

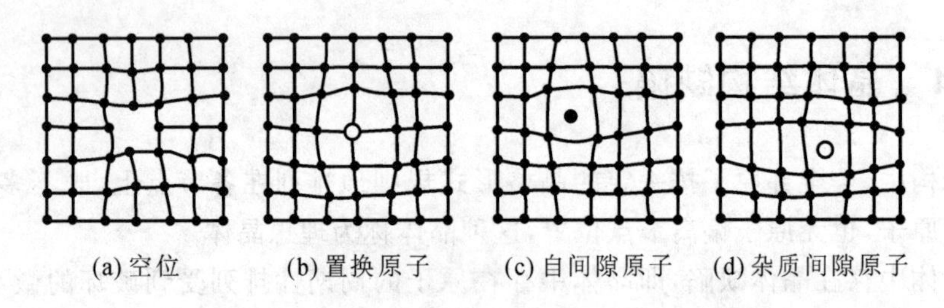

图 1-12 晶体点缺陷

度 C_0，为

$$P = C_0 = \exp\left(-\frac{E_V}{k_B T}\right) \tag{1-2}$$

式中：k_B 为玻尔兹曼常数；T 为绝对温度。

式(1-2)中，如果 $E_V = 1$ eV，$T = 1000$ K，可以求出空位的平衡浓度 $C_0 = 10^{-5}$。利用类似的方法不难求出其他点缺陷的平衡浓度表达式。在某些情况下，由于点缺陷之间的交互作用，两个或几个点缺陷会形成点缺陷复合体，如氯化钠晶体中的二价杂质钙离子旁边总存在一个钠离子空位以保持电中性，如图 1-13 所示。而体积较大的杂质原子旁边往往伴有一个空位以减小弹性畸变。纯净的碱卤晶体对可见光是透明的，不显示任何颜色。在这些晶体中加入多余的一价金属离子或以少量二价杂质金属离子取代一价金属离子可产生阳离子-阴离子空位复合体。它们可吸收某些波长的光而使晶体显示某些颜色。这些缺陷复合体称为“色心”。

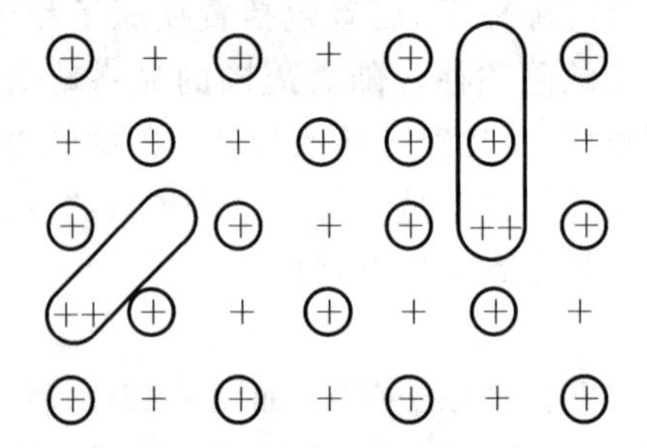

图 1-13 氯化钠晶体中的杂质钙离子与伴生的钠离子空位

“+”表示纸面内的正离子；“⊕”表示纸面上或下的正离子；“++”表示二价杂质正离子

2. 线缺陷

晶体中的线缺陷主要指位错，位错是一种非平衡态缺陷，是因晶体生长条件偏离平衡态、机械加工或异质外延等过程引入的。正是位错的存在及其易动性使实际晶体的屈服强度大大低于完美晶体屈服强度的理论计算值。弗仑克尔(Frenkel)用图 1-14 所示的简单模型来估算完美晶体的屈服强度，考虑二维晶格，图示为平衡位置。对于小的弹性应变，切应力 σ 与两原子面相对位移 x 的关系可表示为

$$\sigma = G\frac{x}{d} \tag{1-3}$$

式中：G 为晶体剪切模量；d 为相邻原子面间距。

随着相对位移的增大，当 A 原子到达 B 原子上方时，切应力为 0 而系统处于不平衡状态。作为粗略近似，不妨假定切应力与位移满足以下关系：

$$\sigma = G\frac{a}{2\pi d}\sin\left(\frac{2\pi x}{a}\right) \tag{1-4}$$

式中：a 为滑移面中沿移动方向的原子间距。

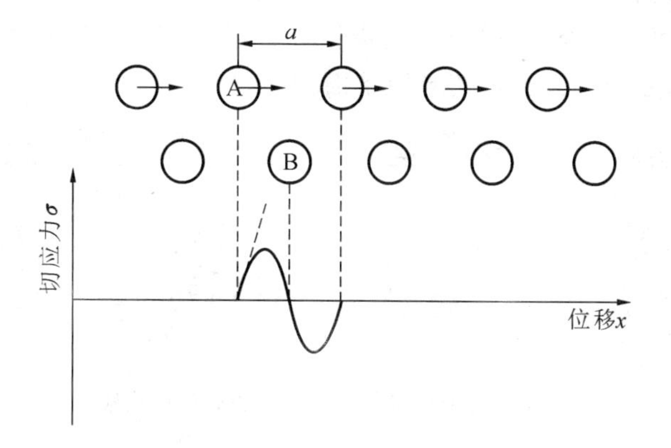

图 1-14　晶体中相邻原子面因剪应变导致整体滑移的过程中切应力与位移的关系

由式(1-4)可求出最大切应力 σ_c 出现在 $x=\frac{a}{4}$处，若进一步假定 $a=d$，得到：

$$\sigma_c = \frac{G}{2\pi} \tag{1-5}$$

也就是说，使完美晶体相邻原子面间发生滑移所需切应力约为晶体剪切模量的 1/6。但是实验表明，实际晶体的屈服强度比这要低 $10^2 \sim 10^5$ 数量级。Taylor、Orowan、Polanyi 等指出，晶格中的一种线缺陷，即位错使滑移所需切应力大大下降。

位错线是晶体滑移面上已发生滑移的区域和未发生滑移的区域之间的界线。可以设想以下操作在晶体中形成一条位错线：将晶体沿某一晶面切开，切开部分终止于 A-A 线，如图 1-15(a)所示。将切面的两岸作一平行于切面的相对位移，若平移矢量为点阵平移矢量，则可将两岸原子重新键合起来而在切面处不留任何痕迹，只沿 A-A 线留下一条原子错排区，该线便是位错线。描述位错线的特征需要两方面的参量，即它在空间的走向和切面两岸的相对位移矢量 $\boldsymbol{b}$，后者称为伯格斯(Burgers)矢量，表征位错的强度。两种最基本类型的位错是刃位错和螺位错。如果 $\boldsymbol{b}$ 与位错线垂直，形成的位错是刃位错。如果 $\boldsymbol{b}$ 与位错线平行，形成的位错为螺位错，如图 1-15(b)(c)所示。

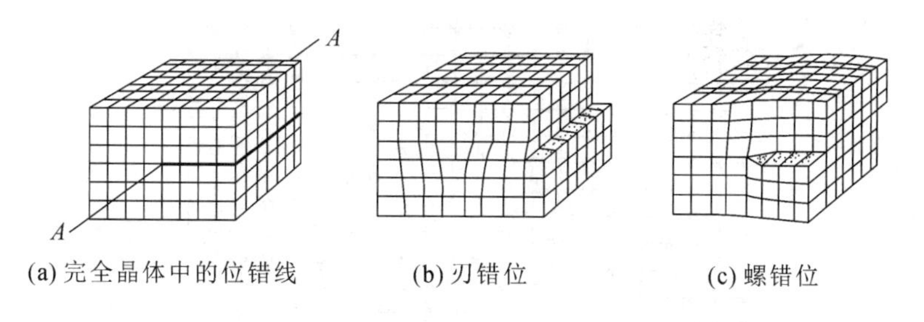

(a) 完全晶体中的位错线　　(b) 刃错位　　(c) 螺错位

图 1-15　两种位错线形成和滑移的示意图

刃位错的滑移有点像蠕虫的爬行。如果蠕虫永远伸直身体，它是无法爬行的。为了前进，蠕虫先将尾部前移一步同时在背部形成一个凸起，然后让这一凸起向前移动直达头部，最后头部向前移动从而完成这一以屈求

刃位错

伸的过程。其示意图见图 1-16。刃位错的显著特点是它有多余的半原子面。显然,刃位错的滑移面是唯一确定的,它便是与多余半原子面垂直的平面,或者说是由位错线与 $\boldsymbol{b}$ 确定的平面。刃位错线有时也可做垂直于多余半原子面的缓慢移动,这种运动叫做“攀移”。攀移伴随着半原子面边缘处(或称为刃位错核心处)原子的扩散,例如空位的到达可使半原子面后退,自间隙原子的到达可使半原子面伸长。

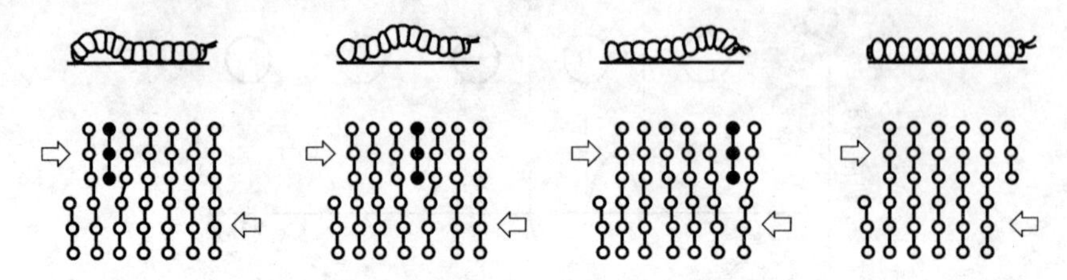

图 1-16 刃位错的滑移与蠕虫爬行的比较

螺位错线周围原子排列的示意图见图 1-17。实际上原子层围绕螺位错线作螺旋状排列,如果在原子面上绕螺位错线走一周,就会从一个原子面走到下一个原子面上。螺位错的滑移面不是唯一的。实际上包含螺位错线的任何面都可能成为其滑移面。

实际晶体中的位错线往往是混合型的,其 $\boldsymbol{b}$ 与位错线既不垂直也不平行。图 1-18 画出了一段弯曲位错线附近原子排列的状况,可以看出,与 $\boldsymbol{b}$ 垂直的一段位错线为刃位错(C 处),而与 $\boldsymbol{b}$ 平行的一段位错线为螺位错(A 处),其他部分为混合位错。

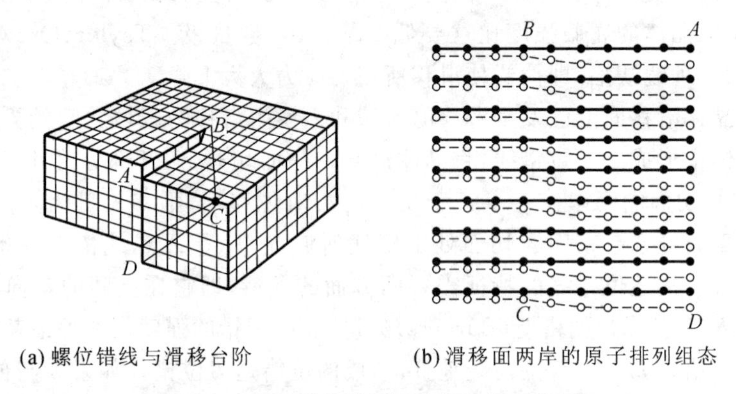

(a) 螺位错线与滑移台阶　　(b) 滑移面两岸的原子排列组态

图 1-17 螺位错线周围原子排列的示意图

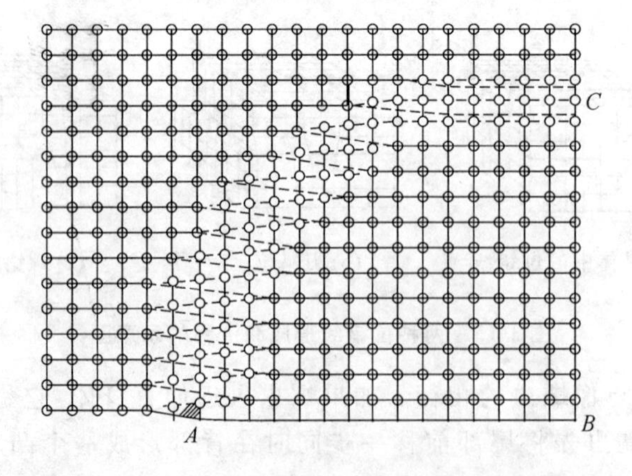

图 1-18 一段弯曲位错线附近原子排列的状况

由此可知，位错线受到在其滑移面内与其伯格斯矢量平行的切应力作用时会发生移动而导致滑移。从能量方面，考虑单位长度位错线在其滑移面内切应力 τ 作用下移动了一个小的距离 $\mathrm{d}l$，这意味着这段位错线扫过的面积 $\mathrm{d}l$ 的两岸发生了相对滑移 b，这样切应力 τ 所做的功为 $\mathrm{d}w=\tau b\mathrm{d}l$，定义 $\frac{\mathrm{d}w}{\mathrm{d}l}$ 为单位长度位错线所受的力 F，于是有：

$$F=\tau b \tag{1-6}$$

式中：b 为伯格斯矢量的大小。

式(1-6)表明单位长度位错线所受的力等于其滑移面内沿伯格斯矢量的切应力分量与伯格斯矢量大小的乘积，其方向与位错线垂直。

由于位错线周围的晶格发生畸变，位错具有能量并产生应力场。螺位错的应力场较为简单并具有圆柱对称性，图 1-19(a)表示围绕螺位错的介质中半径为 r 的薄管状区域应变的分布。它只有沿轴向的切应变和切应力分量，容易求出其应变 γ 和切应力 σ 分别为

$$\gamma=\frac{b}{2\pi r} \tag{1-7}$$

$$\sigma=\frac{Gb}{2\pi r} \tag{1-8}$$

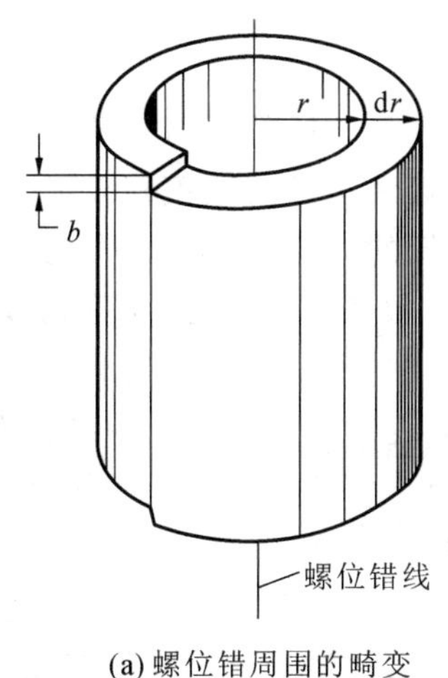

(a) 螺位错周围的畸变

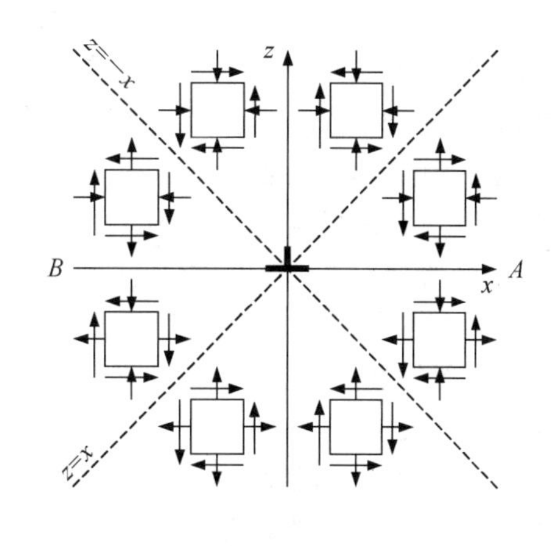

(b) 刃位错周围的应力场

图 1-19　位错切应力与应变的计算

考虑到位错核心区原子严重错排，由弹性力学求出的式(1-7)、式(1-8)在位错核心区已不适用。同时考虑到晶体中有多种缺陷存在，一条位错线的应力场只能存在于有限空间。我们假设弹性应变存在于 r 由 r_0 到 R 的范围内，通过积分可以求出单位长度螺位错的弹性能为

$$E_s=\int_{r_0}^{R}\frac{Gb^2}{4\pi r}\mathrm{d}r=\frac{Gb^2}{4\pi}\ln\frac{R}{r_0} \tag{1-9}$$

式中：r_0 通常取晶格常数；R 通常取晶粒的尺寸；一般认为 E_s 的值约为 Gb^2。

在典型金属材料中，E_s 数值大约为 100 eV/nm。由于这个能量值非常高，仅靠原子的热运动产生位错的可能性极低。

刃位错具有平面应力状态，但是没有圆柱对称性，它的应变场和应力场的计算较为困难。我们仅在图 1-19(b)中标出各象限中正应力和切应力的方向并给出各应力分量的表达式如下：

$$
\begin{cases}
\sigma_{xz} = \dfrac{Gb}{2\pi(1-\nu)} \dfrac{x(x^2-z^2)}{(x^2+z^2)^2} \\
\sigma_{xx} = -\dfrac{Gb}{2\pi(1-\nu)} \dfrac{z(3x^2+z^2)}{(x^2+z^2)^2} \\
\sigma_{zz} = \dfrac{Gb}{2\pi(1-\nu)} \dfrac{z(x^2-z^2)}{(x^2+z^2)^2} \\
\sigma_{yy} = \nu(\sigma_{xx}+\sigma_{zz})
\end{cases}
\tag{1-10}
$$

式中：ν 为材料的泊松比。

在图 1-19(b)中，图的上半部恒有 $\sigma_{xx}<0$，表示介质在垂直于半原子面方向受到压缩；图的下半部恒有 $\sigma_{xx}>0$，表示介质在垂直于半原子面方向受到伸张，这显然是多余半原子面作用的结果。进一步的计算可以证明，上半部介质的体积膨胀率为负，受到压缩；而下半部介质的体积膨胀率为正，受到伸张。这种应变分布导致体积小的杂质原子富集于刃位错核心区的上半部，而体积大的杂质原子富集于刃位错核心区的下半部。杂质原子的这种富集区称为柯垂尔(Cottrell)气团，它使刃位错的滑移变得困难，是金属材料固溶强化的主要物理依据。由以上刃位错应力场表达式不难求出单位长度刃位错的弹性能为

$$
E_{\mathrm{e}} = \frac{Gb^2}{4\pi(1-\nu)} \ln \frac{R}{r_0} \tag{1-11}
$$

式中：对于多数材料，ν 的数值在 0.3 左右。

对比式(1-9)和式(1-11)，可以看出刃位错的弹性能高于螺位错。由于位错线具有很高的能量，在位错条件允许的情况下它倾向于尽量缩短自身的长度以降低能量。在各向异性介质中它还倾向于尽量让自己沿着弹性能较低的方向运动。这使位错线的行为像具有张力的弹性弦线，其张力称为位错的线张力，数值与单位长度位错线的能量相当。

实验中已经发现，位错的移动最终导致它消逝在晶体表面并产生一个台阶。为了使晶体产生大的塑性变形，晶体内部必须有某种机制源源不断产生新的位错。实际上人们已经发现了位错增殖的几种机制，本书介绍其中的一种，即弗兰克-里德(Frank-Read)位错源。设想图 1-20 中的一段位错线两端被钉在 DD' 两点不能移动。该段位错线在切应力 τ 的作用下向上弯曲直至与位错的线张力 T 平衡。如果 τ 足够大，位错线就会变得不稳定并绕过钉点直至在下部相遇，结果在 DD' 保留下一条位错线并向外发射出一个位错圈。如此反复，弗兰克-里德位错源可以不断地发射位错圈，直至前方的位错圈受阻。

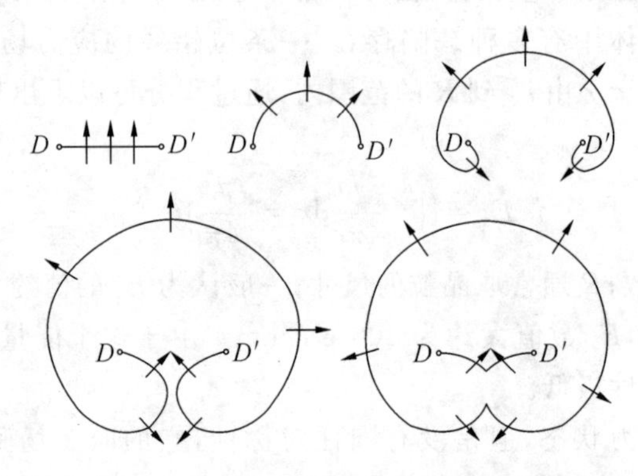

图 1-20　弗兰克-里德位错源发射位错圈的示意图

如果伯格斯矢量 $\boldsymbol{b}$ 不是点阵平移矢量，那么切面两岸的原子就要发生错排，这种错排面称为“层错面”（下面将详细介绍），相应的位错称为“不全位错”。面心立方结构中位错的伯格斯矢量通常为 $(\frac{a}{2})[011]$，它可以按以下方式分解为两个不全位错而使总能量下降：

$$\boldsymbol{b} = (\frac{a}{2})[011] \rightarrow (\frac{a}{6})[121] + (\frac{a}{6})[\bar{1}12] = \boldsymbol{b}_{p1} + \boldsymbol{b}_{p2} \tag{1-12}$$

这三个矢量都在{111}面上，但是 $\boldsymbol{b}_{p1}$ 和 $\boldsymbol{b}_{p2}$ 都不是点阵平移矢量。这样这两个不全位错之间便形成了一片层错面。实际上 $\boldsymbol{b}_{p1}$ 产生的滑移造成了六方结构的原子堆垛序列，$\boldsymbol{b}_{p2}$ 产生的滑移又回到了面心立方结构。层错面有一定的能量，称为层错能，它类似于表面张力。这一张力与两个不全位错之间的斥力相平衡就决定了两个不全位错之间的平衡距离。这种两个不全位错夹着一片层错面的缺陷组态称为“扩展位错”，在实际材料中经常出现。

关于位错的性质，还有以下几点需加以注意：

(1) 无论位错线有什么形状或者变成什么形状，它的伯格斯矢量是唯一确定的；

(2) 位错线不能终止在晶格内部，它要么自己形成闭合的环路，要么终止在另一位错线上形成位错网络，要么终止在晶体的表面或界面处；

(3) 一般来说，实际晶体中的位错线形成三维的位错网络，在位错网络的节点处各条位错线伯格斯矢量的矢量和为零；

(4) 位错的滑移面包含位错线自身及其伯格斯矢量；

(5) 当位错线在其滑移面上滑移时，滑移面两岸原子的相对位移与伯格斯矢量相同，而位错线沿垂直于自身的方向在其滑移面上运动。

3. 面缺陷

面缺陷是二维尺度较大、第三维尺度很小的缺陷。金属晶体中面缺陷的基本形式是晶界和亚晶界，如图 1-21 所示。晶界为相邻晶粒的接触界面，由于相邻晶粒的晶格位向不同，故界面上存在一个晶格位向的过渡区。过渡区内原子排列不甚规则，但也不是杂乱无章，而是由一个晶粒的位向逐步过渡到另一个晶粒的位向（见图 1-21(a)）。过渡区内晶格发生畸变并存在较多的位错。在实际金属中，晶界处常存在一些低熔点的杂质原子。亚晶界是晶粒内部由于位错的堆积而使一部分晶体的晶格位向与另一部分晶体的晶格位向产生小角度偏差而形成的界面（见图 1-21(b)）。这样在晶粒的内部就形成亚晶粒。虽然亚晶粒的位向差较小，通常小于 1°，但亚晶粒的存在对金属的性能仍有许多影响。

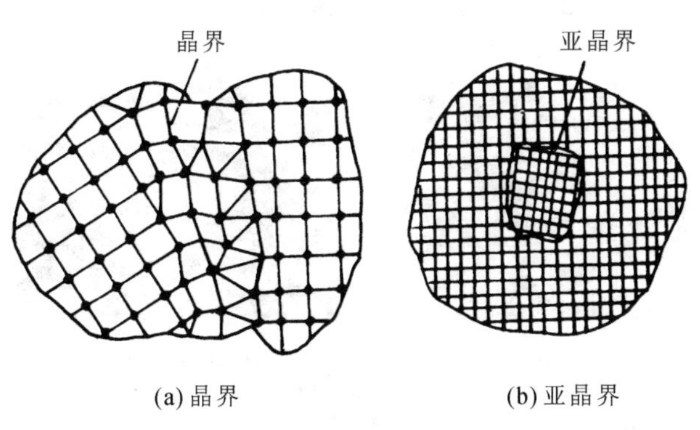

(a) 晶界　　(b) 亚晶界

图 1-21　晶界与亚晶界

上述几种晶体缺陷的共同特点是，缺陷处及其周围导致晶格畸变而使金属的某些性能发生变化。生产中常利用这一特点提高金属的某些性能,使其发挥更大的作用。

晶体表面是平移对称性的终止处,表面原子键合状态与晶体内部不同,出现了断键。由于键合能具有负值,断键的出现使能量升高,增加单位表面积所带来的自由能的升高称为表面能。由于表面能的存在,在条件允许的情况下材料倾向于具有小的表面积,例如液滴常为球形,某些结构不太稳定的纳米颗粒也具有近似球形的外形。实际上,晶体的表面能具有各向异性,密排低指数面的表面能较低。这使在近平衡条件下生长的晶体具有规则的、由低指数面围成的多面体外形。

由于晶体表面原子键合状态和内部的不同,晶体内部的原子排列方式不会毫无改变地延续到表面,但这种表面原子排列方式的改变将引起表面能的下降从而使表面变得更稳定。指表面原子排列方式与内部的差异主要有四方面,即表面弛豫、表面重构、表面偏聚和表面吸附。

(1) 表面弛豫,指表面晶格结构与内部基本相同,但晶格参数略有变化。因为表面附近几层原子沿垂直于表面方向受力不对称,其晶面间距会有变化,主要是受到压缩。这种法向弛豫在金属表面较为明显。

(2) 表面重构,通常表现为表面晶格结构的变化,主要表现为表面超结构的出现。所谓表面超结构是指表面原子排列周期的成倍放大。最常见的表面重构有两类,即缺列型重构和重组型重构,分别示于图 1-22(a)(b)。前者表现为表面原子的部分缺失,常见于金属表面;后者虽不减少表面原子的数量,但显著地改变了表面原子的排列方式,更多地见于共价晶体特别是半导体晶体表面。图 1-23 所示为由 Binning 和 Rohrer 利用 STM 获得的硅{111}表面重构形成的 7×7 结构显微图像。表面重构常同时伴有表面弛豫,以进一步降低表面能。

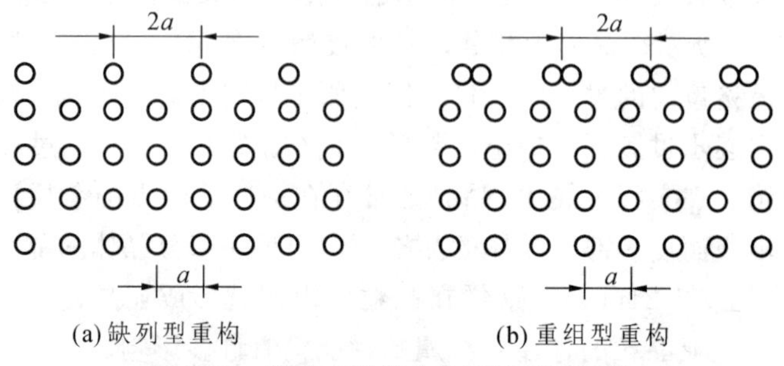

(a) 缺列型重构　　(b) 重组型重构

图 1-22　简立方晶格中的两种表面重构

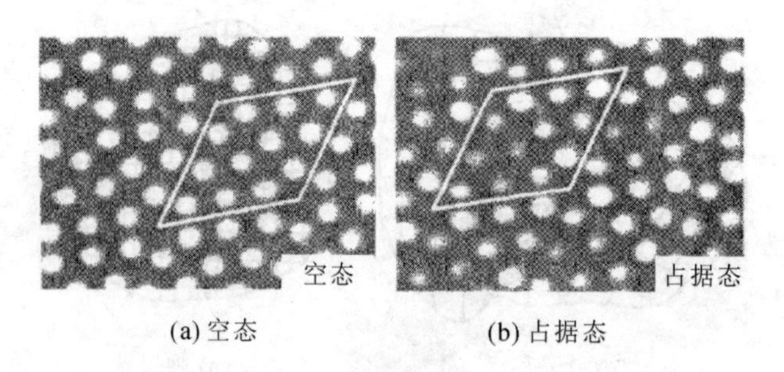

(a) 空态　　(b) 占据态

图 1-23　Binning 和 Rohrer 利用 STM 获得的硅{111}表面重构形成的 7×7 结构显微图像

(3) 表面偏聚,指固溶体材料溶质原子在表面富集或贫化的现象。

(4) 表面吸附,指环境中的气相原子、分子依附于材料表面的现象,可分为物理吸附和化学吸附两类。除了超高真空中的清洁表面，材料表面上总带有吸附物，表面吸附与脱附对材料的腐蚀、化学催化及许多表面过程起着决定性的作用。

界面的种类繁多，按其结构和形成机制可以分为四类，即平移界面、孪晶界面、晶界和相界。

1）平移界面

如果相对平移矢量不是点阵平移矢量，那么割面处将留下痕迹而成为界面，这类界面就是平移界面。一般来说，平移界面附近原子出现严重错排，界面能很高，使其出现的可能性不大。但一些特定的非点阵平移矢量可造成低能量的界面。实际材料中存在几种平移界面，最常见的平移界面是层错面。以面心立方结构为例，其{111}面的堆垛顺序为ABCABC…，如图 1-24(a)所示。如果在这种正常的结构中抽出或插入一个{111}原子面，分别如图 1-24(b)(c)所示，便分别形成了抽出型或插入型层错面。类似地，密积六角结构的堆积方式为 ABABAB…，可以插入一个 C 型原子层造成一个层错面。由于层错面的出现并不改变附近原子的最近邻关系(配位数、键长、键角)，只改变次近邻关系，所以它几乎不产生弹性畸变，只是使局部的电荷周期排列受到破坏，故而层错面的能量(称为层错能)较低。如果层错面终止在晶体内部，它的边界线便是一条不全位错线。

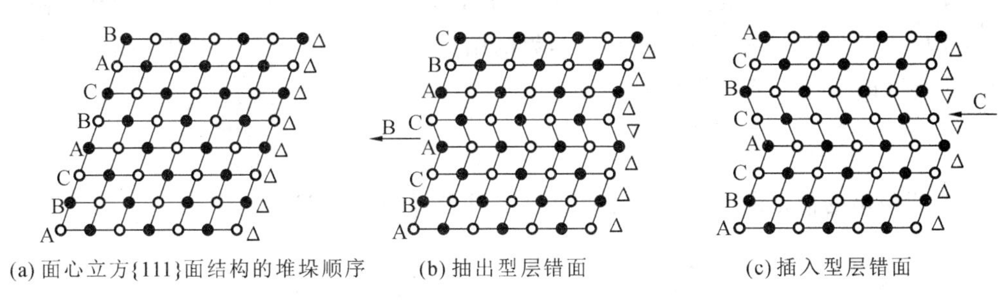

(a) 面心立方{111}面结构的堆垛顺序　(b) 抽出型层错面　(c) 插入型层错面

图 1-24　面心立方结构中层错面的形成

另一种常见的平移界面是反相畴界。一些合金的有序化导致了超结构的出现，同时也产生了有序畴。以 Cu-Au 合金为例，无序的 Cu-Au 合金为面心立方结构，Cu 原子和 Au 原子随机地占据格点，有序化后 Cu 原子和 Au 原子分别随机占据两套四方亚点阵，二者相互套叠，于是便可能在有序晶体内形成若干区域，区内保持完整的有序结构，称为有序畴，而相邻有序畴间虽保持共格，但发生了非点阵矢量平移。有序畴之间的这种界面便是反相畴界。

2）孪晶界面

孪晶界面是一类常见的面缺陷。仍以面心立方结构为例，面心立方结构中{111}面的堆垛顺序并不是唯一的，它可以是 ABCABC…，也可以是 ACBACB…，其差异只不过是晶体在空间做了一个整体的旋转。不失一般性，当这两种堆垛模式的区域在某一{111}面相遇时，形成如图 1-25 所示的情形。相遇处的这一{111}面成为一个反映面，其两侧的晶体关于此反映面成镜面对称，堆垛顺序为…ABCABACBA…。此时反映面两侧的晶体呈孪晶关系，其反映面称为孪晶界面。显然孪晶界面的能量也不太高，甚至低于层错能。在强大外应力的作用下，有时晶粒的一部分可发生切变与另一部分形成孪晶关系，这种现象叫做机械孪生，也是塑性形变的一种机制。

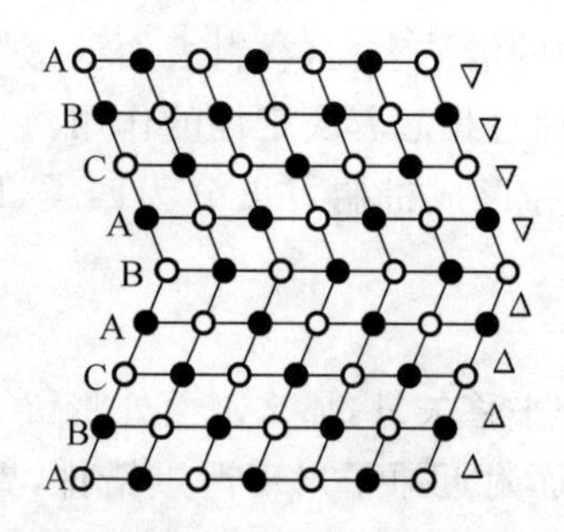

图 1-25　面心立方结构中{111}面反映孪晶的<110>投影图

3）晶界

通常多数材料为多晶体，晶界是最常见的面缺陷。从几何学方面描述一个晶界的空间方位需要五个自由度，其中描述晶界的法向需要两个独立的自由度。如果晶界一侧的晶体相对于另一侧晶体绕位于晶界内的某个轴发生了旋转，所形成的晶界称为倾侧晶界；如果晶界一侧的晶体相对于另一侧晶体绕垂直于晶界的某个轴发生了旋转，所形成的晶界称为扭转晶界。

如果晶界两侧晶体的取向差别较小（例如小于 2°），这种晶界称为小角度晶界。图 1-26 所示为简单立方晶格中一个小角度倾侧晶界的结构，相当于一列同号的刃位错。该倾侧晶界中刃位错间的平均距离 d 近似为

$$d=\frac{b}{\theta} \tag{1-13}$$

式中：b 为刃位错的伯格斯矢量的大小；θ 为界面两侧晶体的相对旋转角。

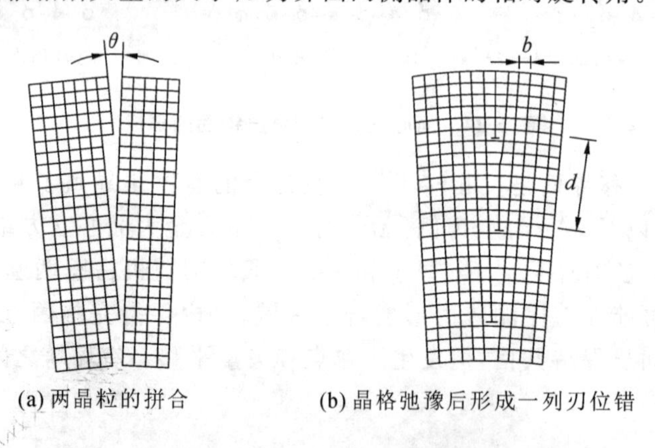

(a) 两晶粒的拼合　　(b) 晶格弛豫后形成一列刃位错

图 1-26　简单立方晶格中一个小角度倾侧晶界的结构

图 1-27 所示为简单立方晶格中一个以(001)面为界面的小角度扭转晶界的结构，它相当于一组螺位错网络，网格间距也满足式(1-13)。一般情况下，小角度晶界既非纯倾侧型，也非纯扭转型，此时界面成为混合位错的复杂网络。

如果晶界两侧晶体的取向差别较大，则该晶界称为大角度晶界。一般的大角度晶界情况十分复杂，很难用简单的位错模型来描述。现在被广为认可的大角度晶界模型是“重合位置点阵模型”。该理论认为，对某一结构的晶格，绕其某一晶轴旋转一定角度得到不同取向但结构相同的另一晶格，如果两晶格互相穿透，则两晶格中有某些格点在一定误差范围内互相重合，这些重合的格点构成一个新的点阵，称为重合位置点阵。当晶界为重合位置点阵的

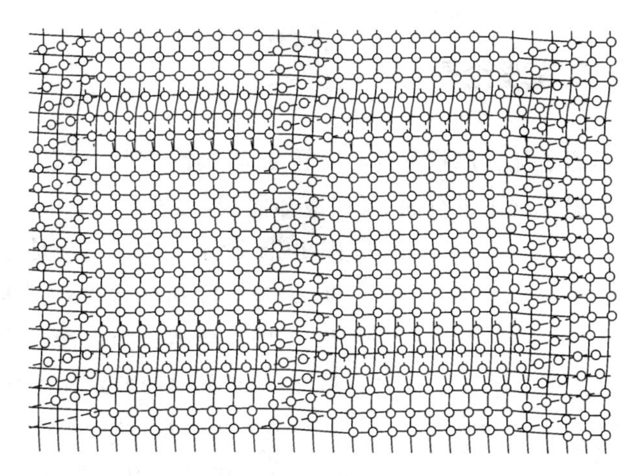

图 1-27　简单立方晶格中一个以(001)面为界面的小角度扭转晶界的结构(晶格弛豫后形成螺位错网络)

最密排面时，晶界具有最好的匹配度，界面能也最低。由于种种因素的制约，实际晶界并不总能和重合位置点阵的最密排面相一致，但实际观测表明，即使曲面状的大角度晶界也常由一些小的低能量界面组合而成。

4）相界面

具有不同结构或不同组分的两相间的界面称为相界面。这里主要介绍固相间的界面。相界面可由固态相变产生，也可借助各种薄膜制备技术人工得到。理解相界面的思路和晶界的有颇多类似的地方，需要注意的是两相的不同结构增加了相界面的复杂性。相界面完全有序，两相晶格完全匹配者称为共格相界；界面处晶格常数的差异通过弛豫使错配局限于失配位错处，其余大部分区域仅有很小的弹性畸变者称为半共格相界；因晶格常数差别太大或其他原因形成的完全无序的界面称为非共格相界。薄膜在单晶衬底上外延生长时二者之间的界面往往是半共格相界。一般说来衬底和薄膜的晶格常数 a_s 和 a_0 略有差异，其失配度 f 定义为

$$f = \frac{a_s - a_0}{a_s} \tag{1-14}$$

在生长初期，膜很薄，失配度可被弹性变形容纳，界面保持共格。随着薄膜的增厚，弹性畸变能增加，当厚度超过某一临界值后，界面处出现周期排列的位错使膜的弹性畸变松弛，从能量上考虑更为有利，这种周期排列的位错即为失配位错，如图 1-28 所示。相邻失配位错间的距离 D 约为

$$D = \frac{a_0}{f} \tag{1-15}$$

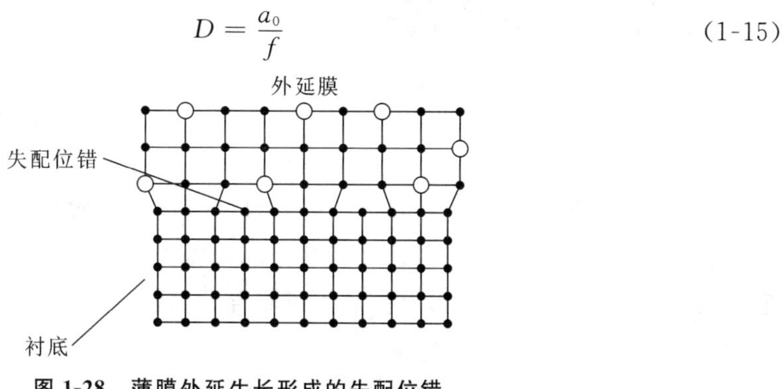

图 1-28　薄膜外延生长形成的失配位错

1.1.5 金属结晶理论基础

金属的结晶过程是原子从无序排列的液态转变为有序排列的固态(结晶态)的过程。纯金属的结晶过程是在恒温情况下进行的,可用冷却曲线(温度-时间-状态关系曲线)表示,如图 1-29 所示。图中 T_m 是金属的理论结晶温度,T 是实际结晶温度,ΔT 称为过冷度($\Delta T = T_m - T$)。金属自液态冷却至温度 T 时开始结晶,由于结晶时释放结晶潜热,补偿了散失到周围环境中的热量,使冷却曲线出现水平线段,结晶完毕后继续冷却至室温,晶体结构不发生变化。结晶过程包括两个阶段:晶核形成和晶核长大。

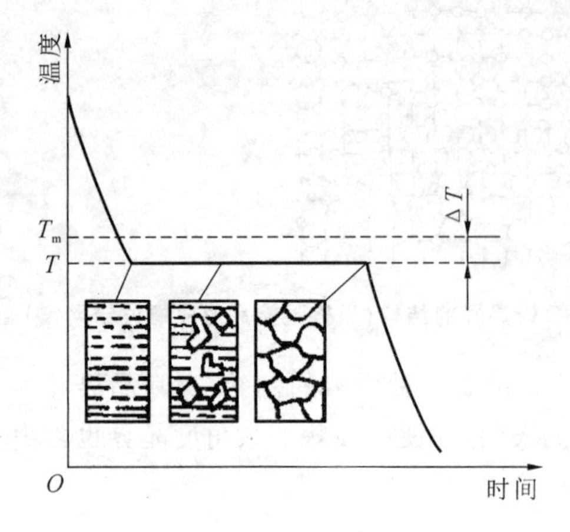

图 1-29 纯金属的结晶过程

1. 晶核形成

液态金属原子呈无序状态,当温度降低至接近结晶温度时,某些区域的原子出现瞬时近程有序状态,但很快又变成无序状态,这种现象称为结构起伏,或称为相起伏。这种瞬时近程有序的区域称为晶胚,如图 1-30 所示。如图 1-31 所示,当温度降低到理论结晶温度以下时,此时固态自由能低于液态自由能。系统自发向低位状态转变,结构起伏形成的较大的晶胚不再熔化,成为稳定的固态晶区,即为晶核。

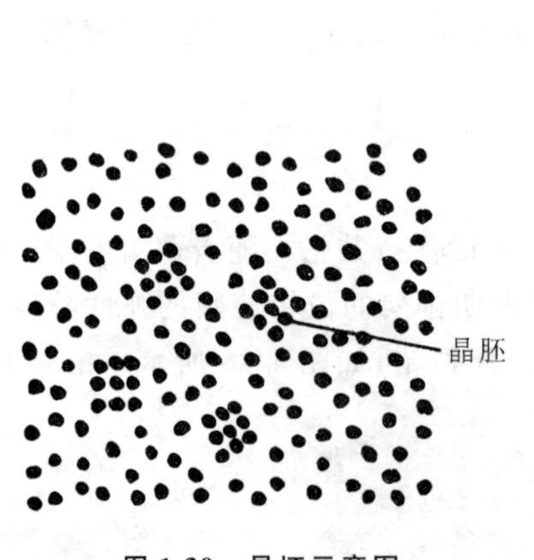

图 1-30 晶坯示意图

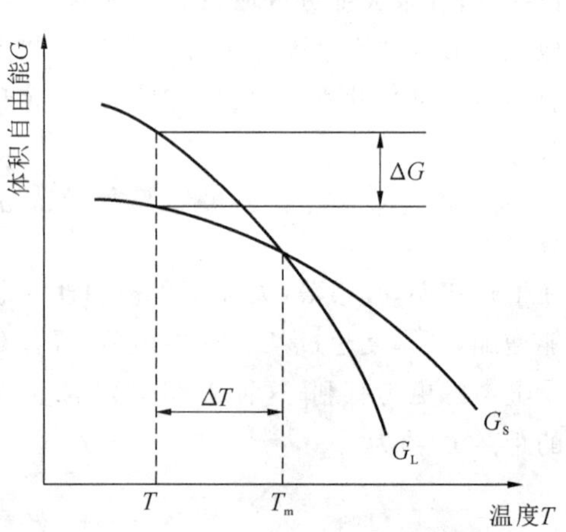

图 1-31 液态金属与固态金属自由能的变化

G_S—固态;G_L—液态

上述过程形成的晶核是金属自身原子形成的,称为均质晶核或自发晶核。在实际金属中常含有异质元素质点,当这些元素具有比该金属更高的熔点,晶体结构相同,晶格常数相近时,可作为结晶的晶核,称为异质晶核或非自发晶核。在实际金属结晶中,异质晶核具有重要作用。

2. 晶核长大

非常细小的晶核形成以后就开始长大，即处于自由运动状态的原子向晶核移动，并按一定规则固定于晶核上。大多数晶核长大的方式为树枝状长大。首先沿晶核的某一方向长大，此方向生长的晶体称为一次晶轴。随后在一次晶轴的垂直方向生长出二次晶轴，再在二次晶轴的垂直方向生长出三次晶轴，就构成了树枝状晶体，如图1-32所示。树枝状结晶的结果是，常在树干的间隙处产生微小空隙（疏松）。固态下互不溶解的多元合金，常可明显地看出树枝状晶体的特征。晶核的形成与长大是连续和交替进行的，晶核形成后立即开始晶核长大过程，同时有新的晶核产生，直至液态金属消失为止。每个晶核形成一个晶粒，一般金属都是多晶体，晶核愈多则晶粒愈多愈细小。

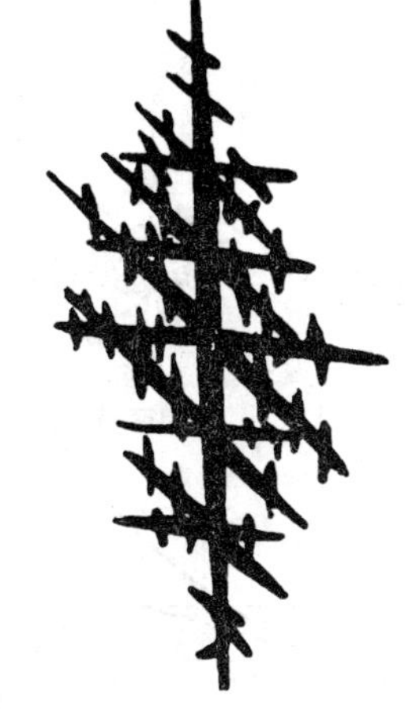

图1-32　树枝状结晶示意图

3. 均质形核和非均质形核理论

材料的凝固过程大体上有两类：一类没有固定的凝固温度，凝固成形的固态为非晶态，如高分子材料、非晶态玻璃、非晶态金属玻璃等；另一类有固定的结晶温度，凝固时会放出潜热，并成为晶体。通常条件下的金属及一些非金属材料形成晶体的凝固行为比不形成晶体的要复杂得多，其凝固过程需要经过晶核形成和晶核长大，其趋势由其体系热力学和动力学状态所决定。

1）结晶热力学条件

液体中的游动原子集团逐步长大到一定尺寸后，可形成稳定的原子集团（或称固体质点），其周围液态原子可向上堆砌形成晶核，是凝固过程的起始阶段。这种晶核的形成有两种方式：①均质形核，由游动的原子集团自身长大形成晶核；②非均质形核，在液态金属中外来质点的表面形核。但只有当固态晶核的自由能小于液态晶核的自由能时，物质才能从液态转变为固态，参见图1-31。在理论结晶温度 T_m 处，液固两相处于平衡，当温度 T 小于 T_m 时，固相自由能低于液相自由能，这是液体结晶的热力学条件。

2）均质形核

当液体中出现晶核时，系统吉布斯自由能的变化由两部分组成，一部分是单位体积的液相和固相吉布斯体积自由能差 ΔG_V，为负值，这是相变的驱动力；另一部分是由于固相出现，系统增加了新界面所产生的固相表面能 ΔE_s，为正值，它是相变的阻力。因此，系统总的吉布斯自由能变化 ΔG 为

$$\Delta G = \Delta G_V V + \Delta E_s = \Delta G_V V + \sigma_{LS} S \tag{1-16}$$

式中：σ_{LS} 为固-液界面张力；V 为晶核体积；S 为晶核表面积。

假定晶核为球形，r 为球半径，则有：

$$\Delta G = \frac{4}{3}\pi r^3 \Delta G_V + 4\pi r^2 \sigma_{LS} \tag{1-17}$$

式(1-17)的三项随晶核半径的变化如图1-33所示。可见，当 $r<r^*$ 时，形成的新相是不稳定的，r 只能不断变小，才能使自由能增量降低，即新相会重新熔化；当 $r=r^*$ 时，ΔG 有最大值，如果晶核有可能继续长大，能使自由能增量降低，这个半径 r^* 就称为“临界晶核半

径”，其值可由式(1-17)求极值计算得到：

$$r^{*}=-\frac{2\sigma_{LS}}{\Delta G_{V}} \tag{1-18}$$

或

$$r^{*}=-\frac{2\sigma_{LS}T_{m}}{\Delta H\Delta T} \tag{1-19}$$

式中：ΔH 为熔化潜热。

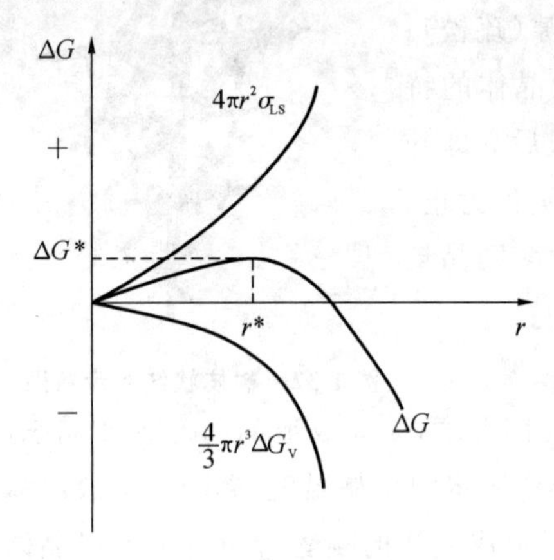

图 1-33　自由能的变化与晶核半径 r 的关系

将式(1-18)代入式(1-17)，临界晶核半径 r^{*} 所对应的自由能增量，称为“形核功”，其值为

$$\Delta G^{*}=\frac{4\pi r^{*2}}{3}\sigma_{LS} \tag{1-20}$$

从数值上看，它等于临界晶核界面能的 1/3。这表明，形成临界晶核时，液、固相之间的体积自由能变化只能提供所需的表面功 $4\pi r^{*2}\sigma_{LS}$ 的 2/3，其余的 1/3 只有通过液相中局部的能量起伏来获得。如果没有外来的能量补充，临界半径为 r^{*} 的晶核是不能长大的，只能称之为晶胚。为了使均质形核进行下去，液态金属需要一定过冷度，实验表明，出现均质形核所需的临界过冷度约为 $0.2T_{m}$（T_{m} 为金属熔点），表 1-1 所示为某些金属均质形核（小液滴）时所能达到的过冷度数值。

表 1-1　某些金属均质形核（小液滴）时所能达到的过冷度数值

金属	熔点 T_{m}/K	过冷度 ΔT/K	$\Delta T : T_{m}$
汞	234.3	58	0.247
锡	505.7	105	0.208
铋	544	90	0.166
铅	600.7	80	0.133
锑	903	135	0.150
铝	931.7	130	0.140
锗	1231.7	227	0.184
银	1233.7	227	0.184
金	1336	230	0.172
钢	1356	236	0.174
锰	1493	308	0.206
镍	1725	319	0.185
钴	1763	330	0.187
铁	1803	295	0.164
钯	1828	332	0.182
铂	2043	370	0.181

晶核的形成速度 I^* 可用下式表达：

$$I^* = k_V \exp\left(-\frac{\Delta E_A + \Delta G^*}{kT}\right) \tag{1-21}$$

式中：ΔE_A 为液态金属中原子扩散激活能；ΔG^* 为形核功；k 为玻尔兹曼常数；k_V 为系数。

式(1-21)中，ΔE_A 和 ΔG^* 都与结晶过冷度 ΔT 有关，形核速度在 ΔE_A 和 ΔG^* 的相互作用下，随过冷度 ΔT 的增加，存在一个最大值。

3）非均质形核

由于液相中存在的大量夹杂颗粒、金属氧化膜和铸型表面等因素会减小结晶形核所需外界提供的“形核功”，因此实际液体金属都在显著小于均质形核理论所预料的过冷度下以非均质形式形核，如大多数金属在低于熔点温度仅 10 ℃左右时就可以形核。

但并非所有外来质点表面都能使新相形核，而需要满足一定的条件。有两种非均质形核机理对非均质形核发生的可能性进行了描述，一种是界面润湿理论，另一种是晶格对应理论。

按照界面润湿理论，假设形核衬底质点表面为平面，所形成的晶粒为球面(球冠)，如图 1-34 所示。σ_{LC}表示液相与固相之间的界面张力，σ_{LS}为液相与质点之间的界面张力，σ_{CS}为固相与质点之间的界面张力，θ 称为新相与质点衬底的润湿角。当三个界面张力处于平衡状态时，得到：

$$\sigma_{LS} = \sigma_{CS} + \sigma_{LC}\cos\theta \tag{1-22}$$

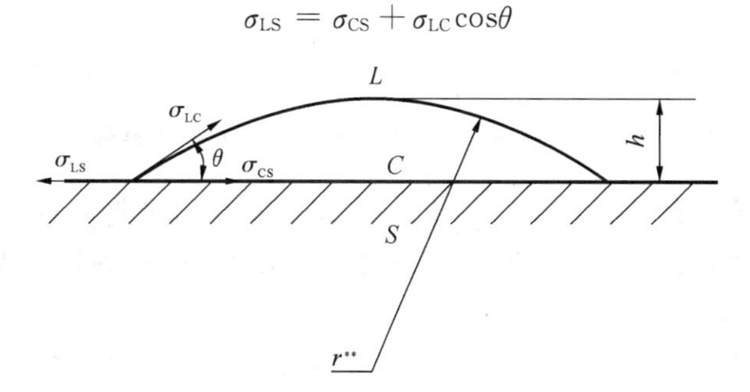

图 1-34　界面润湿理论非均质形核示意图

经计算可得出非均质形核功为

$$\Delta G^{**} = \frac{16}{3}\frac{\pi\sigma_{LC}^3 T_0^2}{\Delta H^2 \Delta T^2}\left[\frac{(2+\cos\theta)(1-\cos\theta)^2}{4}\right] \tag{1-23}$$

将式(1-23)与均质形核功相比，可得其比值为

$$\frac{\Delta G^{**}}{\Delta G^*} = f(\theta) = \frac{(2+\cos\theta)(1-\cos\theta)^2}{4} \tag{1-24}$$

可见，当 $\theta=180°$时 $f(\theta)=1$，$\Delta G^{**}=\Delta G^*$，其形核功等于均质形核的形核功，新相不能依附于外来质点的表面形核；当 $\theta=0°$时，$f(\theta)=0$，$\Delta G^{**}=0$，质点表面即晶核的晶面，新相可在其表面外延生长。可见，只要新相与质点有所润湿，即 $0° \leqslant \theta \leqslant 180°$，都有利于形核。

界面润湿理论有其不完善性。由于在非均质形核中只有几十个原子参与形核过程，用实验方法测定润湿角 θ 十分困难。大量的实验观察和理论分析表明，两相之间的润湿现象与界面上两相相应晶面的结构和原子间的结合力密切相关，即晶格对应(或共格)对非均质形核有重要影响。

晶格对应理论的内容是，新相原子在固相质点表面形核，一定要符合共格对应原则，它可用两相界面上原子的间距(或点阵常数)差来说明：

$$\delta = \frac{\Delta a}{a} \times 100\% \tag{1-25}$$

式中：a 为新相表面的原子间距；Δa 为新旧两相界面上原子间距之差。

有观点认为，当 $\delta \leqslant 5\%$ 时，两相界面能共格，易于形核；当 $\delta = 5\% \sim 25\%$，两相界面共格不好，形核稍难。

新相与固体质点产生界面共格对应，两相的晶格类型可以相同，也可以不同，但固体质点表面上原子的排列方式与新相中某一晶面上原子的排列方式相似，而其原子间距较近或成比例，如图 1-35 所示。

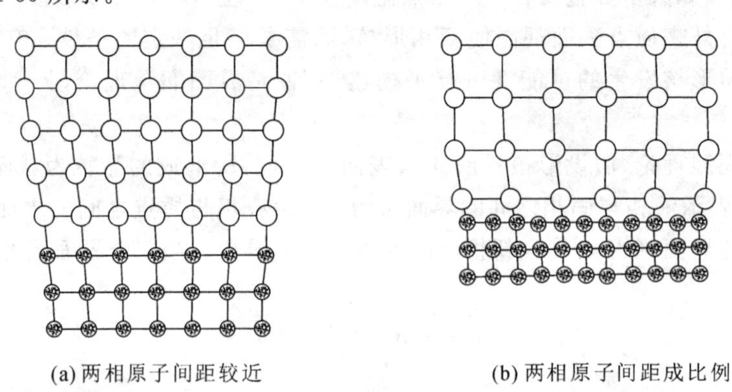

(a) 两相原子间距较近　　(b) 两相原子间距成比例

图 1-35　结晶相在固体质点上外延生长及原子排列方式

而晶格对应理论也有一些与事实不符现象，如金属基底比非金属基底更能为形核提供有效结晶基底。金属原子间距不超过 9%时，也可为结晶形核提供有效基底。

4. 固-液界面结构

晶体的生长是单个原子在生长表面堆砌，所以界面结构对原子堆砌方式和堆砌速度有较大影响，并影响晶体的生长方式、生长速度和最后的形态。从原子的尺度看，固-液界面的结构可以分为光滑界面(小晶面)和粗糙界面(非小晶面)两类。

1) 光滑界面

当固相表面原子层基本上充满时，固-液界面上的原子排列是光滑的。但从宏观尺度看是不光滑的，如图 1-36(a)所示，固-液界面存在锯齿形，并显示出明显的结晶面特征。这种晶体的不同晶面长大的速度不一样，高指数的晶面长大时向前(垂直于晶面方向)推进的速度很快，最后晶体被低指数晶面包围，从而形成有棱角的外形。类金属及金属间化合物、矿物、一些有机物晶体均属此类。

2) 粗糙界面

当固相表面最外几个原子层有一半左右的位置未被充满时，界面上的原子排列是粗糙的，如图 1-36(b)所示。但从宏观尺度看，固-液界面形貌是平滑的，显示不出任何结晶面的特征，原子在固-液界面上附着时是各向同性的。原子供给取决于热流和溶质原子的扩散状态，哪个方向传热、传质快，哪个方向的晶面就生长快。与此同时，由于界面能的各向异性，这类晶体在长大方向上有择优取向的倾向，表现在树枝状晶体的主干有一定的结晶取向。大部分金属结晶时，固相界面属于粗糙界面。

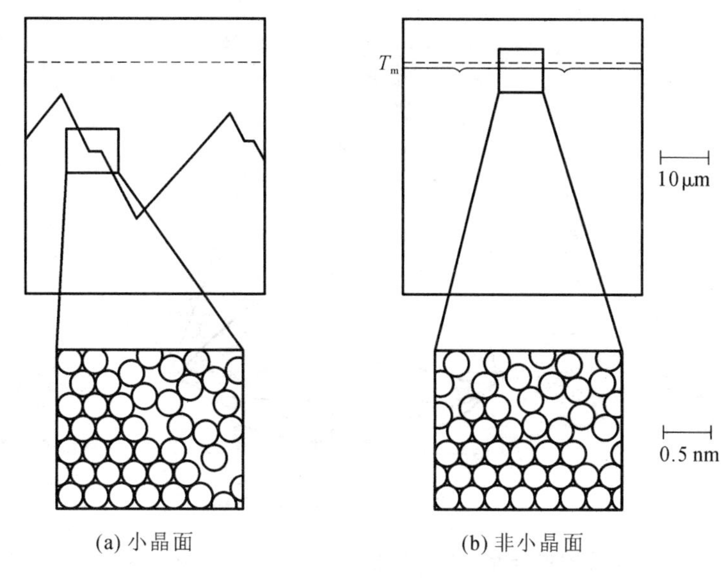

(a) 小晶面　　(b) 非小晶面

图 1-36　晶体生长的两种固-液界面结构

究竟哪类物质属于粗糙界面结晶，哪类物质属于光滑界面结晶，主要取决于它们的熔化熵值。假定在一个平整界面上无规律堆砌一些原子，用统计物理方法可计算出在固-液生长界面上相对吉布斯自由能变化 ΔG_s 与界面沉积原子概率的关系：

$$\frac{\Delta G_s}{(NkT_m)} = \alpha x(1-x) + x\ln x + (1-x)\ln(1-x) \tag{1-26}$$

式中：N 为界面上可供原子占据的全部位置；$x=\frac{N_A}{N}$，为全部 N 位置中原子所占据位置 N_A 的分数；k 为玻尔兹曼常数；T_m 为熔点或平衡凝固温度；α 为系数。

如图 1-37 所示，以 $\frac{\Delta G_s}{(NkT_m)}$ 为纵坐标，按 α 取值的不同，可得出两种性质不同的结晶界面类型。

当 $\alpha \leqslant 2$ 时，曲线可出现一个极小值，并在 x 约等于 0.5 的位置出现，其物理意义是此时界面上可能被原子占据的位置分数为 50%左右，界面的相对自由能最小，状态最稳定。从原子尺度上看，这类界面是“粗糙的”，即在这类界面上还有约 50%的位置可以随意添加原子，因此这类物质结晶时，晶体长大速度较快。

当 $\alpha \geqslant 3$ 时，曲线仅在 $x<0.05$ 和 $x>0.95$ 时，ΔG_s 才会有最小值，其物理意义是添加原子在界面占据位置分数小于 5%或大于 95%时，界面的相对自由能最小，状态也最稳定，故而界面是光滑平整的，且 α 值愈大，界面愈光滑。由于这类晶体在长大过程中要保持“光滑”状态，所以长大速度相对较小，而且自由生长时，容易形成规则的几何外形。

这表明 α 是一个区分晶体界面结构的重要参数：

(1) $\alpha>2$，界面平整；

(2) $\alpha<2$，界面粗糙。

α 系数与熔化熵 ΔS_m 有关，可简化为下式表示：

$$\alpha \approx \Delta S_m/R \approx \Delta S_m/8.31 \tag{1-27}$$

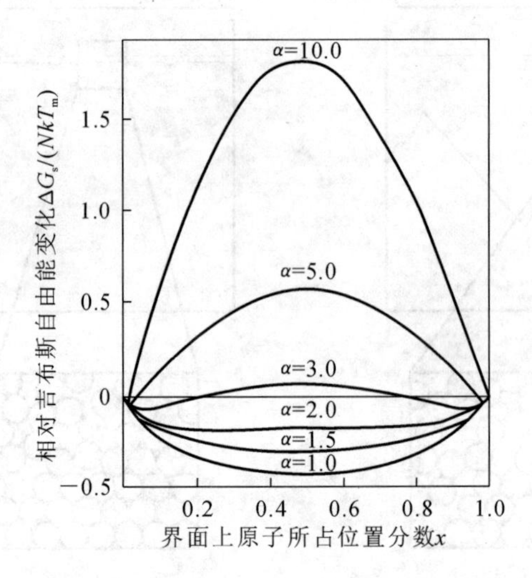

图 1-37　不同 α 值时相对吉布斯自由能变化与界面上原子所占位置分数的关系

式中：R 为普适气体常数。

大多数金属的 $\alpha<2$，而许多非金属的 $\alpha>2$，某些金属的熔化熵 ΔS_m 值见表 1-2。

表 1-2　某些金属的熔化熵 ΔS_m 值

晶格类型	晶体	T_0/K	$L/(J \cdot mol^{-1})$	$\Delta S_m/(J \cdot mol^{-1} \cdot K^{-1})$
面心立方	Al	933	10470	11.2
	Cu	1356	12980	9.6
	Au	1436	12770	8.9
	Pb	600	4815	8.0
	Ni	1728	17670	10.2
	Pt	2046	21770	10.6
	Ag	1233	10890	8.8
密排六方	Cd	594	6410	10.8
	Mg	923	8790	9.5
	Zn	692	7290	10.5
体心立方	Ca	1123	8790	7.8
	Cr	2163	19260	8.9
	Fe	1912	15490	8.1
	Li	459	2930	6.9
	K	336	2390	7.1
	Na	311	2640	8.5
	W	3683	35170	9.5
正方	Sn	505	6990	13.8

续表

晶格类型	晶体	T_0/K	L/(J · mol^{-1})	ΔS_m/(J · mol^{-1} · K^{-1})
三方	Bi	544	10890	19.6
斜方	Ga	303	5590	18.5

研究结果证实，判断晶体是按粗糙界面长大还是按光滑界面长大，仅依靠熔化熵值的大小是不够的，它还和结晶动力学，即物质在溶液中的浓度及凝固过冷度有关。如 Al-Sn 合金中，随 Al 浓度降低，初晶的形貌可由粗糙界面转变为光滑界面。因此，D. E. Temkin 等人提出了固-液界面的多原子层模型，如图 1-38 所示。在这个多原子层界面中，既存在着原子排列较为规则的原子簇，又存在排列非常紊乱的原子，在排列规则的原子簇中的晶体位置被部分填满，并与一定的晶面相对应，随着向固相一边靠近，原子簇中原子排列的有序化程度增加。因此在过冷度较小时(即熵值比较低的金属中)，界面原子层数较少，晶体生长可按原子团中每层台阶的侧面扩展方式进行，其生长固-液界面为光滑界面。对过冷度较大的情况(熵值也比较大)，固-液界面原子层变厚，界面上排列混乱的原子数增多，粗糙度增加，因此，即使原来属于光滑界面生长的晶体，也可以转变为粗糙界面生长。

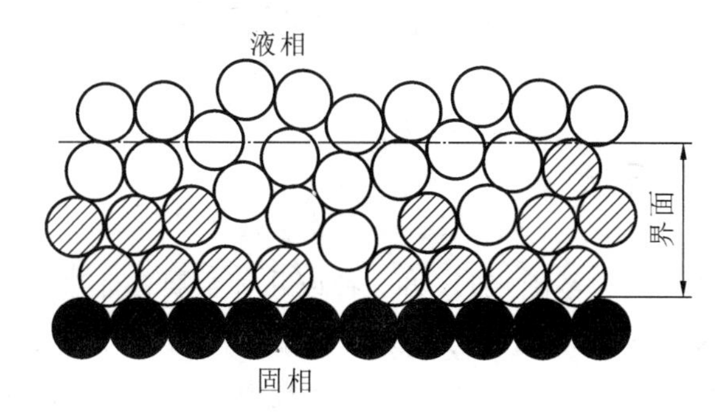

图 1-38　固-液界面的多原子层模型

5. 晶体生长方式

由于固-液界面结构不同，晶体生长方式也不一样，可以分为以下三种，如图 1-39 所示。

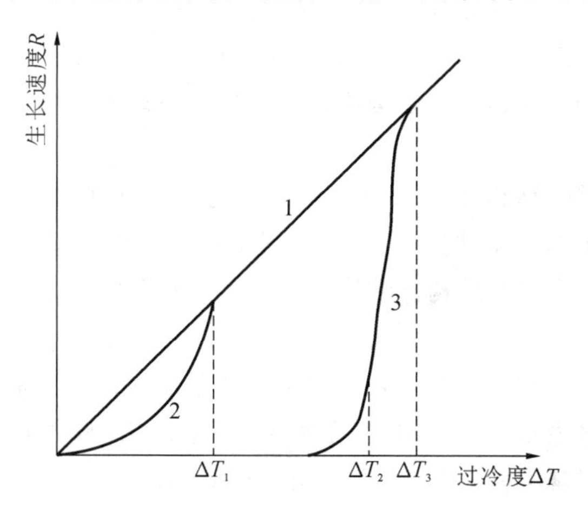

图 1-39　三种生长方式的晶体生长速度与过冷度的关系

1—粗糙界面的连续生长；2—通过螺位错机理生长；3—通过二维形核生长

1）连续生长

固-液界面在原子尺度上是“粗糙的”，对于大多数金属，固-液界面上的位置对添加原子而言是等效的，原子可以连续、无序地向界面添加，使界面迅速向液相推移从而使晶体生长，生长所需要的动力学过冷度较小（ΔT_k 为 0.01～0.05 K）。晶体生长时的生长速度受结晶过冷度影响较大。三种生长方式中，该方式生长速度最高。

2）沿晶体缺陷生长

实际晶体生长时总要形成许多缺陷，由缺陷造成的界面台阶容易使原子向上堆砌，其中对晶体生长过程影响较大的是螺位错和孪晶界面。

3）二维晶核台阶生长

原子主要借助于光滑界面上形成的台阶侧面堆砌、增厚，从而使界面向前推进。界面的向前推进方向与台阶扩展方向垂直。这种光滑界面具有独特的密排晶面的晶体学特征，晶面上原子间的结合力比较强，界面保持完整，但是在这种界面上原子堆砌困难，也很不稳定。台阶的来源可以是界面上的二维形核，也可以是界面上的晶体缺陷。三种生长方式中，该方式生长速度最低。

1.2 合金的结构

1.2.1 合金的概念

合金是以一种金属元素为基础，加入另一种或几种金属或非金属元素组成的具有金属特性的物质。组成合金的基本单元称为组元。合金中的组元可以是金属元素和非金属元素，也可以是稳定的化合物。两个组元组成的合金称为二元合金，三个组元组成的合金称为三元合金。三个以上组元组成的合金常称为多元合金。合金常按其最主要的组元的名称命名，如铜合金、铝合金等。也可按主要合金元素的名称命名，如铁-碳合金、铜-锌合金等。

根据组元的比例不同，可形成一组合金系列，称为合金系。一个合金系中不同成分的合金具有不同的结构和性能。因此合金与纯金属相比具有更大的可选择性。

由于合金是由两种或更多的元素组成的，因此元素之间的相互关系及存在形式的不同，使合金具有不同的结构。表达合金结构特征有两个重要概念：相与组织。

1）相

合金中，凡成分相同、结构相同并有界面与其他部分分开的独立均匀的组成部分称为相。不同的合金具有不同的相，同一合金在不同条件下可能具有不同的相。用相的特征来表示合金结构时称为合金的相结构。结构中各种相称为相组成物。

2）组织

合金结构的微观形貌称为组织。合金的组织通常用显微镜才能观察清楚，故也称显微组织。用组织的特征来表示合金结构时，称为合金的组织结构，合金中的各种组织称为组织组成物。不同的合金呈现不同的组织，有的是单相的，有的是多相的。同一种合金，在不同状态（如不同温度或经不同的热处理）下可以呈现不同的组织，使合金具有不同的性能。因此工程上选用金属材料时，分析其组织具有更加实际的意义。

1.2.2　合金的基本相

合金中存在各种组织组成物，但其最基本的组成单元是两种基本相。

1. 固溶体

以一种金属元素为基础，其他合金元素（金属或非金属）的原子溶入基础元素的晶格中所形成的结构称为固溶体。通常将基础元素称为溶剂，溶入的元素称为溶质，溶质溶入溶剂后即成溶体。由于是固态，故称固溶体。一般认为溶质原子在溶剂内的分布是均匀的，因此固溶体在合金中是一种相组成物，而且是工业合金基体的基本相。

固溶体的特点：固溶体的晶格形式与溶剂的相同，固溶体的性能基本与溶剂的一样。溶质在溶剂中的质量分数称为固溶体的浓度，其极限浓度称为固溶体的溶解度。按溶解度的大小，固溶体可分为有限固溶体与无限固溶体。有限固溶体的溶解度有一定限度，溶质原子最大的溶入量不能超过某一值。若溶质原子的溶入量超过此值则形成其他相。无限固溶体的溶解度没有限度，可在0～100%变化。

按溶质原子在溶剂晶格中的存在状态，固溶体又可分为间隙固溶体和置换固溶体。间隙固溶体的溶质原子存在于溶剂晶格的间隙中，如图1-40(a)所示。当溶质原子比溶剂原子小时，容易形成间隙固溶体，而且都是有限固溶体。置换固溶体的溶质原子取代溶剂原子存在于溶剂晶格的节点上，如图1-40(b)所示。当溶质原子与溶剂原子的大小相近而且两者晶型相同时，容易形成置换固溶体。置换固溶体可以是有限固溶体，也可以是无限固溶体。溶解度超过50%时，溶质与溶剂的关系发生变化，含量多的为溶剂。

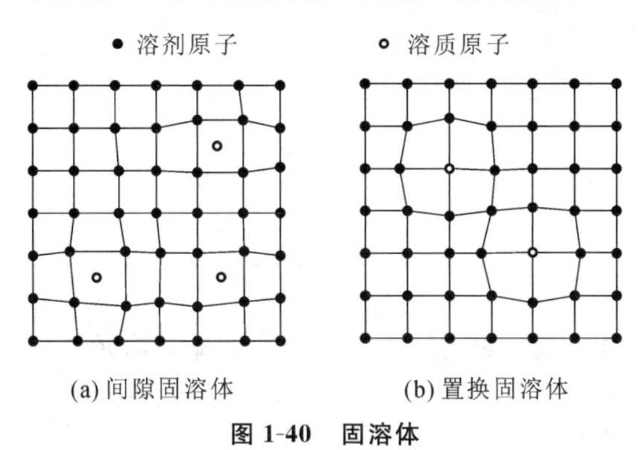

图1-40　固溶体

不论是间隙式或置换式固溶体，溶质原子的存在都使晶格发生畸变。间隙固溶体溶质原子将四周溶剂原子挤开，这种晶格畸变称为正畸变。若置换固溶体中溶质原子大于溶剂原子，则产生晶格正畸变，反之产生负畸变。故固溶体的强度和硬度都比溶剂元素的高，但塑性和韧性相对溶剂元素而言变化不大。许多金属材料经常采用加入其他元素的方法来提高强度和硬度，尤其是非铁合金效果明显，这种方法称为固溶强化。

2. 金属化合物

金属化合物是合金的另一种基本相。其特点：组成化合物的合金元素按一定的比例结合，化合物的晶格形式不同于各组成元素的晶格形式，化合物的性能与组成元素原有的性能差别较大，化合物具有金属的性质。按其结构的不同，金属化合物可分为三类。

1）正常价化合物

这类化合物符合化合价规律，可用化学式表达。通常由元素周期表上相距较远、负电性差别较大的元素组成，其化合键有离子键也有共价键。合金中常见的有 Mg_2Si、Mg_2Sn、Cu_2Se 等。

2）电子化合物

这类化合物不符合化合价规律，但当满足某一电子浓度值时可稳定存在。通常ⅠB族元素与ⅡB族、ⅢA族及ⅣA族元素之间形成这类化合物，如 Cu-Zn、Cu-Sn、Cu-Al、Cu-Si 等。化合物中的总价电子数与化合物中的总原子数之比，称为电子浓度，用符号 C 表示。

$$C=\frac{UE_{U}+VE_{V}}{U+V} \tag{1-28}$$

式中：U 为 A 组元的原子数；E_U 为 A 组元的价电子数；V 为 B 组元的原子数；E_V 为 B 组元的价电子数。

当合金中电子浓度为 21/14、21/13、21/12 时，分别能够形成体心立方结构、复杂立方结构、密排六方结构的电子化合物。表 1-3 所示为非铁合金中常见的电子化合物。电子化合物主要以金属键结合，有明显的金属特性。这类化合物的成分还可以在一定范围内变化，形成以电子化合物为基础的固溶体。

表 1-3　非铁合金中常见的电子化合物

合金系	电子浓度		
	$\frac{3}{2}\left(\frac{21}{14}\right)\beta$ 相	$\frac{21}{13}\gamma$ 相	$\frac{7}{4}\left(\frac{21}{12}\right)\varepsilon$ 相
	晶体结构		
	体心立方晶格	复杂立方晶格	密排六方晶格
Cu-Zn	CuZn	Cu_5Zn_8	Cu_5Zn_3
Cu-Sn	Cu_5Sn	$Cu_{31}Sn_8$	Cu_3Sn
Cu-Al	Cu_3Al	Cu_9Al_4	Cu_5Al_3
Cu-Si	Cu_5Si	$Cu_{31}Si_8$	Cu_3Si

3）间隙化合物

间隙化合物是过渡族金属元素与原子直径很小的非金属元素（如碳、氮、硼等）形成的化合物。这类化合物的结合键为金属键。按其晶体结构的不同，又可分为简单晶格的间隙化合物和复杂晶格的间隙化合物。

简单晶格的间隙化合物又称间隙相，如图 1-41(a)所示。其晶格形式一般为体心立方或面心立方。两元素存在简单的比例关系，如 VC、W_2C。有时能再溶入一些其他原子，形成以间隙相为基的固溶体。

复杂晶格的间隙化合物是指晶格形式为除体心立方和面心立方等简单形式之外的其他形式的间隙化合物。在钢铁材料中，最有代表性的复杂晶格的间隙化合物是铁与碳形成的 Fe_3C，呈复杂斜方晶格，如图 1-41(b)所示。Fe_3C 在金属学中又称渗碳体，图 1-41(b)所示为渗碳体的晶胞。碳原子呈正方晶格，即 $\alpha=\beta=\gamma=90°$，$a\neq b\neq c$。每个碳原子都被由 6 个铁原子组成的八面体包围，每个铁原子属 2 个八面体共有，故铁与碳实际原子数之比为 3∶1。这类化合物中，铁原子有时会被少量的其他金属原子（如锰、铬、钼、钨等）所取代，形成合金渗碳体。

间隙化合物与间隙固溶体本质是不同的。间隙固溶体的晶格同溶剂的，性能基本同溶

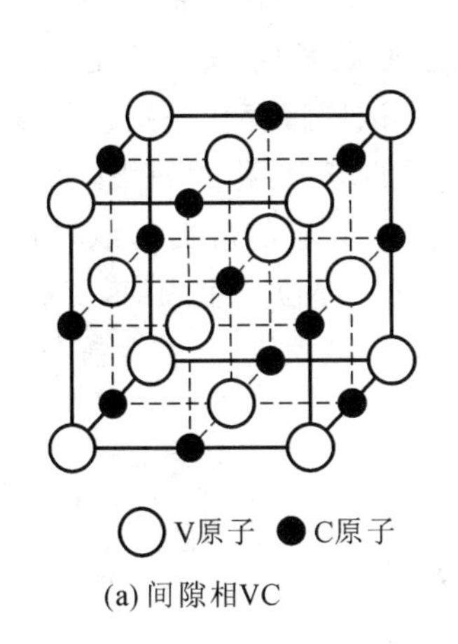

(a) 间隙相VC

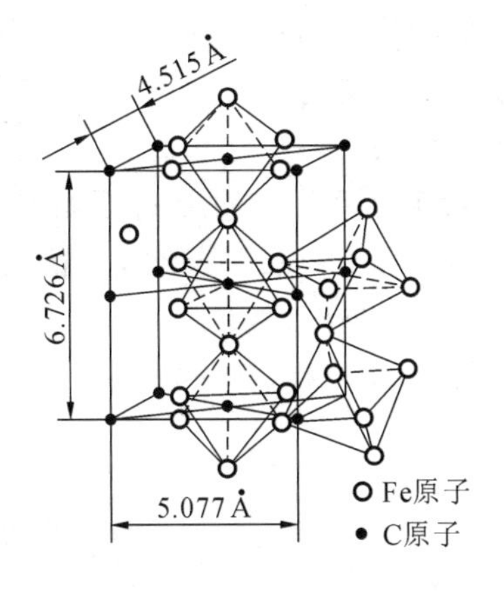

(b) 复杂晶格的间隙化合物Fe_3C

图 1-41　间隙化合物

剂的;间隙化合物的晶格则不同于任一组成元素的,性能也与组成元素的明显不同。如 VC 为面心立方晶格,而钒为体心立方晶格,碳(石墨型)为简单六方晶格。

金属化合物的共同特点:熔点高、硬度高、塑性低、脆性大。当合金中存在适当比例的金属化合物时,能显著提高合金的强度和硬度。故金属化合物成为各种金属材料的强化相。正常价化合物与电子化合物通常为各种非铁合金的强化相;间隙化合物则为各种碳素钢和合金钢的强化相。

1.2.3　机械混合物

机械混合物是合金中一种特殊的结构,由固溶体与化合物或固溶体与固溶体两相组成。其特点是:两相具有固定的比例、固定的合金成分,且同时形成;可在合金结晶时同时结晶,或在合金固态转变时同时析出;合金结构中的一种独立的形态,一种组织组成物。机械混合物的许多性能介于两组成相之间。

1.3　工程材料基本力学性能

1.3.1　刚度、强度、塑性

刚度、强度和塑性是材料承受静载荷的性能,可以通过静拉伸试验测定。

在静拉伸试验中,将标准试样置于拉伸试验机上施加轴向拉伸载荷,试验机自动绘出载荷 F 与轴向伸长变形量 Δl 的关系曲线。根据载荷 F、试样原始截面积 A_0 计算得到应力 σ,由变形量 Δl、标距长度 L_0 计算应变 ε:

$$\sigma = \frac{F}{A_0} \tag{1-29}$$

$$\varepsilon = \frac{\Delta l}{L_0} \tag{1-30}$$

应力 σ-应变 ε 曲线如图 1-42 所示。它分为两个区域，一个是弹性变形区，满足胡克定律，图中 OE 段应力与应变成正比，卸载后试样恢复至原始长度，σ_e 为弹性变形范围内的最大应力，称为弹性极限。另一个是塑性变形区，卸载后，试样将存在一定量的残余变形，即塑性变形，这种现象称为屈服，σ_s 是试样开始产生屈服时的应力，称为屈服强度。有些材料没有明显的屈服点，工程上一般取永久变形值达 0.2%时所对应的应力为该材料的屈服强度。随后，继续增加载荷，试样继续伸长，至 B 点时试样的某一部位产生颈缩，变形速度超过加载速度，曲线向下弯，在 K 点试样断裂。σ_b 为试样断裂前的最大应力，称为抗拉强度。

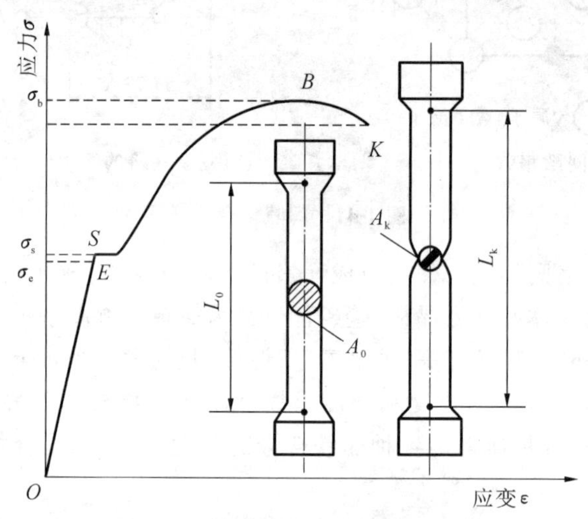

图 1-42 低碳钢拉伸应力-应变曲线

静拉伸试验可以获得以下几项性能指标。

1. 弹性模量

在弹性变形范围内，应力与应变的比值称为材料的弹性模量，弹性模量是衡量材料产生弹性变形难易程度的指标，用符号 E 表示：

$$E = \frac{\sigma}{\varepsilon} \tag{1-31}$$

式中：$\sigma=\dfrac{F}{F_0}$，在弹性变形范围内的任意应力；$\varepsilon=\dfrac{\Delta l}{L_0}$，对应于 σ 的相对变形。

2. 屈服强度

屈服强度是在静拉伸过程中开始产生塑性变形时的应力，用符号 σ_s 表示：

$$\sigma_s = \frac{F_s}{A_0} \tag{1-32}$$

式中：F_s 为曲线上 S 点的载荷。

对于没有明显屈服现象的材料，规定以试样产生 0.2%残余变形时的应力值作为该材料的条件屈服强度，以 $\sigma_{0.2}$ 表示。

拉伸曲线

3. 抗拉强度

抗拉强度表示材料在拉力作用下抵抗断裂的能力，是工程材料一项重要的性能指标，用符号 σ_b 表示：

$$\sigma_b = \frac{F_b}{A_0} \tag{1-33}$$

式中：F_b 为曲线上 B 点的拉伸载荷。

4. 伸长率

伸长率是材料的塑性指标，表征拉伸试样被拉断时的相对塑性变形量，用符号 δ 表示：

$$\delta=\frac{L_k-L_0}{L_0}\times 100\%\tag{1-34}$$

式中：L_k 为试样拉断后的标距长度；L_0 为试样的原始标距长度。

5. 断面收缩率

断面收缩率是材料塑性的另一种表达方式，用符号 ψ 表示：

$$\psi=\frac{A_0-A_k}{A_0}\times 100\%\tag{1-35}$$

式中：A_0 为试样的原始截面积；A_k 为试样拉断处的截面积。

1.3.2　疲劳强度

疲劳强度是材料承受周期性交变载荷时抵抗断裂的能力。承受周期性对称循环交变载荷的材料断裂时，其循环次数与应力之间存在如图 1-43 所示的关系，应力愈小，其循环次数愈多。当应力小于某一数值时，可无限循环而不破坏材料(图中曲线 1)，此应力称为疲劳强度。疲劳强度通常比 σ_s 小得多。一般零件不必要求无限循环工作，且有些材料疲劳曲线无明显的水平线段(图中曲线 2)。故工程上规定，钢铁材料循环工作 10^7 次、非铁合金循环工作 10^8 次不发生断裂的最大应力，作为该材料的疲劳强度，用符号 σ_{-1} 表示。疲劳强度是齿轮、转轴、弹簧等零件的重要性能指标。

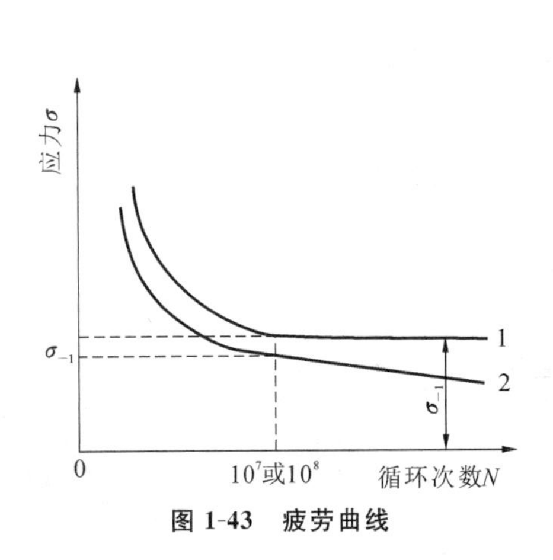

图 1-43　疲劳曲线

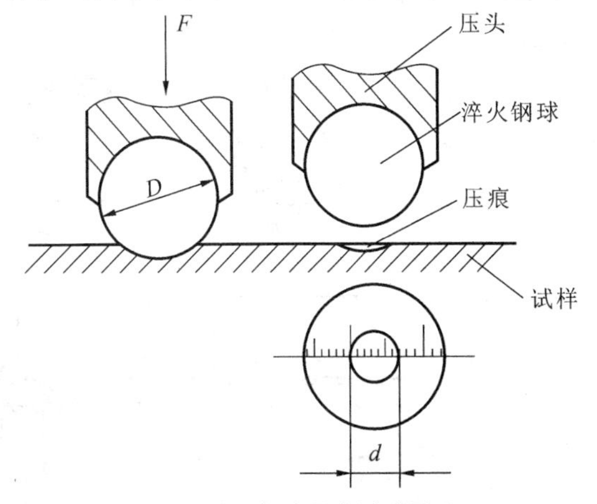

图 1-44　布氏硬度测试原理

1.3.3　硬度

硬度是材料表层抵抗其他硬物压入的能力，也是材料局部塑性变形的抗力，是机械零件最常用的性能指标之一。常用的硬度表示方法有布氏硬度、洛氏硬度和维氏硬度。

1. 布氏硬度

布氏硬度值在布氏硬度计上测定。以一定的试验载荷 F，将直径为 D 的淬火钢球压入材料的表层，保持一定时间后卸除载荷，材料表层留下直径为 d 的球形压痕，如图 1-44 所示。以单位压痕面积所承受的载荷表示材料的布氏硬度值，用符号 HBS 表示。

$$\mathrm{HBS}=\frac{F}{A}=\frac{2F}{\pi D(D-\sqrt{D^2-d^2})}\text{（当试验力单位用 kgf 时）} \tag{1-36}$$

$$\mathrm{HBS}=\frac{F}{A}=0.102\times\frac{2F}{\pi D(D-\sqrt{D^2-d^2})}\text{（当试验力单位用 N 时）} \tag{1-37}$$

按被测材料的厚度和硬度范围，F 和 D 有若干种规定值。常用的是 $F=29.42$ kN（3000 kgf），$D=10$ mm，试验力保持时间为 10 s。测试时只要用带刻度的放大镜测量压痕直径 d 的数值，即可直接查表求得布氏硬度值。习惯上布氏硬度只标注数值，不标注单位。布氏硬度常用于测量铸铁、非铁合金及退火钢材。硬度大于 450 HBS 及太薄太软的材料不宜使用布氏硬度度量。布氏硬度计也可采用硬质合金球作压头，符号为 HBW，用于测量硬度较高的材料。

2. 洛氏硬度

洛氏硬度在洛氏硬度计上测定，其测试原理如图 1-45 所示。以一定的试验载荷 F，将压头压入被测材料的表层，以压入深度的大小表示洛氏硬度值。测试时先加预载荷 F_0，使压头与试样良好接触，并将表盘调至零位。然后加主载荷 F_1，保持一定时间后卸除主载荷以消除弹性变形（布氏硬度与维氏硬度测试时都是离开压头测量的，弹性变形已经消除）。此时表盘上的读数就是洛氏硬度值。所用试验力有 1471 N、980.7 N 和 588.4 N 三种。压头有锥角为 120°的金刚石圆锥体和直径为 1.588 mm（1/16 in）的淬火钢球两种。洛氏硬度用符号 HR 表示。根据载荷与压头的不同，洛氏硬度有三种规范，列于表 1-4。最常用的是 HRC，主要用于测量淬火钢的硬度；HRA 用于测量表面硬化层或高硬度材料；HRB 的应用与 HBS 相似。

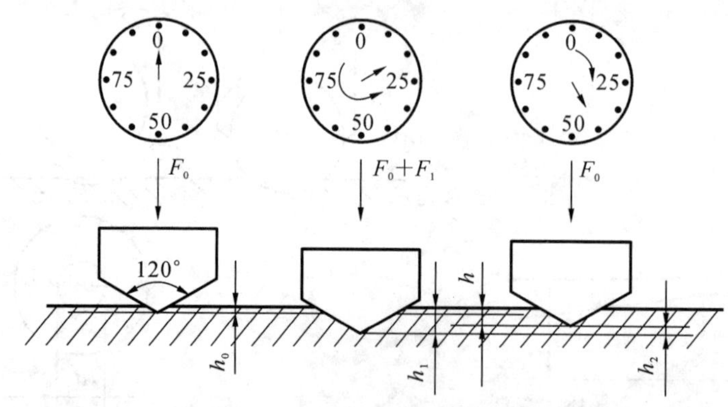

图 1-45 洛氏硬度测试原理

表 1-4 洛氏硬度的三种规范

符号	硬度值有效范围	压头形式	总载荷 /N(kgf)
HRA	70～85	120°金刚石圆锥	588.4(60)
HRB	25～100(相当于 60～230 HB)	ϕ1.588 mm 淬火钢球	980.7(100)
HRC	20～67(相当于 230～700 HB)	120°金刚石圆锥	1471(150)

3. 维氏硬度

维氏硬度在维氏硬度计上测定。以一定的试验载荷 F，将顶角为 136°的金刚石四棱锥压头压入被测材料表层，在材料表层压出一个四方锥形的压痕，如图 1-46 所示。以单位压痕面积所承受的载荷表示材料的维氏硬度值，用符号 HV 表示。

$$HV=\frac{F}{S}=\frac{F}{\frac{d^2}{2\sin 68^\circ}}=1.8544\frac{F}{d^2}\text{（当试验力单位用 kgf 时）} \tag{1-38}$$

$$HV=\frac{F}{S}=0.1891\frac{F}{d^2}\text{（当试验力单位用 N 时）} \tag{1-39}$$

式中：F 为试验载荷；d 为压痕对角线长。

试验载荷 F 有多种数值，常用的有 49.04 N(5 kgf)、98.07 N(10 kgf)、147.1 N(15 kgf)、294.2 N(30 kgf)等。维氏硬度测量的范围较大，从 5 HV 至 1000 HV；既可测量较软材料，也可测量较硬材料，还可测量薄片金属、金属镀层和热处理硬化层，如渗碳层、渗氮层、渗硼层等。测量时只要测得压痕对角线 d 的值（d 值可以从硬度计带刻度的目镜中直接读出），即可查表得到 HV 值。

硬度测试操作方便，测试时不破坏零件的完整性，硬度值又可直接反映零件的使用要求，故零件图上常标注规定的硬度值。

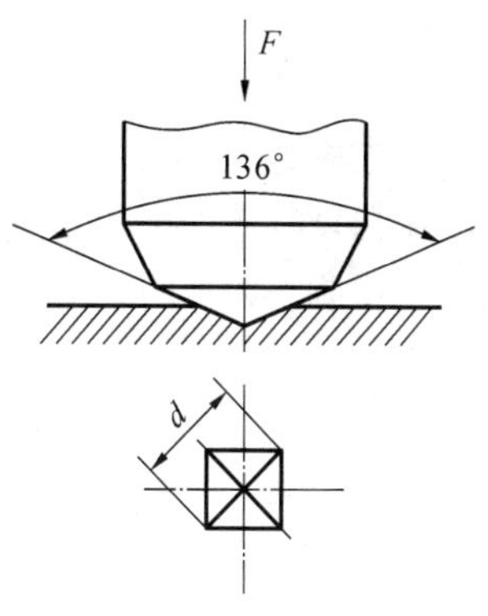

图 1-46　维氏硬度测试原理

1.3.4　冲击韧度

冲击韧度是材料抵抗冲击载荷的能力，以冲击值 a_{KU} 表示。冲击值的大小与环境温度、试样尺寸和缺口形状有关。a_{KU} 按规定的方法测定，如图 1-47 所示。试样放在摆锤转轴的正下方，摆锤提升至规定高度 H_1，然后使摆锤自由落下，冲断试样后，摆锤回升至某一高度 H_2。以试样冲断时消耗的功表示材料的冲击值，单位为 J/cm²。

$$a_{KU}=\frac{GH_1-GH_2}{A}\times 9.8 \tag{1-40}$$

式中：G 为摆锤质量，单位为 kg；H_1、H_2 分别为冲击前、后摆锤的高度，单位为 m；A 为试样断口处的截面积，单位为 cm²。

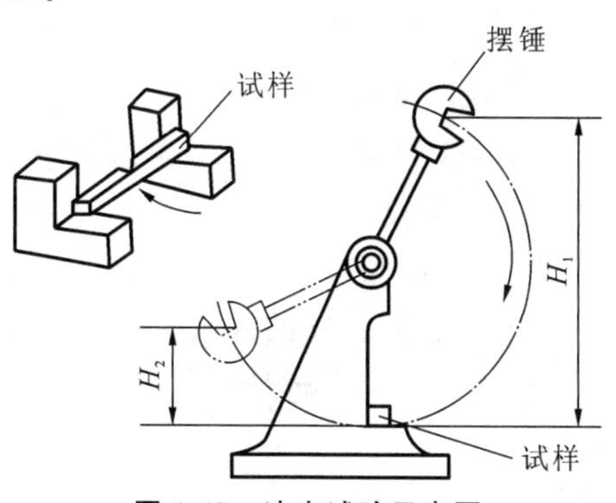

图 1-47　冲击试验示意图

1.3.5 断裂韧度

断裂实际上是裂纹的形成和扩展，断裂韧度是指带微裂纹的材料或零件阻止裂纹扩展的能力。材料或零件的断裂情况十分复杂，根据塑性变形程度大体上可分为延性断裂和脆性断裂两大类，前者表现为试样在断裂前已经历了大量的塑性变形，后者表现为在试样上没有明显的塑性变形迹象。而根据裂纹及其扩散方向与载荷方向之间的关系，可以抽象出Ⅰ型裂纹、Ⅱ型裂纹和Ⅲ型裂纹这三种基本裂纹形式，其他复杂的裂纹形式可以看作这三种基本裂纹形式的组合。如图 1-48 所示，Ⅰ型裂纹为张开型裂纹，特征是外载荷为垂直于裂纹平面的正应力；Ⅱ型裂纹为滑移型裂纹，特征是外载荷是裂纹面内垂直于裂纹前缘的剪力，裂纹在其自身平面内做垂直于裂纹前缘的滑动；Ⅲ型裂纹为撕裂型裂纹，特征是外载荷为平行于裂纹前缘的剪力。

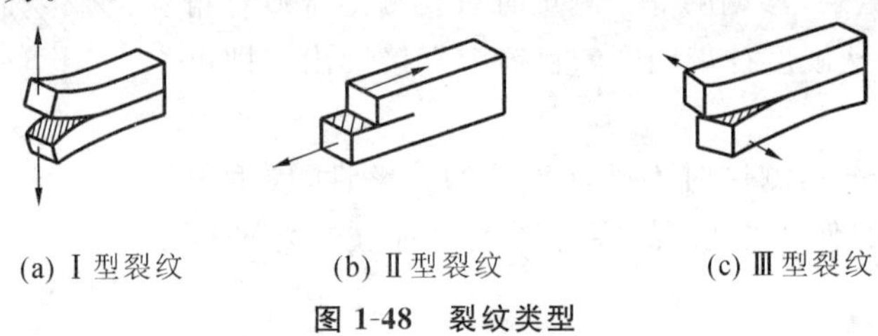

(a) Ⅰ型裂纹　(b) Ⅱ型裂纹　(c) Ⅲ型裂纹

图 1-48　裂纹类型

当内部存在裂纹的材料或零件承受载荷时，根据线弹性理论，裂纹尖端存在应力奇异性，即裂纹尖端的应力趋于无穷大，这显然与实际情况不符。在裂纹尖端处存在应力集中，其大小与裂纹长度和裂纹尖端曲率半径有关。在裂纹尖端附近的微小区域内，存在一个很复杂的应力场，其大小用应力强度因子 K_1 表示。

$$K_1 = Y\sigma\sqrt{a} \tag{1-41}$$

式中：Y 为形状因子，与构件形状和裂纹形状有关，在特定状态下是一个常量；σ 为承受载荷时的应力；a 为裂纹长度的一半。

当应力强度因子达到某一临界值时，裂纹将失稳扩展导致材料或零件断裂。在一定条件下，该临界值为常数，可在有关材料手册中查得。其大小反映了材料抗断裂的能力，称为材料的断裂韧度，用符号 K_{IC} 表示。当 $K_1 < K_{IC}$ 时，零件可安全工作；当 $K_1 > K_{IC}$ 时，零件则可能因裂纹扩展而断裂。当已知 K_{IC} 和 Y 值后，可根据裂纹长度确定许可的应力，也可根据应力大小确定许可的裂纹长度。

以下简单介绍格里菲斯(Griffith)的裂纹发展理论。材料中有微小裂纹存在引起应力集中，使得断裂强度下降。对应于一定尺寸的裂纹，存在临界应力 σ_c，当外应力小于 σ_c 时裂纹不能扩展，只有当外应力大于 σ_c 时裂纹才能扩展并导致材料断裂。

如图 1-49 所示，考虑薄板状试样，中间有一长度为 $2a$ 的裂纹。设板受到与裂纹垂直的张应力 σ 的作用，可以认为裂纹周围直径为 $2a$ 的区域内应力被松弛，被松弛掉的弹性能为

$$U_1 = -\pi a^2\sigma^2/E \tag{1-42}$$

式中：E 为弹性模量。

同时，裂纹增加的表面能为

$$U_2 = 4a\gamma^* \tag{1-43}$$

式中：γ^* 为单位长度裂纹的表面能。

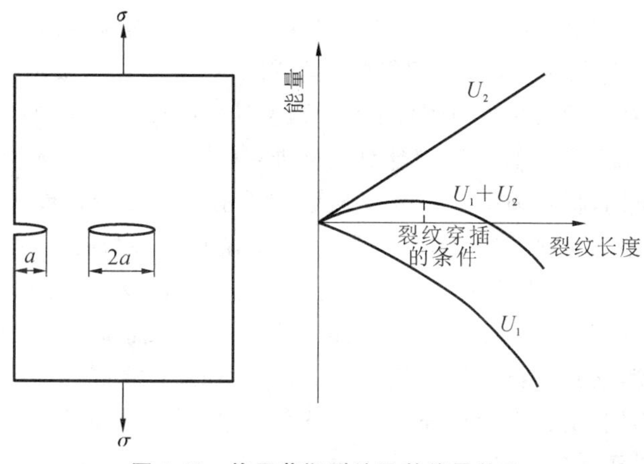

图 1-49　格里菲斯裂纹及其能量关系

图 1-49 画出了 U_1、U_2、U_1+U_2 和裂纹长度的关系。如果裂纹的长度超过了 U_1+U_2 的极大值所对应的长度，它便可以扩展，反之则不能扩展。换言之，如果已存在一个宽度为 $2a$ 的裂纹，可以由 $\frac{\mathrm{d}(U_1+U_2)}{\mathrm{d}a}=0$ 求出一个临界外应力 σ_c：

$$\sigma_c=\left(\frac{2E\gamma^*}{\pi a}\right)^{1/2} \tag{1-44}$$

当外应力大于该临界值时，裂纹便可以扩展。

在实际工程结构中，在复合型加载的情况下，裂纹多属于复合型，裂纹扩展方向可能会与原裂纹线方向偏离，此时需应用复合型断裂判据，同时考虑裂纹沿什么方向开裂、裂纹在什么条件下开裂这两方面的问题。目前关于复合型断裂的理论有最大周向应力理论、应变能密度因子理论等。在最大周向应力理论中，基本假设是裂纹沿最大周向应力方向开裂，且当此方向的周向应力达到临界值时裂纹失稳。在应变能密度因子理论中，裂纹尖端附近应变能密度强弱程度的量称为应变能密度因子，裂纹沿应变能密度因子极小值的方向扩展，当应变能密度因子的极小值达到某一临界值时裂纹开始扩展。两种理论均得到一定的实验支持，但也均存在局限性。

裂纹的存在降低了材料的许用应力，在机械设计时特别需要注意高强度材料的承力部位、承受多次重复载荷的部位、应力集中程度较高的部位、反复受高温或剧烈振动的部位以及环境条件恶劣的部位等。对重要的危险部位必须在加工和使用中提出特殊的工艺和检验要求，同时要有相应措施保证危险零件的可跟踪性。

1.3.6　强度设计

1. 强度设计的目的与作用

随着市场对设备或结构性能要求的提高，设备或结构的工况、载荷及环境条件越来越苛刻，涉及的强度问题也越来越复杂。材料强度设计的目的就是保证设计对象的强度满足要求，或者说保证设计对象在规定的使用条件下不发生强度失效。影响材料强度的因素除材料自身的属性（如化学成分、微观结构、缺陷）外，还有环境因素，如应力状态、载荷性质、加载速率、温度和介质等。

按材料性质的不同，材料强度可分为脆性材料强度、塑性材料强度和带裂纹材料的强度。脆性材料强度以抗拉强度 σ_b 为强度计算的标准，如铸铁等脆性材料。塑性材料强度以屈服强度 σ_s 为强度计算的标准，如软钢等塑性材料。对于没有屈服现象的塑性材料，取与0.2%的塑性变形相对应的名义屈服强度 $\sigma_{0.2}$ 为强度计算的标准。带裂纹材料的强度则由断裂力学中的 K_C、K_{IC}、δ_C 或 J_C 作为强度计算的标准。

按载荷性质的不同，材料强度可分为静强度、冲击强度和疲劳强度。静强度指材料在静载荷作用下的强度，根据材料性质的不同分别以屈服强度 σ_s 或抗拉强度 σ_b 作为强度计算的标准。冲击强度指材料在冲击载荷作用下的强度，一般在引入动载系数后，按静强度情况进行计算，如结构钢的强度极限和屈服强度随冲击速度的增大而提高。疲劳强度指材料在循环载荷作用下的强度，通常以材料的疲劳强度 σ_{-1} 作为强度计算的标准。

按环境条件的不同，材料强度又分为高温强度、低温强度、腐蚀强度等。

材料强度设计需要精确地确定材料的性能和载荷，涉及以下三个方面：

(1) 分析结构应力；

(2) 研究力学特性；

(3) 建立强度理论。

一般情况下，固体力学计算着重解决第一个问题，材料试验和结构条件等确定第二个问题。然后联系这两方面的结果，研究材料在复杂应力作用下产生破坏的规律，建立相应的理论和强度计算法则，即强度理论。强度理论涉及内容很多，例如：零件受载过程中，应力与应变的分布；各种内应力的形成和变化；位错和各种缺陷，以及对裂纹附近应力场的分析；位错开动和裂纹扩展推动力的计算；变形和断裂过程中物理模型的建立及数学公式的推导；等等。研究这些问题，除了要对其物理现象进行分析外，还需要对其力学过程进行讨论，尤其是在解决生产实际问题时，还要求对机件的服役条件和失效状况从力学角度进行详细可靠的分析。

为了分析和处理问题的方便，力学研究中通常假定研究对象满足连续、均匀、各向同性、完全弹性、初应力为零等条件。然而，工程用的实际金属材料并不严格符合上述这些假设。实际金属材料中不可避免地含有各种宏观尺度或微观尺度的孔洞和裂纹，例如大大小小的夹杂和其他缺陷，因而事实上是不连续、不均匀的。材料在冶炼、二浇铸、压力加工、焊接和热处理等过程中，由于温度不均匀、受载不均匀、冷却速度不均匀，在机件内部，宏观各部位之间或微观区域之间，会形成成分、组织和内应力及相应的力学性能的不均匀。另外，在凝固过程中，有可能形成结晶构造的方向性、成分偏析，在锻压过程中形成金属流动的方向性，相组织初缺陷分布的方向性、内应力分布的方向性等；从而产生材料宏观上的各向异性。特别是新兴的复合材料，各向异性更是其主要特点。因此实际材料总是不同程度地具有不连续性、不均匀性和各向异性。所谓的“完全弹性”也是有条件的而不是绝对的。

2. 材料强度设计方法

1) 常规机械强度理论

常规机械强度理论假设材料性能是均匀的、各向同性的、连续的，只考虑静载荷作用。该理论比较实用、简便，在工程中得到了广泛的应用，迄今为止仍然是一种广泛应用的工程计算方法，也是现代机械强度设计计算的基础。常规强度理论中的强度设计步骤：根据设计要求，由理论力学方法确定设计对象所受外力；用材料力学、弹性力学或塑性力学计算其内力；再根据机械设计的知识确定其结构尺寸和形状；最后计算设计对象的工作应力或安全系数。强度设计准则可用公式表示为

$$许用应力准则：\sigma \leqslant [\sigma] \tag{1-45}$$

$$安全系数准则：n \geqslant [n] \tag{1-46}$$

式中：$[\sigma]$、$[n]$分别称为许用应力、许用安全系数，安全系数定义为强度与应力之比。

满足式(1-45)和式(1-46)的设计是安全的，否则是不安全的。

对于塑性材料，一般用屈服强度指标：

$$[\sigma] = \sigma_s / [n]_s \tag{1-47}$$

式中：$[n]_s$ 为以屈服强度为基准的许用安全系数。

对于脆性材料，一般用抗拉强度指标：

$$[\sigma] = \sigma_b / [n]_b \tag{1-48}$$

式中：$[n]_b$ 为以强度极限为基准的许用安全系数。

安全系数 n 是考虑到实际结构中可能有的缺陷和其他意想不到的或难以控制的因素(如计算方法的不准确性、载荷估计的不准确性等)，用来保证所设计的机械零构件有足够的强度安全储备量，保证在最大工作载荷下，其工作应力不超过制造零构件材料的极限应力。确定安全系数时，一般遵循如下原则：对重要结构件，$[n]$取大值；对非重要零构件，$[n]$取小值，但必须满足 $n>1.0$。

2) 现代机械强度理论

由于现代的机械零构件工作环境越来越恶劣，如高温、高压、腐蚀、工作载荷大、载荷变化频繁且随机的环境，制造零构件的材料也由过去主要是钢铁，发展到用高强度钢、复合材料、陶瓷材料及非金属聚合物等，因此常规强度设计的理论和方法已远远不能满足现代机械使用的材料、工作条件及环境的设计要求，必须加以改进、发展和完善，由此逐渐形成了现代机械强度的设计理论和方法。现代机械强度理论除了要用到弹塑性理论之外，还需要应用疲劳和断裂理论，同时利用现代测试技术手段、计算机辅助工程和智能优化技术对机械结构进行综合分析与计算，最终给出科学的强度设计计算指标，以满足工程的要求。

与常规机械强度设计相比，现代机械强度设计有如下特点。

(1) 传统的设计中主观和经验的成分占有很大的比重，过去的产品一般都是在实践中通过经验积累不断改进、逐步完善的。现代的设计过程已转变为基于科学手段，人们主动地按思维规律向目标接近的创造过程。

(2) 传统的强度设计主要依据材料力学或测试手段，偏重于静强度；而现代的有限单元方法、断裂力学等方面的研究成果，能够处理动强度与裂纹扩展等问题，进一步强化了强度设计的能力。

(3) 传统的强度设计过程往往是根据任务和目标，反复地设计、试制和实验，费时费力。现代强度设计则可运用仿真技术、智能优化设计理论得到强度设计计算指标，同时获得机械设计的最佳参数和方案，省时省力。

身边的工程材料应用 1：澎湖空难

中华航空公司 611 号班机(CI611)空难，又称“澎湖空难”。2002 年 5 月 25 日，中华航空公司一架从中国台湾飞往中国香港的客机解体坠毁。该客机为波音 747-200 型、编号 B-18255(旧机号 B-1866)客机，搭载 206 名乘客及 19 名机组员(包括正副驾驶及飞航工程师)，在澎湖县马公市东北方 23 海里的 34900 英尺(约 10640 米)高空处解体坠毁，机上 225 名乘客及机组员罹难。

由于611号班机的坠毁非常突然，事故发生前飞行员与地面塔台间的联络一切正常没有前兆，因此飞机刚坠毁时关于失事的原因众说纷纭。雷达记录显示CI611在坠毁时曾先分裂成四大块结构后才坠入海中，因此遭导弹击中、恐怖攻击的说法曾被列在肇因名单的前几位，除此之外被陨石击中、遭到匿踪战机之类的武器误击也曾被认为是可能原因之一。经调查，上述可能都一一被否定。在调查期间，调查人员发现本次空难和1996年环球航空800号班机（TWA800）空难十分相似，包括：两架客机都是波音747（TWA800是747-131，CI611是747-209B。发动机也是同一生产商，TWA800是普惠JT9D-7AH，CI611是普惠JT9D-7AW）；两架客机都是在爬升阶段解体；两架客机解体时没有预警；两架客机都是在大热天时起飞。不过CI611的中央油箱没有爆炸的痕迹，因此油箱起火并不是导致CI611坠毁的原因。

后来，调查员发现其中一块机尾蒙皮有修补过的痕迹，并有浓烈燃料味。他们将该块蒙皮送往中山科学研究院检查，发现该块蒙皮有严重金属疲劳的现象，经翻查肇事飞机的维修记录后，继而发现了整个空难的始末如下。

(1) 1980年2月7日，该航机曾在香港启德机场执行CI009号班机时因机尾擦地损伤机尾蒙皮，造成飞机失压，当天被运回台湾，次日进行了临时维修。

(2) 损伤到机尾后，中华航空公司于1980年5月23日至26日做了永久性维修：用一块面积与受损蒙皮相若的铝板覆盖该处（根据波音的维修指引，新蒙皮的面积须较受损的蒙皮面积增加至少30%），并没有依波音所订的结构维修手册更换整块蒙皮，但负责维修人员于维修记录上写明依照波音维修指引进行维修。

(3) 22年来，后续维修人员相信该维修记录而未更进一步检查。该修补部分因此累积了金属疲劳的现象。1988年阿罗哈航空243号班机事故之后，机务规范要求对飞机可能产生腐蚀的位置进行直接目视检查；这种检查被归入中华航空公司的飞机维护程序里面。中华航空公司在这架飞机的服务期内对这个蒙皮部位进行过若干次内部检查。其中最后一次例行检查是事故发生之前大约4年，所拍摄的照片显示了在该飞机尾部修复舱壁四周处肉眼可见的烟熏污渍，这是由于1995年之前允许机上乘客在增压机舱内吸烟所产生的烟雾在此处微小缺陷的舱内外气压差形成的气流向外泄漏所致。这些深色痕迹（锈迹）预示着下面可能隐藏着结构损伤。

(4) 该蒙皮处裂开后，造成飞机机尾脱落并失控，最后因舱体突然失压，结构解体，导致失控坠毁。根据事故后回收的机身残骸，该处裂痕至少长达90.5英寸（约2.3米），而研究显示在高空中飞机上的裂痕超过58英寸（约1.5米）时就会有结构崩毁的可能。

(5) 中华航空公司对此事故调查报告表示异议，认为调查者并没有找到能证明调查报告的飞机残骸。

根据上述调查，中华航空公司CI611澎湖空难事故调查报告正式发布如下：根据加强补片上发现的环状摩擦痕迹、断裂面上的规则亮纹及镀铝层挤压变形现象，相信该机于解体前，机身上存在一个至少长71寸（约2.4米）、长度足以造成机身结构失效的连续裂纹；大部分疲劳裂纹生长的起源点为1980年2月7日事故航机在中国香港发生机尾触地事件造成的刮痕处。

本章复习思考题

1-1　金属常见的晶格有哪几种？晶胞如何表示？什么是晶格的致密度？常见晶格的致密度是多少？请给出具体的计算过程。

1-2　晶面指数与晶向指数如何表示？画出立方晶格的三个典型晶面和三个典型晶向。

1-3　实际金属晶体常存在哪些缺陷？各种缺陷有哪些具体形式？晶体缺陷与金属性能有何关系？

1-4　金属结晶为什么要在理论结晶温度以下才能完成？由液态转变为固态的结晶过程是如何进行的？

1-5　金属结晶形核主要分为哪两种？两种形核方式的主要影响因素分别是什么？

1-6　什么叫合金？合金中的相和组织有何区别？相组成物与组织组成物如何区分？

1-7　什么叫固溶体？固溶体有哪几种形式？

1-8　金属化合物有哪几种？哪种化合物常作为非铁合金的强化相？哪种化合物是碳素钢和合金钢的强化相？

1-9　机械混合物的特点是什么？铁素体占 40%和珠光体占 60%组成的物质，能不能称为机械混合物，为什么？

1-10　固溶体与化合物的区别是什么？间隙固溶体与间隙化合物如何判别？

1-11　说明下列力学性能指标的含义：

(1) σ_s 和 $\sigma_{0.2}$；　(2) σ_b；　(3) ψ 和 δ；　(4) σ_{-1}；

(5) HBS 和 HBW；　(6) HRC；　(7) K_{IC}。

1-12　什么是塑性？衡量塑性的指标有哪些？塑性好的材料有什么实际意义？

1-13　拉伸试样为低碳钢圆棒标准短试样（ϕ10 mm、长 50 mm），试样发生屈服时的最高载荷为 31400 N，产生颈缩前的最高载荷为 53000 N，拉断后试样长 79 mm，颈缩处最小直径为 4.9 mm，求其 σ_s、σ_b、ψ 和 δ。

1-14　常用哪几种硬度试验？如何选用？硬度试验的优点何在？

第2章　金属的塑性变形与再结晶

工业生产中，许多金属零件都要经过压力加工，如锻造、轧制、挤压及冲压等。压力加工的一个基本特点是金属在外力作用下，发生不能自行恢复其原形和尺寸的变形，即塑性变形。

金属发生塑性变形不仅是为了得到零件的外形和尺寸，更重要的是为了改善金属的组织和性能。例如，用压力加工可以改善铸态组织中的粗大晶粒、组织不均匀及成分偏析等缺陷；通过锻造可击碎高速钢中的碳化物，并使其均匀分布；对于直径小的线材，由于拉丝成形而使其强度显著提高。由此可见，了解金属塑性变形过程中组织变化的实质与变化规律，不仅对改进金属材料的加工工艺，而且对发挥材料的性能潜力、提高产品质量都具有实际的重要意义。

锻造

铸造缺陷——缩孔的形成

铸造缺陷——缩松的形成

铸造缺陷——气孔的形成

2.1　金属的塑性变形

2.1.1　单晶体的塑性变形

实际金属的塑性变形都是从晶粒内部开始的，分析单晶体塑性变形过程与特点是研究实际金属塑性变形的基础。

1. 单晶体塑性变形的基本形式

单晶体塑性变形的基本形式有两种：一是滑移变形，二是孪生变形，如图2-1所示。滑移变形是在切应力τ的作用下，晶体的一部分相对于另一部分，沿一定晶面（称为滑移面，是晶体中原子密度最大的晶面）上的一定晶向（称为滑移方向，是晶体中原子密度最大的晶向）发生滑动。原子从一个平衡位置移到另一个平衡位置，移动距离是原子间距的整数倍，晶体呈现新的平衡状态。孪生变形是在切应力τ的作用下，晶体的一部分相对于另一部分，沿一定晶面（称为孪生面）和一定方向（称为孪生方向）发生切变。孪生面两侧的晶体形成镜面对称。发生孪生变形的部分称为孪晶带。孪晶带中相邻原子面的相对位移为原子间距的分数。孪生变形所需的切应力比滑移变形大。面心立方晶格的晶体极少发生孪生变形，体心立方晶格的晶体也只有在低温或受冲击时才发生孪生变形，只有密排六方晶格的晶体容易发生孪生变形。因此，常用金属材料在一般条件下的塑性变形主要是滑移变形。

2. 滑移变形与位错

研究表明，滑移变形并不是通过滑移面两侧晶体的整体移动（滑移面两侧晶体的整体移

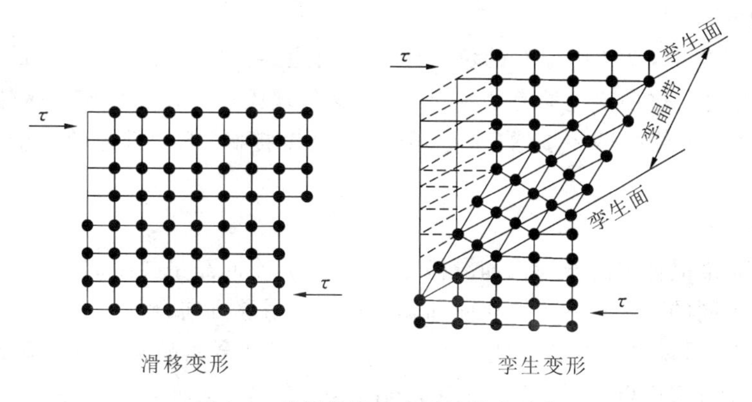

图 2-1　单晶体塑性变形的基本形式

动称为刚性滑移)，而是通过晶体内位错运动实现的，如图 2-2 所示。当一个位错移动到晶体表面时，就产生一个位移量。在滑移变形的瞬间，只有位错线一侧的一个原子面在移动，因而所需的切应力比刚性滑移所需的切应力小得多。从这个意义上说，如果晶体内位错很少或甚至无位错，要产生一定量的塑性变形，所需切应力就很大，表现出材料的强度很高。目前正在研究开发的少位错金属晶须，就是一种高强度材料。随着位错的增加，变形更加容易，即材料的强度降低。然而这种规律并非直线发展的。当位错密度(单位体积内的位错线长度)增加到一定数值时，材料的强度降低到最低点，此后随位错密度增加，位错之间的距离减小，位错线周围应力场的交互作用增强。同时发生位错堆积与缠结。这些因素都促使位错运动的阻力增大，塑性变形抗力提高，材料的强度提高。金属的强度与位错密度的关系如图 2-3 所示。图中 ρ_0 就是强度最低时的位错密度。普通碳素钢的 ρ_0 为(106～108)cm/cm^3，即退火状态的位错密度。位错密度大于或小于 ρ_0 都能提高金属强度。ρ 大于 ρ_0 时，切应力 τ 与位错密度的平方根成正比。

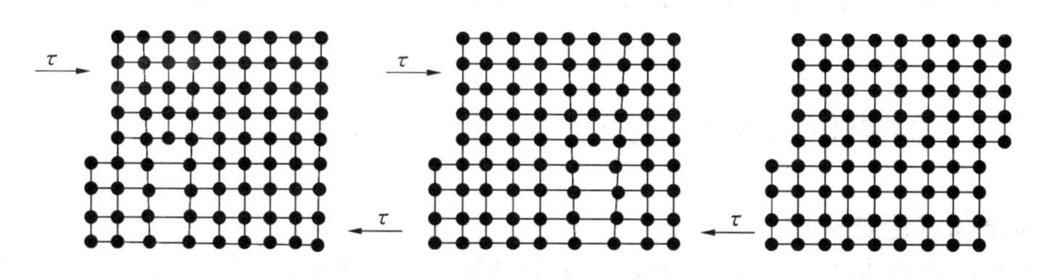

图 2-2　位错运动与滑移变形

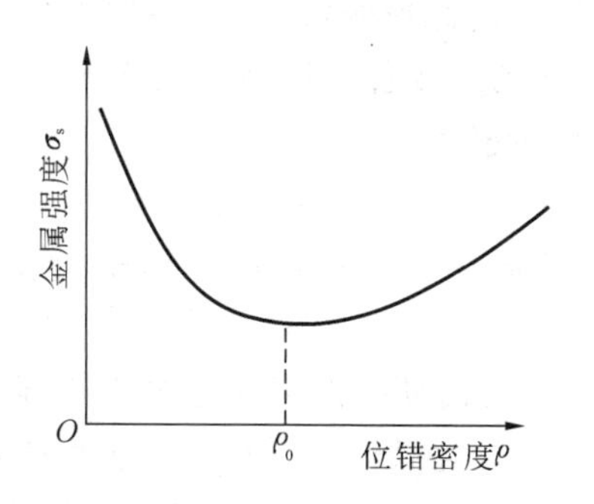

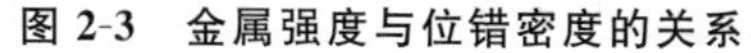
图 2-3　金属强度与位错密度的关系

3. 位错增殖

滑移变形过程中，晶体中原有的位错逐步移向边界。然而在变形进行的过程中，会有新的位错产生，而且数量超过原有的位错密度，这种现象称为位错增殖。位错增殖使变形能继续进行，随着位错的进一步增殖，材料强度、硬度提高，但塑性迅速降低，变形抗力明显增大。

4. 滑移系

滑移变形是沿晶体中的滑移面和滑移方向进行的，不同晶格类型的晶体，滑移面与滑移方向的数目是不同的。常将一个滑移面和其上的一个滑移方向合称一个滑移系。滑移系多的晶体容易变形，呈现出较好的塑性。表 2-1 列举了三种金属晶格的滑移系数目。其中滑移方向的作用比滑移面更大，故具有面心立方晶格的金属具有良好的塑性。

表 2-1　三种金属晶格的滑移系

晶格类型	体心立方晶格	面心立方晶格	密排六方晶格
滑移系示意图			
滑移面数目	{110}×6	{111}×4	{0001}×1
滑移方向数目	<111>×2	<110>×3	<1120>×3
滑移系数目	6×2=12	4×3=12	1×3=3

2.1.2　多晶体的塑性变形

1. 多晶体塑性变形中的变化

(1) 多晶体的塑性变形是每个晶粒变形的总和。在变形过程中并不是所有晶粒同时变形，而是逐步进行的。由于与外力作用方向成 45°的切应力分力最大，故多晶体的变形首先从滑移面及滑移方向与外力成 45°的晶粒开始，这种晶粒称为软位向晶粒。在变形的同时，晶格方位略向外力作用的方向转动。接着滑移面方位略大于或略小于 45°的次软位向晶粒变形，并同样发生转动。依此顺序逐步变形。

(2) 多晶体金属的晶界是位错运动的壁垒。晶界处原子排列不规则，存在一定的应力场，并可能偏聚某些杂质原子，晶界两侧的晶格方位不同，故位错越过晶界的阻力比在晶粒内部运动时大得多。

(3) 随着变形的进行，晶粒外形沿外力作用的方向拉长(在拉力作用下)，且发生晶格歪斜。由于大量位错堆积和相互缠结，在晶粒内部会产生亚晶粒或形成碎晶，进而使位错运动的阻力增大。变形量很大时，晶粒变成细条状，称为冷变形纤维组织，性能呈现各向异性，材料内部产生残余应力。

(4) 由于每个晶粒在变形过程中，晶格方位会沿外力方向转动，故当变形程度很大时，每个晶粒的某一晶面都趋向外力作用方向。这种现象称为变形织构，材料的主要性能也呈现各向异性。

综上所述，金属经塑性变形后晶粒变长，晶格歪斜，由于亚结构的形成而呈现碎晶，并产生内应力，使继续变形困难，即材料的强度、硬化或加工硬化程度随变形度的增大而增大。

多晶体的塑性变形

2. 多晶体晶界阻滞效应和取向差效应

(1) 晶界阻滞效应：90%以上的晶界是大角度晶界，其结构复杂，由几纳米厚的原子排列紊乱的区域与原子排列较整齐的区域交替相间而成，这种晶界本身使滑移受阻而不易直接传到相邻晶粒。

(2) 取向差效应：多晶体中，不同位向晶粒的滑移系取向不相同，滑移不能从一个晶粒直接延续到另一个晶粒中。

3. 多晶体金属塑性变形的特点

(1) 各晶体塑性变形的不同时性。随外力增加，对位向有利的晶粒，其滑移系的分切应力首先达到临界值，开始塑性变形。相邻晶粒位向不同，先变形晶粒滑移面的运动位错在晶界处受阻，形成位错的平面塞积群，造成很大应力集中。

(2) 多晶体塑性变形的不均匀性。由于晶界及相邻晶粒位向不同，晶粒之间及晶粒内部变形都是不均匀的。

(3) 各晶体塑性变形的相互协调性，需要五个以上的独立滑移系同时动作。由于晶界阻滞效应及取向差效应，变形从某个晶粒开始后，不可能从一个晶粒直接延续到另一个晶粒之中，但多晶体作为一个连续的整体，每个晶粒处于其他晶粒的包围之中，不允许各个晶粒在任一滑移系中自由变形，否则必将造成晶界开裂。多晶体中晶粒彼此相邻，邻近晶粒必须相互配合，多个滑移系同时滑移，协调变形，以保持晶体连续性。

(4) 滑移的传递，必须激发相邻晶粒的位错源。

(5) 多晶体塑性变形的抗力比单晶体的大，变形更不均匀。由于晶界阻滞效应及取向差效应，多晶体的变形抗力比单晶体的大，其中，取向差效应在多晶体加工硬化中占主要位置，一般说来，晶界阻滞效应只在变形早期较重要。

(6) 多晶体发生塑性变形时，其某些物理、化学性能发生变化。

2.2　塑性变形金属的再结晶

2.2.1　概述

随着变形的发生，金属的强度、硬度提高，塑性、韧性降低，这种现象称为加工硬化。图2-4所示为纯铜的冷轧变形度与强度、塑性的关系。

1. 再结晶过程

加工硬化

加工硬化是金属内部组织的一种不平衡状态，本身有自发恢复平衡的趋势，只是在室温时原子活动的能量很低，不足以克服各种晶体缺陷周围的应力场而跃迁至新的平衡位置。如果对产生加工硬化的金属进行加热，使原子

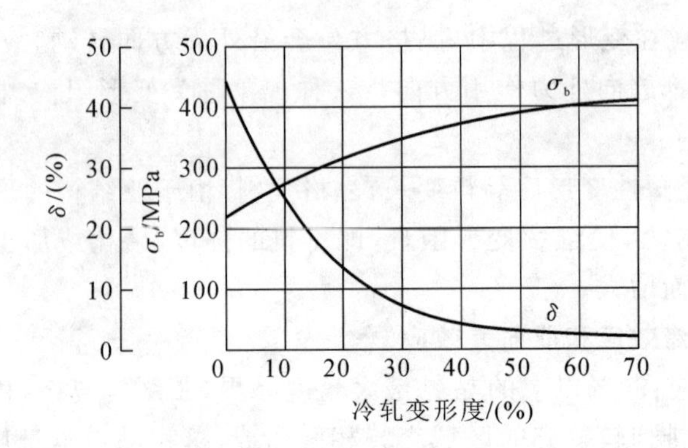

图 2-4 纯铜的冷轧变形度与强度、塑性的关系

活动能量提高，上述的跃迁过程即可进行，最终产生再结晶，也即呈现新的平衡状态。完成再结晶的过程可分为两个阶段。

(1) 回复。回复阶段是将加工硬化金属加热至一定温度，此时原子具有一定的扩散能力。空位跃迁至晶界和晶体表面，或与间隙原子结合，或在位错上沉积而消失。位错也发生移动，异号位错合并而消失。位错与空位相互作用而发生攀移并垂直堆积成位错壁，形成许多多边形亚晶粒。这些过程使晶格畸变程度减小，内应力明显降低；强度、硬度略有降低，塑性、韧性略有提高。但由于加热温度较低，原子扩散能力有限，故变形时被拉长的晶粒外形没有改变。回复温度 $T_{回}$ 为(0.25～0.30)$T_{熔}$($T_{熔}$ 为该金属熔点的热力学温度，$T_{回}$ 也以热力学温度表示)。回复阶段的特点是消除内应力，但仍保持加工硬化效果。

(2) 再结晶。将加工硬化金属加热至高于 $T_{回}$ 的温度，原子扩散能力增大，在位错密度较高的晶界上，一些未变形的亚晶粒和回复时形成的多边形化亚晶粒转变成再结晶晶核，并逐步长大至相互接触为止。此时被拉长的晶粒和碎晶转变为均匀细小的等轴晶粒，晶型不变，强度、硬度降低，塑性、韧性明显提高，内应力进一步消除，基本上恢复至变形前的状况，即加工硬化现象消失。这一过程称为再结晶。

再结晶是在一个温度范围内进行的，并随预变形度的增大而降低。预变形度增大至一定数值时，再结晶温度趋于稳定。此时的再结晶温度称为最低再结晶温度 $T_{再}$，对于纯金属 $T_{再}\approx 0.4T_{熔}$。$T_{再}$ 还与杂质含量有关，随着高熔点元素含量的增多，金属再结晶温度提高。常用材料的最低再结晶温度可在有关手册中查得。

2. 再结晶后的晶粒度

加工硬化金属完成再结晶转变时，晶粒是很细小的，具有较好的力学性能。如果加热温度升高并长时间保温，就会发生晶界迁移、晶粒合并而使晶粒明显长大，力学性能显著降低。加热温度与再结晶晶粒度的关系如图 2-5 所示。再结晶退火后的晶粒度还与预变形度有关。预变形度很小时，不足以发生再结晶，晶粒基本不变。预变形度在 2%～10%时，因变形不均匀，再结晶时容易发生晶粒吞并而呈现粗大晶粒。这一范围的变形度称为临界变形度，生产中应避免在此范围内变形。超过临界变形度后，预变形度愈大，变形愈均匀，再结晶晶核愈多，晶粒愈细小。但变形度太大(≥90%)时，可能产生织构而使晶粒变大。预变形度与再结晶晶粒度的关系如图 2-6 所示。

加工硬化金属加热温度对性能与晶粒度的影响如图 2-7 所示。

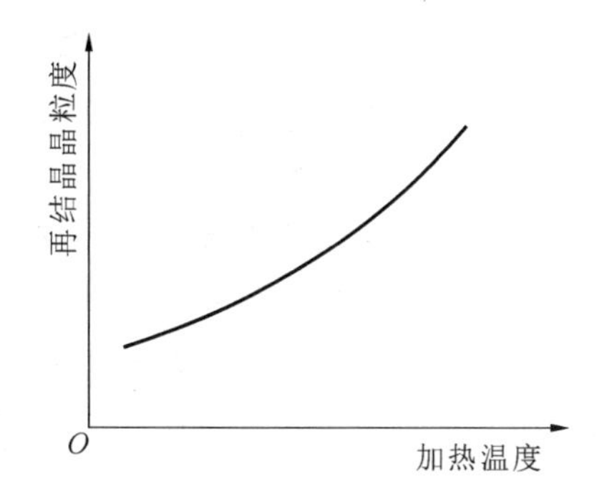

图 2-5　加热温度与再结晶晶粒度的关系

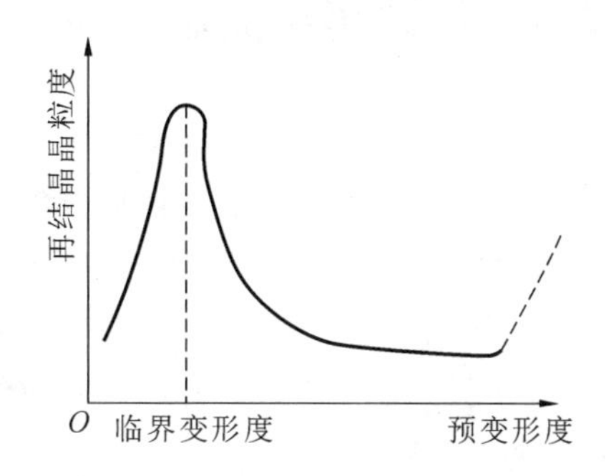

图 2-6　预变形度与再结晶晶粒度的关系

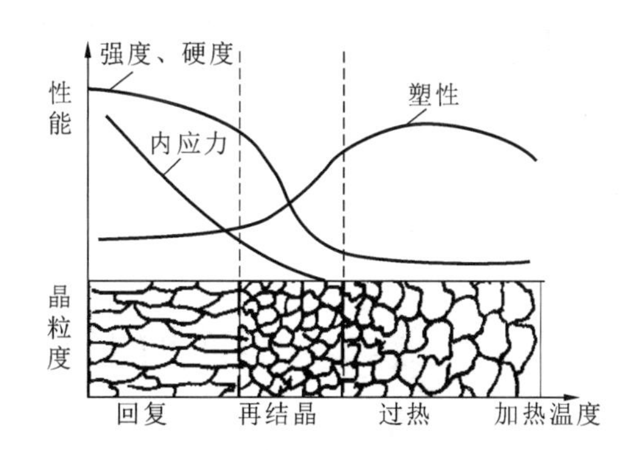

图 2-7　加工硬化金属加热温度对性能与晶粒度的影响

2.2.2　晶粒大小对塑性变形的影响

（1）晶粒越细小，强化效果越好。比如，Zn 多晶体的强度显著高于其单晶体。其原因在于晶界和相邻晶粒位向差阻碍了位错运动。多晶体晶界多，晶粒更小，强化效果更好。（晶界强化：用细化晶粒增加晶界。提高金属强度的方法称为晶界强化。）

晶粒平均直径 d 与屈服强度 σ_s 的关系（霍尔-佩奇公式）：

$$\sigma_s = \sigma_0 + kd^{-1/2} \tag{2-1}$$

式中：σ_0 为常数，是单晶体金属的屈服强度；k 为常数，表示晶界对强度的影响程度；d 为多晶体中各晶粒的平均直径。

从式(2-1)可以看出：晶粒越细小，屈服强度越高。

（2）晶粒越细小，塑性、韧性越好。

① 晶粒越细小，单位面积的晶粒数目多，有利于变形的取向多。

② 晶粒越细小，晶内和晶界的应变差异小，变形均匀，引起的应力集中小，不易开裂。

③ 晶粒越细小，晶界多，且曲折，不利于裂纹的产生和传播。

综上，细晶粒具有强度高，塑性、韧性好的综合力学性能，故生产中希望得到细小均匀的晶粒组织。

2.2.3 影响再结晶温度的因素

(1) 金属的预变形度越大,再结晶温度越低。

金属的预变形度越大,金属中的储存能越多,再结晶的驱动力越大,故再结晶温度越低。

(2) 金属的纯度越高,再结晶温度越低。

杂质和合金元素融入基体后,在位错、晶界处偏聚,阻碍了位错运动、晶界迁移和原子扩散,从而提高了再结晶温度,故纯度越高,再结晶温度越低。

(3) 加热速度和时间影响再结晶温度。

加热速度极慢,变形金属有足够时间回复,储存能减少,则再结晶驱动力减少,再结晶温度升高。加热速度过快,在不同温度下停留的时间短,而再结晶的形核和长大都需要时间,速度过快,使之来不及形核和长大,故推迟到更高温度才发生再结晶,再结晶温度升高。保温时间越长,原子的扩散能力越大,再结晶温度就越低。

(4) 原始晶粒越小,再结晶温度越低。

原始晶粒越细小,变形抗力大,储存能大,再结晶的形核率大,长大速度快,再结晶温度降低。

2.3 金属的塑性加工

2.3.1 常用的塑性加工方法

工业上实现金属材料的“固态塑变”的方法或技术称为金属塑性加工(又简称锻压)。它是指在外力作用下,使金属材料产生预期的塑性变形来改变其原有的形状和尺寸,以获得所需形状、尺寸和力学性能的毛坯或零件的方法。具体的方式或过程称为锻压工艺(又称压力加工工艺)。工业生产中金属塑性加工(金属塑性成形)工艺多种多样,主要有自由锻、模锻、板料冲压、轧制、挤压、拉拔等,其塑性成形方式(技术)示意图如图 2-8 所示。

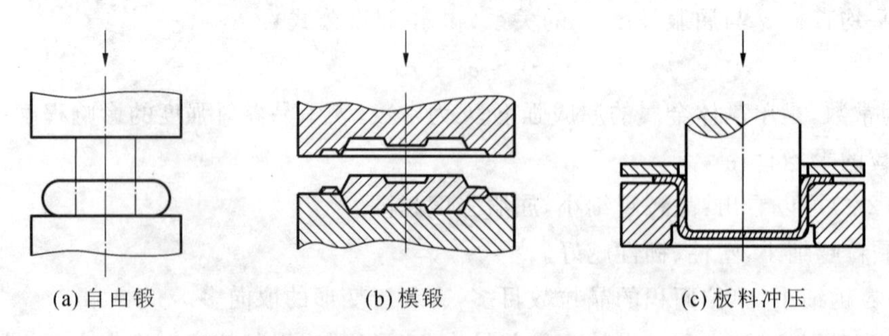

图 2-8 金属塑性成形方式示意图

(1) 自由锻。

自由锻是指将加热后的金属坯料置于上、下砧铁间使之受冲击力或压力而产生塑性变形的加工方法,如图 2-8(a)所示。

（2）模锻。

模锻即模型锻造，是指将加热后的金属坯料置于具有一定形状和大小的锻模模膛内使之受冲击力或压力而产生塑性变形的加工方法，如图 2-8(b)所示。

（3）板料冲压。

板料冲压是指金属板料在冲压模之间受压产生分离或变形而形成产品的加工方法，如图 2-8(c)所示。

（4）轧制。

轧制是指将金属坯料通过轧机上两个相对回转轧辊之间的空隙，进行压延使之塑性变形成为型材（如钢、角钢、槽钢等）的加工方法，如图 2-9 所示。轧制生产所用坯料主要是金属锭，坯料在轧制过程中靠摩擦力得以连续通过而受压变形，轧制后坯料的截面减小，轧出的产品截面与轧辊间的空隙形状和大小相同，长度增加。

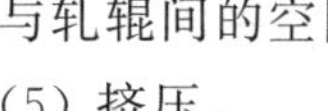

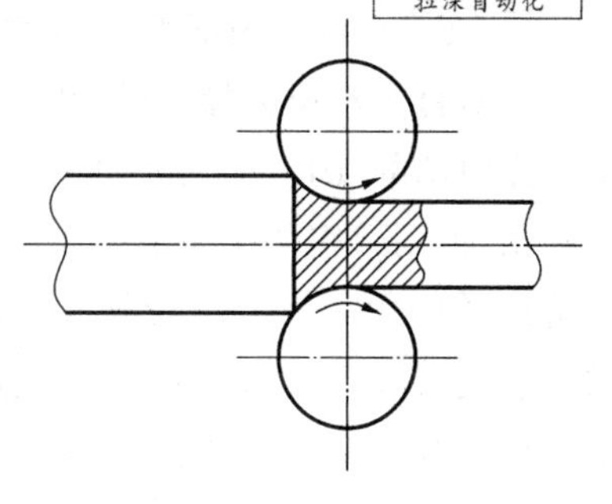

图 2-9　轧制

（5）挤压。

挤压是指将金属坯料置于一封闭的挤压模内，用强大的挤压力将金属坯料从模孔中挤出成形的方法，如图 2-10(a)所示。挤压过程中金属坯料的截面依照模孔的形状减小，坯料长度增加。挤压可以获得各种复杂截面的型材或零件，如图 2-10(b)所示。

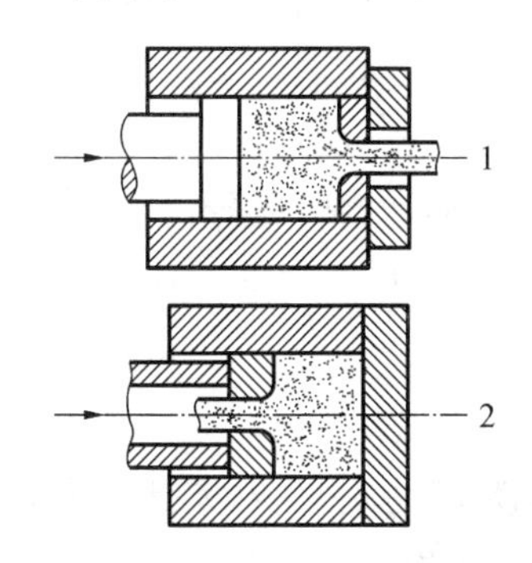

(a) 挤压

(b) 部分挤压产品界面形状图

图 2-10　挤压及产品

1—正挤压；2—反挤压

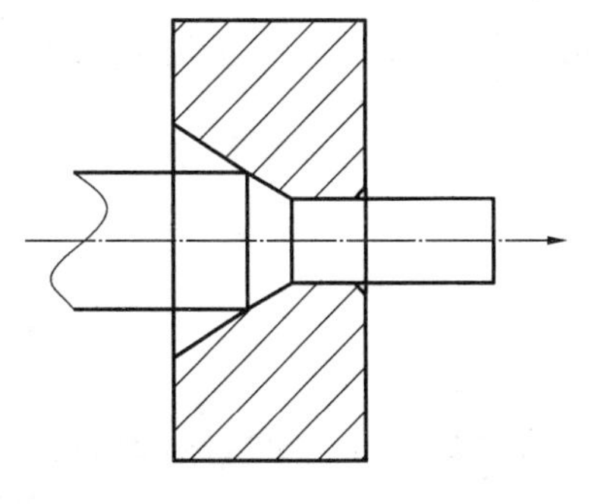

图 2-11　拉拔

（6）拉拔。

拉拔是指将金属坯料拉过拉拔模模孔，而使金属坯料拔长且断面与模孔相同的加工方法。主要用于生产各种细线材、薄壁管和一些特殊截面形状的型材，如图 2-11 所示。

通常，轧制、挤压、拉拔主要用来生产各类型材、板材、管材、线材等工业上需要二次加工的原（材）料，也可用来直接生产毛坯或零件，如热轧钻头、齿轮、齿圈，冷轧丝杠，叶片的挤压等。机械制造业中用锻造（自由锻和模锻）来生产高强度、高韧度的机械零件毛坯，如重要的轴类、齿轮、连杆、枪炮管等。板料冲压则广泛用于汽车、船舶、电器、仪表、标准件、日用品等制造工业中。

2.3.2 金属塑性成形的优缺点及用途

1. 金属塑性成形的优点

1）改善金属的内部组织、力学性能

金属材料经压力加工后，其组织、性能都得到改善或提高；如热塑性变形加工能消除金属铸锭内部的气孔、缩孔和树枝状晶体等缺陷，并且金属的塑性变形和再结晶，可使粗大晶粒细化，得到致密的金属组织和纤维组织，从而提高金属的力学性能。在零件设计时，若正确选用零件的受力方向与纤维组织方向，可以提高零件的抗冲击性能等；又如冷塑性变形加工能使形变后的金属制件产生加工硬化现象，使金属的强度和硬度大幅提高，这对那些不能或不易用热处理方法提高强、硬度的金属构件，利用金属在冷塑性变形过程中的加工硬化来提高其强、硬度不但有效且经济，而且，冷塑性变形制成的产品尺寸精度高、表面质量好。

2）材料的利用率高

金属塑性成形主要是靠金属的体积重新分配，而不需要切除金属，因而材料利用率高。

塑性成形加工一般是利用压力机和模具进行成形加工的，生产效率高。例如，利用多工位冷镦工艺加工内六角螺钉，比用棒料切削加工的工效可提高 400 倍以上。

3）毛坯或零件的精度较高

应用先进的技术和设备，可实现少切削或无切削加工。例如，精密锻造的伞齿轮齿形部分可不经切削加工直接使用，复杂曲面形状的叶片经精密锻造后只需磨削便可达到所需精度等。

2. 金属塑性成形的缺点

压力加工不能成形脆性材料（如铸铁、铸铝合金等）和形状特别复杂（尤其是内腔形状复杂）或体积特别大的毛坯或零件。另外，多数压力加工工艺的投资较大等。

3. 金属塑性成形的用途

承受冲击或交变应力的重要零件（如机床主轴、齿轮、曲轴、连杆等）及薄壁件等，都应采用锻压生产的制品（即锻压件）。所以金属压力加工在机械制造、军工、航空、轻工、家用电器等行业中成为不可缺少的材料成形技术。例如，飞机上的塑性成形零件的质量分数约为 85%，汽车、拖拉机上的锻压件质量分数达 60%～80%。

2.3.3 金属塑性变形能力与基本规律

1. 金属的塑性变形能力

金属的塑性变形能力是用来衡量压力加工工艺性好坏的主要工艺性能指标，称为金属的塑性成形性能（又称金属的可锻性），它是指金属材料在塑性成形加工时获得优质毛坯或零件的难易程度。金属的塑性成形性能好，表明该金属适用于压力加工；塑性成形性能差，说明该金属不宜选用塑性成形加工。衡量金属的塑性成形性能，常从金属材料的塑性和变形抗力两个方面来考虑，材料的塑性越好，变形抗力越小，则材料的塑性成形性能越好，越适合压力加工。在实际生产中，往往优先考虑材料的塑性。金属塑性成形性能的优劣受金属本身性质和变形加工条件等内外因素的综合影响。

1）金属材料本身的性质

（1）材料化学成分的影响。

不同种类的金属材料及不同成分含量的同类材料的塑性是不同的。铁、铝、铜、金、银、镍等的塑性比较好。一般情况下，纯金属的塑性较合金的好，如纯铝的塑性就比铝合金的好，又如，低碳钢的塑性就比中高碳钢的好，而碳素钢的塑性又比碳含量相同的合金钢的好。合金元素会生成合金碳化物，形成硬化相，使钢的塑性下降，塑性变形抗力增大。通常合金元素含量越高，钢的塑性成形性能也越差；杂质元素磷会使钢出现冷脆性，硫会使钢出现热脆性，降低钢的塑性成形性能。

（2）材料内部组织的影响。

金属内部组织结构的不同，使其塑性成形性能有较大的差异。纯金属及单相固溶体合金的塑性成形性能较好，塑性成形抗力小。具有均匀、细小、等轴晶粒的金属，其塑性成形性能比晶粒粗大的柱状晶粒的好。钢的碳含量对钢的塑性变形性影响很大，对于碳质量分数小于 0.25%的低碳钢，以铁素体为主（含珠光体很少），其塑性较好。随着碳质量分数的增加，钢中的珠光体含量也逐渐增多，甚至出现硬而脆的网状渗碳体，使钢的塑性大大下降，塑性成形性能也越来越差。

2）金属塑性成形加工条件（又称变形条件）

（1）变形温度的影响。

就大多数金属材料而言，提高塑性成形时的温度，金属的塑性指标（伸长率 δ 和断面收缩率 ψ）值增加，成形抗力降低，是改善或提高金属塑性成形性能的有效措施。故热塑性变形中，都要将温度升高到再结晶温度以上，不仅提高金属塑性、降低成形抗力，而且可使加工硬化不断被再结晶软化消除，金属的塑性成形性能进一步提高。

金属随着温度的升高，其力学性能变化较大。图 2-12 所示为低碳钢的力学性能与温度变化的关系。由图可见，在 300 ℃以上时，随着温度升高，低碳钢的塑性指标 δ 和 ψ 的值上升，成形抗力下降。原因之一是金属原子在热能作用下，处于极活跃的状态，很易进行滑移变形；原因之二是碳钢在加热温度位于铁碳相图 *AESG* 区（见图 2-13）时，其内部组织为单一奥氏体，塑性好，故很适宜进行塑性成形加工。

热塑性变形时对金属的加热还应使金属在加热过程中不产生微裂纹、过热（加热温度过高，使金属晶粒急剧长大，导致金属塑性减小，塑性成形性能下降）、过烧（如果加热温度接近熔点，会使晶界严重氧化甚至晶界低熔点物质熔化，导致金属的塑性变形能力完全消失）；另外，加热时间应较短以节约燃料等。为保证金属在热变形过程中具有最佳变形条件及热变形后获得所要求的内部组织，须正确制定金属材料的热变形加热温度范围。例如，碳钢的热变形温度范围即锻造温度范围如图 2-13 中阴影所示。碳钢的始锻温度（开始锻造温度）比固相线温度低 200 ℃左右，过高会产生过热甚至过烧现象；终锻温度（停止锻造温度）约为

800 ℃,过低会因出现加工硬化而使塑性下降,变形抗力剧增,变形难以进行,若强行锻造,可能会导致锻件破裂而报废。

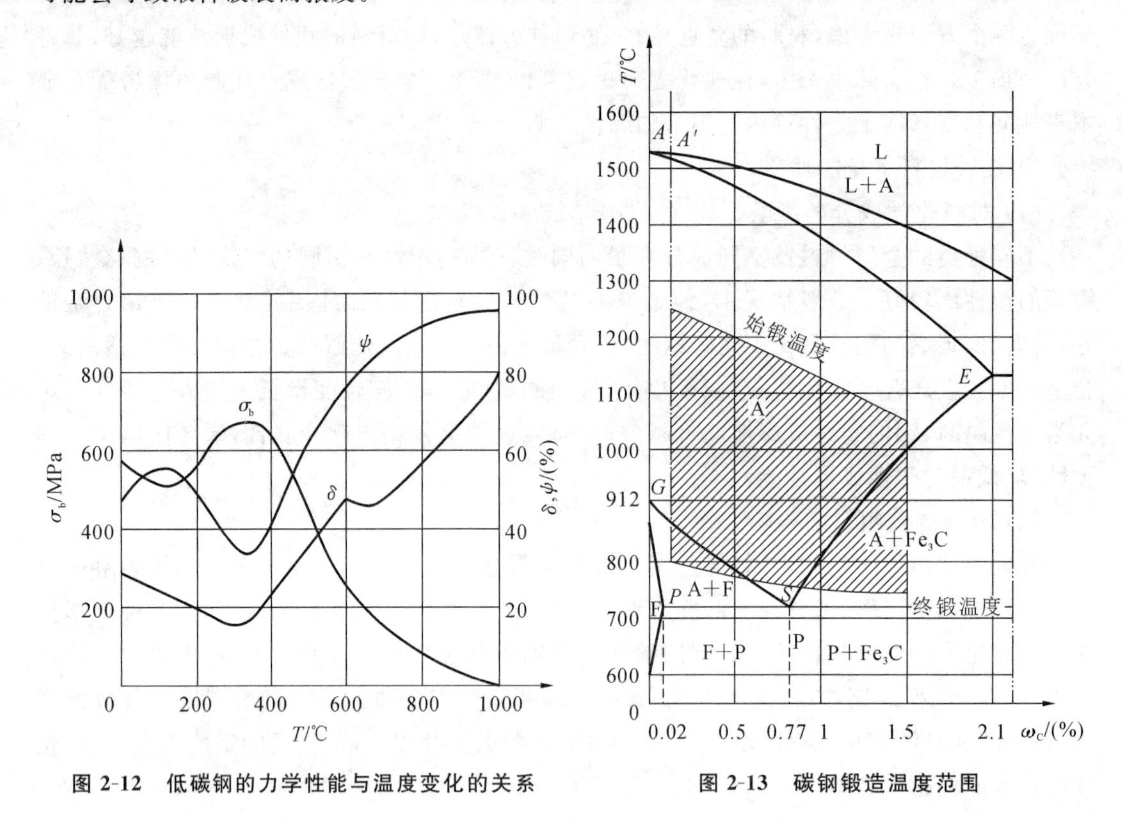

图 2-12　低碳钢的力学性能与温度变化的关系

图 2-13　碳钢锻造温度范围

(2) 变形速度的影响。

变形速度是指单位时间内变形程度的大小。它对金属塑性成形的影响比较复杂,一方面,变形速度的增大,金属在冷变形时的变形强化趋于严重,热变形时再结晶来不及完全克服加工硬化,金属表现出塑性下降(见图 2-14),导致变形抗力增大;另一方面,当变形速度很大时(图 2-14 中 a 点以后),金属在塑变过程中消耗于塑性变形的能量有一部分转换成热能,当热能来不及散发时,会使变形金属的温度升高,这种现象称为热效应,它有利于金属的塑性提高、变形抗力下降,塑性变形能力变好。

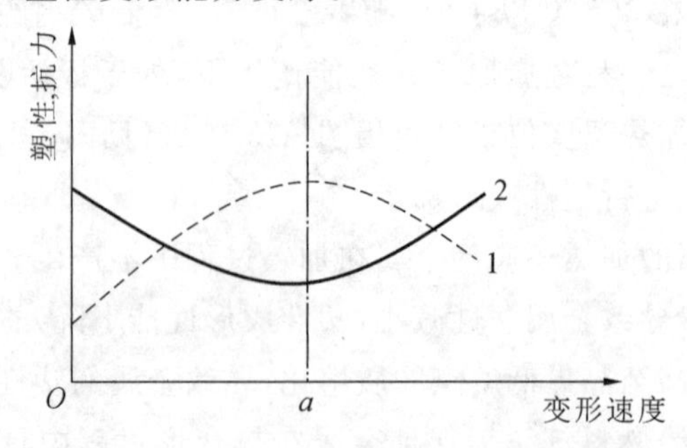

图 2-14　变形速度与塑性和抗力间的关系

1—变形抗力曲线;2—塑性变化曲线

在锻压加工塑性较差的合金钢或大截面锻件时,一般都应采用较小的变形速度,若变形速度过快，会出现变形不均匀，造成局部变形过大而产生裂纹。

(3) 应力状态的影响。

金属材料在采用不同方法进行变形时，所产生的应力(指压应力或拉应力)大小和性质是不同的。例如，拉拔时为两向受压、一向受拉的状态，如图2-15所示；面挤压变形时则为三向受压状态，如图2-16所示。

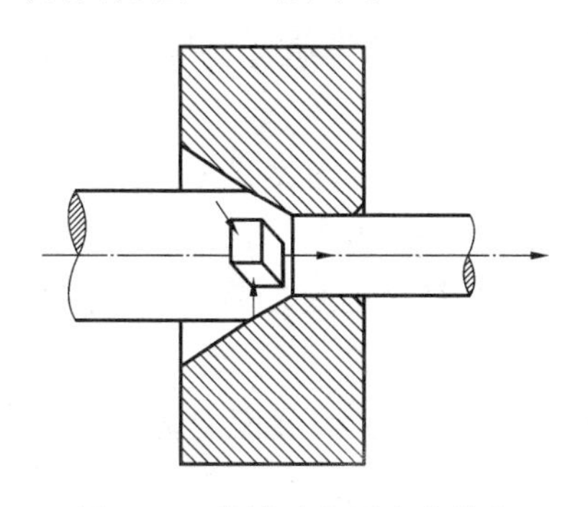

图2-15　拉拔时金属应力状态

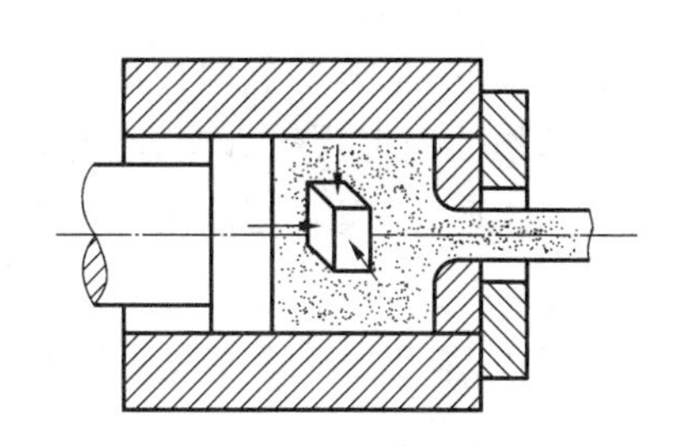

图2-16　面挤压变形时金属应力状态

实践证明，金属塑性变形时，三个方向中压应力的数目越多，金属表现出的塑性就越好；拉应力的数目多，则金属的塑性就差。而且同号应力状态下引起的变形抗力大于异号应力状态下引起的。当金属内部有气孔、小裂纹等缺陷时，在拉应力作用下，缺陷处易产生应力集中，导致缺陷扩展，甚至使其破裂。压应力会使金属内部摩擦增大，变形抗力也随之增大；但压应力使金属内原子间距减小，又不易使缺陷扩展，故金属的塑性得到提高。在锻压生产中，人们通过改变应力状态来改善金属的塑性，以保证生产的顺利进行，例如，在平砧上拔长合金钢时，容易在毛坯心部产生裂纹，改用V形砧后，因V形砧侧向压力的作用，增加了压应力数目，从而避免了裂纹的产生。对某些非铁合金和耐热合金等，由于塑性较差，常采用挤压工艺来进行开坯或成形。

3) 其他因素

如模锻的模膛内应有圆角，这样可以减小金属塑性成形时的流动阻力，避免锻件被撕裂或纤维组织被拉断而出现裂纹；板料拉伸和弯曲时，成形模具应有相应的圆角，才能保证金属顺利成形。又如，润滑剂可以减小金属流动时的摩擦阻力，有利于塑性成形加工等。

综上所述，金属的塑性成形性能既取决于金属的本质，又取决于变形条件。因此，在金属材料的塑性成形加工过程中，力求创造最有利的成形加工条件，提高金属的塑性，降低变形抗力，达到塑性成形加工目的。另外，还应使成形过程能耗低、材料消耗少、生产率高、产品质量好等。

2. 金属塑性变形的基本规律

金属的塑性变形属固态成形，其遵循的基本规律主要有体积不变规律、最小阻力定律和加工硬化及卸载弹性恢复规律等。

1) 塑性变形时的体积不变规律

金属材料在塑性变形前后体积保持不变，称为体积不变定理(又称质量恒定定理)。实际上金属在塑性变形过程中，体积总有些微小变化，如锻造钢锭时，因气孔、缩松的锻合，钢坯的密度略有提高，以及加热过程中因氧化生成的氧化皮耗损等，然而这些变化对比整个金属坯料是微小的(尤其是在冷塑性变形中),一般可忽略不计。因此,依据体积不变规律,坯料在塑性成形工艺的工序中,尺寸在某个方向减小,必然在其他方向有所增加,这就可确定各工序间坯料或制品的尺寸变化。

2）最小阻力定律

最小阻力定律:金属在塑性变形过程中,如果金属质点有向几个方向移动的可能时,则金属各质点将沿着阻力最小的方向移动。最小阻力定律符合力学的一般原则,它是塑性成形加工中最基本的规律之一。

一般来说,金属内某一质点塑性变形时移动的最小阻力方向就是通过该质点向金属变形部分的周边所作的最短法线方向,因为质点沿这个方向移动时路径最短而阻力最小,所需做的功也最小。因此,金属有可能向各个方向变形时,则最大的变形将向着大多数质点相遇的最小阻力的方向。

在锻造过程中,应用最小阻力定律可以事先判定变形金属的截面变化和提高效率。例如,镦粗圆形截面毛坯时,金属质点沿半径方向移动,镦粗后仍为圆形截面(见图 2-17(a));镦粗正方形截面毛坯时,以对角线划分的各区域里的金属质点都垂直于周边向外移动,这是因为在镦粗时,金属流动距离越短,摩擦阻力也越小,沿四边垂直方向摩擦阻力最小,而沿对角线方向阻力最大,金属在流动时主要沿垂直于四边方向流动,很少向对角线方向流动,随着变形程度的增加,断面将趋于圆形,如图 2-17(b)所示。由于相同面积的任何形状总是圆形周边最短,因而最小阻力定律在镦粗中也称为最小周边法则。这就不难理解为什么正方形截面会逐渐向圆形变化,长方形截面会逐渐向椭圆形变化(见图 2-17(c))了。

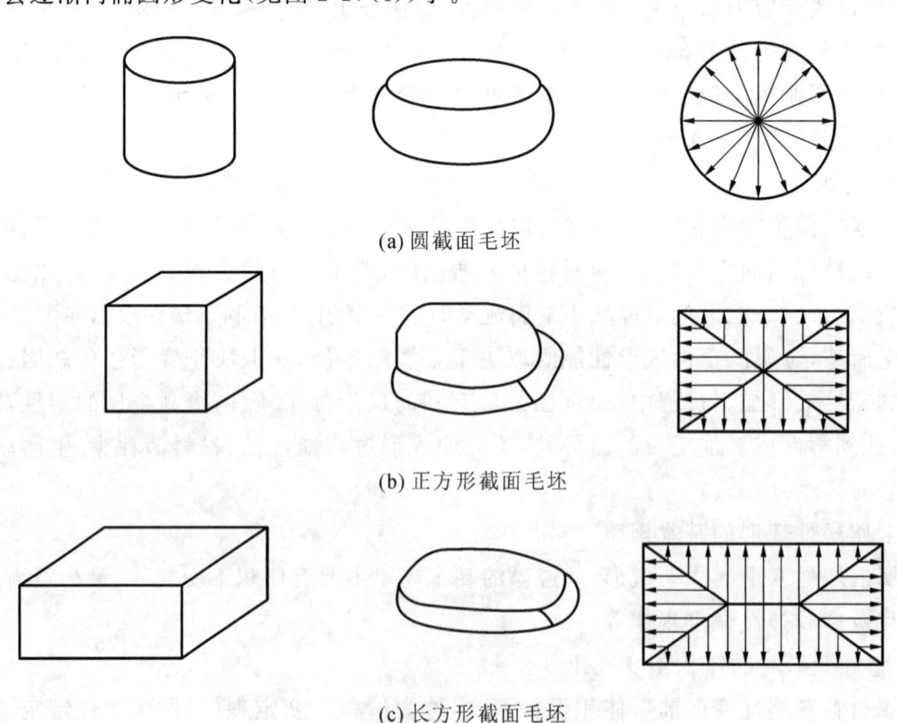

图 2-17　金属镦粗后外形及金属流向

基于最小阻力定律，可通过调整某个方向的流动阻力来改变某些方向上金属的流动量，以便合理成形，消除缺陷。例如，在模锻中增大金属流向分型面的阻力，或者减小流向型腔某一部分的阻力，可以保证锻件充满型腔。在模锻制坯时，可以采用闭式滚挤和闭式拔长模膛来提高滚挤和拔长的效率。又如，毛坯拔长时，送进量小，金属大部分沿长度方向流动；送进量越大，更多的金属将沿宽度方向流动。故对拔长而言，送进量越小，拔长的效率就越高。另外，在镦粗或拔长时，毛坯与上下砧铁表面接触产生的摩擦力使金属流动形成鼓形。

3）加工硬化及卸载弹性恢复规律

如前所述，金属在常温下随着变形量的增加，变形抗力增大，塑性和韧度下降的现象称为加工硬化。表示变形力（应力 σ）随变形程度（应变 ε）增大的曲线称为硬化曲线，如图 2-18 所示。由图可知，在弹性变形范围内卸载，没有留残的永久变形，应力、应变按照同一直线回到原点，如图 2-18 所示的 OA 段。当变形超过屈服点 A 进入塑性变形范围，达到点 D 时，应力与应变分别为 σ_D、ε_D，再减小载荷，应力-应变的关系将按另一直线 DC 回到点 C，不再重复加载曲线经过的路线。加载时的总变形量 ε_D 可以分为两部分：一部分 ε_t 因弹性恢复而消失，另一部分 ε_s 保留下来成为塑性变形。

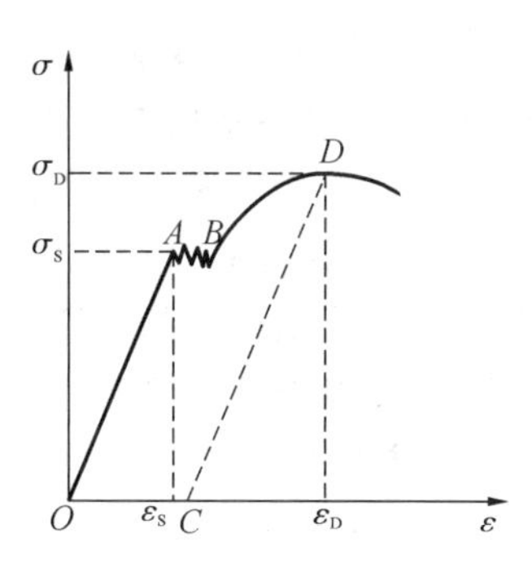

图 2-18　硬化曲线

如果卸载后再重新加载，应力-应变关系将沿直线 CD 逐渐上升，到达点 D，应力 σ_D 使材料又开始屈服，随后应力-应变关系仍按原加载曲线变化，所以 D 又是材料在变形程度为 ε_D 时的屈服点。硬化曲线可以用函数表示为

$$\sigma = A\varepsilon^n \tag{2-2}$$

式中：A 为与材料有关的系数，单位为 MPa；n 为硬化指数。硬化指数 n 大，表明变形时硬化显著，对后续变形不利。例如，20 钢和奥氏体不锈钢的塑性都很好，但是奥氏体不锈钢的硬化指数较高，变形后再变形的抗力比 20 钢大得多，所以其塑性成形性能也较 20 钢差。

2.3.4　塑性变形后金属中的残余应力

金属塑性变形时，外力所做的功除了转化为热量之外，还有一小部分被保留在金属内部，表现为残余应力。

按照残余应力平衡范围的不同，通常将其分为三类：第一类内应力，又称宏观残余应力；第二类内应力，属于微观内应力；第三类内应力，即晶格畸变应力。

第一类内应力，作用范围为整个工件，它是由金属材料（或零件）各个部分（如表面和心部）的宏观形变不均匀而引起的。第一类内应力使工件尺寸不稳定，严重时甚至使工件在受力之下变形产生断裂。

第二类内应力，作用尺度与晶粒尺寸为同一数量级，往往在晶粒内或晶粒之间保持平衡，是由于晶粒或亚晶粒之间变形不均匀而引起的。第二类内应力使金属更容易腐蚀，以黄铜最为典型，其加工以后由于内应力的存在，于潮湿环境下发生应力腐蚀开裂。

第三类内应力，也属微观内应力。塑性变形时产生大量空位和位错，其周围产生了点阵畸变和应力场，此时的内应力在几百或几千个原子范围内保持平衡，其中占主要的又是由于生成大量位错所形成的应力。第三类内应力是产生加工硬化的主要原因。

2.4 金属的热变形

2.4.1 热变形的组织与性能特征

金属在低于再结晶温度变形时，将产生加工硬化，通常称为冷塑性变形，简称冷变形。在再结晶温度以上变形，则称为热变形。变形过程中产生的加工硬化被紧接的再结晶过程消除。因此热变形的结果不产生加工硬化痕迹，然而其变形过程与冷变形的机制相同。起初，原始晶粒沿变形方向拉长，原来分布在晶界上的杂质仍然分布在被拉长的晶粒的晶界上。发生再结晶时，拉长的晶粒转变成细小等轴晶粒，由于这种转变只是原子的近程扩散、跃迁，因而杂质原子没有发生位置的变动，而被固定在原来被拉长的晶粒的晶界上。再结晶完毕后，冷变形纤维组织消除，但这些沿一定方向分布的杂质使金属呈现纤维形态，称为热变形纤维组织。这种纤维组织实质是杂质成分的流线分布，如图 2-19 所示。材料的性能仍然具有方向性。与流线平行的方向抗拉强度和塑性好，而与流线垂直的方向抗弯强度和抗剪强度好。

热变形实际上并没有提高金属的强度和硬度，只是使金属的性能具有明显的方向性。故只有当零件某种载荷的方向与材料纤维流线的方向一致时，才显示出材料性能的提高。

(a) 变形前

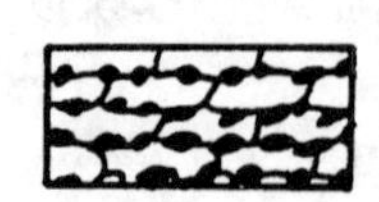
(b) 变形后

(c) 再结晶

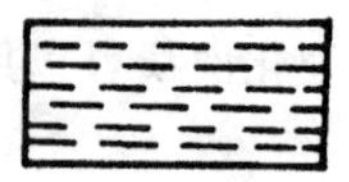
(d) 纤维组织

图 2-19 热变形纤维组织的形成

2.4.2 热变形纤维组织的利用

热变形的主要方法是热轧和锻造。热轧是生产各类型材的主要方法，通常在再结晶温度以上进行，故热轧后型材沿轴线形成热变形纤维组织。使用型材时只有合理利用纤维方向，才能充分发挥材料的作用。

锻造通常选用型材作坯料，一般也是在再结晶温度以上进行。锻造一方面可以获得所需的零件毛坯形状，另一方面可使坯料的纤维方向重新分布，以使其与零件载荷形式取得最佳配合。常见的例子有齿轮坯镦粗、曲轴拔长、吊钩与曲轴弯曲成形、螺栓头局部镦粗等。这些零件锻造后的纤维流向如图 2-20 所示。

2.4.3 热变形的影响

金属在热变形过程中，由于温度较高，原子的活动能力大，变形所引起的硬化随即被再结晶消除，因而导致以下结果。

(1) 金属在热变形中始终保持着良好的塑性，可使工件进行大量的塑性变形；又因高温

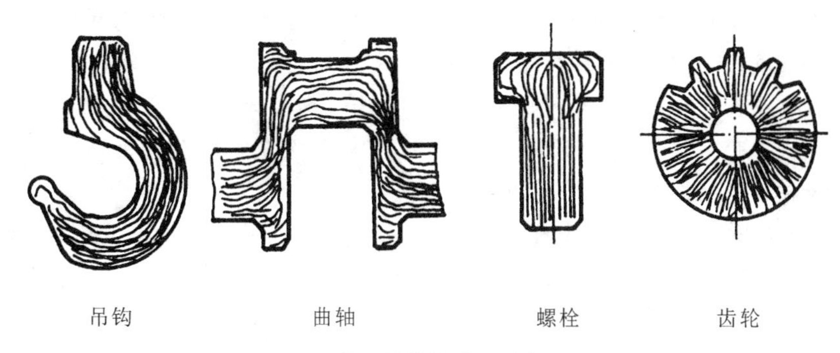

图 2-20　常见零件锻造后的纤维流向

下金属的屈服强度较低，故变形抗力低，易于变形。

(2) 热变形使金属材料内部的缩松、气孔或空隙被压实，粗大（树枝状）的晶粒组织结构被再结晶细化，从而使金属内部组织结构致密细小，力学性能（特别是韧度）明显得到改善和提高。

(3) 热变形使金属材料内部晶粒间的杂质和偏析元素沿金属流动的方向呈线条状分布，再结晶后，晶粒的形状改变了，但定向伸长的杂质并不因再结晶的作用而消除，形成了纤维组织，使金属材料的力学性能具有方向性。金属在纵向（平行于纤维方向）具有最大的抗拉强度且塑性和韧度较横向（垂直于纤维方向）的好；而横向具有最大的抗剪强度。因此，为了利用纤维组织性能上的方向性，在设计和制造零件或毛坯时，都应使零件在工作中所承受的最大正应力方向尽量与纤维方向重合，最大剪切应力方向与纤维方向垂直，以提高零件的承载能力。例如，锻造齿轮毛坯，应对棒料粗加工，使其纤维呈放射状，有利于齿轮的受力；曲轴毛坯的锻造，应采用拔长后弯曲工序，使纤维组织沿曲轴轮廓分布，这样曲轴工作时不易断裂等。另外，纤维组织形成后，不能用热处理方法消除，只能通过锻造方法使金属在不同方向变形，才能改变纤维的方向和分布。

金属的热变形程度越大，纤维组织现象越明显。纤维组织的稳定性很高，无法消除，只能经过热变形来改变其形状和方向。

热变形广泛应用于大变形量的热轧、热挤及高强度高韧度毛坯的锻造生产等；但热变形中，金属表面氧化较严重，工件精度和表面品质较冷变形的低；另外，设备维修工作量大，劳动强度也较大。

身边的工程材料应用 2：大马士革刀和中国铸剑

大马士革（ Damascus）刀是世界名刃，为古代和中世纪的中东等许多地区（包括叙利亚的大马士革）生产的一种刀剑。大马士革刀通常为弯刀（见图 2-21），其最大的特点是刀身布满一种特殊的花纹，如行云似流水，美妙异常。在过去相当长的一段时间内，大马士革刀独特的冶炼技术和锻造方式一直是波斯人的技术秘密，不为外界所知。

图 2-21　大马士革刀

大马士革弯刀之所以如此锋利，主要是因为其锻造方法与众不同。现代科学研究发现,大马士革弯刀独特的花纹竟然是由无数肉眼难以看到的小锯齿所组成,正是这些小锯齿增加了刀的威力。大马士革刀上的花纹基本上是由两种性质不同的组成物构成,在韧性高的波来铁(pearlite 的音译,即珠光体,发暗)里均匀散布着比玻璃还硬的雪明炭铁(cementite 的音译,即渗碳体,发亮),这使得大马士革刀具有非常锋利的刀锋和非常坚韧而不会折断的刀身。

中国古代也有着高超的铸剑技术,凝聚了先人的智慧和强大的技术,为后人留下了丰富的剑文化,还有许多鲜为人知的壮烈故事。中国古代十大名剑为承影剑、纯钧剑、鱼肠剑、干将剑、莫邪剑、七星龙渊剑、泰阿剑、赤霄剑、湛泸剑 (见图 2-22)、轩辕夏禹剑。

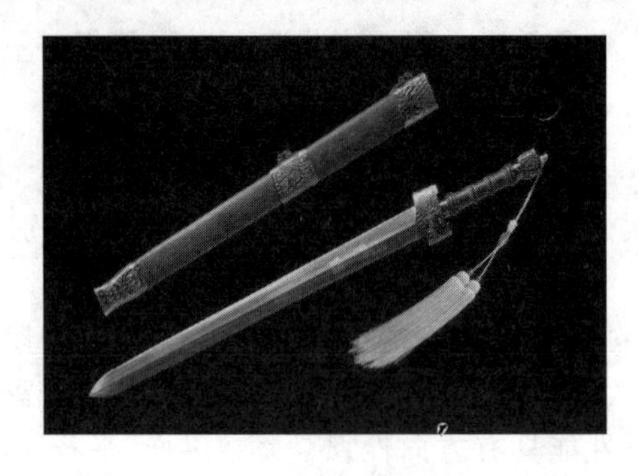

图 2-22　湛泸剑

中国远在殷商时代已制造青铜,春秋、战国时代即造出名剑干将、莫邪。根据《史记 · 苏秦列传》"汝南西平有龙泉水,可以淬刀剑,特坚利,故有龙泉之剑",对山东苍山、陕西扶风汉墓出土的环首钢刀、钢剑等的分析也表明,这些刀剑仅在刃部有马氏体,剑的脊部未见淬火组织。

铸剑过程如下:第一步,铸剑师选择合适原料,铁或者铜矿石(中国最早的剑多是青铜的),加热熔化、去杂质。第二步,将熔融状态的铁水倾倒在一个模型中,冷却后再经过不断的捶打、打磨,形成锋利的刀刃使之成剑(在这个过程中,反复的锻打能够使金属产生冷作加工硬化,增强剑身的强度)。但最关键的步骤还在后面,前述工序只是使剑成形、好看,淬火才能让剑真正坚硬锋利。第三步即淬火,就是把捶打过的剑再烧红(当然不能熔化)趁热放入冷水中,所谓古云"清水淬其锋"。也可以在剑锻打成形完成后趁热将之放进水里淬火。最后,再行回火,这是紧接着淬火的重要一步,即把淬过火的剑拿出来再慢慢加热让它一点点回温,不用太热,两三百摄氏度就行了,目的是缓和制剑中因突然的降温(淬火)可能导致的裂缝及断裂(回火过程中,温度达到再结晶温度,金属在锻打过程中塑性变形产生的残留应力会经过再结晶而消除)。经过这一番艰苦劳作,方才成为锋利无比、吹毛得过,可切牛马,削金、劈石,永不卷刃的宝剑,为天下良材美器。这样一把完美的剑就出现了!

严格来说,大部分剑不是铸造的,而是锻打制成的。只是在青铜时代的剑是铸造的,所以这个说法就一直传下来了。铸剑过程中反复锻打可排除夹渣,均匀成分、致密组织,有时亦可细化晶粒,从而极大地提高材料质量,提高剑的韧性,增加其强度、硬度,进而获得良好的综合性能,中国古代的铸剑师们通过实践经验的积累,充分利用了塑性变形的优点,不仅得到外形和尺寸优美的宝剑,更通过改善组织制成性能优异的宝剑。

本章复习思考题

2-1　滑移变形与孪生变形有何区别？为什么常用材料的塑性变形多为滑移变形？

2-2　位错在塑性变形中起什么作用？若在塑性变形中不产生位错增殖，将出现什么情况？

2-3　实际金属（多晶体）的塑性变形是如何进行的？变形后的组织与性能有何变化？

2-4　变形金属再结晶后的组织与性能同再结晶前有何区别？纯铁与纯铜的最低再结晶温度分别为多少？

2-5　热变形与冷变形如何区别？热变形纤维组织与冷变形纤维组织有何不同？

2-6　为什么位错运动越过晶界比在晶粒内部移动困难？

2-7　生产中获得细晶粒的方法有几种？

2-8　金属结晶时为什么过冷度大可提高生核率？

2-9　解释下列现象产生的原因：

(1) 在一般情况下，金属的塑性变形常以滑移方式进行；

(2) 滑移面是原子密度最大的晶面，滑移方向是原子密度最大的晶向；

(3) 实际测得的晶体滑移的临界切应力比理论计算的数值小得多；

(4) 在室温下金属晶界的滑移阻力比晶内大；

(5) Al、α-Fe、Mg 的塑性不同。

2-10　把 Pb 在 0 ℃下进行塑性变形，Mo 在 850 ℃下进行塑性变形，变形后它们的性能有何变化？为什么？（Pb 的熔点为 327 ℃，Mo 的熔点为 2622 ℃。）

2-11　用一根经冷拉后的钢丝绳吊装一大型工件入炉加热，此钢丝绳与工件一起被加热到 900 ℃，加热完毕后，仍用此钢丝绳吊装该工件，但钢丝绳断裂，为什么？

2-12　用同一种钢材，选用下列三种毛坯制成齿轮，哪一种较好？为什么？

(1) 由厚钢板割制出的圆件；

(2) 直接从较粗钢棒上切一段；

(3) 用较细钢棒热锻成圆饼。

第3章 铁碳合金

铁碳合金是以铁和碳为基本组元组成的合金，是目前工业中应用最为广泛的金属材料。

3.1 二元合金状态图

合金状态图是表示合金系中不同成分合金在不同温度与不同压力时所呈现的状态的图形，是研究分析各种合金结构的重要工具。由于对合金的加工和使用一般都是在常压状态，因而合金状态图实际上只表示合金成分、温度与组织三者之间的关系。对于二元合金，二维坐标系即可表达这种关系：常以横坐标表示合金成分，纵坐标表示温度，坐标系内各表象点则表示某一成分的合金在某一温度时的组织状态。合金状态图可以用相组成物表示，也可以用组织组成物表示，用相组成物表示的状态图又称合金相图。

合金状态图都是用实验的方法绘制的。首先配制各种成分的合金，然后将这些合金分别加热至液态，再使其缓慢冷却，测定其结晶过程和在固态下发生相变的温度。将这些温度值标定在坐标系中相应的位置。再将各种成分线上相同意义的坐标点连接起来，就获得合金状态图。每一种合金系有一幅状态图。有些合金系状态图的图形相似，因此可将各种合金状态图分成几种类型，同类状态图的分析方法相同。

下面简要分析几种最基本的二元合金状态图。

3.1.1 匀晶状态图

匀晶状态图的图形如图 3-1 所示。这类合金液态时两组元无限互溶，结晶在一定温度范围内完成，结晶后形成无限固溶体；固态冷却时不发生相变。Cu-Ni、Cu-Au、Fe-Cr 等合金系的状态图属此类状态图。

1. 状态图分析

图 3-1 中，A、B 为合金两组元；a、b 分别为 A、B 组元的熔点；$a1b$ 线以上，合金各种成分都呈液态；$a1b$ 线表征合金各种成分开始结晶的温度；$a4'b$ 线表征合金各种成分结晶完毕的温度。两条曲线将坐标系划分为 3 个区。$a1b$ 线以上为液相区，代号为 L，$a1b$ 称为液相线。$a4'b$ 线以下为固相区，以相组成物或组织组成物的代号表示。α 为合金的固溶体相。$a4'b$ 称为固相线。液相线与固相线之间为液相与固相共存区。

2. 合金冷却过程分析

通过对任一成分合金冷却过程的分析，可以了解合金自液态冷却、结晶、结晶后冷却至室温，合金结构发生哪些变化。现以图 3-1 所示的合金为例分析如下。

设合金中含 B 量为 $K\%$（又称 B 的质量分数），从液态冷却至室温，用冷却曲线表示冷却过程组织转变情况。

从液态冷却至点 1 为液态合金自然冷却，不发生相变。至点 1 时合金开始结晶，在液态合金中结晶出固相（α 固溶体）。由于结晶时放出结晶潜热，故冷却曲线较平坦。至点 $4'$ 结

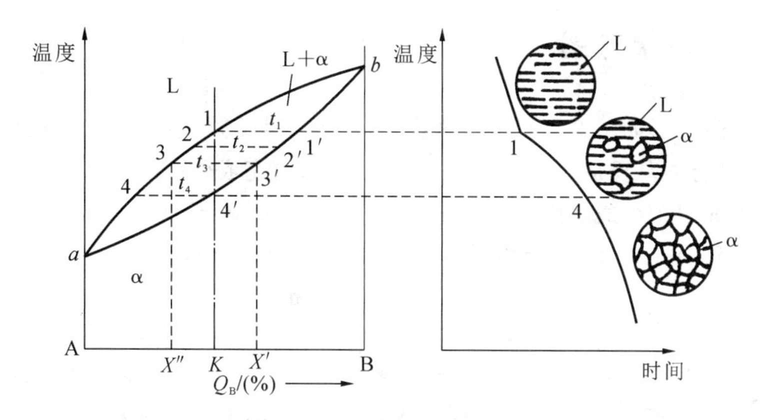

图 3-1 匀晶状态图及其结晶过程

晶完毕。从点 4′至室温,α 固溶体自然冷却,不发生相变。在点 1 与点 4′之间,合金存在液相和固相。随着温度的变化,液相合金与固相合金的成分及其相对含量也在变化。刚结晶的固相其含 B 量不是 $K\%$,而是过点 1 的水平线与固相线的交点 1′在横坐标上的投影。温度为 t_3 时,固相的含 B 量为点 3′在横坐标上的投影 $X'\%$,而液相的含 B 量则为点 3 在横坐标上的投影 $X''\%$。温度降至点 4′时,固相的含 B 量为 $K\%$,液态合金结晶完毕。也就是说,从开始结晶到结晶完毕,固相合金的含 B 量从点 1′向 $K\%$变化,而液相合金的含 B 量则从 $K\%$向点 4 变化。这就出现了在结晶过程中晶粒中心与外层化学成分不均匀的现象,称为结晶偏析,又称晶内偏析。结晶偏析将影响合金的性能。当结晶过程冷却速度很慢时,通过原子的扩散可以使整个晶粒成分均匀,不产生偏析。若结晶过程冷却速度较快,则须通过重新加热保温的方法(称扩散退火)消除偏析。

欲知结晶过程的某一瞬间(如图 3-1 中温度为 t_3 时)体系中固相与液相的相对质量,可用杠杆定律求得。设固相的质量分数为 Q_α,液相的质量分数为 Q_L,此时固相中的含 B 量为 $Q_\alpha \times X'\%$,液相中的含 B 量为 $Q_L \times X''\%$。根据以上分析可列出以下方程式:

$$Q_\alpha + Q_L = 1 \tag{3-1}$$

$$Q_\alpha \times X'\% + Q_L \times X''\% = K\% \tag{3-2}$$

将式(3-1)和式(3-2)联立,可解出 Q_α 与 Q_L:

$$Q_\alpha = \frac{K - X''}{X' - X''} \tag{3-3}$$

$$Q_L = \frac{X' - K}{X' - X''} \tag{3-4}$$

$$\frac{Q_\alpha}{Q_L} = \frac{K - X''}{X' - K} \tag{3-5}$$

若 t_3 为已知温度,则 X'与 X''都是已知数,即可计算出 Q_α 与 Q_L。

综上分析,欲知某成分合金在某温度时两种组成物的质量比,其方法是过该成分与温度的坐标点作水平线,交两边组成物的边界线,以该坐标点为中心,截出两条线段,右边组成物与左边组成物的质量比则等于左边线段与右边线段之比(参考图 3-1)。式(3-5)与力学中的杠杆定律相似,故称杠杆定律。此定律适用于状态图中两相(或组织)区两者相对质量的计算。

3.1.2 共晶状态图

共晶状态图的图形如图 3-2 所示。这类合金液态时无限互溶,固态时两组元可互相形成有限固溶体,且有共晶反应。结晶在一定温度范围内完成(共晶成分合金恒温结晶)。结晶后的相组成物或组织组成物随合金成分的不同而不同,大部分合金在固态冷却时发生组织转变。Pb-Sn、Pb-Sb、Al-Si 等合金系的状态图属此类状态图。

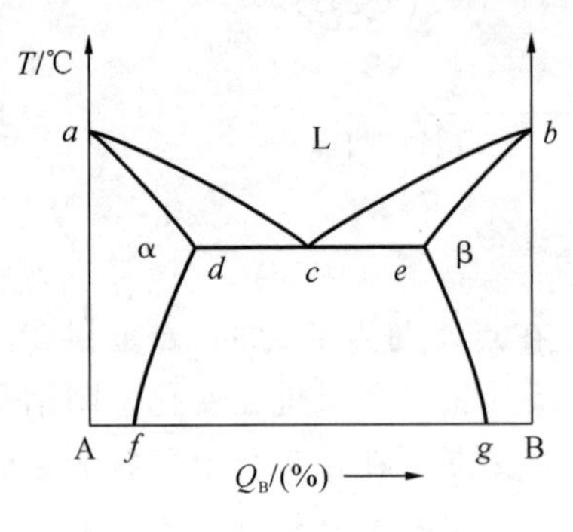

图 3-2 共晶状态图

1. 状态图分析

图 3-2 中,A、B 代表合金两组元,a、b 分别为 A、B 组元的熔点;acb 为液相线,$adceb$ 为固相线;α 区为 B 组元溶于 A 组元形成的有限固溶体,最大溶解度为 d(由 A 轴向 B 轴水平方向度量),随着温度的降低,溶解度减小,室温时的溶解度为 f,df 为 B 组元在 A 组元中的溶解度曲线。β 区是 A 组元溶于 B 组元形成的有限固溶体,最大溶解度为 e(由 B 轴向 A 轴水平方向度量,下同),随着温度的降低,溶解度减小,室温时的溶解度为 g,eg 为 A 组元在 B 组元中的溶解度曲线。

2. 合金冷却过程分析

共晶状态图与匀晶状态图不同,结晶后的固态合金冷却至室温时,有的不再发生组织转变,有的会再发生组织转变。下面以四种具有代表性的合金为例,进行冷却过程分析。共晶状态图典型成分合金冷却过程的组织转变如图 3-3 所示。

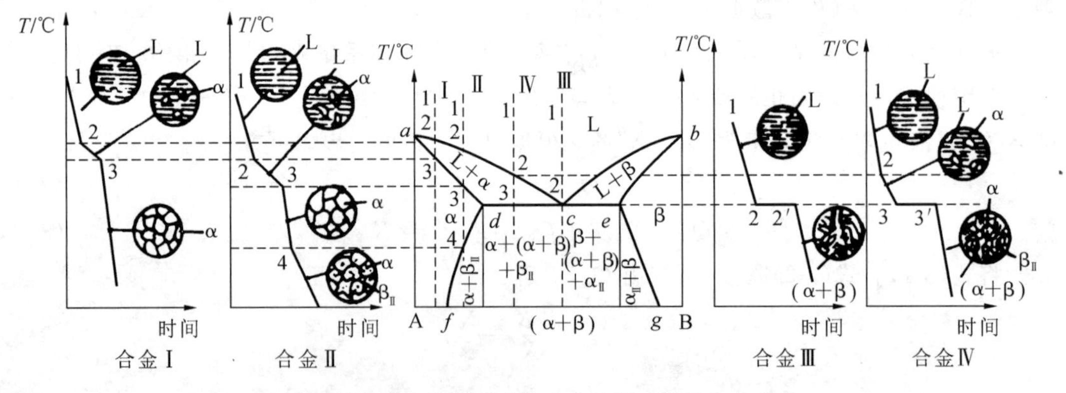

图 3-3 共晶状态图典型成分合金冷却过程的组织转变

1) 合金Ⅰ

此合金从点 1 至点 2 为液态合金的自然冷却;点 2 至点 3 逐步结晶出 α 固溶体;点 3 至室温为 α 固溶体的自然冷却,不再发生组织转变。含 B 量小于 f 的合金,冷却过程的组织转变与合金Ⅰ相同。

2) 合金Ⅱ

此合金从点 1 至点 2 为液态合金的自然冷却;点 2 至点 3 逐步结晶出 α 固溶体;点 3 至点 4 为 α 固溶体的自然冷却。点 4 以下由于 α 固溶体对 B 组元的溶解度小于合金中的含 B 量,故部分 B 组元析出,并溶解于 A 组元形成 β 固溶体。随着温度降低,β 固溶体逐步增加。

为了区别于从液态直接结晶的β固溶体，这种由α固溶体析出B组元而形成的β固溶体，称为二次β固溶体（以$\beta_{Ⅱ}$表示）。室温时，此合金的组成物为$\alpha+\beta_{Ⅱ}$。含B量为f至d的合金，冷却过程的组织转变与合金Ⅱ相同。

3）合金Ⅲ

此合金从点1至点2为液态合金的自然冷却。在点2温度，液态合金同时结晶出α_d和β_e。由于此结晶过程放出的结晶潜热较多，故冷却曲线呈现一段水平线段。由c成分的合金在c处的温度同时结晶出α_d和β_e，可写成$L_c \rightarrow (\alpha_d+\beta_e)$，此结晶过程称为共晶反应。所得产物称为共晶体，属机械混合物，是一种两相的组织组成物。含B量为c的合金称为共晶合金。从点2至室温，α_d和β_e溶解度减小而分别析出$\beta_{Ⅱ}$和$\alpha_{Ⅱ}$。由于二次相只存在于一次相之中，故在表示共晶体结构时常只写（$\alpha+\beta$），略去$\alpha_{Ⅱ}$和$\beta_{Ⅱ}$。

4）合金Ⅳ

此合金从点1至点2为液态合金的自然冷却，点2开始结晶出α固溶体。随着温度的降低，固溶体逐渐增多，液态合金逐渐减少，固溶体的成分沿α_d线变化，液态合金的成分沿ac线变化，至点3时合金为α_d+L_c，此时L_c发生共晶反应，反应结束后合金为$\alpha_d+(\alpha+\beta)$。从点3至室温，α固溶体逐渐析出$\beta_{Ⅱ}$，室温时合金的组织组成物为$\alpha+\beta_{Ⅱ}+(\alpha+\beta)$。若以相组成物表示则为$\alpha+\beta$。含B量为$d$至$c$的合金，冷却过程的组织转变与合金Ⅳ相同。这类合金称亚共晶合金。

含B量为c至e的合金称为过共晶合金。c处右边合金冷却过程分析与左边相同，不再重复。成分在de之间的合金，冷却时都会产生共晶反应，且在dce线温度进行，故dce线又称共晶线。

共晶状态图中也可用杠杆定律计算两种组成物的质量比。例如共晶反应结束后α_d与β_e的质量比为

$$\frac{Q_{\alpha_d}}{Q_{\beta_e}}=\frac{ce}{dc} \tag{3-6}$$

3.1.3　包晶状态图

包晶状态图的图形如图3-4所示，A、B代表合金两组元。a、b分别为A、B组元的熔点，acb为液相线，$adeb$为固相线。α、β是以A、B分别为溶剂的有限固溶体。这类状态图的主要特点是，e成分的合金，在dec温度时由c成分的液体与d成分的α固溶体发生包晶反应，形成e成分的β固溶体，即$L_c+\alpha_d \rightarrow \beta$。包晶反应时$L_c$与$\alpha_d$的质量比是固定的，即$Q_{\alpha_d}/Q_{L_c}=ec/de$。成分在$de$之间的合金，冷却至$dec$温度时，一部分α固溶体与液态合金发生包晶反应，另有α固溶体剩余，包晶反应后为$\alpha+\beta$。冷却至室温时，α与β分别析出$\beta_{Ⅱ}$与$\alpha_{Ⅱ}$。成分在ec之间的合金，包晶反应后有剩余液态合金，在随后冷却时结晶成β固溶体。成分在dc之间的合金，冷却时都会产生包晶反应，且在dec线温度进行，故dec

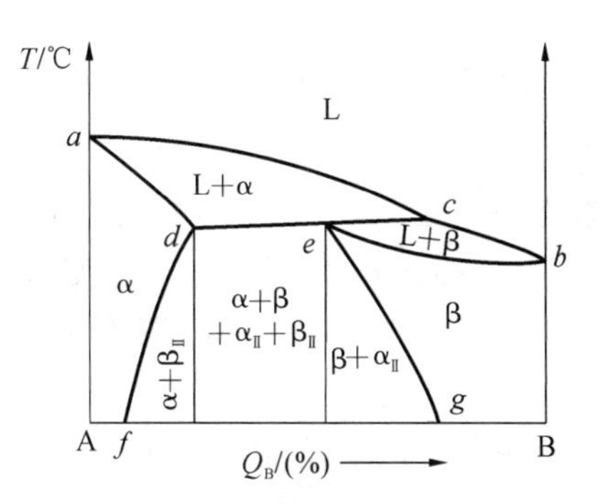

图3-4　包晶状态图

线又称包晶线。含 B 量小于 d 及大于 c 的合金,不发生包晶反应。包晶反应也要求冷却速度缓慢,使 A、B 两组元充分扩散,否则会产生成分偏析。产生偏析时应通过退火处理消除。

3.1.4 共析状态图

从一个固相中同时析出成分和晶体结构完全不同的两种新固相的转变过程,称为共析转变。图 3-5 所示为具有共析转变的二元合金相图。图中 A、B 为二组元,合金凝固后获得 α 固溶体,α 固溶体在 c 点进行共析转变:$\alpha_c \rightarrow (\beta_{1d} + \beta_{2e})$。$(\beta_{1d} + \beta_{2e})$称为共析体,$c$ 点为共析点,dce 为共析线,对应的温度称为共析温度。

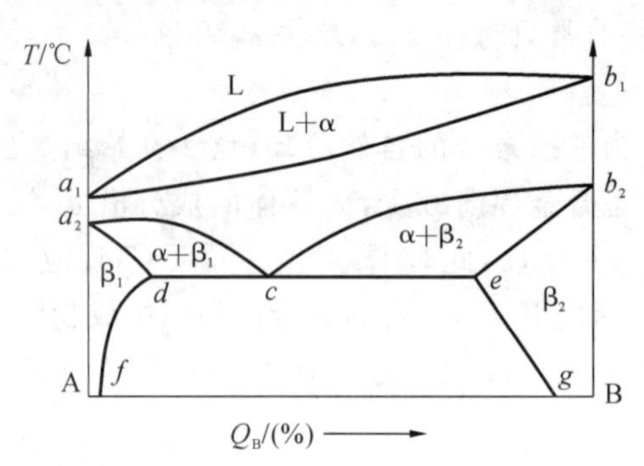

图 3-5 具有共析转变的二元合金相图

由于共析转变是在固态合金中进行的,转变温度较低,原子扩散困难,因而容易达到较大的过冷度。与共晶体相比,共析体的组织常较细而均匀。

3.2 铁碳合金的相结构与性能

要熟悉并合理地选择铁碳合金,就必须了解铁碳合金的成分、组织和性能之间的关系,而铁碳合金状态图正是研究这一问题的重要工具。

3.2.1 纯铁

纯铁的含铁量(质量分数)ω_{Fe} 一般为 99.8%~99.9%,含有 0.1%~0.2%的杂质,纯铁的熔点为 1538 ℃。纯铁的冷却转变曲线如图 3-6 所示。液态纯铁在 1538 ℃时结晶为具有体心立方晶格的 δ-Fe,继续冷却到 1394 ℃,由体心立方晶格的 δ- Fe 转变为面心立方晶格的 γ-Fe,再冷却到 912 ℃,又由面心立方晶格的 γ-Fe 转变为体心立方晶格的 α-Fe,先后发生 2 次晶格类型的转变。金属在固态下由于温度的改变而发生晶格类型转变的现象,称为同素异构转变。同素异构转变有热效应产生,故在冷却曲线上,可看到在 1394 ℃和 912 ℃处出现平台。

纯铁在 770 ℃时发生磁性转变。在 770 ℃以下的 α-Fe 呈铁磁性,在 770 ℃以上 α-Fe 的磁性消失。770 ℃称为居里点,用 A_2 表示。

工业纯铁虽然塑性、导磁性能良好,但强度低,不适宜制作结构零件,所以很少用它制造机械零件。在工业上应用最广的是铁碳合金。

3.2.2 铁碳合金中的基本相、组织

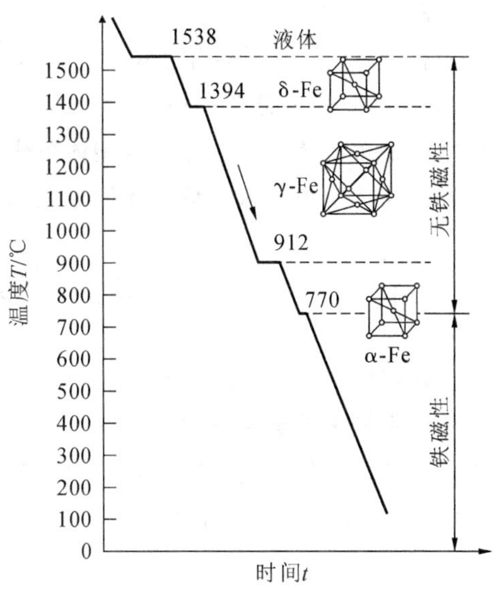

图 3-6 纯铁的冷却曲线

为了提高纯铁的强度、硬度，常在纯铁中加入少量碳元素，由于铁和碳的交互作用，可形成下列5种基本相、组织：铁素体、奥氏体、渗碳体、珠光体、莱氏体。

1. 铁素体

碳溶于α-Fe中所形成的间隙固溶体称为铁素体，用符号F或α表示，它仍保持α-Fe的体心立方晶格结构。因其晶格间隙较小，所以溶碳能力很差，在727 ℃时最大溶碳量仅为0.0218%，室温时最大溶碳量降至0.0008%。

铁素体由于溶碳量小，力学性能与纯铁相似，即塑性和冲击韧度较好，而强度、硬度较低。铁素体的显微组织如图3-7所示。

2. 奥氏体

碳溶于γ-Fe中所形成的间隙固溶体称为奥氏体，用符号A或γ表示，它保持γ-Fe的面心立方晶格结构。由于其晶格间隙较大，所以溶碳能力比铁素体强，在727 ℃时溶碳量为0.77%，1148 ℃时溶碳量达到2.11%。

奥氏体的强度、硬度较低，但具有良好塑性，是绝大多数钢高温进行压力加工的理想组织。奥氏体的显微组织如图3-8所示。

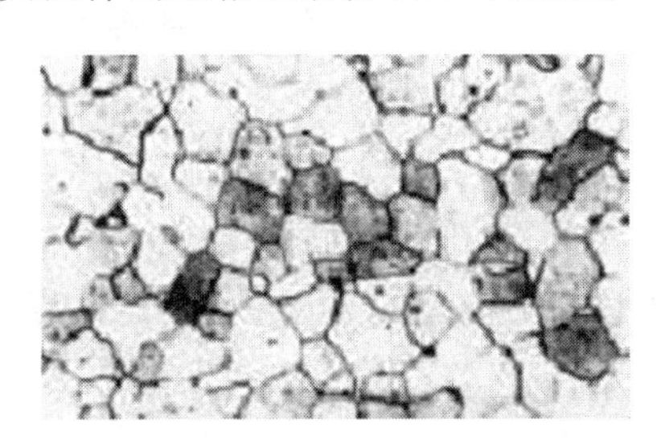
图 3-7 铁素体的显微组织

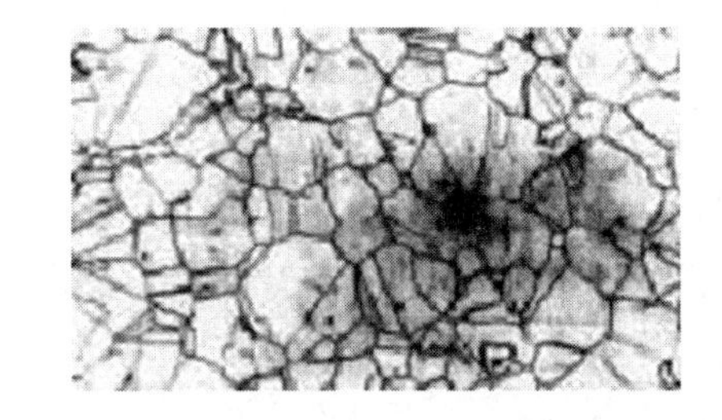
图 3-8 奥氏体的显微组织

3. 渗碳体

渗碳体是铁和碳组成的具有复杂斜方结构的间隙化合物，用化学式Fe_3C表示。渗碳体中碳的质量分数为6.69%。

渗碳体硬度很高(800 HBS)，塑性和韧性几乎为零。它主要作为铁碳合金中的强化相存在。

4. 珠光体

珠光体是铁素体和渗碳体组成的机械混合物，用符号P表示。在缓慢冷却条件下，珠光体中碳的质量分数为0.77%。

珠光体力学性能介于铁素体和渗碳体之间，综合性能良好。

5. 莱氏体

含碳量为 4.3%的合金缓慢冷却到 1148 ℃时，从液相中同时结晶出奥氏体和渗碳体的共晶组织，称为高温莱氏体，用符号 L_d 表示。冷却到 727 ℃时，奥氏体将转变为珠光体，所以室温下莱氏体由珠光体和渗碳体组成，称为低温莱氏体，用符号 L'_d 表示。

莱氏体中由于有大量渗碳体存在，其性能与渗碳体相似，即硬度高、塑性差。

3.3 铁碳合金状态图

铁碳($Fe\text{-}Fe_3C$)合金是以铁元素为基础，与一部分碳元素组成的合金。它是目前机械工程中应用最多的金属材料。碳在 $Fe\text{-}Fe_3C$ 合金中存在的形态有两种，一种是游离态，另一种为化合态。碳的质量分数(即含碳量)$\omega_C \leqslant 6.69\%$时形成 Fe_3C，大于此含量则形成 Fe_2C 或 FeC。不论碳以何种形态存在，当 $\omega_C > 5\%$时，合金的力学性能都很差，工程上无实用价值。因此，下面讨论的 $Fe\text{-}Fe_3C$ 合金，其碳的质量分数至 6.69%为止，且以化合态存在，此成分铁与碳形成 Fe_3C，是一种亚稳定化合物，作为合金的一个组元。

3.3.1 铁碳合金状态图分析

铁碳合金状态图如图 3-9 所示。此图集匀晶状态图、共晶状态图、包晶状态图和共析状态图于一体。$Fe\text{-}Fe_3C$ 合金状态图中各临界点碳的质量分数和温度列于表 3-1。状态图左边纵坐标表示纯铁自室温至熔化的状态。铁是具有同素异构转变的元素，在 912 ℃和 1394 ℃发生晶型转变。室温至 912 ℃为体心立方晶格，称为 α-Fe。912 ℃至 1394 ℃为面心立方晶格，称为 γ-Fe，1394 ℃至 1538 ℃为体心立方晶格，称为 δ-Fe(晶格常数与 α-Fe 不同)。状态图右边纵坐标为 Fe_3C(渗碳体)的状态。Fe_3C 自室温至熔化没有发生结构变化，是 $Fe\text{-}Fe_3C$ 合金的一个基本相。$Fe\text{-}Fe_3C$ 合金还有三个基本相，即碳溶于 α-Fe 所形成的固溶体，称为铁素体，用符号 F 表示，存在于状态图中的 F 区；碳溶于 γ-Fe 所形成的固溶体，称为奥氏体，用符号 A 表示，存在于状态图中的 A 区；碳溶于 δ-Fe 所形成的固溶体，称为 δ 固溶体，存在于状态图中的 δ 区。在四个基本相中，渗碳体硬度高，脆性大，塑性极小；而铁素体、奥氏体和 δ 固溶体则硬度低，塑性好。δ 固溶体只存在于高温区，含碳量少，对锻造和热处理等热加工工艺的影响不大，不再讨论。

状态图中的 *ABCD* 线为液相线，其上合金为均匀液态。*AHJECF* 线为固相线，其下合金为固态。液相线与固相线之间为液、固两相并存区域。*ES* 线是碳在奥氏体中的溶解度曲线。含碳量 $\omega_C = 0.77\% \sim 2.11\%$的奥氏体冷却通过 *ES* 线时，会析出过饱和的碳，并与铁形成渗碳体，称为二次渗碳体。*GS* 线为含碳量 $\omega_C < 0.77\%$的奥氏体析出铁素体的转变线。*GS* 线以上的奥氏体冷却通过 *GS* 线时，就会有一部分转变为碳的溶解度低的铁素体，使余下的奥氏体含碳量提高，即随着温度降低，奥氏体的含碳量沿着 *GS* 线变化。*PQ* 线是碳在铁素体中的溶解度曲线。铁素体冷却通过 *PQ* 线时，将析出过饱和的碳，形成三次渗碳体。

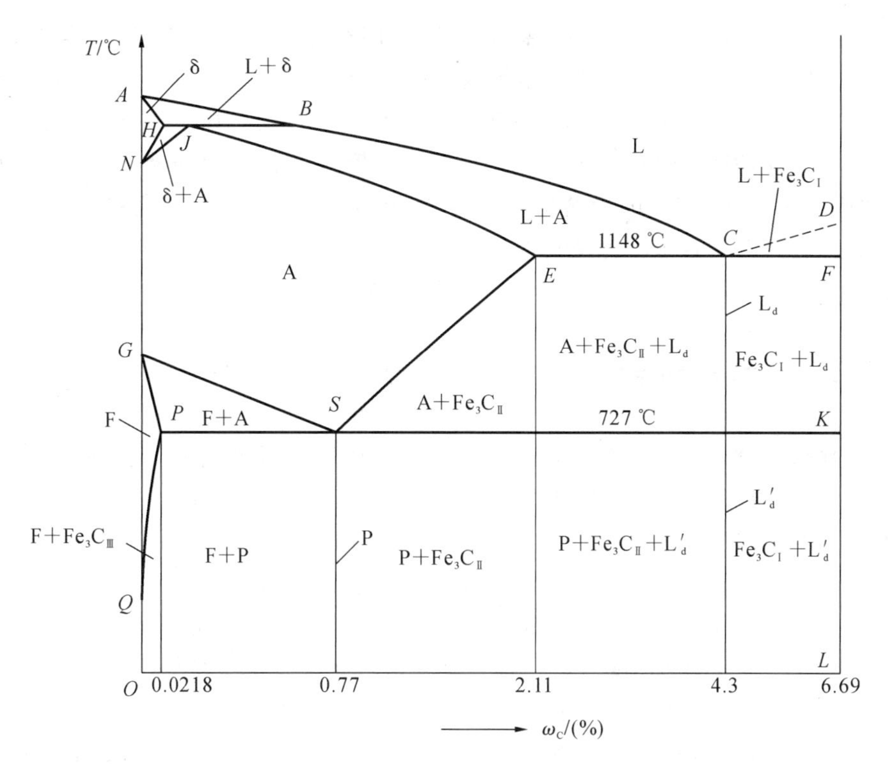

图 3-9 Fe-Fe_3C 合金状态图

表 3-1 Fe-Fe_3C 合金状态图中各临界点碳的质量分数和温度

临界点	ω_C/(%)	温度/℃	说明
A	0	1538	纯铁的熔点
B	0.53	1495	包晶转变时液态合金成分
H	0.09	1495	碳在δ-Fe中的最大溶解度
J	0.17	1495	包晶点
N	0	1394	γ-Fe向δ-Fe的转变点
D	6.69	1227	渗碳体的熔点
E	2.11	1148	碳在γ-Fe中的最大溶解度
C	4.3	1148	共晶点，$L_C \rightarrow (A_E + Fe_3C)$
F	6.69	1148	渗碳体的成分
G	0	912	α-Fe向γ-Fe的转变点
P	0.0218	727	碳在α-Fe中的最大溶解度
S	0.77	727	共析点，$A_S \rightarrow (F_P + Fe_3C)$
K	6.69	727	渗碳体的成分
Q	0.0057	600	碳在α-Fe中的溶解度

Fe-Fe_3C合金状态图存在一个包晶反应、一个共晶反应和一个共析反应。*J*点为包晶点，合金冷却通过*J*点时发生包晶反应，*HJB*为包晶线。*C*点为发生共晶反应的成分和温度，即含碳量ω_C=4.3%的液态合金冷却至1148 ℃时，同时结晶出奥氏体和渗碳体，其反应

式为 $L_C \rightarrow (A_E + Fe_3C)$，反应产物称为高温莱氏体，用符号 L_d 表示。ECF 为共晶线，C 点成分的合金称为共晶合金，EC 之间的合金称为亚共晶合金，CF 之间的合金称为过共晶合金。S 点为发生共析反应的成分和温度，即含碳量 $\omega_C = 0.77\%$ 的奥氏体冷却至 727 ℃时，同时析出铁素体和渗碳体，其反应式为 $A_S \rightarrow (F_P + Fe_3C)$，反应产物称为珠光体，用符号 P 表示。$PSK$ 为共析线，$\omega_C = 0.77\%$ 的合金称为共析合金，$\omega_C < 0.77\%$ 的合金称为亚共析合金，$0.77\% < \omega_C < 2.11\%$ 的合金称为过共析合金。

莱氏体和珠光体都是 $Fe\text{-}Fe_3C$ 合金的组织组成物。

3.3.2 典型成分合金结晶后的组织转变

通过对典型成分合金自液态冷却至室温组织转变分析，就可知道不同成分的合金在不同温度时所呈现的组织。通常用冷却曲线表示在不同温度范围内组织的转变情况。

1. 共析合金组织转变过程

合金自液态冷却至室温，组织转变过程如图 3-10 所示。点 1 至点 2 为液态合金的自然冷却，点 2 开始结晶出奥氏体，至点 3 结晶完毕。结晶时放出结晶潜热，故冷却速度减慢。点 3 至点 4 为奥氏体自然冷却。在点 4 发生共析反应，由奥氏体转变为珠光体。共析反应放出的结晶潜热补偿了自然散热，故冷却曲线出现一段水平线段，至点 4′共析反应结束。点 4′至点 5 珠光体中的铁素体析出 $Fe_3C_{Ⅲ}$ 并与共析渗碳体混在一起。室温时合金的组织为珠光体，共析合金显微组织如图 3-11 所示。

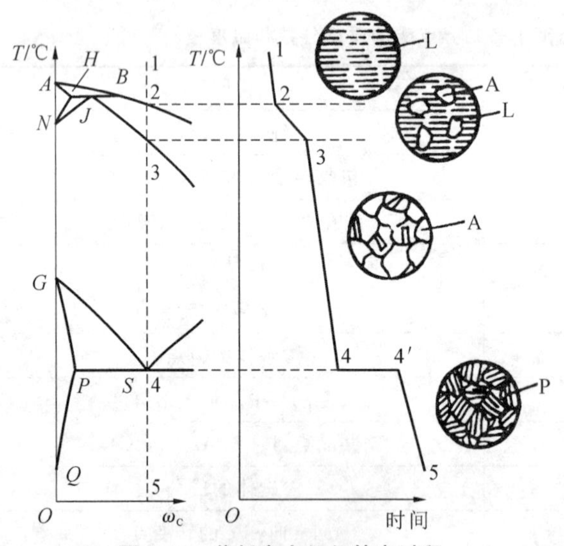

图 3-10　共析合金组织转变过程

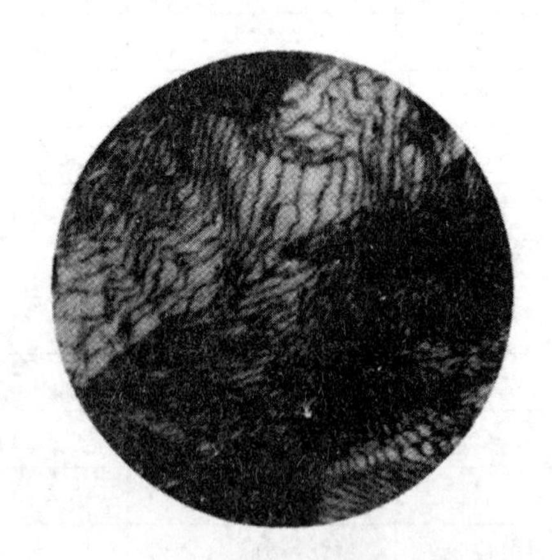

图 3-11　共析合金显微组织

2. 亚共析合金组织转变过程

合金自液态冷却至室温，组织转变过程如图 3-12 所示。点 1 至点 2 为液态合金自然冷却，点 2 开始结晶出奥氏体，至点 3 结晶完毕。点 3 至点 4 为奥氏体自然冷却。点 4 至点 5，一部分奥氏体转变为铁素体，其余奥氏体的含碳量沿 GS 线变化 S 点。这一过程也放出结晶潜热。在点 5，奥氏体发生共析反应，至点 5′共析反应结束。共析反应放出结晶潜热使冷却曲线呈现水平线段。点 5′至点 6 组织不再发生变化(忽略 $Fe_3C_{Ⅲ}$ 转变)。室温时合金的组织为珠光体和铁素体，亚共析合

金显微组织如图3-13所示。

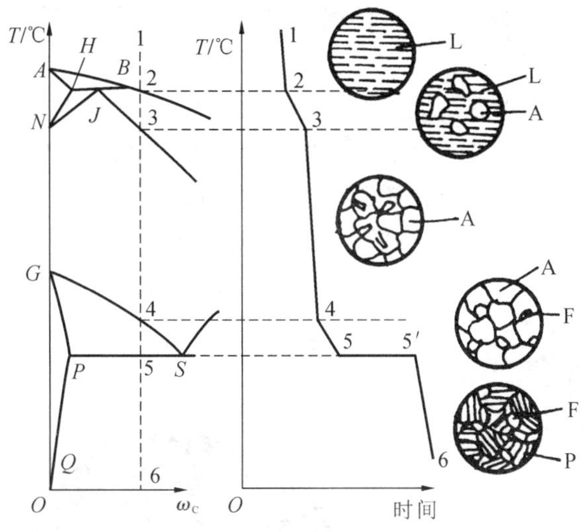

图3-12 亚共析合金组织转变过程

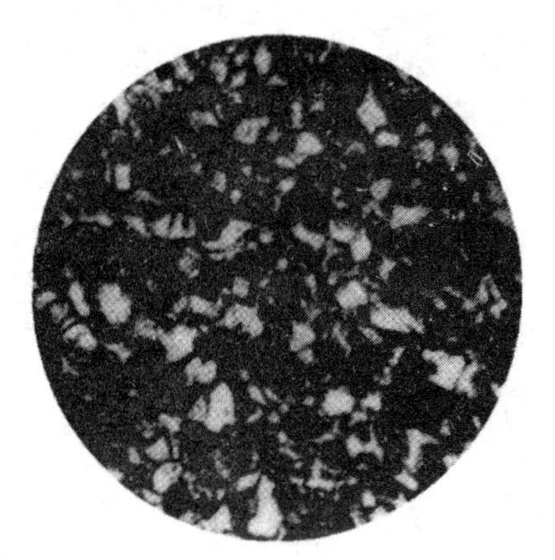

图3-13 亚共析合金显微组织

3. 过共析合金组织转变过程

合金自液态冷却至室温、组织转变过程如图3-14所示。点1至点2为液态合金自然冷却，点2开始结晶出奥氏体，至点3结晶完毕。点3至点4为奥氏体自然冷却。点4至点5，奥氏体析出过饱和的碳并形成渗碳体（称为二次渗碳体），存在于奥氏体晶界上呈网状结构，奥氏体的含碳量沿ES线变化至S点。这一过程也放出结晶潜热。在点5，奥氏体发生共析反应，至点5′共析反应结束，冷却曲线呈现水平线段。点5′至点6组织不再发生变化。室温时合金的组织为珠光体和网状二次渗碳体，过共析合金显微组织如图3-15所示。

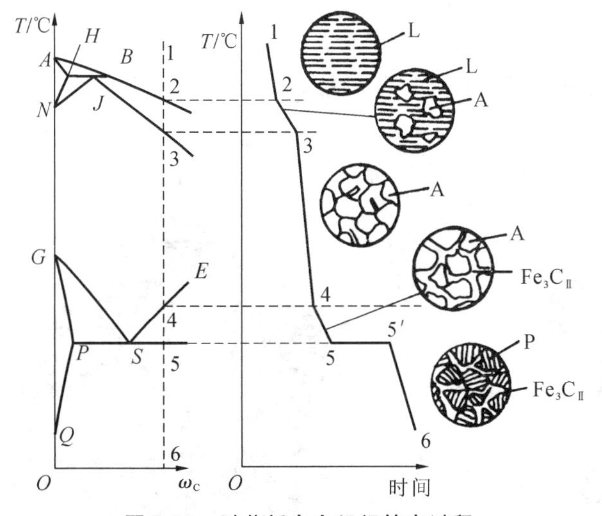

图3-14 过共析合金组织转变过程

图3-15 过共析合金显微组织

共晶合金、亚共晶合金和过共晶合金组织转变过程的分析方法与上述分析方法相同。三者都发生共晶反应。亚共晶合金在共晶反应之前先结晶出奥氏体（称为先共晶奥氏体），过共晶合金在共晶反应之前先结晶出渗碳体（称为一次渗碳体）。先共晶奥氏体和莱氏体中的奥氏体自共晶温度冷却至共析温度都会析出二次渗碳体，并在共析温度发生共析转变。共析温度至室温，莱氏体由珠光体、共晶渗碳体和二次渗碳体组成，称为低温莱氏体，用符号 L'_d 表示，以区别于高温莱氏体。

室温时，共晶合金的组织为低温莱氏体；亚共晶合金的组织为珠光体、二次渗碳体和低温莱氏体；过共晶合金的组织为一次渗碳体和低温莱氏体。三者自液态冷却至室温的组织转变过程及室温时的显微组织如图 3-16 至图 3-21所示。

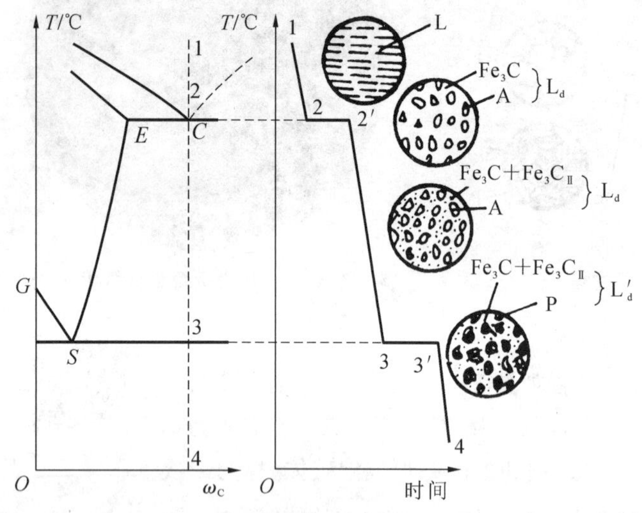

图 3-16 共晶合金组织转变过程

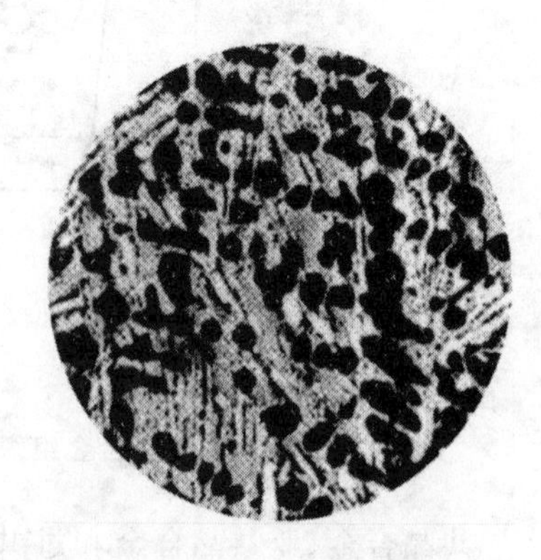

图 3-17 共晶合金显微组织

根据以上分析，$\omega_C<2.11\%$ 的 $Fe\text{-}Fe_3C$ 合金，室温时的组织为珠光体和铁素体或珠光体和二次渗碳体而无莱氏体。$\omega_C=2.11\%\sim6.69\%$ 的合金，室温时都有莱氏体。两者性能有较大差别，因此以 $\omega_C=2.11\%$ 的成分为界，将 $Fe\text{-}Fe_3C$ 合金分为两部分。$\omega_C\leqslant2.11\%$ 的合金称为钢，$2.11\%<\omega_C<6.69\%$ 的合金称为生铁。$\omega_C=0.77\%$ 的钢称为共析钢，$\omega_C<0.77\%$ 的钢称为亚共析钢，$0.77\%<\omega_C\leqslant2.11\%$ 的钢称为过共析钢。$\omega_C=4.3\%$ 的生铁称为共晶白口铸铁，$2.11\%<\omega_C<4.3\%$ 的生铁称为亚共晶白口铸铁，$4.3\%<\omega_C<6.69\%$ 的生铁称为过共晶白口铸铁。

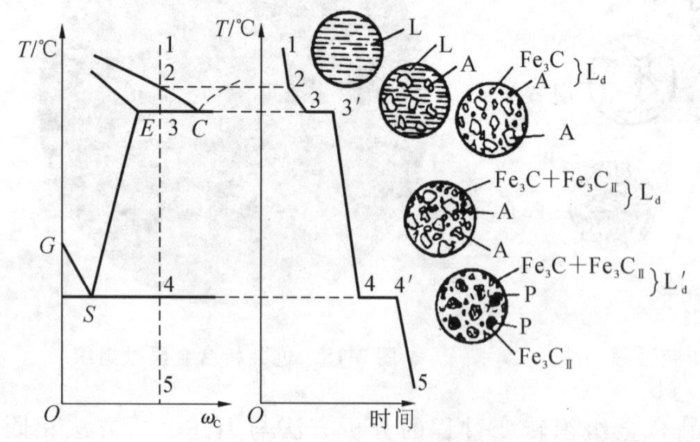

图 3-18 亚共晶合金组织转变过程

图 3-19 亚共晶合金显微组织

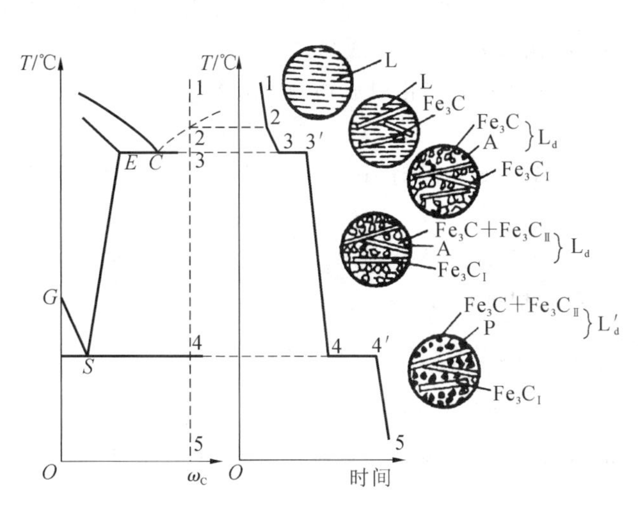

图 3-20　过共晶合金组织转变过程

图 3-21　过共晶合金显微组织

3.3.3　铁碳合金中含碳量与性能的关系

1. 铁碳合金中含碳量与组成物的关系

不同含碳量的铁碳合金在室温时的组成物如图 3-22 所示。

相组成物为铁素体和渗碳体，其相对量与含碳量的关系呈直线变化。

组织组成物随含碳量的变化而变化。含碳量极少时全部是铁素体；$\omega_C=0.77\%$时全部是珠光体；$\omega_C<0.77\%$的合金，铁素体与珠光体的相对量呈直线变化。$\omega_C=2.11\%$时，珠光体与二次渗碳体的相对量分别为 77.36%、22.64%；$\omega_C=0.77\%\sim2.11\%$的合金，珠光体与二次渗碳体的相对量呈直线变化；$\omega_C=4.3\%$的合金，全部是低温莱氏体；$\omega_C=2.11\%\sim4.3\%$的合金为珠光体、二次渗碳体和低温莱氏体，三者的相对量之比为成分线在图中三区域内线段长度的比例。$\omega_C=6.69\%$时，全部是渗碳体；$\omega_C=4.3\%\sim6.69\%$的合金，低温莱氏体与渗碳体的相对量呈直线变化。

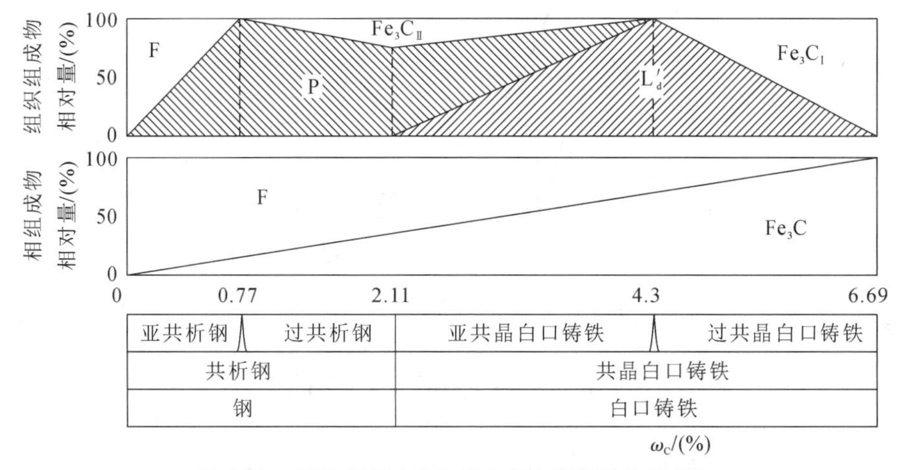

图 3-22　不同含碳量的铁碳合金在室温时的组成物

因此，欲知某成分的铁碳合金室温时是什么组织，只要过图 3-22 的横坐标上该成分的位置作一条竖直线，即可求得该合金的组织组成物（或相组成物）及其相对量。

例 3-1 计算 45 钢室温平衡组织中组织组成物和相组成物的相对量。

分析与计算过程如下。

45 钢是含碳量为 0.45%的铁碳合金，属于亚共析钢，其室温平衡组织是铁素体和珠光体，相组成物为铁素体和渗碳体。

组织组成物的相对含量。铁素体和珠光体的含量分别用 ω_F 和 ω_P 表示，室温下铁素体和珠光体含碳量分别为 0.0008%和 0.77%，根据杠杆定律计算如下：

$$\omega_F = \frac{0.77 - 0.45}{0.77 - 0.0008} \approx 0.416 = 41.6\%$$

$$\omega_P = 1 - 41.6\% = 58.4\%$$

相组成物的相对含量。渗碳体的含量用 ω_{Fe_3C} 表示，室温下渗碳体的碳质量分数为 6.69%，根据杠杆定律计算如下：

$$\omega_F = \frac{6.69 - 0.45}{6.69 - 0.0008} \approx 0.933 = 93.3\%$$

$$\omega_{Fe_3C} = 1 - 93.3\% = 6.7\%$$

2. 含碳量对铁碳合金力学性能的影响

当含碳量增高，铁碳合金中不仅渗碳体的相对量增加，而且渗碳体存在的形式也发生变化，由分散在铁素体的基体内变成分布在珠光体的周围，最后当形成莱氏体时，渗碳体又作为基体出现。

渗碳体是个强化相。如果合金的基体是铁素体，渗碳体的量愈多，分布愈均匀，材料的强度就愈高；当渗碳体分布在晶界上，特别是作为基体时，材料的塑性和韧性将大大下降。含碳量对钢的平衡组织力学性能的影响如图 3-23 所示。

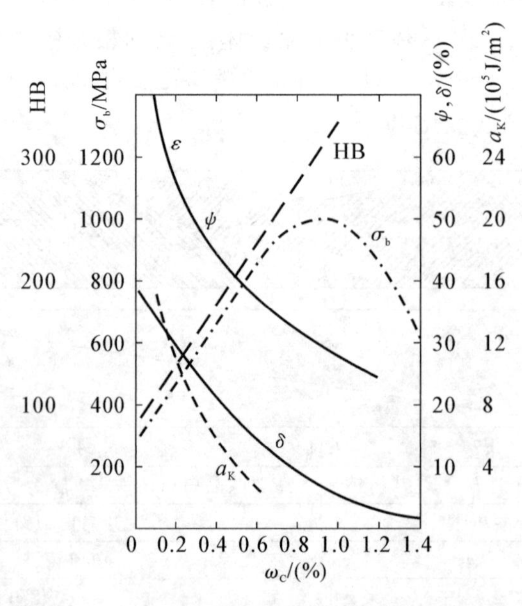

图 3-23 含碳量对钢的平衡组织力学性能的影响

对亚共析钢来说，随着含碳量的增加，组织中珠光体的相对量相应地增加，钢的硬度、强度呈直线上升，而塑性则相应降低。

对过共析钢来说，缓冷后由珠光体与二次渗碳体所组成，随着含碳量的增加，二次渗碳体发展成连续网状，当含碳量超过1.0%时，钢变得硬、脆，强度下降。

对白口铸铁来说，由于其组织中出现了以渗碳体为基体的莱氏体，性硬脆，难以切削加工，故很少应用。

3.4 碳素钢

从铁碳合金相图中可知，碳素钢中碳元素的含量 $\omega_C<2.11\%$。此外，碳素钢是合金元素含量很低的钢。GB/T 13304.1—2008 规定几个主要合金元素在钢中的含量须符合以下要求：$\omega_{Cr}<0.30\%$，$\omega_{Mn}<1.00\%$，$\omega_{Mo}<0.05\%$，$\omega_{Ni}<0.30\%$，$\omega_{Si}<0.50\%$，$\omega_{Ti}<0.05\%$，$\omega_W<0.10\%$，$\omega_V<0.04\%$。

3.4.1 碳素钢的分类及各元素对钢性能的影响

1. 碳素钢的分类

碳素钢按碳的含量，硫、磷的含量和用途分类如下。

(1) 按钢中碳含量的分类：低碳钢（$\omega_C\leqslant0.25\%$）、中碳钢（$0.25\%<\omega_C\leqslant0.60\%$）、高碳钢（$\omega_C>0.60\%$）。

(2) 按钢中硫、磷含量的分类：普通质量钢（$\omega_S\leqslant0.050\%$，$\omega_P\leqslant0.045\%$）、优质钢（$\omega_S\leqslant0.035\%$，$\omega_P\leqslant0.035\%$）、高级优质钢（$\omega_S\leqslant0.020\%$，$\omega_P\leqslant0.030\%$）。

(3) 按钢的用途分类：碳素结构钢、优质碳素结构钢、碳素工具钢、铸造碳钢。

实际应用中，碳素钢常同时按上述分类方法组合分类。

2. 碳素钢中各元素对钢性能的影响

碳素钢中碳是主要元素，它对钢的性能起主要作用。另外，钢中尚有锰、硅、硫、磷等元素，它们对钢的性能的影响也很大。

1) 碳对碳素钢力学性能的影响

图3-23表示不同含碳量的碳素钢正火态力学性能的变化规律。$\omega_C<0.9\%$时，随含碳量增加，钢的强度、硬度基本呈直线上升，塑性、韧性下降。这是因为渗碳体相对量随含碳量增加而增加，渗碳体作为强化相分布在铁素体基体上阻止位错运动。$\omega_C>0.9\%$时，钢的硬度继续上升，但强度明显降低，塑性、韧性也继续降低。这是因为珠光体被自由渗碳体割断所致。

2) 其他元素对钢的力学性能的影响

(1) 锰。锰是碳素钢中的有益元素。锰与硫生成MnS，可减少硫在钢中的实际含量，从而降低钢的热脆性。锰在室温时部分溶于铁素体中形成置换固溶体，使铁素体固溶强化，提高钢的强度和硬度。一般碳素钢中 $\omega_{Mn}=0.25\%\sim0.80\%$，含锰量较高的钢中 $\omega_{Mn}=0.70\%\sim1.20\%$。

(2) 硅。硅也是碳素钢中的有益元素。硅在室温时也能溶于铁素体中,使钢固溶强化。通常 $\omega_{Si}\leqslant0.37\%$。

(3) 硫。硫是钢中的有害元素。硫在铁中不能溶解,常以 FeS 的形式存在于钢中。硫还易偏析,即使平均硫含量不高,FeS 也和铁在钢的局部区域生成共晶体(熔点为 983 ℃)。当对钢进行压力加工时,如果始锻温度为 1000～1200 ℃,则共晶体(FeS+Fe)熔化,钢的晶粒间联系被破坏,钢材变“脆”开裂,这种现象称为热脆。

(4) 磷。磷也是钢中的有害元素。磷能轻微强化铁素体,提高钢的强度,但使钢的塑性、韧性显著降低。当含磷量较高时,钢在较低温度进行加工,就易变脆开裂,称为冷脆。

3.4.2 碳素结构钢与优质碳素结构钢

1. 碳素结构钢

碳素结构钢的牌号由钢的屈服强度中“屈”字的拼音字首“Q”、屈服强度值(σ_s)、质量等级(A、B、C、D)和脱氧方法(F 代表沸腾钢、Z 代表镇静钢、TZ 代表特殊镇静钢)组成。如 Q235AF,表示 $\sigma_s\geqslant235$ MPa、质量等级为 A 级、沸腾钢脱氧程度的碳素结构钢。

碳素结构钢一般不进行热处理而直接使用,因此主要考虑其力学性能和常存杂质的含量,其含碳量仅作参考。

按质量等级分类,碳素结构钢属普通质量钢。其硫、磷含量较多,力学性能较低。这类钢只用于制造不太重要的零件或构件,但因价格便宜,应用甚广。

碳素结构钢的牌号、成分、性能、特点和应用列于表 3-2。

表 3-2 碳素结构钢的牌号、成分、性能、特点和应用

牌号	等级	化学成分(质量分数)/(%),不大于					脱氧方法	拉伸试验					冲击试验		特点和应用
		C	Si	Mn	P	S		屈服强度 σ_s/MPa 钢材厚度/mm		抗拉强度 σ_b/MPa	伸长率 δ_5/(%) 钢材厚度/mm		温度/℃	V形冲击功(纵向)/J	
								≤16	>16～40		≤40	>40～60			
								≥			≥			≥	
Q195	—	0.12	0.30	0.50	0.035	0.040	F、Z	195	185	315～430	33	—	—	—	塑性好,有一定强度。常用于载荷较小的钢丝、开口销、拉杆、钉子、焊接件

续表

牌号	等级	化学成分(质量分数)/(%),不大于 C	Si	Mn	P	S	脱氧方法	拉伸试验 屈服强度 σ_s/MPa 钢材厚度/mm ≤16 ≥	>16~40 ≥	抗拉强度 σ_b/MPa	伸长率 δ_5/(%) 钢材厚度/mm ≤40 ≥	>40~60 ≥	冲击试验 温度/℃	V形冲击功(纵向)/J ≥	特点和应用
Q215	A	0.15	0.35	1.20	0.045	0.050	F、Z	215	205	335~450	31	30	—	—	塑性好,焊接性好。常用于铆钉、短轴、拉杆、垫圈,以及渗碳件和焊接件
	B					0.045							20	27	
Q235	A	0.22	0.35	1.40	0.045	0.050	F、Z	235	225	370~500	26	25	—	—	有一定的强度、塑性、韧性,焊接性好,易于冲压。广泛用于连杆、螺栓、螺母、轴类机架、角钢、槽钢、工字钢和圆钢;C、D级用于较重要的焊接件
	B	0.20				0.045							20		
	C	0.17			0.040	0.040	Z						0	27	
	D				0.035	0.035	TZ						−20 —	—	
Q275	A	0.24	0.35	1.50	0.045	0.050	F、Z	275	265	410~540	22	21	—	—	有较高的强度,淬火硬度达270~400 HBS。用于轴、齿轮
	B	0.21/0.22			0.045	0.045	Z						20	27	
	C	0.20			0.040	0.040	Z						0		
	D				0.035	0.035	TZ						−20		

注:除特点和应用外,摘自GB/T 700—2006。

Q215钢焊接

开口销

铆钉

2. 优质碳素结构钢

这类钢中 $\omega_S \leqslant 0.035\%$、$\omega_P \leqslant 0.035\%$,均比碳素结构钢低,属优质钢。

优质碳素结构钢的牌号以平均含碳量的万分数表示。如08钢表示其平均含碳量 $\omega_C=0.08\%$，45钢表示其平均含碳量 $\omega_C=0.45\%$。牌号自08至80，中间为5进的、数字后加Mn的为较高含锰量钢。

不同牌号的优质碳素结构钢，因含碳量不同其力学性能有较大区别。含碳量很低的08钢、10钢，强度较低而塑性很好，适于作冷冲压和焊接用钢。15钢至25钢，也是强度较低而塑性、韧性较好，适于制造强度要求不高但要求有一定塑性的零件。这类钢经渗碳淬火后可获得表层硬度高而心部韧性好的性能，常作为渗碳用钢，故亦称碳素渗碳钢。30钢至50钢，强度、硬度、塑性、韧性等项力学性能的配合较好，尤其是经调质后具有优良的综合力学性能，这类钢常经调质后使用，亦称碳素调质钢。55钢至65钢，强度高而塑性低，经热处理后有很高的弹性极限，常用于制造各种弹性零件，这类钢亦称碳素弹簧钢。

常用优质碳素结构钢的牌号、成分、性能、特点和应用列于表3-3。

轧辊

3.4.3 碳素工具钢

碳素工具钢含碳量较高，$\omega_C=0.65\%\sim1.35\%$。

碳素工具钢分为两组，一组是高级优质钢，$\omega_S\leqslant0.020\%$、$\omega_P\leqslant0.030\%$；另一组为优质钢，$\omega_S\leqslant0.030\%$、$\omega_P\leqslant0.035\%$。

碳素工具钢的牌号由“碳”字汉语拼音字首“T”加一组数字组成。数字为平均含碳量的千分数。如T8钢表示其平均含碳量 $\omega_C=0.8\%$ 的碳素工具钢，T8A为 $\omega_C=0.8\%$ 的高级优质碳素工具钢。

碳素工具钢对退火状态的硬度作了规定，以方便加工。碳素工具钢必须经热处理后使用。淬火及低温回火后碳素工具钢的硬度均可大于62 HRC。随着含碳量的增加，热处理后钢的耐磨性提高，塑性、韧性降低。碳素工具钢的淬透性不高，通常只用于制造小截面的刃具和模具，工作温度不超过180 ℃。

碳素工具钢的牌号、成分、性能、特点和应用列于表3-4。

锻模

3.4.4 铸造碳钢

用于铸造的碳素钢称为铸造碳钢，简称铸钢。铸钢的牌号用“铸钢”二字的汉语拼音字首“ZG”加两组数字组成。第一组数字为屈服强度，第二组数字为抗拉强度。铸钢含碳量 $\omega_C=0.15\%\sim0.60\%$。

铸钢用于制造形状复杂，力学性能要求较高，尤其是承受较大冲击载荷，选用铸铁不能满足使用要求，选用锻钢难以成形的零件。

一般工程用铸造碳钢的牌号、成分、性能、特点和应用列于表3-5。

蒸汽锤

表 3-3 常用优质碳素结构钢的牌号、成分、性能、特点和应用

牌号	化学成分/(%)							热处理	试样毛坯截面尺寸/mm	力学性能					交货状态		特点和应用
	C	Si	Mn	P	S	Cr	Ni			σ_b	σ_s	δ_5	ψ	A_{KU}	未热处理	退火钢	
				≤						MPa		%		J	HBW		
										≥							
08	0.05～0.11	0.17～0.37	0.35～0.65	0.035	0.035	0.10	0.30	正火	25	325	195	33	60	—	131	—	强度不大，塑性、韧性很好，冲压性良好；可渗碳、氰化。常用于垫片、套筒、短轴，以及要求不高的渗碳和氰化件
10	0.07～0.13	0.17～0.37	0.35～0.65	0.035	0.035	0.15	0.30	正火	25	335	205	31	55		137	—	屈强比低，塑性、韧性好，无回火脆性，焊接性甚好，冲压性良好。常用于垫片、拉杆、铆钉等
20	0.17～0.23	0.17～0.37	0.35～0.65	0.035	0.035	0.25	0.30	正火	25	410	245	25	55	—	156		强度不太高，但塑性、韧性、焊接性、冷冲性甚好。常用于重、中型机械中负载不太大的轴、销、齿轮、垫片，以及渗碳和氰化件
30	0.27～0.34	0.17～0.37	0.50～0.80	0.035	0.035	0.25	0.30	正火 淬火 回火	25	490	295	21	50	63	179	—	截面尺寸较小时，淬火回火后得到均匀的索氏体组织，具有良好的强度及韧性配合。用于要求韧性高的锻件，截面较小、受力不大的零件，或心部韧、表面硬的渗碳件
40	0.37～0.44	0.17～0.37	0.50～0.80	0.035	0.035	0.25	0.30	正火 淬火 回火	25	570	335	19	45	47	217	187	强度高，加工性良好，冷变形塑性中等，焊接性差，多在正火或调质后使用。用于制造轴类、杆类、齿轮
45	0.42～0.50	0.17～0.37	0.50～0.80	0.035	0.035	0.25	0.30	正火 淬火 回火	25	600	355	16	40	39	229	197	强度高，塑性、韧性配合好，焊接性差；多在正火或调质态使用。可用于轴类、齿轮、紧固件，以及心部要求不高的表面淬火件

续表

牌号	化学成分/(%)							热处理	试样毛坯截面尺寸/mm	力学性能					交货状态		特点和应用
	C	Si	Mn	P	S	Cr	Ni			σ_b	σ_s	δ_5	ψ	A_{KU}	未热处理	退火钢	
				≤						MPa		%		J	HBW		
										≥							
50	0.47～0.55	0.17～0.37	0.50～0.80	0.035	0.035	0.25	0.30	正火 淬火 回火	25	630	375	14	40	31	241	207	强度高，塑性、韧性较差，切削性中等，焊接性差，水淬时有裂纹倾向。多在正火、调质态使用。用作高强度、耐磨或弹性、动载和冲击不太大的零件
60	0.57～0.65	0.17～0.37	0.50～0.80	0.035	0.035	0.25	0.30	正火	25	675	400	12	35	—	255	229	强度、硬度和弹性均相当高，切削性、焊接性差，水淬易裂。小件淬火、大件正火后使用。用作轴、轧辊、弹簧、钢丝绳等受力大、磨损大和有弹性要求的零件
65	0.62～0.70	0.17～0.37	0.50～0.80	0.035	0.035	0.25	0.30	正火	25	695	410	10	30	—	255	229	适当热处理后，可得到高的强度和弹性。淬火，中温回火后，用于小载面、简单的弹簧；正火后，制造轧辊、齿轮等耐磨的零件。有水淬易裂倾向
65Mn	0.62～0.70	0.17～0.37	0.90～1.20	0.035	0.035	0.25	0.30	正火	25	735	430	9	30	—	285	229	淬透性大，强度、硬度高。淬火，中温回火后用于弹簧；但易有淬火裂纹和回火脆性。调质，表面淬火或淬火后低温回火，用于耐磨及高弹性要求的零件

注：除特点和应用外，摘自 GB/T 699—2015。

表 3-4 碳素工具钢的牌号、成分、性能、特点和应用

牌号	化学成分/(%)					试样淬火			特点和应用
	C	Mn	Si≤	S≤	P≤	退火后硬度/HBW	淬火温度/℃，冷却剂	淬火后硬度/HRC	
T7	0.65～0.74	≤0.40		0.030	0.035		800～820，水		淬火回火后，强度、硬度、韧性均较好，但淬透性低、淬火变形大，能承受振动和冲击，切削能力不高。可用于制作锻模、钳工工具、木工工具、小尺寸风动工具
T8	0.75～0.84			0.030	0.035	≤187	780～800，水		淬火回火后，硬度、耐磨性好，强度、塑性不太高，热硬性低。多用来制造切削刃口工作时不变热的工具，或能承受振动且有足够韧性的高硬度工具，如钳工工具、风动工具、简单锻模
T8Mn	0.80～0.90	0.40～0.60		0.030	0.035				淬透性较 T8、T8A 更好，淬硬层更深。可制造截面更大的高硬度工具
T9	0.85～0.94		0.35	0.030	0.035	≤192	760～780，水	≥62	性能与 T8 相近，硬度、韧性更高。常用于制作不受强烈冲击振动的冲模、钳工工具、农机中的切割零件
T10	0.95～1.04			0.030	0.035	≤197			耐磨性优于 T8、T9 钢，强度、韧性较好。适用于制造不受突变冲击载荷且工作时切削刃口不太热的小型车刀、刨刀、冲模、量具、钻头、丝锥、锉刀、锯条
T11	1.05～1.14	≤0.40		0.030	0.035		760～780，水		具有较好的综合力学性能。适用于制造切削刃口工作时不变热的切削刀具、形状简单的冲模和量具
T12	1.15～1.24			0.030	0.035	≤207			硬度、耐磨性好，韧性不高。适用于制造切削速度不高、不受冲击载荷、切削刃口工作时不变热的切削刀具、冲孔模、冷切边模
T13	1.25～1.35			0.030	0.035	≤217			硬度高、韧性低。宜于制造高硬度且不受振动的刮刀、拉丝工具、刻锉刀纹工具、雕刻工具、钻头

注：除特点和应用外，摘自 GB/T 1299—2014。

表 3-5　一般工程用铸造碳钢的牌号、成分、性能、特点和应用

牌号	化学成分/(%)					铸件厚度/mm	室温下试样力学性能(最小值)						特点和应用
	C ≤	Si ≤	Mn ≤	S ≤	P ≤		σ_s	σ_b	δ/(%)	根据合同选择			
							MPa			ψ/(%)	冲击吸收功 A_{KV}/J	冲击吸收功 A_{KU}/J	
ZG200－400	0.20	0.60	0.80	0.035		<100	200	400	25	40	30	47	塑性、韧性和焊接性良好。多用于各种形状的机架、箱体类零件
ZG230－450	0.30		0.90				230	450	22	32	25	35	塑性、韧性较好，焊接性良好，切削性尚可。可用于制造较平坦的机架、箱体、管路附件
ZG270－500	0.40						270	500	18	25	22	27	强度高，塑性较好，铸造性好，焊接性尚可，切削性好。可用于制造各种形状的机架、飞轮、箱体、联轴器、蒸汽锤
ZG310－570	0.50	0.60					310	570	15	21	15	24	强度高，塑性、韧性较低，切削性好。可用于制造负荷较大的零件和各种形状的机架，如联轴器、齿轮、汽缸、齿圈、重负荷的支架
ZG340－640	0.60						340	640	10	18	10	16	强度、硬度和耐磨性较高，切削性一般，焊接性较差。可用于制造起重运输机中的齿轮、联轴器和重要的机架

注：除特点和应用外，摘自 GB/T 11352—2009。

3.5 铸　　铁

3.5.1 概述

在冶金和机械工业中，通常将高炉冶炼的铁产品称为生铁。含硅量较少的为炼钢生铁，含硅量较多的为铸造生铁。生铁添加其他金属料经机械厂重新熔铸则为铸铁。

铸铁是高含碳量的铁碳合金。理论上，含碳量按 Fe-Fe_3C 系结晶时为 2.11%～6.69%，按 Fe-C 石墨系结晶时为 2.08%～6.69%。但常用铸铁 ω_C=2.5%～4.0%，铸铁中硅、锰、磷、硫等元素的含量都比碳素钢中的高。

各种铸铁的力学性能有较大差别(将在后面章节分别叙述)，但各种铸铁都具有较好的铸造性能和切削加工性能，而可锻性与焊接性能极差。

铸铁按组织和性能的不同，分为若干种。按碳存在形式的不同，分为白口铸铁(大部分碳以 Fe_3C 形式存在，断口呈银白色并以此得名)和灰口铸铁(大部分碳以石墨形式存在，断口呈暗灰色并以此得名)。按石墨形态的不同，分为灰铸铁(石墨呈片状)、球墨铸铁(石墨呈球状)、可锻铸铁(石墨呈团状)和蠕墨铸铁(石墨呈蠕虫状)。按性能的不同有耐磨铸铁、耐热铸铁、耐蚀铸铁等。

3.5.2 铸铁的石墨化

1. Fe-C 石墨状态图

3.3 节阐述的 Fe-Fe_3C 合金状态图，其高碳部分结晶后，大部分碳形成 Fe_3C 存在于莱氏体中，属白口铸铁。白口铸铁硬而脆，实际应用极少。常用铸铁中，碳除存在于基体外都形成石墨，用符号 G 表示。液态合金冷却时按另一种方式即 Fe-C 石墨系结晶。表示这种结晶和组织转变过程的状态图称为 Fe-C 石墨状态图，其基本图形与 Fe-Fe_3C 状态图相似，唯共晶温度线、共析温度线和 *ES* 线升高；共晶成分、共析成分和 *E* 点成分左移。为了与 Fe-Fe_3C 状态图比较，Fe-C 石墨状态图也画至 ω_C=6.69%为止。将 Fe-Fe_3C 与 Fe-C 石墨状态图两幅状态图叠合一起，如图 3-24 所示。其中，实线图形为 Fe-Fe_3C 系，部分实线与虚线构成的图形为 Fe-C 石墨系。Fe-C 石墨系室温下的组织取决于石墨化程度。

石墨的晶体结构为简单六方晶格。六方形层面内原子紧靠，原子间呈共价键结合，结合力较强。层面之间距离较大，呈分子键结合，结合力较弱。因此石墨自然结晶时层面的结晶速度大于层间的结晶速度，石墨呈片状。由于石墨层与层之间结合力小，容易滑动，故石墨具有固态润滑特性，但强度、硬度和塑性很低。石墨的这些特性对铸铁性能有很大影响。

2. 铸铁的石墨化过程

铸铁自液态冷却至室温，碳结晶成石墨的过程称为石墨化。铸铁中的石墨可以从液态合金直接结晶，或从过饱和奥氏体析出碳原子结晶形成，或在共析转变时形成。有时则先形成 Fe_3C，然后很快分解成固溶体和石墨。整个过程可分为如下两个阶段。

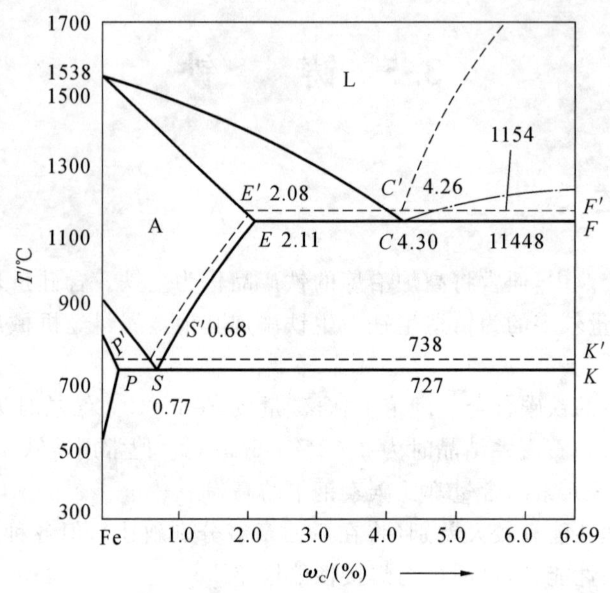

图 3-24　Fe-Fe_3C 与 Fe-C 石墨状态图临界点、线比较

(1) 共析转变温度以上进行的石墨化。

此过程称为第一阶段石墨化，包含过共晶铸铁结晶的一次石墨、共晶转变结晶的石墨和由过饱和奥氏体析出的二次石墨。这一阶段石墨化进行的程度，决定铸铁中是否存在莱氏体或二次渗碳体。

(2) 共析转变进行的石墨化。

此过程称为第二阶段石墨化，包含共析转变形成的石墨和由过饱和铁素体析出的三次石墨(三次石墨由于数量很少，常予以略去)。这一阶段石墨化进行的程度，决定铸铁的基体类型。

石墨化过程是碳原子扩散、聚集和铁原子扩散的过程。原子扩散需要一定的能量，在铸造条件下，这种能量主要依靠热能。温度愈高，原子活动的能量愈大，因此，第一阶段石墨化比第二阶段石墨化容易进行，即只有当第一阶段石墨化充分进行，才能进行第二阶段石墨化。

3. 石墨化程度对铸铁组织的影响

石墨化进行的程度决定了各类铸铁的组织。第一、二阶段石墨化对铸铁组织的影响列于表 3-6。

表 3-6　石墨化程度对铸铁组织的影响(亚共晶铸铁)

石墨化		显微组织	铸铁种类
第一阶段	第二阶段		
不进行	不进行	$L'_d+P+Fe_3C_{II}$	白口铸铁
部分进行	不进行	$L'_d+P+Fe_3C_{II}+G$ 或 $P+Fe_3C_{II}+G$	麻口铸铁
充分进行	不进行	P+G	珠光体基体灰铸铁
	部分进行	F+P+G	珠光体-铁素体基体灰铸铁
	充分进行	F+G	铁素体基体灰铸铁

4. 影响石墨化的因素

凡有利于碳原子扩散、聚集、结晶的因素都能促进石墨化，反之则阻碍石墨化。

生产中影响石墨化的主要因素是铸铁的化学成分和高温状态的保持时间(常以冷却速度表示)。

1) 化学成分

铸铁中五种元素对石墨化的影响如下。

(1) 碳。碳是形成石墨最基本的元素。含碳量高形成石墨的晶核多，碳浓度大，有利于碳原子的扩散，因此铸铁中必须有足够的含碳量。但含碳量过高将导致石墨粗大，数量多，使铸铁力学性能降低。

(2) 硅。硅和铁的结合力较强，硅溶于铁能降低铁碳原子间的结合力，有利于提高碳原子的扩散能力，故硅属促进石墨化元素。硅还具有特殊作用，当含硅量很少时，即使有足够高的含碳量，也可能会出现白口组织。含硅量过高也使铸铁的力学性能降低。

(3) 锰。锰是阻止石墨化的元素。锰的存在增强了铁碳原子间的结合力，降低碳原子的扩散速度，对第二阶段石墨化的影响尤为明显，有稳定珠光体的作用。锰还有另一个作用，锰和硫有很强的亲和力，两者结合形成 MnS 进入熔渣而被去除。硫是强烈阻止石墨化元素，形成 MnS 明显削弱了硫的反石墨化作用。从这个意义上说，当含锰量适当时，有利于石墨化。

(4) 硫。硫是强烈阻止石墨化的元素。过高的含硫量，即使有足够的碳、硅含量也会出现白口组织。因此生产中应严格控制硫的含量。

(5) 磷。磷是微弱促进石墨化的元素，从石墨化的角度看，略高的含磷量有益。但其作用微弱，一般不作为石墨化的调整元素。因磷使铸铁产生脆性，故生产中仍需严格控制。

2) 冷却速度

冷却速度缓慢即铸铁在高温状态保持时间长，有利于石墨化。铸造生产中影响冷却速度的因素有浇注温度、铸型温度、铸型导热率和铸件厚度。一般情况下，中、大铸件都是干砂型室温浇注，浇注温度也有固定规范。因此冷却速度的主要影响因素是铸件壁厚。

综上所述，影响铸铁石墨化从而影响铸铁组织的主要因素是碳、硅含量总和与铸件壁厚，如图 3-25 所示。生产中可根据铸件壁厚和要求的组织，确定碳、硅含量，通过铸造工艺予以控制。也可根据铸铁组织(或力学性能)要求和一般的碳、硅含量，设计合理的铸件壁厚。

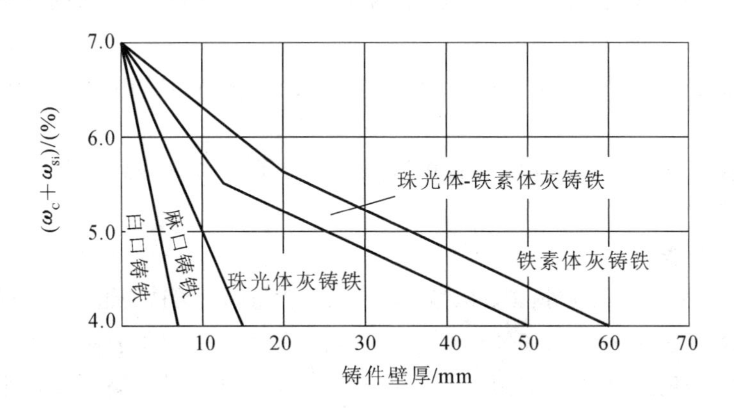

图 3-25　碳、硅含量与铸件壁厚对铸铁组织的影响

3.5.3 灰铸铁

1. 组织与性能

1) 灰铸铁的组织

灰铸铁的组织是金属基体和片状石墨。根据第二阶段石墨化进行的程度，可得到三种基体，即珠光体、珠光体-铁素体、铁素体。三种基体灰铸铁的显微组织(示意图)如图 3-26 所示。三者相比，珠光体灰铸铁强度高，铁素体灰铸铁强度低。石墨大小与数量也是铸铁组织的重要特征。凡石墨细小、数量少、分布均匀的灰铸铁，其强度较高。

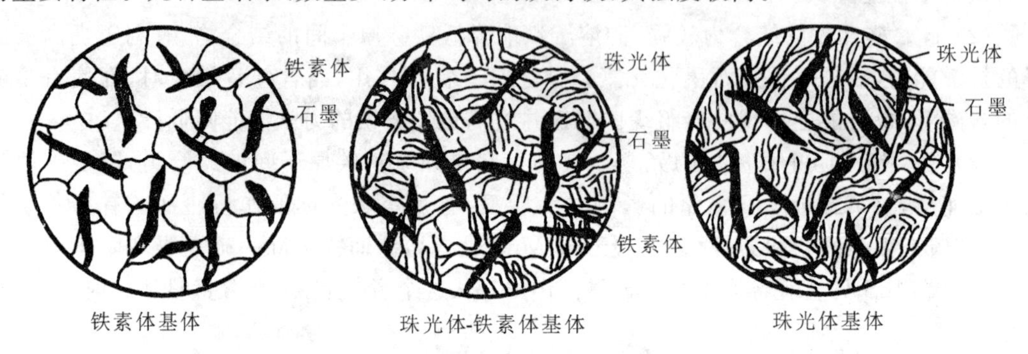

图 3-26 灰铸铁的显微组织(示意图)

2) 灰铸铁的性能特点

(1) 抗拉强度较低。一般灰铸铁的抗拉强度只有中碳结构钢的 1/3 左右，这是因为其组织中存在片状石墨。片状石墨明显减少了金属基体的有效面积，基体利用率只有 500%左右，降低了铸铁的承载能力。同时石墨片的尖端产生严重的应力集中(与裂纹尖端应力集中相似)，当拉应力增大时，石墨片尖端容易产生类似裂纹失稳扩展的状况，使金属基体裂开，最后导致整体裂断。由于尖端应力集中对压应力不敏感，故灰铸铁的抗压强度不低。

(2) 塑性、韧性极低。灰铸铁拉伸时抗拉强度小于基体金属的屈服强度，在基体金属产生塑性变形前就已断裂，故断裂后没有明显的塑性变形。承受冲击载荷时，由于片状石墨的作用，试样(工件)呈现脆性断裂，冲击值很小。

(3) 减摩性好。灰铸铁的硬度不高，抗磨粒磨损的能力不强。但因石墨是良好的固体润滑材料，且当石墨脱落后其孔穴成为微小的储油槽，大大改善摩擦面的润滑条件，因此具有良好的减摩性。

(4) 减振性好。由于石墨的组织疏松，当振动波越过石墨时明显衰减，因而可有效地阻止振动的传递。

(5) 缺口敏感性小。灰铸铁中的石墨犹如材料中存在许多裂纹，因此整个材料具有很小的缺口敏感性。

2. 化学成分要求

灰铸铁中的主要元素除铁外，碳、硅、锰、磷、硫及其含量都对铸铁的组织与性能有重大影响。

(1) 碳的含量 ω_C 一般为 2.5%～4.0%。较低的含碳量有利于提高灰铸铁的强度、硬度，但含碳量过低容易出现白口组织，且降低铸造性能。含碳量过高则降低强度、硬度。一般是根据力学性能要求确定含碳量。

(2) 硅的含量 ω_{Si} 一般为1.0%～3.0%。硅有1/3碳当量的作用。铸铁中含硅量的变化对力学性能及铸造性能的影响与碳的影响相似，一般根据力学性能要求确定。

(3) 锰的含量 ω_{Mn} 一般为0.5%～1.2%。含锰量过低，铸铁强度、硬度低。含锰量过高，则不利于石墨化。熔铸时有一定量的锰与硫形成MnS，在确定铸铁实际含锰量时应考虑这一因素。

(4) 碳、硅、锰三元素是直接影响铸铁基体和石墨大小、数量的主要元素，熔铸时必须根据要求进行配料，以获得所需成分。

(5) 磷、硫是铸铁中的有害元素。磷使铸铁在低温时呈现脆性，硫则使铸铁在高温时呈现脆性。其影响机理与在碳素钢中的作用相同，熔铸时应尽可能降低铁水中磷、硫含量，以改善铸铁性能。一般灰铸铁的磷、硫实际含量分别在0.12%及0.15%以下。

3. 牌号与应用

灰铸铁牌号以"灰铁"汉语拼音字首"HT"表示，后接最低抗拉强度值。GB/T 9439—2010规定，灰铸铁分为八个牌号，部分列于表3-7。同一牌号的铸铁、不同壁厚的铸件，其实际抗拉强度值是不同的。牌号中规定的强度适用于壁厚为10～20 mm的铸件。壁厚小于10 mm时，实际抗拉强度应大于牌号的数值。壁厚大于20 mm时，实际抗拉强度允许略小于牌号的数值。按牌号顺序，基体为铁素体、珠光体、细珠光体，石墨由粗片状到细片状。可见，铸铁的性能与组织有密切关系。

表3-7 灰铸铁的牌号、性能及应用

牌号	铸件壁厚/mm	铸件本体预期抗拉强度/MPa	显微组织特征		应用
			基体	石墨	
HT100	5～40	100	铁素体	粗片状	载荷小的不重要零件。如手轮、外罩、箱盖、支架、底座、不重要的壳体、重锤等
HT150	5～10 10～20 20～40 40～80	155 130 110 95	铁素体、珠光体	较粗片状	中等载荷零件及压力不大的摩擦件。如一般机床的底座、支架、箱体、床身，轴承座，转速不高的带轮、飞轮，一般的壳体、法兰等
HT200	5～10 10～20 20～40 40～80	205 180 155 130	细珠光体	中等片状	一般机械中较重要的零件。如小型内燃机的汽缸体、缸盖，中速飞轮、齿轮、带轮、联轴器盘，中等精度机床床身、箱体，中等压力的泵体、阀体等
HT250	5～10 10～20 20～40 40～80	250 225 195 170	细珠光体	较细片状	载荷较大要求较高的零件。如中型内燃机的汽缸体、缸盖、缸套，大型机床床身、箱体，划线平板，V形铁，高速飞轮，联轴器盘，压力较高的阀体、泵体、油缸等
HT300	10～20 20～40 40～80	270 240 210	细珠光体	细小片状	承受高载荷、高摩擦，要求高气密性的零件。如大功率发动机的汽缸体、缸盖，大型精密机床床身、底座、箱体，高压泵体、阀体及其他液压件等
HT350	10～20 20～40 40～80	315 280 250	细珠光体	细小片状	要求高强度、高耐磨性、高气密性的零件。如重型精密机床床身，大型发动机曲轴、缸体、缸盖，高压油缸、水缸、泵体、阀体，冷、热锻模等

注：除应用外，摘自GB/T 9439—2010。

4. 孕育处理

由冲天炉熔炼后直接浇注的铸件，一般只能达到 HT200 牌号的性能要求。若要获得HT250 以上高牌号的铸铁，就要再降低铁水的碳、硅含量。此时若直接浇注，则会出现白口组织。解决的方法是浇注前先对铁水进行孕育处理。

孕育处理的工艺过程是先熔炼碳、硅含量均较低的铁水，出铁时在出铁槽中均匀加入含硅量为 75%的细颗粒硅铁(称为孕育剂，加入量为铁水质量的 0.25%～0.60%)作为铸铁结晶时的人工晶核。由出炉的铁水将其冲入铁水包中，适当搅拌后即可。由于孕育处理会使铁水温度降低，故铁水出炉温度应适当提高。根据生产经验，孕育处理后应尽快浇注，停留时间过长会降低孕育效果。

经孕育处理的灰铸铁亦称孕育铸铁。其特点是石墨较少、细小且分布均匀，基体为细珠光体。不仅强度较高，而且组织致密，尤其是截面尺寸敏感性明显降低，即沿截面里外性能均匀。特别适用于大截面和截面厚薄悬殊又要求具有相同高强度的铸件。

孕育铸铁的强度虽然比一般灰铸铁几乎高一倍，但其石墨形态仍是片状，仍然制约了铸铁强度和塑性进一步提高。因此要大幅度提高铸铁的强度和塑性，必须首先改变石墨形态，然后改变基体才能实现。

3.5.4 球墨铸铁

1. 组织与性能

球墨铸铁组织的主要特征是石墨呈球状，即金属基体和球状石墨。铸态球墨铸铁常是铁素体、珠光体基体，经各种热处理后，可分别获得铁素体基体、珠光体基体、回火索氏体基体和下贝氏体基体。三种常见基体的球墨铸铁的显微组织(示意图)如图 3-27 所示。

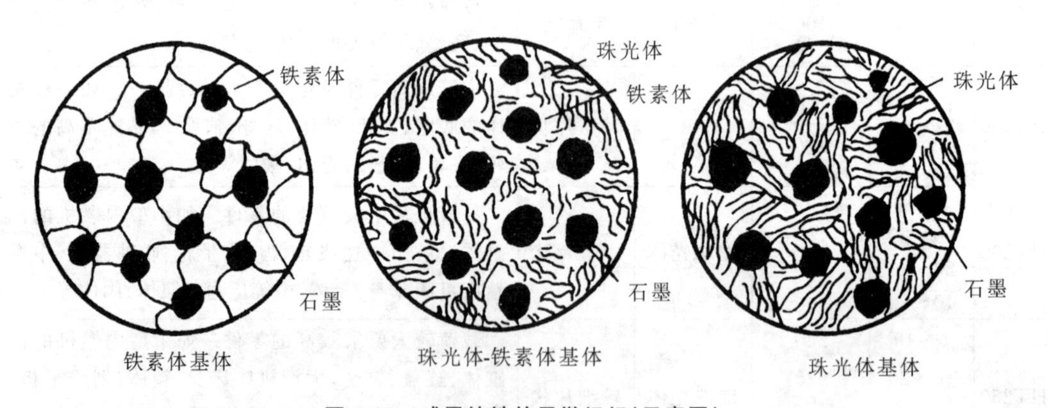

图 3-27 球墨铸铁的显微组织(示意图)

球墨铸铁具有许多优异性能。除灰铸铁具有的基本性能外，球墨铸铁的主要特点是抗拉强度和屈服强度高，有一定的塑性和韧性，有较高的疲劳强度，屈强比(σ_s/σ_b)可达 0.7(优质碳素结构钢的屈强比只有 0.5～0.6)。这些特点的主要原因是石墨呈球状，球状石墨对基体的削弱作用减小，基体强度利用率可达 80%～90%(灰铸铁只有 40%～50%)，且无尖端应力集中，并由此而使得通过热处理改变基体组织以提高强度或塑性效果明显。由于无尖端应力集中，球墨铸铁在承受冲击载荷时具有一定的韧性。

2. 生产工艺

球墨铸铁生产工艺：在铁水中先加入能使石墨结晶呈球状的球化剂，再加入促进石墨化的孕育剂，即可获得球墨铸铁。

20 世纪 50 年代，大多数工艺选用纯镁作球化剂，纯镁比重小、沸点低，依靠重力不可能将纯镁加入铁水中，多采用专用工具“钟罩”将纯镁压入铁水，并在铁水包上加盖密封，使铁水面上形成一定的蒸气压，有利于镁被铁水吸收。但这种工艺镁的吸收率低，操作也不安全。后来都采用稀土镁合金（由镁、稀土、硅和铁制成的合金）作球化剂，并改用冲入法进行球化处理，如图 3-28 所示。这种工艺没有强烈的沸腾现象，铁水包上无需加盖，既提高了镁的吸收率，又使操作更加安全方便。稀土有强烈的脱硫和脱氧能力及微弱的球化作用。采用稀土镁合金作球化剂，虽然处理后石墨不如用纯镁处理时圆整，但铸铁强度比用纯镁处理时高。球化剂加入量为铁水质量的 1.0％～1.6％。

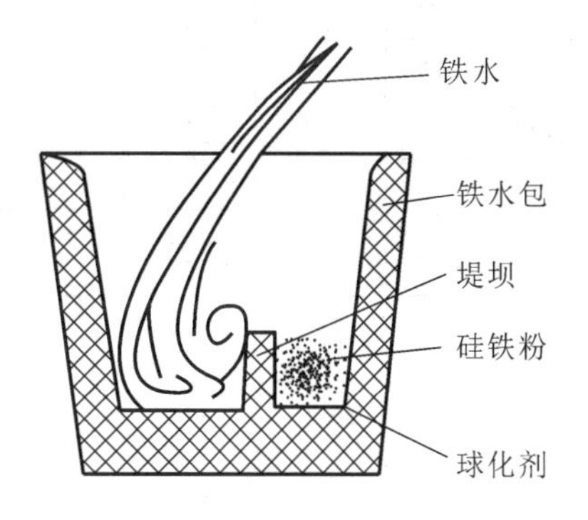

图 3-28 冲入法球化处理

镁和稀土都是强阻止石墨化元素，球化处理后必须再加入硅铁合金进行孕育处理，以避免产生白口组织。孕育剂加入量为铁水质量的 0.4％～1.0％。整个处理过程将导致包中的铁水温度降低 50～100 ℃，故铁水出炉温度必须高于 1400 ℃。孕育处理后仍应尽快浇注，以防孕育衰退。

3. 化学成分要求

(1) 碳与硅。由于球化剂是强阻止石墨化元素，虽然球化处理后进行孕育处理，但仍要求铁水中碳、硅含量应略高于灰铸铁中的，一般 ω_C＝3.6％～3.9％，ω_{si}＝2.0％～2.8％，即碳当量应大于共晶成分，以避免产生白口组织。对铁素体球墨铸铁，含硅量还可略高。

(2) 锰。锰是阻止石墨化元素。由于球化处理后铁水的白口倾向增大，故锰的含量不宜过高，一般 ω_{Mn}＝0.6％～0.8％。对铁素体球墨铸铁，可降低至 ω_{Mn}＝0.3％～0.6％。

(3) 磷与硫。球墨铸铁中磷引起脆性，其含量应小于 0.1％。硫不仅有强阻止石墨化作用，还会与镁化合成 MgS，降低球化效果；又易使铸件产生夹渣缺陷，也会引起脆性，故球墨铸铁中硫的含量应小于 0.07％。

4. 牌号与应用

球墨铸铁牌号以“球铁”汉语拼音字首“QT”表示，后接两组数字。第一组数字为最低抗拉强度，第二组数字为最低伸长率。GB/T 1348—2009 规定，球墨铸铁有十四个牌号，列于表 3-8。前八个牌号为铁素体基体，塑性较高而强度较低；后三个牌号基体分别为珠光体、珠光体或索氏体、回火马氏体或屈氏体＋索氏体，强度较高而塑性较低。

球墨铸铁的优点：采用铸造生产工艺而具有锻造材料的力学性能；在许多领域可以代替锻钢制造重要零件，具有明显的经济效益。如内燃机曲轴，选用锻钢时需要价格昂贵的模锻锤和锻模，或花费大量切削加工工时切除大量材料成形。选用球墨铸铁则不存在上述问题，铸件非常接近零件的形状，加工量及材料损耗都很少。球墨铸铁由于白口倾向大，目前多用于中、大截面且形状比较简单的零件。铁素体基体球墨铸铁用于塑性要求较高的零件，如阀体、汽车后桥壳等。珠光体基体球墨铸铁用于强度要求较高的零件，如曲轴、凸轮轴、连杆等。

表 3-8 球墨铸铁的牌号、性能及应用

<table>
<tr><th>牌号</th><th>抗拉强度
/MPa</th><th>屈服强度
/MPa</th><th>伸长率
/(%)</th><th>基体组织</th><th>应用</th></tr>
<tr><td>QT350-22L</td><td rowspan="3">350</td><td rowspan="3">220</td><td rowspan="3">22</td><td rowspan="3">铁素体</td><td rowspan="8">承受冲击载荷，要求具有一定强度的零件。如农机具的犁铧、犁柱，汽车轮毂，驱动桥壳体，离合器壳，拨叉，中低压阀体，压缩机高低压汽缸，电机机壳，齿轮箱，飞轮壳等</td></tr>
<tr><td>QT350-22R</td></tr>
<tr><td>QT350-22</td></tr>
<tr><td>QT400-18L</td><td rowspan="3">400</td><td>240</td><td rowspan="3">18</td><td rowspan="3">铁素体</td></tr>
<tr><td>QT400-18R</td><td rowspan="2">250</td></tr>
<tr><td>QT400-18</td></tr>
<tr><td>QT400-15</td><td>400</td><td>250</td><td>15</td><td>铁素体</td></tr>
<tr><td>QT450-10</td><td>450</td><td>310</td><td>10</td><td>铁素体</td></tr>
<tr><td>QT500-7</td><td>500</td><td>320</td><td>7</td><td>铁素体＋珠光体</td><td rowspan="2">内燃机的机油泵齿轮，汽轮机中温汽缸隔板，机车车辆轴瓦，机器底座，传动轴，飞轮，电动机架等</td></tr>
<tr><td>QT550-5</td><td>550</td><td>350</td><td>5</td><td>铁素体＋珠光体</td></tr>
<tr><td>QT600-3</td><td>600</td><td>370</td><td>3</td><td>珠光体＋铁素体</td><td rowspan="3">要求高强度并有一定韧性的零件。如内燃机或压缩机的曲轴、凸轮轴、汽缸套、连杆，部分机床主轴，小型轧辊，球磨机齿轴，小型水轮机主轴等</td></tr>
<tr><td>QT700-2</td><td>700</td><td>420</td><td>2</td><td>珠光体</td></tr>
<tr><td>QT800-2</td><td>800</td><td>480</td><td>2</td><td>珠光体或索氏体</td></tr>
<tr><td>QT900-2</td><td>900</td><td>600</td><td>2</td><td>回火马氏体或屈氏体＋索氏体</td><td>要求高强度高耐磨性零件。如内燃机曲轴，凸轮轴，汽车拖拉机减速齿轮，螺旋锥齿轮，转向节等</td></tr>
</table>

注：(1) 字母“L”表示该牌号有低温(－20 ℃或－40 ℃)下的冲击性能要求，字母“R”表示该牌号有室温(23 ℃)下的冲击性能要求；

(2) 除应用外，摘自 GB/T 1348—2009。

3.5.5 可锻铸铁

1. 组织与性能

可锻铸铁组织的主要特征是石墨呈团状，即金属基体与团状石墨。根据热处理工艺的不同，有铁素体基体和珠光体基体两种，如图 3-29 所示。

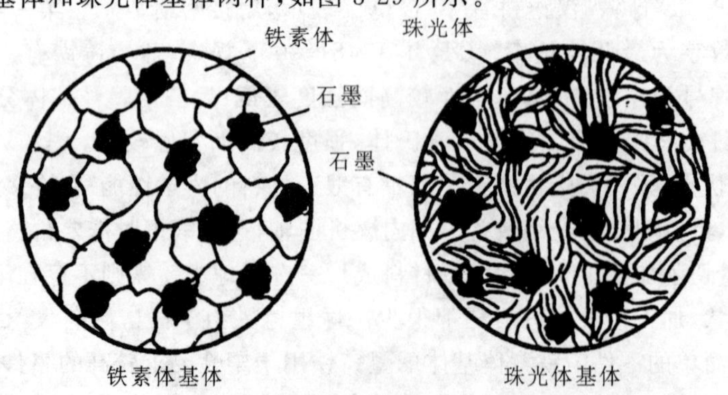

图 3-29 可锻铸铁的显微组织(示意图)

由于石墨呈团状，割断基体的作用减小，且无明显的应力集中现象，可锻铸铁的力学性能优于灰铸铁。铁素体基体可锻铸铁具有较好的塑性，伸长率达12%。珠光体基体可锻铸铁具有较高的强度，抗拉强度达700 MPa，在球墨铸铁出现之前，是强度最高的铸铁。可锻铸铁因具有较高的塑性而得名，实际上仍不可锻，属铸造合金。

2. 生产过程

可锻铸铁是将白口铸铁经长时间高温石墨化退火(亦称可锻化退火)而得。首先铸造白口铸铁铸件，再将铸件退火。加热温度为920～980 ℃，保温时间为10～20 h或更长。在此温度进行第一阶段石墨化，即莱氏体中的Fe_3C和Fe_3C_{II}分解并形成团状石墨。保温后若以大约100 ℃/h的冷速冷却至室温，可得珠光体基体可锻铸铁；若冷却至720～760 ℃第二次保温，在此温度进行第二阶段石墨化，则得铁素体基体可锻铸铁。退火时间有时长达60～70 h。可锻铸铁石墨化退火后不再进行其他热处理。

3. 化学成分要求

生产可锻铸铁铸件的铁水必须保证铸件铸态全部呈白口组织，故其碳、硅含量比灰铸铁低，一般为ω_C=2.4%～2.8%，ω_{Si}=0.4%～1.4%。若碳、硅含量过低，将导致退火时间延长。锰的含量一般为ω_{Mn}=0.5%～0.7%，过高的含锰量也会使退火时间延长，尤其是铁素体基体可锻铸铁。磷、硫含量对可锻化退火虽无特殊影响，但对铸铁力学性能影响大，仍应尽量减少其含量。

4. 牌号与应用

可锻铸铁的牌号以“可铁”汉语拼音字首“KT”表示，后接种类代号、最低抗拉强度和最低伸长率。各种牌号的可锻铸铁列于表3-9。“H”为“黑心”代号(铁素体基体)，“Z”为珠光体代号。分类中尚有白心可锻铸铁，我国应用极少，本书从略。

表3-9 可锻铸铁的牌号、性能及应用

牌号	抗拉强度/MPa	屈服强度/MPa	伸长率/(%)	试样直径/mm	应用
KTH275-05	275	—	5	12或15	承受低动载荷及静载荷，要求气密性好的零件。如管道配件、中低压阀门等
KTH300-06	300	—	6		
KTH330-08	330	—	8		承受中等动载荷的零件。如犁刀、扳手、车轮壳、钢丝绳轧头等
KTH350-10	350	200	10		承受较高冲击、振动的零件。如汽车、拖拉机的前后轮壳、减速器壳、转向节壳，农用犁刀，冷暖器接头等
KTH370-12	370	—	12		
KTZ450-06	450	270	6		承受高载荷、高耐磨性，并有一定韧性要求的重要零件。如曲轴、凸轮轴、连杆、齿轮、犁刀、万向接头、扳手、矿车轮等
KTZ500-05	500	300	5		
KTZ550-04	550	340	4		
KTZ600-03	600	390	3		
KTZ650-02	650	430	2		
KTZ700-02	700	530	2		
KTZ800-01	800	600	1		

注：除应用外，摘自GB/T 9440—2010。

可锻铸铁主要用于承受一定冲击载荷的小型薄壁零件。如阀体、三通管、万向节壳体及矿山机械、工程机械的复杂小件。可锻铸铁铸造性能较差，铸态必须全部呈白口组织，故大尺寸和大截面零件不宜选用可锻铸铁。

3.5.6 其他铸铁简介

1. 蠕墨铸铁

蠕墨铸铁的主要特征是大部分石墨呈蠕虫状，如图 3-30 所示。其基体有铁素体、铁素体＋珠光体和珠光体三种。

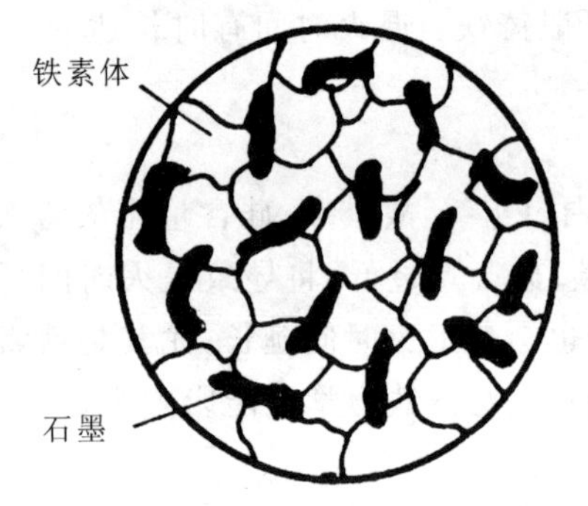

图 3-30 蠕墨铸铁的显微组织(示意图)

蠕虫状石墨的形态介于片状与球状之间，实质上是一种径向尺寸小、厚度较大的厚片状结构；边界钝圆，明显改善了应力集中现象。因此其抗拉强度和屈服强度都有较大提高，并有一定的伸长率，主要力学性能指标介于灰铸铁与球墨铸铁之间。其导热性能、铸造性能和切削加工性能优于球墨铸铁。

蠕墨铸铁是对铁水进行蠕化处理和孕育处理而得的。处理方法与球墨铸铁相似，所用蠕化剂为镁钛合金或稀土镁钛合金。孕育剂为硅铁合金。铁水化学成分要求严格，一般为 $\omega_C = 3.5\% \sim 3.9\%$，$\omega_{Si} = 2.2\% \sim 2.8\%$，$\omega_{Mn} = 0.4\% \sim 0.8\%$，$\omega_S < 0.1\%$，$\omega_P < 0.1\%$。

蠕墨铸铁牌号以“蠕铁”汉语拼音字首“RuT”表示，后接最低抗拉强度。JB/T 4403—1999 规定有五个牌号：RuT260、RuT300、RuT340、RuT380 和 RuT420。铁素体基体的蠕墨铸铁强度较低，而塑性、导热性较好；珠光体基体的则塑性较低，而强度、硬度较高，耐磨性较好。对蠕墨铸铁进行退火处理可获得铁素体基体，进行正火处理可获得珠光体基体。目前主要用于制造要求强度高、组织致密、承受热疲劳载荷且形状复杂的零件，如制动盘、排气管、汽缸盖、钢锭模、活塞环等。

2. 冷硬铸铁

铸件工作表面形成一层白口组织，其余部位均为灰口组织的铸铁称为冷硬铸铁。冷硬层表面硬度高，耐磨性好，而中心又不硬、脆。铸造时可使用金属型铸造，使工件表面急冷而形成白口组织。冷硬铸铁的碳、硅含量一般是高碳低硅，以保证既能形成白口层，又使心部为灰口组织且有较高强度。由于白口层切削加工困难，故其表面形状不宜复杂。冷硬铸铁常用于制造轧辊、滚筒、火车轮、凸轮等。

3. 耐磨铸铁

耐磨铸铁按耐磨机理分为抗磨铸铁和减摩铸铁两种。

抗磨铸铁的抗磨作用是通过表层的高硬度组织抵抗磨粒磨损实现的。白口铸铁和冷硬铸铁都属抗磨铸铁。白口铸铁加入一些合金元素，如铬、钼、铜、钒、硼等使之溶于渗碳体形成合金渗碳体，可进一步提高抗磨性，近来研制的高铬白口铸铁具有很高的硬度和一定韧性。它是在白口铸铁中加入较多的铬(质量分数约为 15%)使之形成比 Fe_3C 还硬的团块状碳化物 Cr_7C_3 而显著提高铸铁的抗磨能力，是一种良好的抗磨铸铁。中锰球墨铸铁也是近来研制的抗磨铸铁，含锰量 $\omega_{Mn} = 5\% \sim 9\%$，铸态组织为奥氏体、马氏体、碳化物和球状石墨，耐磨性能好。抗磨铸铁主要用于制造在干摩擦条件下工作的零件，如球磨机磨球、粉碎机锤头、挖掘机斗齿，以及轧辊、犁铧等。

减摩铸铁的减摩作用是通过适当的组织减小润滑条件下摩擦磨损实现的。理想减摩材料的组织是硬基体上分布软质点或软基体上分布硬质点。各种灰铸铁本身就具有这一特点。金属基体可视为硬基体，石墨为软质点。另外，可将珠光体中的 Fe_3C 视为硬质点，铁素体为软基体，均有减摩作用。然而，一般灰铸铁的减摩性能不够理想，实际应用的减摩铸铁是在灰铸铁的基础上加入适量铜、钼、钒、钛、硼，用以强化基体和形成高硬度的碳化物、氮化物和硼化物。也可在珠光体基体的灰铸铁中加入适量的铜、钛和磷，使其形成高硬度的磷共晶($Fe+Fe_3C+Fe_3P$)组织，可显著提高耐磨性，这就是常用于制造精密机床床身的磷铜钛耐磨铸铁。一般减摩铸铁用于制造在润滑条件下工作的零件，如机床床身、汽缸套、活塞环等。

4. 耐热铸铁

铸铁在高温状态使用时容易发生氧化和生长而使铸铁使用寿命缩短，耐热铸铁就是具有较高抗氧化和抗生长能力的铸铁。铸铁中加入铝、硅、铬等元素，使铸铁高温时表层形成一层致密的 Al_2O_3、SiO_2、Cr_2O_3，氧化物保护内层不再被氧化，从而提高铸铁的抗氧化能力。生长是氧化性气体沿石墨片的边界或裂纹渗入中心引起内部氧化及由于渗碳体分解生成石墨而发生体积膨胀的现象。提高铸铁抗生长能力，一是减少氧化性气体侵入的渠道，二是提高渗碳体分解的临界温度。单相固溶体基体和球状石墨能减少氧化性气体侵入的渠道。铁素体基体球墨铸铁就是一种良好的耐热铸铁。铝、硅、铬等元素能提高渗碳体分解的临界温度，故耐热铸铁都属铝、硅、铬系铸铁。耐热铸铁主要用于制造退火罐、炉条、换热器元件、水泥焙烧炉和玻璃窑零件，以及其他耐高温工作的零件。

5. 耐蚀铸铁

在腐蚀性介质中使用的具有较高抗蚀能力的铸铁称为耐蚀铸铁。铸铁的腐蚀形式分为化学腐蚀和电化学腐蚀两种。提高铸铁耐蚀能力的途径是加入合金元素使之形成致密氧化膜以提高抗化学腐蚀能力。同时通过合金化使铸铁形成单相铁素体并提高其电极电位，以降低由于多相结构形成微电池而造成的电化学腐蚀。耐蚀铸铁中常加入硅、铬、铝、钼、铜、镍等元素。

耐磨铸铁、耐热铸铁和耐蚀铸铁都是通过合金化达到所需性能的，故又统称为合金铸铁。

身边的工程材料应用3：木工手动工具

木工工具是加工木材的器具，一般都具有锋利的刃口。需要经常修磨，尤其是刨刀、凿刀，锋利的刃口才能在使用时既省力，又保证加工质量。木工工具分为电动工具、气动工具和手动工具。木工手动工具是木工手工操作时使用的工具，也是电动工具和气动工具发明的基石。木工手动工具主要包括木工锯、木工锉、木工刨、手工凿、量具等，如图3-31所示。

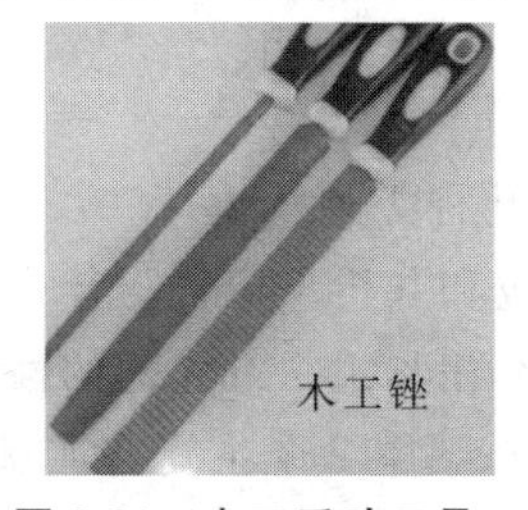

图3-31　木工手动工具

木工锯是木工在加工木材时使用的工具之一，一般可分为框锯、刀锯、槽锯、板锯等。利用木工锯可以把木材锯割成各种形状，获得木构件需要的尺寸。锯子进行锯割的过程，就是锯条在轻压和推进的运动中，对木材进行切割的工作过程。锯子在这个过程中切削木材，锯齿不断地对木材发生作用，木材和锯齿间产生较大的摩擦和挤压力。因此，锯条必须具备较强的抗挤压强度，具备一定的可塑性和耐热性，从而使锯条的齿刃不会变钝。选择锯条时，应选择刚性好、韧性好的锯条，使锯条容易进行锉磨，又耐使用。新制作的锯子或使用刃钝后的锯子，都要用锉刀进行锉齿。手工锯条通常用碳素工具钢制成，其刚性和热处理性能都比较好。

框锯由工字形木框架、绞绳与绞片、锯条等组成。锯条两端用旋钮固定在框架上，并可用它调整锯条的角度。绞绳绞紧后，锯条被绷紧，即可使用。框锯按锯条长度及齿距不同可分为粗、中、细三种。粗锯锯条长 650～750 mm，齿距 4～5 mm，粗锯主要用于锯割较厚的木料；中锯锯条长 550～650 mm，齿距 3～4 mm，中锯主要用于锯割薄木料或开榫头；细锯锯条长 450～500 mm，齿距 2～3 mm，细锯主要用于锯割较细的木材和开榫拉肩。

木工刨是制作传统家具时常用的一种工具，由刨刃和刨床两部分构成。刨刃是金属锻制而成的，刨床是木制的。木工刨刨削的过程，就是刨刃在刨床的向前运动中不断地切削木材的过程。刨刃在不断地切削木料的过程中，木料和刨刃间会产生较大的摩擦，作用于刨刃切削的刃口部分，从而使刨刃口发热变钝。木质越硬，刨刃口的变钝越快。选择刨刃，要挑选刚性好和经过热处理的刃片。刨刃锻造时，刃身使用普通碳素钢，刃部锻制薄薄的一层工具钢淬火黏合，经过机械磨平裁齐，再经热处理后刃部就会软硬适中，即可使用。如果热处理后淬火太硬，刨刃刚性大，而且不易磨砺，遇到硬物容易破损崩口。热处理后淬火太软，刨刃软容易卷口，而且刃口很快会变钝。刨刃用久了，尤其是刨削硬质木料和有节疤的木料以后，很容易变钝或者形成缺口，因此需要经常研磨。

木工锉是用碳素工具钢经淬火热处理制成的一种小型生产工具，是用于锉光工件的手工工具。合理选用木工锉，对保证加工质量，提高工作效率和延长锉刀使用寿命有很大的影响。粗齿木工锉：锉刀的齿距大，齿深，不易堵塞，适宜于粗加工及较松软木料的锉削，以提高效率。细齿木工挫：适宜对材质较硬的材料进行加工，在细加工时也常选用，以保证加工件的准确度。木工锉锉削方向应与木纹垂直或成一定角度，由于锉刀的齿是向前排列的，即向前推锉时处于锉削状态，回锉时处于非工作状态，所以推锉时用力向下压，以完成锉削，但要避免上下摇晃，回锉时不用力，以免齿磨钝。木工锉的正确握法：右手心抵着木工锉木柄的端头，大拇指放在锉刀木柄的上面，其余四指弯在木柄的下面，配合大拇指捏住木工锉木柄，左手则根据木工锉的大小和用力的轻重，可有多种姿势。

本章复习思考题

3-1 常见的合金状态图有哪几种类型？

3-2 Fe-Fe_3C 合金的共晶反应和共析反应各得什么产物？性能有何区别？

3-3 Fe-Fe_3C 合金有几个基本相和组织？它们的性能有何特点？

3-4 默画出 Fe-Fe_3C 合金状态图中 2 个主要特征点 S、C 点和 3 条线，指出其意义及各区域中的相组成物和组织组成物。

3-5 $\omega_C=0.45\%$、$\omega_C=0.77\%$和$\omega_C=1.2\%$的三种钢在室温时的组织组成物是什么？相组成物是什么？各组成物的质量分数分别是多少？

3-6 $\omega_C=3.0\%$的亚共晶生铁，自液态冷却至室温，组织发生了什么变化？室温时的组织是什么？各组织组成物的质量分数分别是多少？

3-7 碳素钢中的五元素对钢的性能有何影响？

3-8 优质碳素结构钢的牌号如何表示？碳素渗碳钢、碳素调质钢、碳素弹簧钢常指哪些牌号，其性能与用途各有何区别？

3-9 碳素工具钢的牌号如何表示？其成分和性能与结构钢有何区别，常用于制造哪些类型的工具？

3-10 铸钢的牌号如何表示？在什么情况下选用铸钢？

3-11 铸铁的石墨化程度与铸铁的组织有何关系？

3-12 灰铸铁的抗拉强度为什么比钢低？提高灰铸铁强度的途径是什么？

3-13 影响灰铸铁组织的因素有哪些？什么情况下可得白口铸铁，什么情况下可得铁素体加粗大石墨的灰铸铁？

3-14 球墨铸铁的强度为什么比灰铸铁高？灰铸铁一般不采用热处理方法提高强度，而球墨铸铁则常通过热处理提高强度，为什么？

3-15 白口铸铁、灰铸铁、钢这三种材料的成分、组织和性能有什么区别？

第4章　钢的热处理

4.1　概　　述

热处理是将固态金属或合金采用适当的方式进行加热、保温和冷却，以获得所需要的组织结构与性能的工艺。热处理的工艺曲线如图4-1所示。加热温度与冷却速度不同，处理后获得的组织不同，材料的性能也不同。

碳素钢、合金钢、铸铁、非铁合金等大多数金属材料都可通过热处理改变组织与性能。其中碳素钢与合金钢的应用最多，绝大多数碳素钢与合金钢零件都要进行热处理。各类材料热处理选用的工艺参数、工艺规范及组织转变特点都是不同的，本章主要阐述碳素钢的热处理。

4.2　碳素钢热处理的理论基础

碳素钢热处理的加热温度一般都高于状态图的 PSK 线或 GS 线或 ES 线。为了表达简便，以 A_1、A_3、A_{cm} 分别代表 PSK 线、GS 线和 ES 线。加热时，实际相变温度略高于平衡温度。冷却时，实际相变温度略低于平衡温度。故加热时分别用 Ac_1、Ac_3 和 Ac_{cm} 表示。冷却时分别用 Ar_1、Ar_3 和 Ar_{cm} 表示。在状态图上的相应位置如图4-2所示。

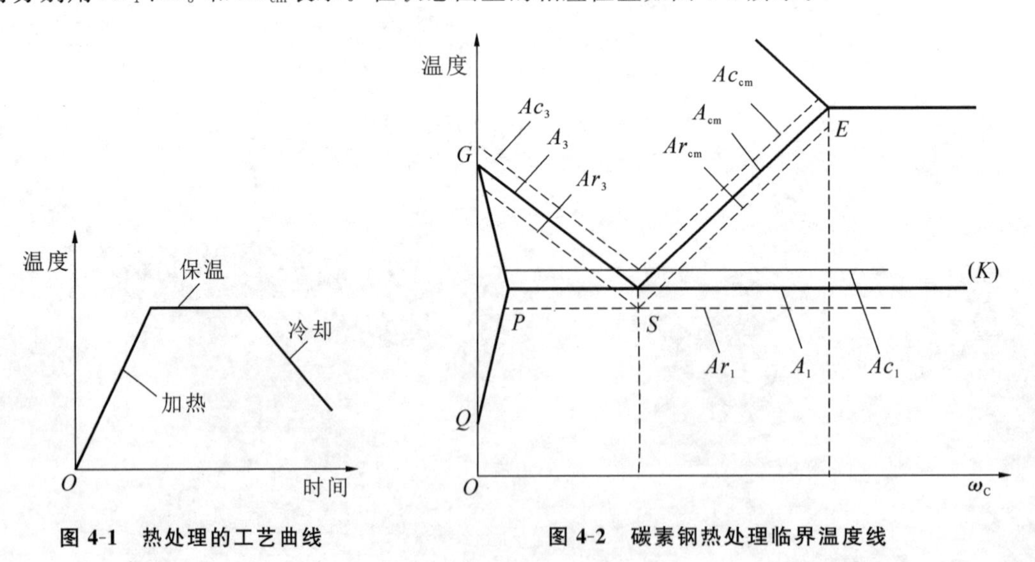

图4-1　热处理的工艺曲线　　　　图4-2　碳素钢热处理临界温度线

4.2.1　钢加热时的组织转变

加热是钢热处理的第一道工序，平衡状态的钢都应加热至 Ac_1 以上才能发生相变，即珠光体转变为奥氏体，这种转变称为奥氏体化。亚共析钢和过共析钢全部奥氏体化的加热温度分别在 Ac_3 以上和 Ac_{cm} 以上。现以共析钢为例，分析其奥氏体化过程。

1. 奥氏体的形成过程

共析钢加热至 Ac_1 以上时，发生珠光体转变成奥氏体的相变。珠光体是铁素体与渗碳体的机械混合物，铁素体为体心立方晶格，含碳量 $\omega_C<0.0218\%$，渗碳体为复杂斜方晶格，含碳量 $\omega_C=6.69\%$。奥氏体为面心立方晶格，共析奥氏体含碳量 $\omega_C=0.77\%$。因此，奥氏体化过程必须进行晶格重组和铁、碳原子的扩散，并经历形核与晶核长大的过程。从珠光体至其完全奥氏体化的状态可分为四个阶段，如图 4-3 所示。

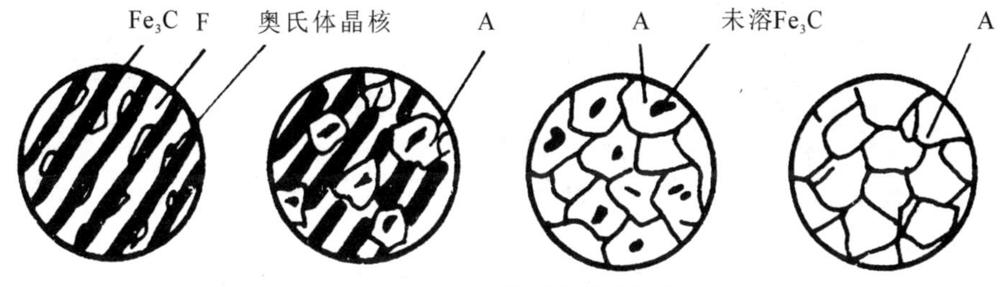

图 4-3　共析钢奥氏体形成过程

(1) 奥氏体晶核的形成。加热至 Ac_1 以上时，珠光体处于不稳定状态。此时在铁素体与渗碳体的界面上产生奥氏体晶核。因为界面处的原子排列不规则，位错密度较高，空位较多，具有较高能位，一部分铁素体转变为面心立方晶格的 γ-Fe，侧面的渗碳体溶入此晶格中，使其具有共析钢奥氏体所需的含碳量，这样就形成了奥氏体晶核。

(2) 奥氏体晶核的长大。奥氏体晶核形成以后，奥氏体与两侧的铁素体和渗碳体存在碳原子与铁原子的浓度差，促使铁素体晶格不断地转变为面心立方晶格的 γ-Fe，渗碳体则连续溶入奥氏体中，通过铁、碳原子的扩散，奥氏体晶核得以长大，直至铁素体晶格转变完毕且所有奥氏体晶粒相互接触为止。

(3) 未溶渗碳体的溶解。由于奥氏体晶格与铁素体晶格比较相近，而与渗碳体晶格差别较大，故铁素体向奥氏体转变的速度比渗碳体溶入奥氏体的速度快。而且，渗碳体溶解所提供的碳原子远多于铁素体转变为奥氏体所需的碳原子，故铁素体全部转变成奥氏体后，尚有少量渗碳体存在于奥氏体晶粒中，这些未溶渗碳体随后逐渐溶入奥氏体中。

(4) 奥氏体成分均匀化。未溶渗碳体溶解后，奥氏体晶粒中仍存在碳的浓度差。在原渗碳体的位置附近，碳的浓度高于共析体含量；而在原铁素体的位置附近，碳的浓度低于共析体含量。故应继续保温，碳原子的继续扩散，使奥氏体晶粒的成分均匀，并具有共析体的含碳量。

2. 影响奥氏体转变的因素

奥氏体转变速度的快慢与下列因素有关。

(1) 加热温度。加热温度超过临界温度时，即可发生奥氏体转变。但转变的起始时间与终了时间随加热温度的不同而不同，如图 4-4 所示。转变温度高，碳原子扩散的速度快，且温度升高时 *GS* 线与 *ES* 线的距离增大，奥氏体中碳的浓度差增大，使奥氏体转变的速度增大。从图 4-4 中可看出，若在 740 ℃进行奥氏体化，10 s 后才开始转变，渗碳体完全溶解需要的时间超过 2 h；若在 800 ℃左右进行奥氏体化，1～2 s 之内就开始转变，100 s 左右渗碳体就完全溶解了。可见温度对奥氏体化的影响是很明显的。

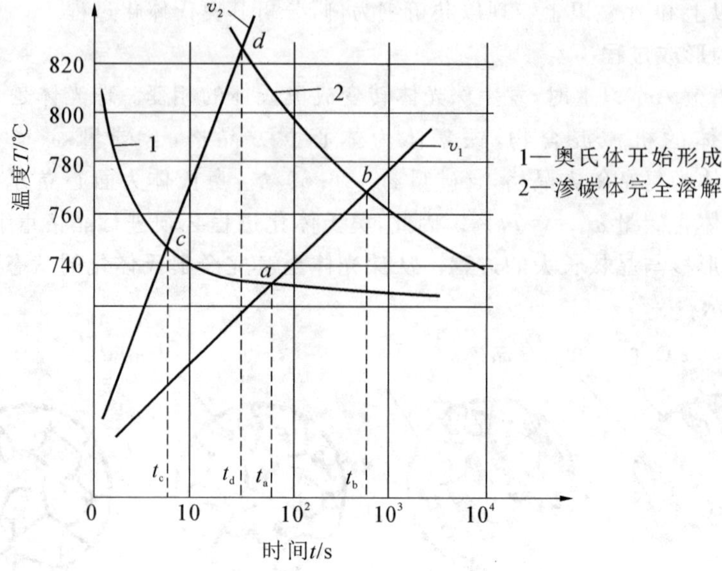

图 4-4　加热温度与加热速度对奥氏体化速度的影响

(2) 加热速度。加热速度愈快，过热度愈大，实际转变的温度愈高，使得转变温度范围更宽，转变时间更短。图 4-4 中，v_1 加热速度较慢，在 a 点开始转变，b 点转变结束；v_2 加热速度较快，在 c 点开始转变，d 点转变结束。从转变时间看，$(t_b-t_a)>(t_d-t_c)$，因此，快速加热是有利的。

(3) 原始组织加热前珠光体组织的粗细。若珠光体细小(即渗碳体片细而多，片的间距小)，两相界面积大，产生奥氏体晶核就多，奥氏体化速度就快。

3. 奥氏体的晶粒度

奥氏体的晶粒度是指奥氏体化以后奥氏体晶粒的粗细。刚完成奥氏体转变时，奥氏体晶粒是很细的，此时的奥氏体的晶粒度称为起始晶粒度。在实际生产中，为了使奥氏体转变充分，成分均匀，实际加热温度都略高于临界温度，故奥氏体的晶粒度比起始晶粒度大，称为实际晶粒度。奥氏体的实际晶粒度对热处理结果有重大影响。若实际晶粒度细小，转变产物的组织也细小；反之，转变产物的组织粗大。生产中常通过控制有关参数以获得细小的晶粒，从而获得具有一定强度、硬度，又有良好塑性、韧性的力学性能，这是一种强韧化手段。

奥氏体的实际晶粒度随加热温度的提高而变得粗大。当温度提高到某一数值时，晶粒变得非常粗大，如图 4-5 所示，晶粒过于粗大将明显降低钢的力学性能。生产中为了评定晶粒度的等级，国家制定了显微晶粒度级别数标准，如图 4-6 所示，此标准是按下式设计的：

$$N_{100}=2^{G-1}$$

式中：N_{100} 为放大 100 倍时每 645.16 mm^2 面积内所含的晶粒个数，G 为显微晶粒度级别数。

例如，2 级晶粒度，即在放大 100 倍的显微镜下，645.16 mm^2 的视野内有 2 颗晶粒；4 级晶粒度时，则相应地有 8 颗晶粒；余类推。评定时将钢制成试样，选取合适的、有代表性的检验面，抛磨和浸蚀后再与晶粒度的标准系列评级图对比(比较法)。1～3 级为粗晶粒，4～6 级为中等晶粒，7～8 级为细晶粒(GB/T 6394—2017 中，细晶粒又增加了 9、10 两级)。比 1 级粗的晶粒为过热组织，一般不能使用；比 8 级细的晶粒，多属工具钢淬火后的实际晶粒。

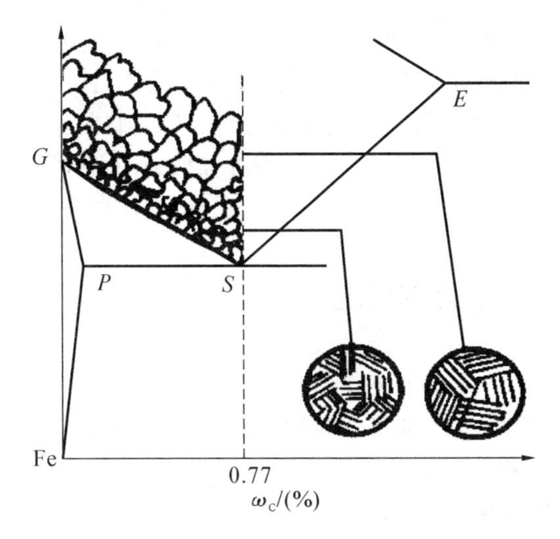

图 4-5　加热温度对奥氏体晶粒度与冷却后组织粗细的影响

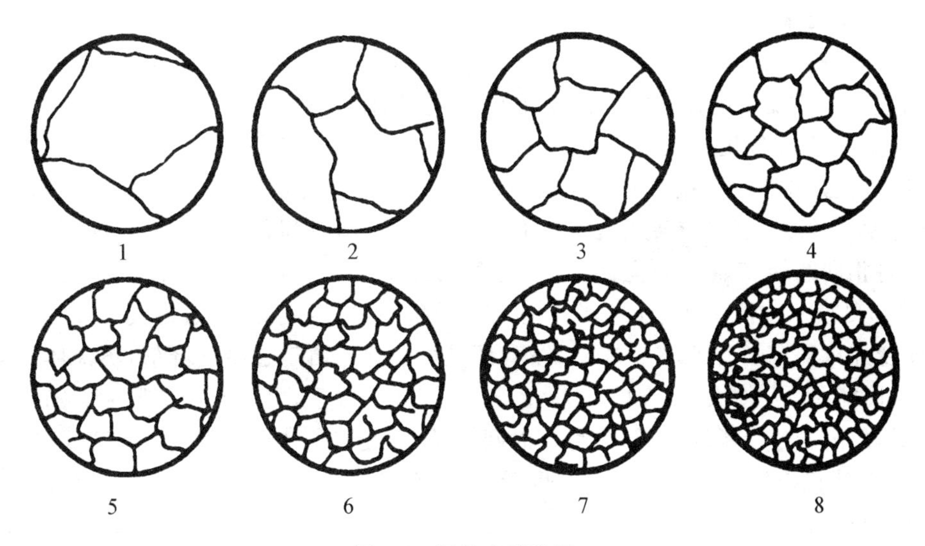

图 4-6　晶粒度示意图

另有一个重要的晶粒度概念，称为本质晶粒度。本质晶粒度系指钢加热至 930±10 ℃，保温 3～8 h，冷却后在放大 100 倍的显微镜下测定的晶粒度。与晶粒度标准等级图比较，1～4 级的为本质粗晶粒度钢，5～8 级的为本质细晶粒度钢。本质晶粒度实际上是钢加热时奥氏体晶粒长大倾向的表征。本质粗晶粒度钢加热时晶粒随之长大，不到 930 ℃其晶粒就比 4 级更粗大。本质细晶粒度钢加热温度低于 930 ℃时，晶粒度比 4 级小，只有当温度高于 950 ℃以后，晶粒才迅速长大，如图 4-7 所示。这一特点对高温热处理（如渗碳）特别有意义。对于钢而言，用铝脱氧的钢为本质细晶粒度钢，用硅、锰脱氧的钢为本质粗晶粒度钢。因为铝能与钢中的氧或氮化合，形

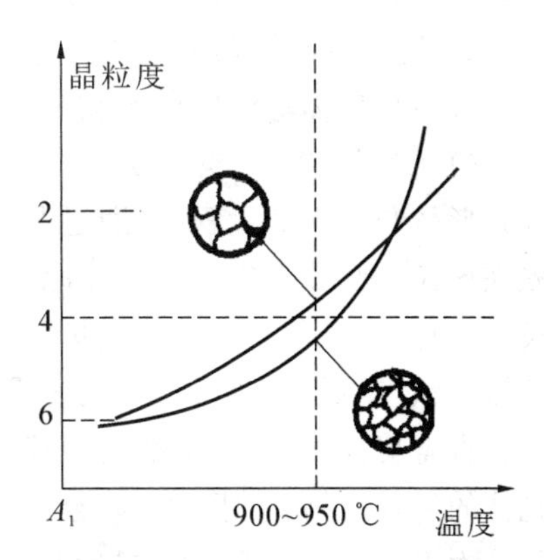

图 4-7　钢的本质晶粒度示意图

成极细的化合物（如 Al_2O_3、AlN 等）微粒分布在奥氏体晶界上，阻止奥氏体晶粒长大。当温度很高（超过 950 ℃）时，化合物微粒会聚集长大或熔融消失，使奥氏体晶粒突然长大。

影响奥氏体晶粒长大的因素除了加热温度之外，还有加热速度和合金元素的作用。加热速度快，过热度大，奥氏体晶粒细小。钢中若有强碳化物形成元素，也能使奥氏体晶粒细小。

4.2.2 钢冷却时的组织转变

钢从奥氏体化温度冷却至室温时将发生各种组织变化。根据不同的冷却方式和不同的工艺规范，可以获得不同的组织。通常有两种冷却方式：一种是将奥氏体化后的钢，快速置于 A_1 以下某一温度保温，称为等温过程，在这一过程中发生的组织转变称为等温转变；另一种是以某种冷却速度从奥氏体化温度连续冷却至室温，这一过程发生的组织转变称为连续冷却转变。现以共析钢为例，分析其冷却过程的组织变化。

1. 过冷奥氏体等温转变

奥氏体快速置于 A_1 以下的温度时，并非立即发生转变，而是需要一定时间的孕育过程。在 A_1 温度以下转变以前存在的奥氏体称为过冷奥氏体。

1）过冷奥氏体等温转变过程

过冷奥氏体在不同温度进行等温转变时，孕育期的长短不同，转变终止的时间也不同。将不同温度下过冷奥氏体转变开始的时间与转变终止的时间标注在温度-时间（对数）坐标图上，并将相同的转变点连成光滑曲线，得到共析钢过冷奥氏体等温转变曲线图（C 曲线图），如图 4-8 所示。图中显示，在 A_1 温度以下，随着过冷温度降低，过冷奥氏体的孕育时间缩短，转变速度提高。在 550 ℃左右，孕育期最短。这是由于过冷度降低，奥氏体与其转变产物的自由能差 ΔF 增大，转变的动力增大。在 550 ℃以下，由于原子扩散能力随温度的降低而降低，故随着过冷温度降低，孕育期时间加长，转变速度减慢。当过冷温度低于 M_s 线时（共析钢 M_s 线代表约 230 ℃），由于温度低，原子不能扩散，过冷奥氏体立即发生晶型转变；随着温度的降低，转变量增加，直至 M_f 温度转变结束。在 A_1 与 M_s 之间，过冷奥氏体等温转变曲线像“C”字，故亦称 C 曲线图。在此温度范围内，过冷奥氏体的转变量为时间的函数。550 ℃处俗称 C 曲线的“鼻尖”。M_s 至 M_f 之间，过冷奥氏体的转变量为温度的函数。

2）过冷奥氏体等温转变产物的组织与性能

过冷奥氏体等温转变产物分如下三类。

（1）珠光体型组织。A_1 至 550 ℃之间的转变产物为珠光体。奥氏体转变为珠光体的过程是形核与长大的过程，是通过晶体结构重构和铁、碳原子扩散实现的，属扩散型转变。首先在奥氏体晶界上生成渗碳体晶核，奥氏体中的碳原子向渗碳体晶核扩散而使渗碳体晶核长大，由于碳原子向渗碳体大量集中，该处奥氏体的含碳量降低，最后转变为含碳量小的铁素体。铁素体的形成与长大又使周围奥氏体含碳量提高，从而又产生渗碳体晶核，如此重复进行直至奥氏体消失，全部转变成珠光体。转变温度降低时，形核率和成长率都提高，使珠光体的层片变细，间距变小。金相学将不同粗细的珠光体分为三个等级：粗的称为珠光体，代号为 P，在 A_1 至 650 ℃内形成，层片间距＞0.4 μm；较细的称为索氏体，代号为 S，在 650～600 ℃内形成，层片间距为 0.4～0.2 μm；最细的称为屈氏体，代号为 T，在 600～550 ℃内形成，层片间距＜0.2 μm。比较三种组织的力学性能，屈氏体最好，索氏体次之。三种组织虽各有名称，性能也有差别，但其结构的本质是相同的，其粗细划分也无严格界限。

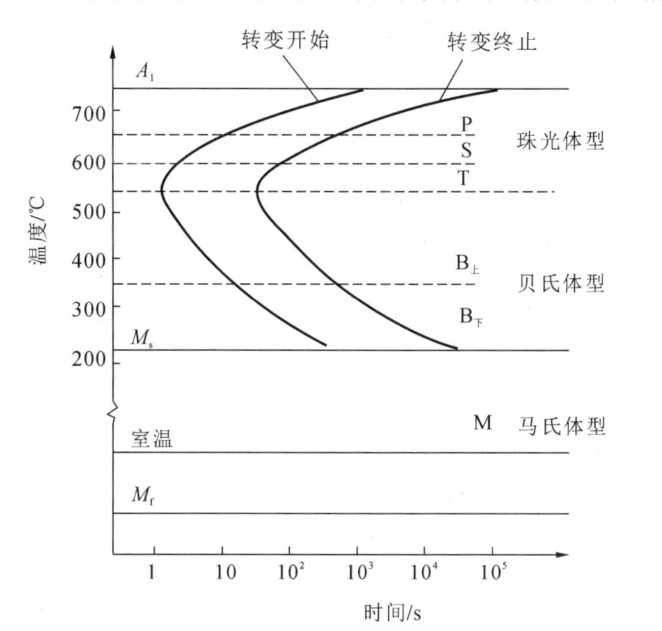

奥氏体向珠光体转变

图 4-8　共析钢过冷奥氏体等温转变曲线图(C 曲线图)

(2) 贝氏体型组织。550 ℃至 M_s 之间的转变产物为贝氏体。贝氏体的代号为 B，是略过饱和的铁素体与碳化物组成的两相混合物。由于转变温度较低，只发生碳原子的扩散，铁原子基本不扩散，故贝氏体转变属半扩散型转变。在这一转变区域内，按转变温度的不同，贝氏体的形态也不同。在 550～350 ℃之间，奥氏体晶界上碳含量较低处生成铁素体晶核，并沿某一方向成束长大，一部分碳原子过饱和于铁素体晶格中，大部分碳原子则扩散到铁素体晶界上并转变为渗碳体，其形态是小条状，断续地分布在铁素体片之间，在显微镜下观察呈羽毛状，称为上贝氏体($B_上$)，如图 4-9(a)所示。350 ℃至 M_s 之间，由奥氏体转变的铁素体中碳的过饱和程度比上贝氏体大，且呈针片状，由于转变温度比上贝氏体转变温度低，碳原子的扩散能力很小，只能在铁素体针片内以 ε-碳化物的形式析出，呈极细颗粒状弥散分布在铁素体晶粒内，在显微镜下观察呈黑色针片状，称为下贝氏体($B_下$)，如图 4-9(b)所示。

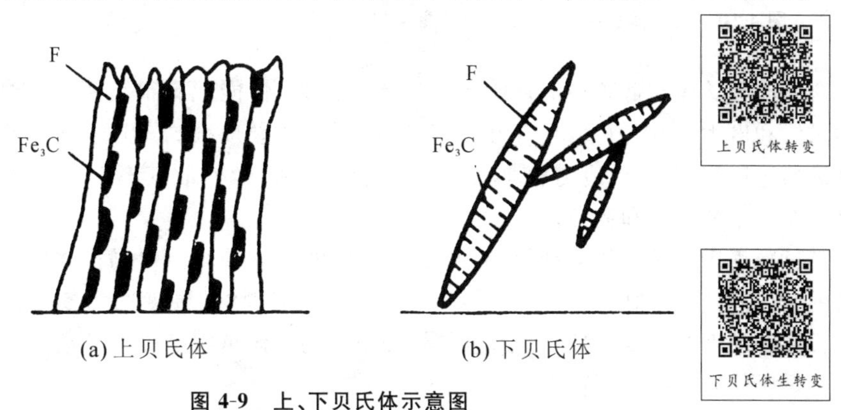

(a) 上贝氏体　　(b) 下贝氏体

上贝氏体转变

下贝氏体生转变

图 4-9　上、下贝氏体示意图

上贝氏体与下贝氏体由于晶体结构不同，力学性能也有很大区别。上贝氏体中，硬脆的渗碳体呈细短条状分布在铁素体晶束的晶界上，使金属容易产生脆性断裂，强度、韧性较低，基本上无应用价值。下贝氏体中，铁素体的过饱和程度大，固溶强化明显，铁素体晶粒无方向性，碳化物细小而弥散分布，使金属具有较高的强度与韧度配合，是一种具有优良力学性能的组织。

(3) 马氏体型组织。在 M_s 线与 M_f 线之间，铁原子与碳原子完全不能扩散。过冷奥氏体发生晶格切变，直接转变为体心立方晶格，碳原子全部固溶在体心立方晶格中，形成过饱和的 α 固溶体，称为马氏体，以符号 M 表示。由于碳原子过饱和固溶，α-Fe 的晶格严重畸变，晶格的某一棱边增长，如图 4-10 所示。图中 c/a 称为马氏体正方度。

不同含碳量的奥氏体发生马氏体转变时，含碳量愈高、碳的过饱和度愈大，则晶格畸变愈大。不同含碳量的奥氏体转变后，马氏体的形态也不同。含碳量 $\omega_C<0.25\%$时，马氏体呈板条状，称为板条马氏体，如图 4-11 所示。板条马氏体是若干尺寸大致相同，彼此以小角度位向差分开的细条状马氏体组成的马氏体束。在一个奥氏体晶粒内，可以有几个大角度位向差的马氏体束。板条马氏体内有大量的位错缠结，也称位错马氏体。因其含碳量较低，也称低碳马氏体。奥氏体的含碳量 $\omega_C>1.0\%$时，马氏体呈凸透镜状，也称片状。从金相磨片观察到的是其断面形状，呈针状或竹叶状，如图 4-12 所示。针状马氏体针之间形成大角度的位向差，先形成的针状马氏体针较粗大，横贯奥氏体晶粒，后形成的马氏体针则较细小。针状马氏体内存在大量孪晶带亚结构，又称孪晶马氏体。因其含碳量较高，也称高碳马氏体。$\omega_C=0.25\%\sim1.0\%$的马氏体为板条马氏体与针状马氏体的混合结构，含碳量较低的，板条马氏体较多；含碳量较高的，针状马氏体较多。

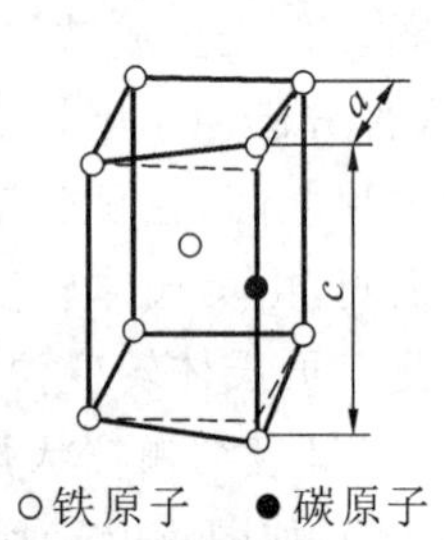

图 4-10 马氏体晶格示意图

图 4-11 板条马氏体

图 4-12 针状马氏体

高碳马氏体与低碳马氏体除了形态不同之外，性能也有很大不同。高碳马氏体因其碳的过饱和度大，内应力大，且存在大量孪晶结构，故硬度很高，但塑性、韧性很差。低碳马氏体碳的过饱和度小，内应力较小，且存在大量位错亚结构，故其不仅有较高的强度和硬度，而且也有一定的塑性和韧性。

过冷奥氏体转变的三种产物中，以马氏体的硬度最高。但马氏体的实际硬度又随含碳量的变化而变化，如图 4-13 所示，$\omega_C=0.2\%$时，马氏体的硬度约为 50 HRC，$\omega_C=0.8\%$时，马氏体的硬度约为 65 HRC。通过热处理获得马氏体组织是提高钢硬度的最有效的途径。

马氏体转变有以下特点。

① 马氏体转变属非扩散型转变，且转变速度极快，在 M_s 线以下瞬时转变，转变是通过铁原子移动距离很小的共格切变方式进行的，一旦发生转变，立即达到某一尺寸。马氏体一般不穿过奥氏体晶界，故马氏体尺寸受到原奥氏体晶粒粗细的制约。当原奥氏体晶粒非常

细小时，形成的马氏体在光学显微镜下几乎看不清其结构，称为隐晶马氏体。

② 马氏体的比容比奥氏体的大，即发生马氏体转变的同时发生体积膨胀，使金属内部产生很大的内应力。

③ 马氏体转变的临界温度随奥氏体含碳量的增高而降低，如图 4-14 所示，图中可见共析钢的 M_s 约为 230 ℃，M_f 约为 −50 ℃。

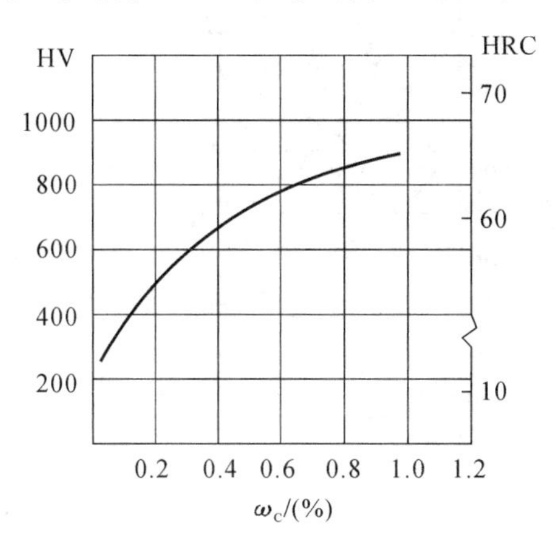

图 4-13　含碳量与马氏体硬度的关系

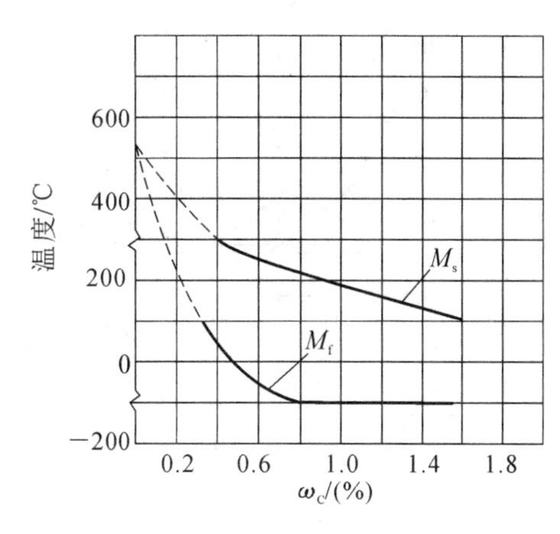

图 4-14　含碳量与 M_s、M_f 的关系

④ 马氏体的转变量随温度的降低而增加。在 M_s 温度以下，随着温度的降低，新的马氏体不断地形成，停止降温时，马氏体转变也停止。如果冷却至 M_f 线以上某一温度（例如共析钢冷却至室温），就有一部分过冷奥氏体未能转变为马氏体。这种在马氏体转变时未发生转变而残留下来的奥氏体，称为残余奥氏体，以符号 Ar 表示。随着含碳量增大，M_s 和 M_f 线降低，若都以冷却至室温比较，则奥氏体含碳量愈高，残余奥氏体的含量愈多，如图 4-15 所示。由于马氏体转变发生的体积膨胀，使未转变的奥氏体受到很大压力而影响转变，故即使冷却至 M_f 线以下，也还会有少量残余奥氏体存在。残余奥氏体的存在使钢的硬度降低（但塑性与韧性有所改善），又因残余奥氏体属不稳定组织，会自发转变为体心立方结构而导致体积膨胀，使零件尺寸发生变化并产生内应力，故应尽可能减少残余奥氏体的含量。

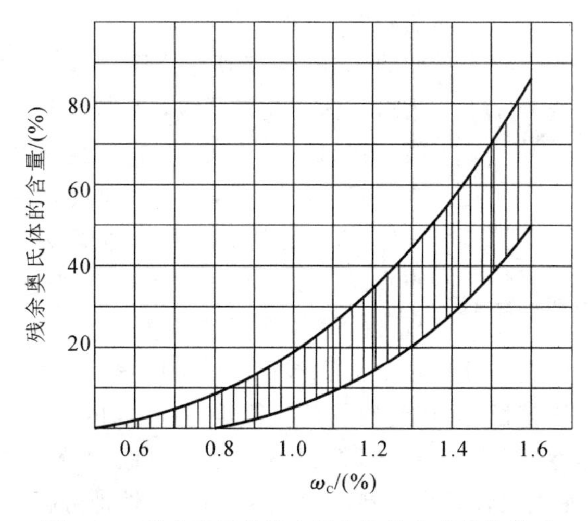

图 4-15　残余奥氏体的含量与钢的含碳量的关系

对亚共析钢、过共析钢和某些合金钢，其等温转变曲线图又有所不同。亚共析钢在珠光体转变区，过冷奥氏体先析出铁素体，然后再发生珠光体转变，"鼻尖"处转变孕育期比共析钢的短，M_s 与 M_f 比共析钢的高。过共析钢在珠光体转变区先析出渗碳体，然后再发生珠光体转变，"鼻尖"处转变孕育期也比共析钢的短，M_s 与 M_f 比共析钢的低，如图 4-16 所示。

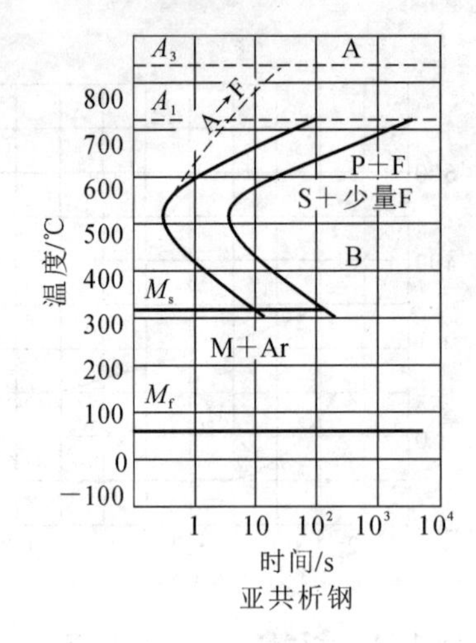

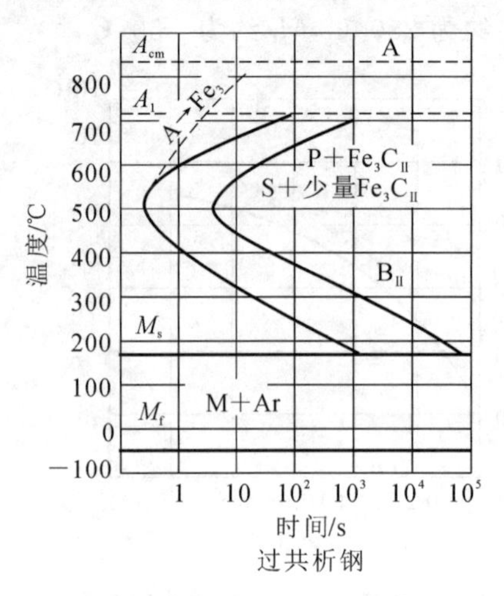

图 4-16　亚共析钢与过共析钢的 C 曲线图

在合金钢中，大多数合金元素（钴除外）溶入奥氏体后，会增加过冷奥氏体的稳定性，使 C 曲线明显右移。碳化物形成元素，除使 C 曲线右移之外，还使 C 曲线呈现两个"鼻尖"，形成上下两条 C 曲线。若合金元素未溶入奥氏体而形成合金碳化物，则会降低过冷奥氏体的稳定性。

2. 过冷奥氏体连续冷却转变

连续冷却是钢加热至完全奥氏体化后，以一定的速率降低温度的过程，连续冷却组织转变的原理与等温转变相同，转变的产物也相同。但组织转变的有关参数不同。连续冷却也可采用与等温转变相似的方法绘出转变曲线图，俗称连续冷却 C 曲线，或共析钢的连续冷却转变曲线，如图 4-17 所示。图中 P_s 为珠光体转变开始线，P_f 为珠光体转变终了线，K 为奥氏体向珠光体转变的中止线。在 A_1 与 M_s 之间，只发生珠光体转变而无贝氏体转变。若冷却曲线交于 K，则只有一部分奥氏体转变为珠光体，未转变的奥氏体冷却至 M_s 以下发生马氏体转变。当冷却曲线不与 P_s 相交时，则过冷奥氏体全部冷却至 M_s 以下发生马氏体转变。

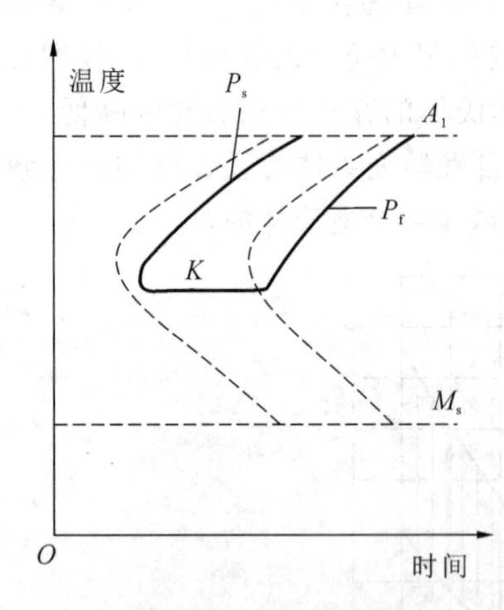

图 4-17　共析钢的连续冷却转变曲线

比较连续冷却转变曲线与等温转变 C 曲线（图 4-17 中虚线），前者在后者的右下方，表示连续冷却时过冷奥氏体较稳定，转变的孕育期较长，在相同的时间内，在较低的温度下才能转变。故若采用连续冷却的方式冷却，根据连续冷却 C 曲线分析转变过程将更为准确。然而，由于等温转变 C 曲线比较容易绘制，生产中常用其定性地分析热处理的组织转变。共析钢等温转变 C 曲线在连续冷却时的应用如图 4-18 所示。图中 v_1 表示缓慢冷却（相当于随炉冷却），冷却曲线交于珠光体转变区，转变产物为珠光体。v_2 表示较快冷却（相当于在空气中冷却），冷却曲线交于索氏体与屈氏体转变区，转变产物为索氏体和屈氏体。v_3 表示更快冷却（相当于在油中冷却），冷却曲线交于屈氏体转变区，但未通过转变终了线，还有一部分过冷奥氏体冷却至 M_s 以下才转变为马氏体，转变产物为屈氏体和马氏体及残余奥氏体。v_4 表示快速冷却（相当于在水中冷却），冷却曲线未与C曲线相交，转变产物为马氏体及残余奥氏体。v_k 为获得全部马氏体（及少量残余奥氏体）的最小冷却速度，称为上临界冷却速度。v'_k 称为下临界冷却速度，冷却速度小于 v'_k 时，钢将全部转变为珠光体。上临界冷却速度愈小愈好，可以较小的冷却速度获得全马氏体组织，而且明显减少由于冷却速度过快而引起的内应力。下临界冷却速度则不宜太小，否则为获得珠光体组织的热处理时间很长。

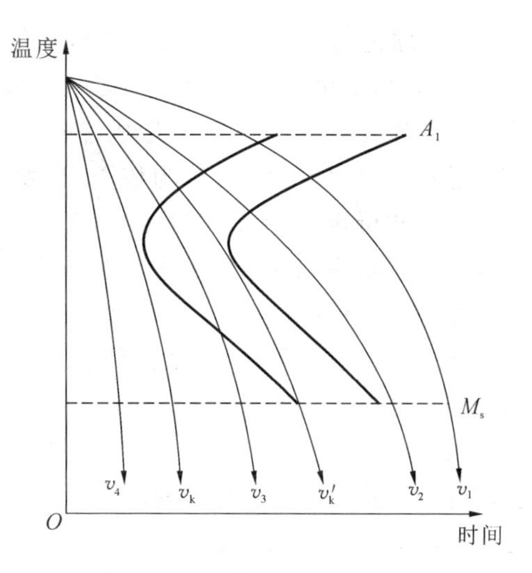

图4-18 共析钢等温转变C曲线在连续冷却时的应用

4.3 钢的热处理工艺

根据热处理的理论，生产中制订了许多热处理工艺。这些工艺主要用于对碳素钢和合金钢的热处理，也适用于其他材料，但工艺参数不同。

4.3.1 退火

将金属或合金加热到适当温度，保持一定时间，然后缓慢冷却的热处理工艺，称为退火。退火总的目的是，获得平衡状态组织或接近平衡状态组织，晶粒均匀细化，降低硬度，提高塑性，消除内应力。根据不同的要求，退火又分为以下几种。

(1) 完全退火。将铁碳合金完全奥氏体化，随之缓慢冷却，获得接近平衡状态组织的退火工艺称为完全退火。完全退火又称重结晶退火，适用于亚共析钢。其工艺规范是加热至 Ac_3 以上30～50 ℃，保温后缓慢冷却。由于组织完全奥氏体化，发生重结晶，晶粒均匀细小，因此退火后得到均匀细小的平衡组织：珠光体和铁素体。碳素结构钢和合金结构钢的铸件、锻件和焊接件，热加工后常存在如晶粒粗大、粗细不匀、硬度偏高、内应力大等缺陷，通过完全退火可以消除这些缺陷。机械加工前的热轧型材，若硬度太高，也可进行完全退火。完全退火后虽然抗拉强度和屈服强度变化不大，但塑性、韧性明显提高，硬度降低。

过共析钢不进行完全退火，因为过共析钢自 Ac_{cm} 缓慢冷却时会析出网状二次渗碳体，使钢的脆性明显增大。

(2) 等温退火。等温退火的加热规范和处理目的与完全退火相同，只是冷却过程不随炉缓慢连续冷却，而是从奥氏体化温度较快冷却至 A_1 以下珠光体转变区，在此温度等温至珠光体转变完成，再以一定的速度冷却至室温。其目的是缩短退火时间，而且组织也比较均匀。等温退火主要用于过冷奥氏体比较稳定的合金钢。

(3) 球化退火。使钢中碳化物球状化而进行的退火工艺称为球化退火。球化退火又称不完全退火，适用于过共析钢。其工艺规范是加热至 Ac_1 以上 20～30 ℃，较长时间保温，使片状渗碳体发生不完全溶解，形成许多细小点状渗碳体，并使奥氏体中碳的浓度不均匀。在冷却过程中以细点状渗碳体为核心，自发球化形成卷曲状渗碳体，又称球状化渗碳体：在奥氏体发生共析转变时，应缓慢冷却，以使析出的渗碳体以未溶渗碳体为核心自发球化，最后获得铁素体基体上分布球状化渗碳体的组织。这种结构与片状渗碳体的结构相比，强度、硬度降低，塑性、韧性提高，这对于改善过共析钢的切削加工性非常有利。

如果球化退火前，钢中存在明显的网状渗碳体，应先进行正火以打碎渗碳体网，否则不利于球化退火。

(4) 扩散退火。扩散退火主要用于消除铸钢件铸态化学成分和组织的不均匀性。其工艺规范是加热至该成分合金的熔点以下 100～200 ℃，较长时间保温，以使成分与组织均匀化。扩散退火因加热温度高，保温时间长，故退火后晶粒粗大。因此，扩散退火后一般还应进行完全退火或正火，以细化晶粒、提高力学性能。

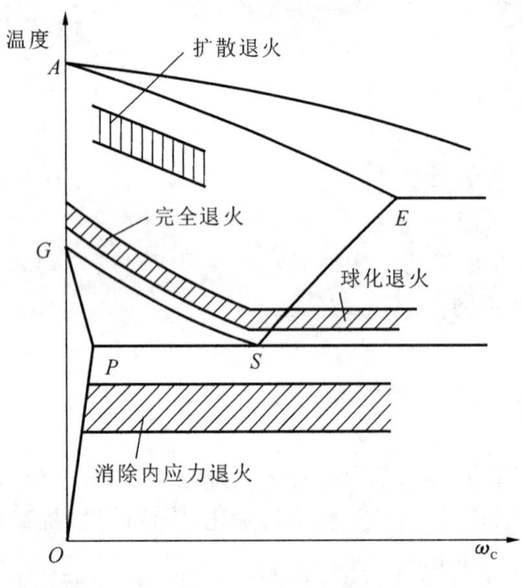

图 4-19　碳素钢各种退火处理的加热温度

(5) 再结晶退火。再结晶退火用于经冷变形而产生加工硬化的材料或零件，退火的目的是消除加工硬化。其工艺规范是加热至最低再结晶温度以上 100～200 ℃，适当保温使金属发生再结晶。由于再结晶温度低于相变温度，在随后的冷却过程中不会再发生组织转变，故其冷却速度可以比一般退火快一些。

(6) 消除内应力退火。消除内应力退火用于消除铸件、锻件、焊接件、机械加工及冷变形成形零件中的内应力。加热温度在相变温度以下，结构钢和铸铁加热温度为 500～600 ℃。保温足够长的时间后，缓慢冷却，以防止在随后的冷却过程中重新产生内应力，对形状复杂及壁厚不均匀的零件尤为重要。

退火

碳素钢各种退火处理的加热温度如图 4-19 所示。

4.3.2　正火

将钢加热至完全奥氏体化（Ac_3 以上 30～50 ℃或 Ac_{cm} 以上 30～50 ℃），保温后置于静止的空气中冷却，这种热处理工艺称为正火。由于冷却速度比退火快，故正火组织比退火组织细小而均匀。对于共析钢，可获得索氏体。对于亚共析钢，由于先共析出铁素体，又比退火状态细小，因此正火后钢的强度、韧性、硬度都比退火的高。

正火用于以下三个方面：

(1) 低碳钢和低碳合金钢，锻件或型材经正火提高硬度，改善切削加工性能；

(2) 中碳结构钢制造一般要求的零件，以正火作为最终热处理，既提高力学性能，与其他热处理方法相比又能缩短生产周期，且操作简便；

(3) 过共析钢正火可防止二次渗碳体以网状形式析出，故正火常作为过共析钢球化退火前的预备处理。

正火

4.3.3　淬火

将钢件加热至临界温度以上，亚共析钢为 Ac_3 以上30～50 ℃，过共析钢为 Ac_1 以上30～50 ℃，保温一定时间后以适当的速度冷却至室温，以获得马氏体或贝氏体的热处理工艺称为淬火。淬火后钢件的硬度提高。

1. 淬火温度选择

亚共析钢淬火加热温度为 Ac_3 以上 30～50 ℃。低于 Ac_3 时，尚有一部分未转变为奥氏体的铁素体，淬火后这部分铁素体被保留在组织中，造成硬度不足。在 Ac_3 以上再加热 30～50 ℃是为了充分奥氏体化。若温度继续升高，将发生奥氏体晶粒长大，使淬火后马氏体粗大，力学性能降低。

过共析钢淬火的加热温度为 Ac_1 以上 30～50 ℃。此时，原始组织中的珠光体和一部分碳化物转变为奥氏体，同时存在一部分未溶碳化物，碳化物的硬度与马氏体接近，当碳化物以颗粒状存在并均匀分布(如果淬火前预先进行球化退火)时，淬火后可明显提高钢的耐磨性。如果加热温度超过 Ac_{cm}，则淬火后马氏体粗大，脆性增大，而且由于奥氏体含碳量提高，淬火后残余奥氏体的含量增加，钢件的硬度和耐磨性降低。

2. 淬火方法与冷却介质的选择

淬火操作是将加热至淬火温度的钢件快速冷却至室温。根据不同要求，有几种不同方法。

(1) 单液淬火。将加热后的钢件置于一种冷却介质中冷却的方法，称为单液淬火。这种方法操作简便，易于实现机械化和自动化。根据 C 曲线位置的不同，碳素钢一般采用水作为冷却介质，合金钢用油作为冷却介质。

(2) 双液淬火。用两种介质冷却的淬火操作，称为双液淬火。单液淬火虽有操作简便的优点，但其冷却特性不理想。在 C 曲线“鼻尖”上部与“鼻尖”下部的冷却能力几乎相同，从工艺要求看，理想的冷却特性应在快速通过“鼻尖”以后减缓冷速，以减小工件的内应力。为此采用双液淬火。第一种介质冷却能力较强，保证通过“鼻尖”时不与 C 曲线相交。过“鼻尖”后，转入冷却能力较弱的第二种介质，使其以几乎与贝氏体转变开始线平行的速度冷却，可以有效减小淬火应力。这种方法，虽然冷却特性理想，但实际操作困难。因冷却时间很短，过早转液会出现屈氏体组织，过迟转液则达不到“鼻尖”下部缓冷的目的。对于碳素钢，常分别选用水和油作冷却介质；对于合金钢，则先在油中冷却，后转入空气中冷却。

(3) 分级淬火。将加热后的钢快速置于略高于 M_s 的恒温盐浴中，保温一段时间，在发生贝氏体转变之前取出空冷，以发生马氏体转变，这种方法称为分级淬火。此法的优点是在发生马氏体转变之前，使零件表里温度尽可能一致，以减小淬火应力。分级淬火虽比双液淬火容易操作，但其等温时间仍须严格控制。过早取出可能仍存在内外温差，过迟取出会发生贝氏体转变。这种方法适用于壁厚不大的零件。

(4) 等温淬火。将加热后的钢件快速置于下贝氏体转变温度的恒温盐浴中，保温足够长时间，使其发生下贝氏体转变，随后空冷，这种方法称为等温淬火。等温淬火的操作比较简便，转变产物为下贝氏体，具有比马氏体更好的强度与韧性的配合，一般可以不再进行回火处理。这种方法常用于处理形状复杂、要求淬火变形小及强韧性有良好配合的零件，如某些工具和模具。

上述四种淬火方法的冷却曲线如图 4-20 所示。

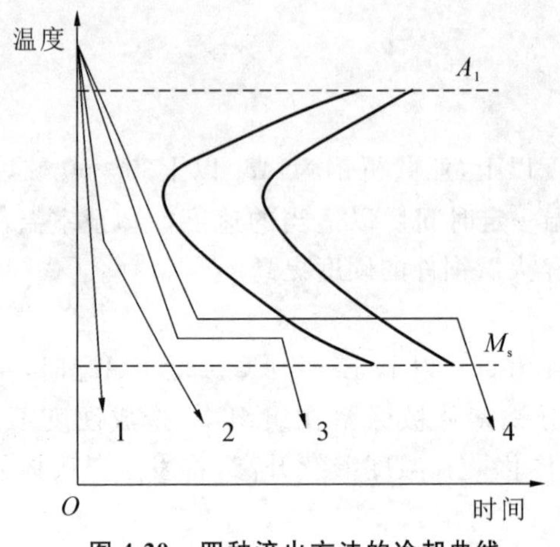

图 4-20 四种淬火方法的冷却曲线

1—单液淬火；2—双液淬火；3—分级淬火；4—等温淬火

除等温淬火外，前三种淬火都获得马氏体，且最终温度都是室温。根据热处理原理可知，中、高碳钢马氏体转变终了温度都在室温以下，冷却至室温时还存在一定量的残余奥氏体。要求硬度高和尺寸稳定性好的零件，为了减少残余奥氏体的含量，应在淬火后继续冷却至接近 M_f 温度，使残余奥氏体向马氏体转变，这种方法称为冷处理。冷处理的冷却介质常采用干冰和酒精的混合剂。冷处理后必须进行低温回火以消除内应力。冷处理常用于精密量具等的处理。

4.3.4 回火

将淬火钢件重新加热至 Ac_1 以下某一温度，保温一定时间后出炉空冷（某些合金钢采用水冷或油冷）的热处理工艺称为回火。

1. 回火目的

钢件淬火后获得的马氏体，硬度高但脆性大，钢件存在很大的内应力。淬火马氏体和残余奥氏体都是不稳定组织，有自发转变为较稳定状态的倾向，并使零件尺寸发生变化。为了降低脆性，减小内应力，促进不稳定的淬火马氏体和残余奥氏体转变，淬火钢件应随即进行回火处理；另外，控制不同的回火温度，还可使材料具有不同的性能。因此，淬火和回火是两道紧密联系的工序。

2. 回火时组织与性能的变化

淬火钢件回火时，根据加热温度高低，组织发生不同的变化，大致可分为以下几个阶段。

(1) 加热至 100 ℃以上时，马氏体中过饱和的碳开始少量析出，并形成正交晶格的过渡相——ε-碳化物，为极细薄片结构。马氏体正方度降低，内应力减小，这一阶段约进行至 350 ℃。这种由较低过饱和度的 α-固溶体和 ε-碳化物组成的组织称为回火马氏体。在这一阶段同时发生残余奥氏体分解，在 200～300 ℃残余奥氏体部分转变为下贝氏体，这一阶段转变结束后，组织的主要组成为回火马氏体，其性能的基本特征是内应力减小、保持原有的硬度。

(2) 在 350～500 ℃之间为第二阶段。加热至 350 ℃以上，马氏体中过饱和的碳基本上全部析出，转变为铁素体，由于尚未发生再结晶，故铁素体仍呈细片状，ε-碳化物转变为稳定的细粒状渗碳体，这种由细片状铁素体和细粒状渗碳体组成的组织称为回火屈氏体。这一阶段组织内应力进一步减小，硬度也有所降低，但具有极好的弹性极限。

(3) 在 500～650 ℃之间为第三阶段。此时铁素体发生再结晶，转变为多边形晶粒，渗碳体也发生聚集长大，这种多边形铁素体和粒状渗碳体组成的组织称为回火索氏体。这一阶段组织内应力基本消除，硬度继续降低，但具有良好的综合力学性能，即良好的强度、硬度与塑性、韧性的配合。

以上三个阶段的温度范围是大致划分的，各阶段组织转变是连续交叉进行的，无明显的临界温度。

某些合金钢的回火，除上述转变外还有两个特点：一是产生二次硬化，二是出现回火脆性。这些特点在制订回火工艺时应予以注意。

3. 回火工艺

根据对钢件回火后性能的不同要求，有如下回火工艺。

(1) 低温回火：将淬火钢件加热到 150～250 ℃保温冷却，所得组织为回火马氏体。其性能特征是内应力和脆性减小，保持高硬度(58～62 HRC)和耐磨性。低温回火多用于要求具有高硬度的刃具、量具及各种工具的处理。

弹簧淬火与回火

(2) 中温回火：将淬火钢件加热到 350～500 ℃保温冷却，所得组织为回火屈氏体。其硬度(35～45 HRC)低于回火马氏体，弹性极限和屈服强度较高，有一定韧性。中温回火多用于各种弹性元件的处理。

钢的力学性能与回火温度

(3) 高温回火：将淬火钢件加热到 500～650 ℃保温冷却，所得组织为回火索氏体。其硬度(25～35 HRC)更低，但具有良好的综合力学性能。钢件淬火及高温回火的复合热处理工艺称为调质。高温回火主要用于要求具有综合力学性能的零件，如轴、齿轮等。

表面淬火

4.3.5　表面淬火与局部淬火

1. 表面淬火

仅对零件某些表面进行淬火，零件其他部位保持原来组织与性能的淬火工艺称为表面淬火。表面淬火的目的是提高该表面的硬度，从而提高耐磨性。表面淬火时采用快速加热方法，使表层很快加热至奥氏体化温度，然后立即冷却。表面淬火后的表层为马氏体组织，马氏体比容大，使表层建立压应力而明显提高疲劳强度。表面淬火后应紧接着进行低温回火。按加热方式的不同，表面淬火工艺有以下几种。

(1) 火焰加热表面淬火。这种工艺常采用氧-乙炔火焰加热零件表面，在火焰移动方向的后部安装一个冷却水喷嘴，一边加热一边冷却，即可获得一定深度(一般为 2～6 mm)的淬硬组织。这种方法设备简单，灵活性大，投资小；但加热温度及加热层深度由人工控制，误差大，质量不易保证，故只适用于单件与小批生产及大零件的表面淬火。

(2) 感应加热表面淬火。其原理如图 4-21 所示，将工件置于感应线圈中，当感应线圈中通入一定频率的交流电时，工件表层便感应出同频率的感应电流。由于集肤效应的作用，工件截面上表层的电流密度大于里层的(见图 4-21)，而且集肤效应随电流频

率的升高而加强。感应电流在工件表层形成回路，并产生很高的电阻热，以此加热工件，使工件表层在短时间内加热至淬火温度，而心部温度较低，甚至仍处于室温，此时将工件迅速冷却，即实现表面淬火的目的。

按通入电流频率的高低，感应加热有三种规范：高频感应加热，频率为200～300 kHz，淬硬层深度为0.5～2 mm，适用于小直径轴类零件和小模数齿轮的淬火；中频感应加热，频率为2.5～8 kHz，淬硬层深度为2～10 mm，适用于较大直径的轴和齿轮的淬火；低频感应加热，频率为50 Hz，淬硬层深度为10～20 mm，适用于大直径轴类零件的淬火。

感应加热表面淬火工艺应根据零件淬硬层深度要求，控制电流频率、加热速度和加热时间三个参数。加热速度通常以控制比功率(零件单位表面积的电功率)来调整，比功率大则加热速度快、通电时间短。

感应加热表面淬火容易实现操作机械化与自动化，且质量稳定。由于加热速度快，温度高，马氏体非常细小，对于相同牌号的钢，硬度可比普通淬火高2～3 HRC，最适合用于中碳钢和中碳合金钢的轴颈及齿轮齿面的表面强化处理。缺点是设备投资大。轴和齿轮表面淬火前应进行预备热处理。一般要求的零件，先进行正火；要求较高的零件，应先进行调质。

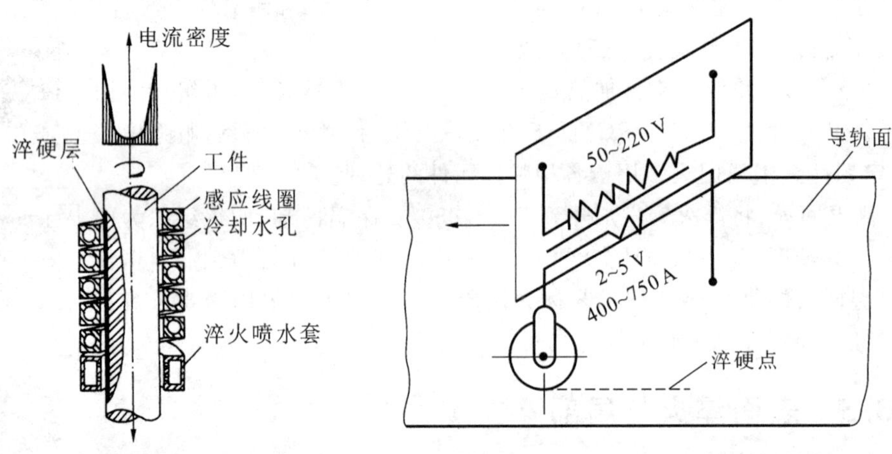

图 4-21　感应加热表面淬火原理

图 4-22　接触加热表面淬火示意图

(3) 接触加热表面淬火。其原理如图4-22所示，利用一个变压器获得低电压大电流，次级回路的一端固定于零件上，另一端装一个紫铜滚轮作电极与零件淬火表面接触，通电时滚轮与零件接触处产生电阻热将零件该处加热至淬火温度，滚轮转离后，因周围金属温度低，加热处迅速被冷却而达到淬火目的。淬硬层深度可达0.15～0.35 mm，此法可以获得均匀分布的硬点，零件变形很小，目前主要用于导轨面的强化。

(4) 激光加热表面淬火。这种淬火法是利用激光束扫描零件表面，使表面迅速被加热至淬火温度。激光束离开后，依靠零件自身的导热将加热处冷却而达到淬火目的。这种方法淬火变形很小，淬火层深度可达0.3～0.5 mm，所得马氏体极细，耐磨性很好，对某些不规则表面的淬火更能凸显出其优点。

2. 局部淬火

有些零件只要求局部具有高硬度，其余部位不要求或不允许硬度过高，这种情况可进行局部淬火。通常只对要求淬硬的部位加热，最简便的方法是用火焰加热，大量生产时可采用盐浴加热。迅速加热至淬火温度后立即冷却，以防其他部位温度升高发生组织变化。淬火后应进行低温回火。

4.3.6　表面化学热处理

表面化学热处理是用热处理的手段，使某些元素的原子渗入零件表面，以改变表层化学成分、组织和性能的强化方法。一般是为了提高表面的硬度、耐磨性、耐蚀性和疲劳强度，心部则保持良好的综合力学性能。表面化学热处理的原理是，将零件置于某种介质中，加热至一定温度，使介质分解产生某种元素的活性原子，活性原子被零件表面吸收并向里扩散至一定深度，渗入的原子可溶入基体中形成固溶体，也可以与某种元素形成化合物，从而改变表层的成分、组织和性能。可渗入的元素种类很多，机械制造中最常用的是渗碳和渗氮。

1. 渗碳

渗碳可使钢件表层的含碳量提高并具有一定的碳浓度梯度，使其再经淬火后表层具有很高的硬度，而心部具有较高的塑性、韧性。因此渗碳用钢应是低碳钢或低碳合金钢，以保证心部的性能要求。此外，低碳钢使渗碳时表里具有较大的碳浓度差，提高了渗碳效果。渗碳温度为 900～950 ℃，并保温较长时间，以利于活性碳原子的产生、吸收和扩散，因此渗碳钢应是本质细晶粒钢，以避免高温加热时晶粒长大。渗碳时零件的表里都发生重结晶，故渗碳前无需进行调质。

1）渗碳工艺

渗碳

渗碳工艺分气体渗碳、固体渗碳和气体碳氮共渗三种。渗碳设备示意图如图 4-23 所示。

（1）气体渗碳时将工件置于炉内加热至 900～950 ℃，并向炉内通入煤油、甲醇、甲苯等有机化合物，这些化合物在高温时分解出 CO、CO_2、H_2 等，再经过下列反应产生活性碳原子。

$$CH_4 \rightarrow 2H_2 + [C]$$

$$2CO \rightarrow CO_2 + [C]$$

$$CO + H_2 \rightarrow H_2O + [C]$$

活性碳原子被高温钢的表面吸收并向内部扩散而形成一定深度的渗碳层。

（2）固体渗碳则将零件装于渗碳箱中，周围填满由木炭与碳酸盐（$BaCO_3$ 或 Na_2CO_3）组成的渗碳剂。密封后置于炉中加热至渗碳温度并发生下列反应：

$$C + O_2 \rightarrow CO_2$$

$$BaCO_3 \rightarrow BaO + CO_2$$

$$CO_2 + C \rightarrow 2CO$$

$$2CO \rightarrow CO_2 + [C]$$

活性碳原子被钢的表面吸收后形成渗碳层。

（3）气体碳氮共渗与气体渗碳相似，在滴入渗碳剂的同时，通入一定比例的氨气，在炉中发生下列反应：

$$CH_4 + NH_3 \rightarrow HCN + 3H_2$$

$$CO + NH_3 \rightarrow HCN + H_2O$$

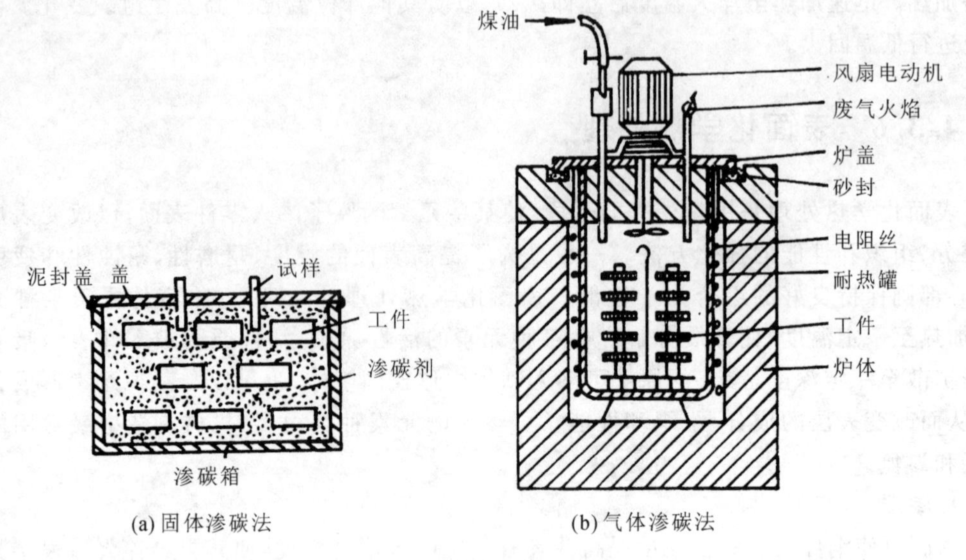

(a) 固体渗碳法 (b) 气体渗碳法

图 4-23 渗碳设备示意图

$$2HCN \rightarrow H_2 + 2[C] + 2[N]$$

由于活性氮的渗入，渗碳速度提高，共渗温度可降低至 820～860 ℃，最终热处理后表层的组织与气体渗碳、固体渗碳获得的相同。

比较三种渗碳工艺，气体渗碳生产率较高，渗碳过程容易控制，可获得较厚的渗碳层，渗碳层质量好，渗碳后可直接淬火。固体渗碳无需专用设备，投资少，但劳动强度大，生产率低，质量难控制，适用于小批或单件生产。气体碳氮共渗温度低，晶粒长大不明显，变形小，可直接淬火，共渗时间短，生产率高，淬火后为含氮马氏体，硬度和疲劳强度较高，耐蚀性较好，但渗层较薄(一般为 0.2～0.5 mm)，主要用于形状复杂、要求变形小的小零件的处理。

低碳钢渗碳并缓慢冷却后，其显微组织如图 4-24 所示。表层含碳量可达 $\omega_C = 0.85\% \sim 1.05\%$，组织为珠光体及网状渗碳体(过共析组织)；心部则保持原来的含碳量，通常 $\omega_C < 0.25\%$，组织为铁素体及少量珠光体。在表层与心部之间存在一个过渡区，由外向内含碳量逐渐减少。组织的变化是由外向内珠光体逐渐减少，铁素体逐渐增多。一般规定，从表层至过渡层的中间处的厚度为渗碳层深度。

渗碳处理的主要控制参数是渗碳层深度与渗碳层的碳浓度。

渗碳层深度的大小与渗碳温度及保温时间有关。温度愈高，同样保温时间下其渗碳层愈厚。但温度过高会引起奥氏体晶粒长大，零件变形增大，表层残余奥氏体含量增加；温度太低则渗碳速度太慢。故一般渗碳温度定为 900～950 ℃。渗碳温度基本固定，因此渗碳层深度实际上取决于保温时间。由于表层碳浓度随渗碳过程的进行而提高，故渗碳速度也随渗碳层增大而变慢。渗碳层小于 0.6 mm 时，渗碳的平均速度约为 0.2 mm/h；渗碳层为 0.6～1.0 mm 时，平均速度约为 0.15 mm/h；渗碳层大于 1.0 mm 时，平均速度约为 0.1 mm/h。实际生产中，渗碳速度因设备不同和操作方法不同有一定差别。具体零件的渗碳层深度以多少为宜，取决于零件的大小及其服役条件。渗碳层太薄容易疲劳剥落，渗碳层太厚则表层脆性大，一般定为 0.5～2.5 mm 较合适。以汽车、拖拉机齿轮为例，齿轮模数与渗碳层深度的关系列于表 4-1。

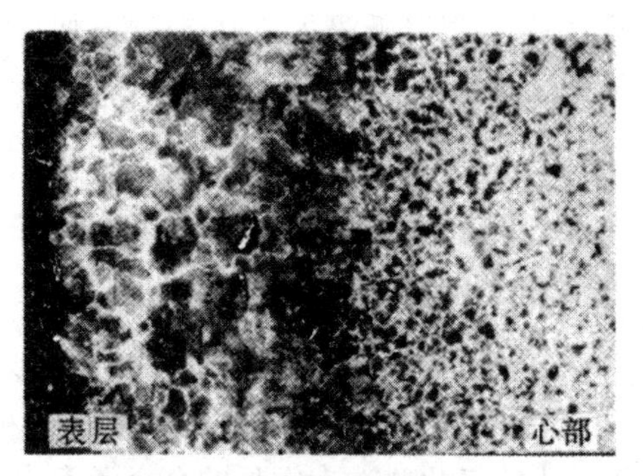

图 4-24　低碳钢渗碳后的显微组织

表 4-1　汽车、拖拉机齿轮模数与渗碳层深度的关系

齿轮模数/mm	2.5	3.5～4	4～5	5
渗碳层深度/mm	0.6～0.9	0.9～1.2	12～1.5	1.4～1.8

渗碳层碳的浓度，主要取决于渗碳温度与渗碳介质中活性碳的浓度。当渗碳介质中活性碳浓度适当，渗碳温度略高于正常范围时，渗碳层表面含碳量可达 1.2%～1.3%。在实际应用中，这样的含碳量太高，最佳的含碳量 ω_C=0.85%～1.05%。在 900～950 ℃渗碳，表层含碳量最适当。

2）渗碳后热处理

钢渗碳后若缓慢冷却至室温，由表及里都呈现平衡状态组织，各项性能指标都较低，必须再经淬火及低温回火才能充分提高材料的性能，体现渗碳处理的效果。

钢渗碳后的淬火方法有三种。

（1）直接淬火法。零件从渗碳炉中取出，直接淬入水中或油中。也可从渗碳温度预冷至略高于心部 Ar_3 的某一温度(830～850 ℃)，再淬入水中或油中。直接淬火操作简单，节省能源，生产效率高。但直接淬火因奥氏体晶粒粗大，淬火后马氏体也粗大，残余奥氏体较多，淬火变形较大；因此只适用于本质细晶粒度钢和耐磨性要求较低的零件。固体渗碳法不能直接淬火。

（2）一次淬火法。渗碳后零件缓慢冷却至室温，再重新加热淬火。加热温度有两种选择。一是加热至心部温度达 Ac_3 以上 30～50 ℃，实际晶粒度细小，淬火后心部获得低碳马氏体，力学性能好。表层因淬火温度偏高，碳化物大部分或全部溶入奥氏体，淬火后马氏体粗大，残余奥氏体含量较高。这种工艺适用于处理心部要求较高、表层要求较低的零件。另一种加热温度选择 Ac_1 以上 30～50 ℃，淬火后表层的性能较好，而心部的性能无显著改善。

（3）二次淬火法。渗碳后零件缓慢冷却至室温，再分别两次加热淬火。第一次加热温度为 Ac_3 以上 30～50 ℃，淬火后心部获得淬火组织，表层能消除网状渗碳体。第二次加热温度为 Ac_1 以上 30～50 ℃，淬火后表层为细小的高碳马氏体、粒状渗碳体及少量残余奥氏体。两次淬火后，表层与心部都获得最佳的组织和性能。但此工艺操作复杂，生产效率低，只适用于处理表层要求高耐磨性，心部要求高强度、高韧性的零件。

不论哪一种淬火方法，都要求钢的淬透性好，才能改善心部的组织和性能。因此，心部性能要求高的零件，应选用 20Cr 或 20CrMnTi 之类的合金渗碳钢，否则只能提高表层的硬度、耐磨性，心部则基本保持原有的状态。

渗碳淬火后都应进行低温回火，以降低淬火应力与脆性，加热温度为 150～200 ℃，回火后钢件表面硬度为 58～64 HRC，并具有较高的疲劳强度。

2. 渗氮

向钢件的表面渗入氮原子的工艺称为渗氮，又称氮化。

1）氮化强化原理

氮化强化与渗碳强化略有不同。渗碳强化时固溶强化与第二相强化并存，并偏重于固溶强化。氮化则以第二相强化为主。氮与铁能形成化合物，如 Fe_4N、Fe_2N，但这些化合物不稳定，不能作为强化的主要第二相。氮化强化的第二相是氮与其他元素形成的氮化物。在常见的合金元素中主要是 Al、Cr、Mo、W、V、Ti 等，形成硬度高且稳定的 AlN、CrN、MoN 等化合物。这些化合物成为使表层具有高硬度、高耐磨性的强化相。这些强化相的存在，使表层建立了很大的预压应力，从而显著提高疲劳强度。弥散分布的氮化物在 600 ℃时不会聚集粗化而导致硬度降低，故氮化后钢具有很高的热硬性。此外，氮化物使表层形成一层致密组织，使钢件具有良好的耐蚀性。由此可见，氮化是一种具有综合强化效果的工艺，获得广泛应用。

2）氮化处理常用的工艺

（1）气体氮化。氮化零件置于专用的炉内，通入氨气，加热后氨气发生如下反应产生活性氮原子。

$$2NH_3 \rightarrow 3H_2 + 2[N]$$

这种反应在 200 ℃以上即可进行。为提高效率，氮化处理温度为 500～570 ℃，活性氮原子被钢件的表面吸收，并与合金元素形成各种氮化物，保温 20～50 h，可获得 0.3～0.5 mm 厚的氮化层，显微镜下氮化层呈亮白色，如图 4-25 所示。

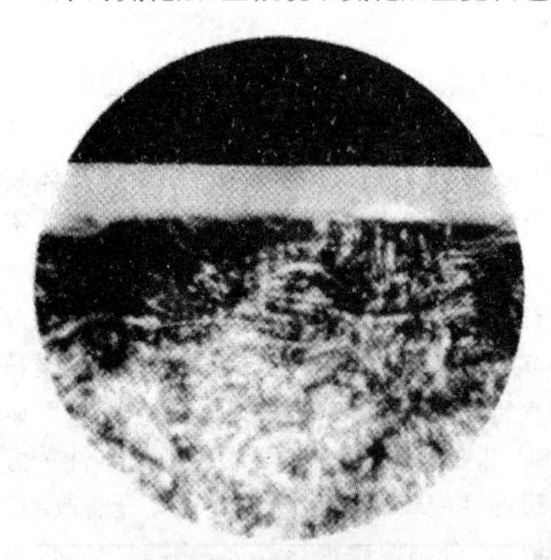

图 4-25　氮化层的显微组织

（2）离子氮化。将零件置于具有一定真空度的容器内，通入氨或氮、氢混合气体，保持一定压力，以容器为阳极，零件为阴极，加以 400～700 V 的直流电压，使氮电离成正离子，并以很高的速度冲向阴极（零件），渗入零件表面并向内扩散形成一定厚度的氮化层。离子氮化生产率高，氮化层质量好。但氮离子冲击零件时有一定方向性，因而零件在炉内不同位置的表面的渗氮层深度略有差别。

（3）气体软氮化。气体软氮化又称低温碳氮共渗。常用的共渗介质是尿素，加热温度为 500～570 ℃，尿素在此温度发生如下反应，产生活性碳、氮原子并渗入零件表层。

$$(NH_2)_2CO \rightarrow CO + 2H_2 + 2[N]$$

$$2CO \rightarrow CO_2 + [C]$$

与气体氮化相比，气体软氮化渗氮层的硬度较低，脆性较小，又以渗氮为主，软氮化由此而得名。软氮化又渗氮又渗碳，故对材料成分的要求较不严格，碳钢、合金结构钢、合金工具钢及铸铁、粉末冶金材料均可进行。

3）氮化处理特点

氮化强化原理为氮化物第二相强化，故氮化钢有专用钢种。最常用的是 38CrMoAl，其次为 35CrAl、38CrWVAl 等。

氮化处理温度低、变形小、氮化层厚度小，故氮化处理后不允许也不需要再进行大量切削加工，最多是精磨或研磨。

氮化处理温度低于调质时的回火温度，为提高零件心部性能，氮化前应先将零件进行调质。

表面淬火、渗碳和氮化是最常用的表面强化方法，又多为局部强化。凡是局部强化者，都应在图纸中注明处理部位、尺寸范围及强化层的具体要求，如强化层的深度、金相组织及表面硬度等。

4.3.7 热喷涂

热喷涂，是指依靠热源将涂层材料加热至熔化或半熔化状态，用高速气流将其雾化成极细的颗粒，并高速喷射到经过预处理的工件表面，形成牢固涂层的表面加工方法。根据需要选用不同的涂层材料，可以获得耐磨损、耐腐蚀、抗氧化、耐热等一种或数种性能。目前，热喷涂已广泛用于包括航空航天、原子能、电子等尖端技术在内的几乎所有领域。图 4-26 所示为热喷涂基本原理示意图。

经过热喷涂处理后产生的与基体紧密结合的涂层称为喷涂层。如果将喷涂层再加热重熔，则涂层材料和基体之间将产生冶金结合，形成的这种具有冶金特征的涂层称为喷熔层或重熔层。

涂层质量通常通过测量其孔隙率、氧化物含量、宏观与显微硬度、黏合强度和表面粗糙度来评估。通常，涂层质量随着颗粒速度的增加而增加。

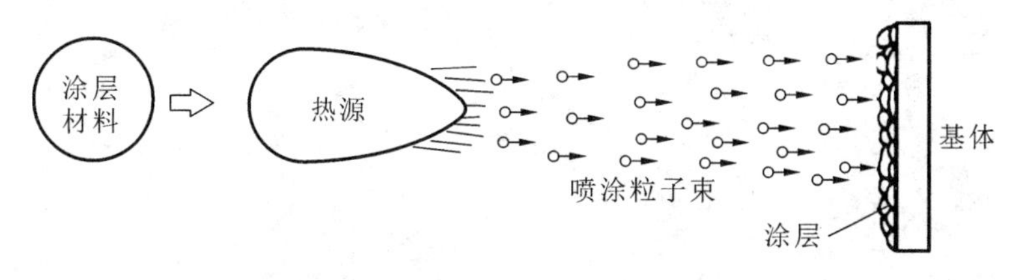

图 4-26　热喷涂基本原理示意图

1. 热喷涂过程及涂层结构

图 4-27 所示为基于气体燃烧热源的线材、丝材、棒材火焰热喷涂过程示意图，由图可知，在热喷涂过程中，喷涂材料被加热达到熔化或半熔化状态，而后熔滴被雾化并被气流或热源射流推动，向前喷射飞行，最后以一定的动能冲击基体（工件）表面，产生强烈碰撞，展平成扁平状涂层并瞬间凝固。最先冲击到工件表面的喷涂颗粒变形为扁平状，与工件表面凹凸不平处产生机械咬合。后来的颗粒打在先到的颗粒表面也变为扁平状，与先到的颗粒机械结合，逐渐堆积成涂层。因此，涂层的显微结构是大致平行的迭层状组织，疏松多孔（孔隙率一般在 2%～20%之间，最高达 25%）。而且喷涂材料在喷涂过程中与空气接触，涂层中还有氧化物和夹杂。此外，涂层中还存在残余应力，外层为拉应力，内层和基体表面的是压应力。当涂层较厚或使用收缩率较高的材料时，涂层还可能出现裂纹。涂层中孔隙和夹杂

的存在将使涂层的质量降低，可通过提高喷涂温度、喷速，采用保护气氛喷涂及喷后重熔处理等方法减少或消除这些缺陷。

喷涂层与基体之间以及喷涂层中颗粒之间主要是通过镶嵌、咬合、填塞等机械形式连接的，其次是微区冶金结合及化学键结合。

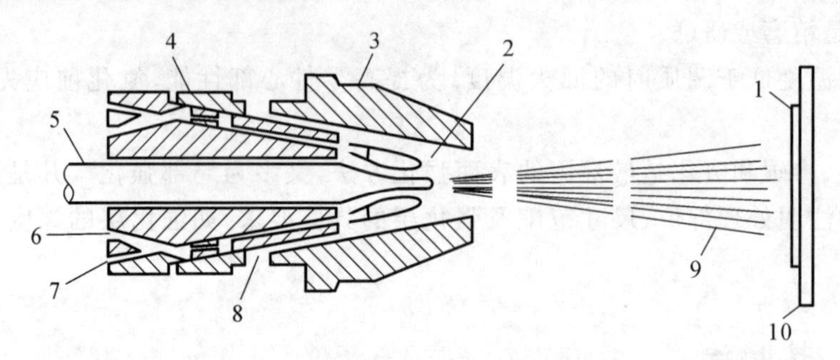

图 4-27 基于气体燃烧热源的线材、丝材、棒材火焰热喷涂过程示意图

1—涂层；2—燃烧火焰；3—空气帽；4—气体喷嘴；5—线材、丝材或棒材；
6—氧气；7—乙炔；8—压缩空气；9—喷涂射流；10—基体

总体来说，涂层结构特点如下。

(1) 涂层具有方向性。涂层的层状显微结构如图 4-28 所示，一层一层喷涂材料的堆积使涂层性能具有方向性，即表现为垂直和平行于涂层方向上的性能是不一致的。

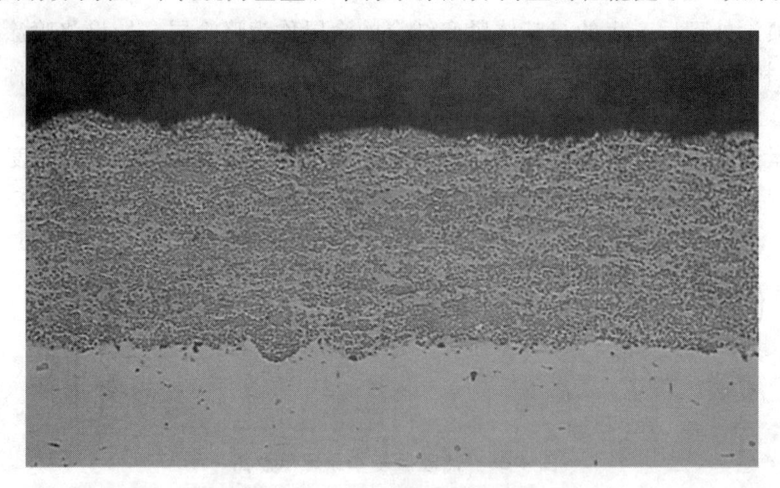

图 4-28 涂层的层状显微结构

(2) 涂层中存在应力。每个微粒在撞击到工件表面时都发生了突然的冷却凝结和收缩，从而产生一定的应力。其结果是：涂层的外层受拉应力，基体(有时也包括涂层的内层)受压应力。

(3) 涂层有着不均匀的化学成分。这主要表现为喷涂材料在空气中被氧化，使涂层包含喷涂材料的氧化物。

(4) 涂层具有多孔性。由喷涂材料的颗粒堆积而成的涂层，不可避免地会存在着孔隙，其孔隙率因喷涂方法的不同，一般在 2%～20%之间。孔隙的存在会降低涂层的强度和防腐蚀性能。但在特定条件下，涂层的多孔性也是一种优良特性，如作为润滑涂层，孔隙有贮存润滑油的作用；作为耐热涂层，多孔性使得涂层的导热性较低。

2. 热喷涂工艺

热喷涂工艺的过程一般为：表面预处理—预热—喷涂—喷后处理。

(1) 表面预处理。主要是在去油、除锈后，对表面进行喷砂粗化，也可直接粗车以清洁和粗化表面。

(2) 预热。主要用于火焰喷涂，在喷涂前将工件预热，电弧喷涂和等离子喷涂时工件可不预热。

(3) 喷涂。

(4) 喷后处理。主要包括：①冷却。喷涂后的工件因温度不高，一般可在空气中冷却。对于特别细长、容易变形的杆类工件或薄壁工件，需要考虑冷却变形问题，通常采用缓冷办法。②封孔处理。喷涂层是有孔结构，这在许多应用中是有利的，涂层的孔隙有助于贮存润滑油，可改善工件配合面间的润滑。然而，在某些情况下需要将孔隙密封，以防止腐蚀性介质渗入涂层对基体造成腐蚀。因此，对在易腐蚀的条件下工作的涂层和防腐蚀涂层都要进行封孔处理以保护基体。此外，封孔处理还可明显提高喷涂层的抗磨损能力。常用的封孔材料有石蜡、液态酚醛树脂和环氧树脂等。③重熔处理。为了提高喷涂层与基体材料的结合强度，降低涂层孔隙率，可对热喷涂层进行重熔。用热源将喷涂层加热到熔化，使喷涂层的熔融合金与基材金属扩散、互溶，形成类似焊接的冶金结合，这种工艺叫喷焊，所得到的涂层称为喷焊层。

3. 热喷涂工艺的特点

热喷涂工艺在近代科学技术中得到了广泛的应用，这与该工艺的特点分不开。就总体而言，热喷涂工艺具有以下特点：

(1) 涂层和基体材料广泛。涂层材料目前已广泛应用的有：多种金属及其合金、陶瓷、塑料及其复合材料。作为基体的材料除金属和合金外，也可以是非金属的陶瓷、水泥、塑料，甚至石膏、木材等。涂层材料与基体的配合，可以得到其他加工方法难以获得的综合性能。

(2) 热喷涂工艺灵活。热喷涂的施工对象可以是小到几十毫米的内孔，又可以是大到像铁塔、桥梁等大型构件。喷涂既可以在整体表面上进行，也可以在指定的局部部位上进行，它既可以在真空或控制气氛下喷涂活性材料，也可以按需要在野外进行现场作业。

(3) 喷涂层、喷焊层的厚度可以在较大范围内变化。其一般可以在 0.5～5 mm 内变化。

(4) 热喷涂的生产效率较高。其生产率一般可达每小时数千克(喷涂材料)，甚至有些工艺每小时可达 50 kg 以上。

(5) 热喷涂时基体受热程度低。热喷涂一般不会影响基体材料的组织和性能，基体变形小。

(6) 基体对涂层的稀释率较低。热喷涂时，基体对涂层的稀释率低将有利于喷涂合金材料的充分利用。

(7) 可赋予普通材料以特殊的表面性能。可使材料满足耐磨、耐腐蚀、抗高温氧化、隔热等性能要求，节约贵重材料，提高产品质量，满足多种工程和尖端技术的需求。

4. 热喷涂方法分类

热喷涂方法根据热源类型来区分，大致分为五种：气体燃烧热源、气体放电热源、电热热源、爆炸热源和激光热源。依据工艺方法和喷涂材料等区分，还可以进一步细分，如图 4-29 所示。

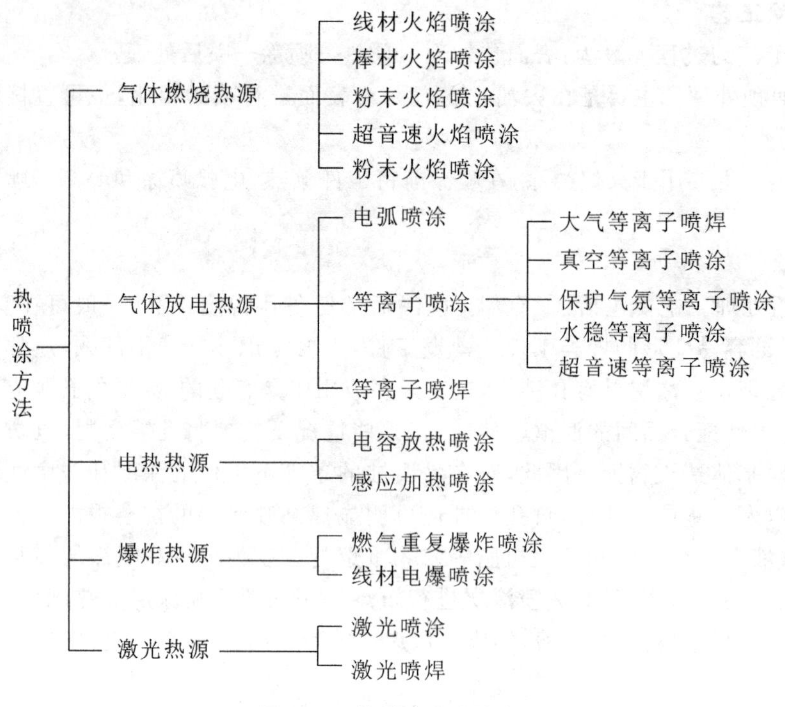

图 4-29　热喷涂方法分类

下面介绍几种常见的热喷涂方法：

(1) 火焰喷涂。利用各种可燃性气体燃烧放出的热进行的热喷涂称为火焰喷涂。目前应用最广泛的气体是氧气、乙炔。其基本原理是通过乙炔、氧气喷嘴出口处产生的火焰，将线材(棒材)或粉末材料加热熔化，借助压缩空气使其雾化成微细颗粒，喷向经过预先处理的粗糙工件表面使之形成涂层。氧-乙炔火焰的温度可达 3100 ℃，一般情况下高温不剧烈氧化，在 2760 ℃以下不升华，且能在 2500 ℃以下熔化的材料都可用火焰喷涂形成涂层。

(2) 电弧喷涂。电弧喷涂的基本原理是将两根被喷涂的金属丝作自耗性电极，连续送进的两根金属丝分别与直流电源的正负极相连接，在金属丝端部短接的瞬间，高电流密度使两根金属丝间产生电弧，将两根金属丝端部同时熔化，在电源作用下维持电弧稳定燃烧；在电弧发射点的背后由喷嘴喷射出的高速压缩空气使熔化的金属脱离金属丝并雾化成微粒，并在高速气流作用下喷射到基体表面而形成涂层。该方法的优点是能够得到比普通火焰喷涂涂层的结合力更强的涂层，空隙率低，对基体材料的热影响小，节省喷涂材料，能够在塑料、木材、纸等基材上喷涂。其特点是容易实现喷涂自动化、喷涂能力(单位时间内喷涂的金属量)强、喷涂成本低、经济性好。

(3) 等离子喷涂。等离子喷涂法是利用等离子焰的热能将引入的喷涂粉末加热到熔融或半熔融状态，并在高速等离子焰的作用下高速撞击工件表面，然后沉积在经过粗糙处理的工件表面，形成很薄的涂层。涂层与基体的结合主要是机械结合。等离子焰温度超过 10000 ℃，可喷涂几乎所有固态工程材料；等离子焰流速达 1000 m/s，喷出的粉粒速度可达 180～600 m/s，得到的涂层致密性和结合强度均比火焰喷涂及电弧喷涂高；等离子喷涂工件不带电，受热少，表面温度不超过 250℃，母材组织性能无变化，涂层厚度可严格控制在几微米到

1 mm 左右。等离子焰流的能量密度和流速(300～400 m/s)远高于燃烧气体火焰,因此采用该方法喷涂的涂层的气孔率低、密度高且与基体材料的结合强度高。

(4) 爆炸喷涂。爆炸喷涂是把经严格定量的氧气和乙炔送入水冷式喷枪(喷枪内径为 25.4 mm,枪门对准工件),然后从另一入口以氮气为载气将喷涂粉末(如 44 μm 的碳化钨粉末)送入,当粉末在燃烧室浮游时,火花塞点火,使氧-乙炔混合气体发生爆炸,产生的热和压力波将粉末加热并以极高的速度喷射到工件表面上。一次可形成大约 6 μm 厚的涂层。爆炸喷涂与火焰喷涂、等离子喷涂相比,其主要特点是微粒喷射速度极高,而随着喷射速度增高,涂层气孔率下降,结合力增强,故爆炸喷涂的涂层虽是机械性的结合,但其结合力比其他喷涂都高。其次,爆炸喷涂时工件的温度处在 200 ℃以下,因此几乎不发生热变形和内部组织结构的变化。爆炸喷涂的不足之处是噪声很大(140 dB),因此,爆炸喷涂要在隔音室内工作,通过观察口监视操作。

5. 热喷涂材料

热喷涂材料在形态上分类有线材、丝材、棒材和粉末材料,此外还有在长柔性管中装有粉末的带材。线材和棒材主要用于气体火焰喷涂、电弧喷涂等;粉末材料主要用于等离子喷涂、爆炸喷涂和气体火焰喷涂。热喷涂材料在材质上可分为金属及其合金、陶瓷、金属化合物、某些有机塑料、玻璃、复合材料等,如表 4-2 所示。

表 4-2　热喷涂材料的种类

目的	喷涂材料	
耐腐蚀	金属材料	锌、铝、锌铝合金、不锈钢、镍及其合金(镍铬合金等)、自熔性合金、铜及其合金,其他(钛、锆、锡、铅及其合金、镉等)
	非金属材料	陶瓷、塑料
耐热	金属材料	耐热钢(含不锈钢系列)、耐热合金(含镍铬合金)、自熔性合金、MCrAl(x)系合金、其他
	非金属材料	陶瓷、金属陶瓷
耐磨损	金属材料	碳钢、低合金钢、不锈钢(主要是马氏体系列)、镍铬合金、自熔性合金(含碳化物硬质合金)、硬金属(钼等)、其他(镍铝等合金)
	非金属材料	陶瓷

4.3.8　电镀

电镀也称槽镀,是一种用电化学方法在镀件表面上沉积一层均匀致密、结合力强的金属覆层工艺。电镀时将金属工件浸入金属盐溶液中并将其作为阴极,通以直流电,在直流电场的作用下,金属盐溶液中的阳离子在工件表面上沉积,形成牢固的镀层。镀层的沉积是一个结晶的过程,电镀中金属离子被吸引到阴极,还原成原子,生成细微的核点(晶核),然后长大成为镀层。图 4-30 所示为电镀原理示意图。

电镀的目的是改善材料的外观,提高材料的各种物理、化学性能,赋予材料表面特殊的性质,如耐蚀性、耐磨性、装饰性、焊接性及电、磁、光等特性。为达到上述目的,镀层仅需几微米到几十微米厚。电镀工艺设备较简单,操作条件易于控制,镀层材料广泛,成本较低,因

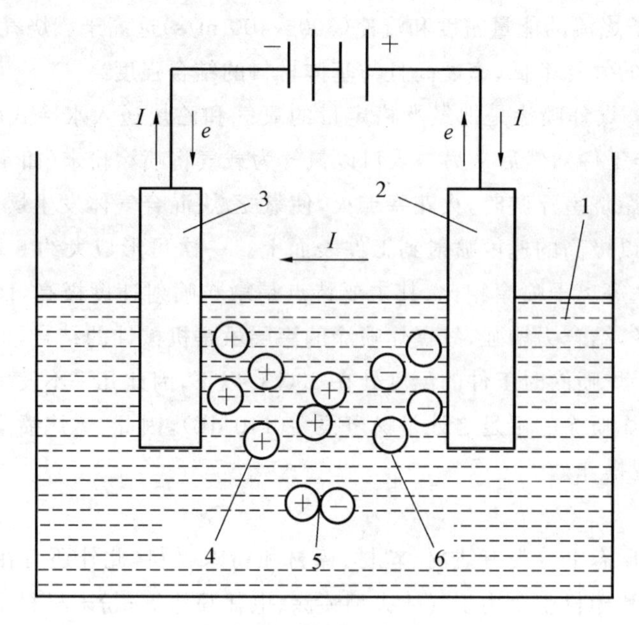

图 4-30　电镀原理示意图

1—电解液；2—阳极；3—阴极；4—阳离子；5—未电离的分子；6—阴离子

而在工业中广泛应用，是材料表面处理的重要方法。

1. 电镀镀层的用途

电镀是常用的金属表面处理技术，电镀镀层通常具有以下用途。

(1) 修复性镀层：主要是修复磨损零件的尺寸，也用于改善零件表面的性质，如表面的镀铬、镀铜、镀铁等。

(2) 装饰性镀层：使基体金属既能防止腐蚀又可进行美观装饰，如表面的镀铬、镀金、镀银、镀镍、镀锌钛合金，以及镀层组合等。

(3) 防护性镀层：主要是防止金属在大气及其他环境下的腐蚀，如钢铁材料的镀铬、镀锌、镀锌镍耐蚀合金等。

(4) 特殊用途镀层：如耐磨镀层(硬铬镀层)、具有光学特性的镀层(镀黑铬层)、具有电气特性的镀层(镀银、铜、锡)、增强润滑效果的镀层(镀多孔铬层)等。

2. 电镀金属

镀铬。电镀金属中以镀铬最为常用。镀铬层在大气中很稳定，不易变色和失去光泽，硬度高，耐磨性好，耐热性较好，因此镀铬在生产和生活中被广泛应用。如各种制品的装饰表面(光亮铬)、减磨工件表面(多孔性铬)、量具和仪表表面(乳白铬)、吸收光能及热能表面(黑铬)，以及被用来修复工件尺寸和提高工件表面性质(硬铬)等。镀铬层与基体金属的结合强度较高，但有脆性大的缺点，当局部受压或被冲击时，镀层易产生裂纹。镀层的厚度一般为 0.2～0.3 mm。

镀铜。镀铜层可用作镀金、镀银、镀镍的底层，也用电镀层代替某些铜零件。

镀镍。镀镍层的化学稳定性很高，在常温下防止水、大气、碱的腐蚀。镀镍的主要目的是防腐和装饰。镀镍层根据用途分为：暗镍、光亮镍、高应力镍、黑镍等。镀镍层的硬度因工艺不同，在 150～500 HV 内。暗镍的硬度较低，为 200 HV 左右；而光亮镍可用于磨损、腐蚀零件的修复。

塑料基体上的电镀。塑料是非导体，只有通过一定的处理才能使其表面导电，从而进一步通过电沉积形成金属镀层，因此塑料基体电镀的关键因素是表面金属化。塑料表面金属化过程通常包括：表面清理(去油污等)、溶剂处理(使表面能在下一步的调整处理液中呈现亲水性，并使塑料轻微膨胀)、调整处理和粗化处理(使表面产生能和金属层进行某种程度交联的粗糙度和部分亲水基团)、催化表面准备(通过敏化一浸还原剂金属盐一活化产生金属的均匀沉积层)。塑料基体表面金属化后，就可以用常规电镀的方法进行电镀。

3. 电镀工艺

电镀工艺的过程主要包括：工件机械处理一化学处理一化学精处理一预镀一电镀一镀后处理。工艺的主体和重点是电镀过程，在工艺方法上对不同金属基体有不同的工艺特点。

电镀的工艺条件(镀液组成、电流密度、温度和电镀时间等)易于控制，利于对微观过程施加影响和进行必要的调控，直接获得功能镀层。镀层种类多，适用范围宽，大小零件、异型工件都可实施工程电镀，多为常温常压水溶液施镀，且设备条件要求低、投资少，但对环境保护要求高，工艺过程较复杂，生产周期长，需要熟练掌握专门技术。

4. 复合电镀

在电解质溶液中加入一种或数种不溶性固体颗粒，在金属离子被还原的同时，将不溶性固体颗粒均匀地夹杂到金属镀层中的过程为复合电镀。复合镀层是一类以基质金属(被沉积金属)为均匀连续相，以不溶性固体颗粒为分散相的金属基复合材料。复合电镀除具有一般电镀的优点外，还可获得普通电镀得不到的镀层及性能。

4.3.9　涂装

用有机涂料通过一定方法涂覆工件表面，形成涂膜的全部工艺过程，称为涂装。涂装用的有机涂料是涂于工件表面而能形成具有保护、装饰或特殊性能(如绝缘防腐、标志等)固体涂膜的一类液体或固体材料之总称。它早期大多以植物油为主要原料，故有“油漆”之称，后来合成树脂逐步取代了植物油，因而统称为“涂料”。现在除了对于呈黏稠液态的具体涂料品种仍可按习惯称为“漆”外，对于其他一些涂料，如水性涂料、粉末涂料等新型涂料就不能这样称呼了。

1. 涂料的性能评价

涂料的性能评价包括：涂料的作业性，涂膜的形成性、附着性、防蚀性、耐久性、可修补性、经济性、环境保护性等。其中的“耐久性”所包括的内容也很多，诸如耐水性、耐热性、耐湿性、耐酸叶、耐碱性、耐油性、电绝缘性、非褪色性、防霉性等，因此可根据工程需要选择性能合适的涂料和涂装技术。

2. 涂料的主要组成及分类

涂料主要由成膜物质、颜料、溶剂和助剂四部分组成。

成膜物质一般是天然油脂、天然树脂或合成树脂。它们是在涂料组成中能形成涂膜的主要物质，是决定涂料性能的主要因素。它们在储存期间相当稳定，而涂覆于工件表面后在规定条件下固化成膜。

颜料能使涂料呈现颜色，形成遮盖力，还可增强涂膜的耐老化性和耐磨性，增强涂膜的防蚀、防污等能力。颜料呈粉末状，不溶于水或油，而能均匀地分散于介质中。大部分颜料是某些金属氧化物、硫化物和盐类等无机物，有的颜料是有机染料。颜料按其作用可分为着色颜料、体质颜料、发光颜料、荧光颜料和示温颜料等。

溶剂使涂料保持溶解状态，调整涂料的黏度以符合施工要求，同时也可使涂膜具有均衡的挥发速度，以使得涂膜平整有光泽，还可消除涂膜的针孔、刷痕等缺陷。溶剂要根据成膜物质的特性、黏度和干燥时间来选择，一般常用混合溶剂或稀释剂。按其组成和来源，常用的有植物性溶剂、石油溶剂、煤焦溶剂，以及酯类、酮类、醇类等溶剂。

助剂在涂料中用量虽小，但对涂料的储存性、施工性，以及对所形成涂膜的物理性质有明显的作用。常用的助剂有催干剂、固化剂、增韧剂。除上述三种助剂外，还有表面活性剂(改善颜料在涂料中的分散性)、防结皮剂(防止油漆结皮)、防沉淀剂(防止颜料沉淀)、防老剂(提高涂膜理化性能和延长使用寿命)，以及紫外线吸收剂、润湿助剂、防霉剂、增滑剂、消泡剂等。

随着金属制品工业的发展，市场对涂料、涂膜提出了种种新的要求，例如：要求涂料产品施工简单、无刺激性气味、无毒、不易燃烧、干燥快、能带锈涂装、能耐强腐蚀和耐磨，适合于各种条件下的施工。因此，各种新品种的涂料不断得到开发、利用。尽管目前涂料用的合成树脂开发得相当充分，但各种树脂的复合应用、巧妙改性，以及新的涂装工艺、设备的研究仍在广泛深入地进行。

3. 涂装工艺方法

使涂料在被涂的表面形成涂膜的全部工艺过程称为涂装工艺。具体的涂装工艺要根据工件的材质、形状、使用要求、涂装用工具、涂装时的环境、生产成本等加以合理选用。涂装工艺的一般工序是：涂前表面预处理—涂布—干燥固化。

(1) 涂前表面预处理。为了获得优质涂层，涂前表面预处理是十分重要的。对于不同的工件材料和使用要求，存在各种具体规范：①清除工件表面的各种污垢；②对清洗过的金属工件进行各种化学处理，以提高涂层的附着力和耐蚀性；③若前道切削加工未能消除工件表面的加工缺陷和得到合适的表面粗糙度，则在涂前要用机械方法进行处理。

(2) 涂布。目前涂布的方法很多，包括：手工涂布法，浸涂、淋涂，空气喷涂法，静电涂布法等十几种。

(3) 干燥固化。涂料主要靠溶剂蒸发，以及熔融、缩合、聚合等物理或化学作用而成膜。涂料和涂膜都必须进行严格的质量检验。

4.3.10 表面形变强化

钢的表面形变强化主要用于提高钢的表面性能，成为提高工件疲劳强度、延长使用寿命的重要工艺措施。目前常用的有喷丸、滚压和内孔挤压等表面形变强化工艺。

1. 喷丸

喷丸是利用高速弹丸流强烈喷射工件表面，从而在表面产生塑性变形和加工硬化的工艺。弹丸流使工件表面层产生强烈的冷塑性变形，形成极高密度的位错，使亚晶粒极大地细化，使得表面组织结构细密，此外还能形成较高的宏观残余压应力，从而提高工件的抗疲劳性能和耐应力腐蚀性能。

2. 滚压

滚压强化适用于外圆柱面、锥面、平面、齿面、螺纹、圆角、沟槽及其他特殊形状的表面，滚压加工属于少(无)切削加工，能较容易地压平工件表面的粗糙凸峰，使表面粗糙度 *Ra* 达到 0.1～0.4 μm，同时不切断金属纤维，增加滚压层的位错密度，形成有利的残余压应力，提高工件的耐磨性和疲劳强度。

4.4　影响热处理效果的因素

1. 淬硬性及其影响因素

淬硬性指淬火后表面能够达到的最高硬度。对于碳钢和合金钢，淬硬性主要影响因素是钢的含碳量。因为含碳量高低直接决定着马氏体的硬度大小。合金元素对淬硬性的影响不明显，虽然合金元素能溶于铁中起固溶强化作用，也能形成特殊化合物起第二相强化作用，但这些作用对强度的影响较大，对淬硬性影响较小。

2. 淬透性及其影响因素

在规定条件下，决定钢材淬硬深度和硬度分布的特性称为钢的淬透性。也是钢淬火后获得马氏体的能力。淬火时零件从表层至中心各处的冷却速度不同，所得的组织也不同，如图 4-31 所示。在表层的一定深度范围内，冷却速度大于上临界冷却速度 v_k，淬火后得到马氏体组织。由表层向中心冷却速度逐渐减小，马氏体含量也逐渐减少，屈氏体或索氏体逐渐增多。到一定深度，冷却速度小于下临界冷却速度 v'_k，淬火后无马氏体组织。即大尺寸的零件淬火时，从表层到中心，组织是不同的。外层为马氏体，心部为非马氏体，中间是马氏体逐渐减少的过渡层。热处理规定，从表面至半马氏体组织的深度为淬透层深度。若淬火后零件的中心具有 50%的马氏体，则被认为此零件已淬透。淬透层深度的大小对零件淬火后的力学性能有很大影响，尤其是对调质处理的零件。实际生产中，零件淬火所能获得的淬透层深度是变化的，随钢的淬透性、零件大小和工艺规范的不同而变化。其中钢的淬透性是重要影响因素。为了比较各种钢的淬透性高低，国家标准 GB/T 225—2006 规定了淬透性的测定方法，最常用的是如图 4-32 所示的末端淬火法。

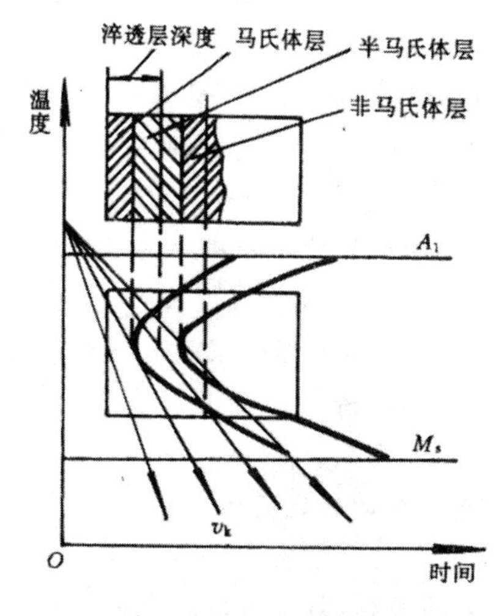

图 4-31　淬火时零件截面各点冷却速度与所得组织的关系

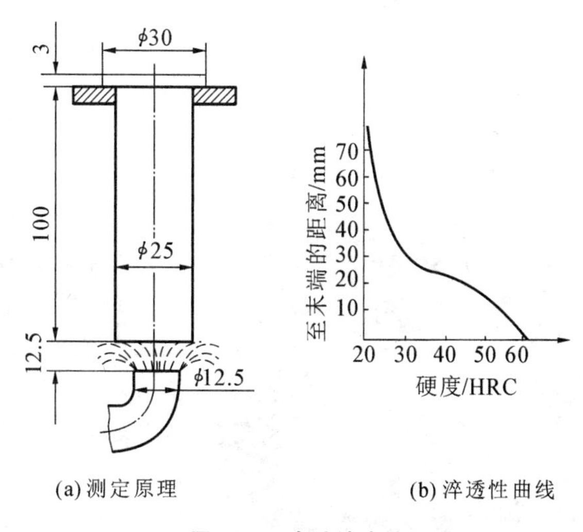

图 4-32　末端淬火法

末端淬火法的测定原理如图 4-32(a)所示。将被测钢材加工成标准尺寸试样（ϕ25 mm×100 mm，一端作出 ϕ30 mm×3 mm 的法兰盘），炉中加热至淬火温度，取出试样迅速置于末端淬火装置上，立即喷水冷却。喷水管内径及喷水口距试样末端都是 12.5 mm。水柱自由高度为 65±5 mm，水温为 20～30 ℃。连续喷水至整个试样冷却为止。然后在试样侧面沿轴向磨一条深度为 0.2～0.5 mm 的小平面，并从末端起每隔一定距离测量一个硬度值，标注在至末端的距离与硬度的坐标系上，即得硬度随至末端的距离变化的曲线，称为淬透性曲线，如图 4-32(b)所示。根据淬透性曲线确定钢的淬透性，并用 $J\,\frac{\mathrm{HRC}}{d}$ 表示，J 表示末端淬火的淬透性，d 表示至末端的距离，HRC 表示该处的硬度值。每一种钢都有其淬透性曲线，即可比较不同钢种淬透性的高低。

临界淬透直径是钢的淬透性的另一种表示方法。临界淬透直径是指钢在某种介质中淬火时，心部得到半马氏体组织的最大直径，以 D_0 表示。临界淬透直径愈大，表示钢的淬透性愈好。

影响钢的淬透性的主要因素是钢中合金元素的种类及其含量。除钴以外，大多数合金元素都能溶于奥氏体，使过冷奥氏体稳定，临界冷却速度变小，从而提高淬透性。因此几乎所有合金钢的淬透性都比碳素钢的好。各种碳素钢的淬透性以共析成分附近的钢最好。

钢的淬硬性、钢的淬透性和零件的淬透层深度是三个不同的概念，具有各自的含义。淬硬性高的钢，淬透性不一定很好；淬透性好的钢，淬硬性不一定很高；零件的淬透层深度与零件的厚度或直径有关。

零件承受以纯拉伸或压缩载荷为主要载荷时，要求整个断面性能均匀，应选用淬透性高的钢。承受以弯曲载荷为主要载荷时，工作应力表层大、中心小，故不必选用高淬透性的钢。焊接结构用钢，应选用低淬透性的钢，防止焊缝附近热应力增大而产生裂纹。

身边的工程材料应用 4：轴承的热处理工艺

如图 4-33 所示，轴承(Bearing)是当代机械设备中的重要零部件。它的主要功能是支撑机械旋转体，降低其运动过程中的摩擦系数，并保证其回转精度。它由内圈、外圈、滚动体、保持架四部分组成。目前，轴承作为一种标准件，设计与制造技术成熟，且规格多样，因此在机械产品中的应用十分广泛。在电力、化工、交通、航空航天等关乎国计民生的重要领域中，轴承都发挥着举足轻重的作用。

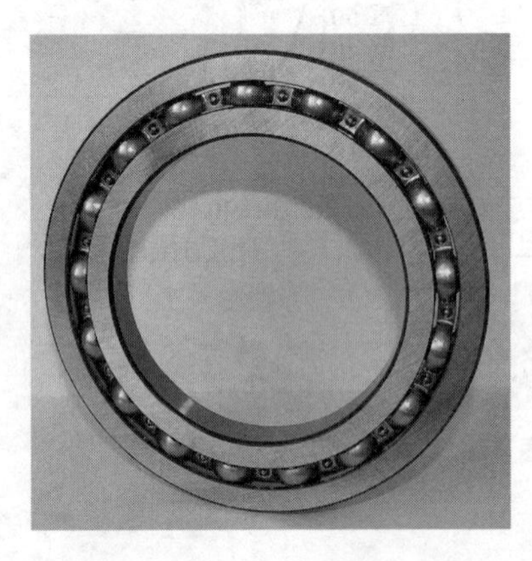

图 4-33 轴承

作为高负荷零件，轴承质量的好坏决定了机械正常工作寿命的长短，轴承的故障往往会引发严重的事故。20 世纪 90 年代初，中国空军某部一架强-5 飞机在完成夜航后，返回机场上空准备着陆。飞机在距离地面 600 多米处，放下起落架至转弯对正跑道过程中，飞行员突然发现右边涡喷-6 发动机的转速突然下降，随之传来两声响声，右侧发动机随即发生了空中停车事故。这次事故险些酿成机毁人亡的惨剧，好在当时机上的飞行员经验丰富，使得强-5 战机单发着陆成功。无独有偶，日本国土交通省发布的数据显示，2013 年度日本境内因轴承不良导致的车辆火灾事故为 12 起。因此对于轴承的定时检修极为重要。

经统计研究，与轴承相关的事故大多是由轴承制造过程中热处理不当造成的。轴承的内圈与外圈作为轴承的重要组成部件，机械性能要求较高，其热处理工艺就显得尤为关键。对于轴承，通过热处理可以具备以下性能：高接触疲劳性（用于抵抗疲劳破坏，延长寿命）；高耐磨性（防止过早磨损，使轴承精度和旋转精度下降，影响机器运转，缩短使用寿命）；高的弹性极限（防止在接触应力下发生塑性变形）；适当的硬度（保证轴承的寿命）；一定的韧性；良好的尺寸稳定性（防止轴承零件因内在组织或应力变化导致精度丧失）；较高的尺寸精度；一定的抗腐蚀性和良好的工艺性（冷、热成形性，热处理性能、机械加工性能等）。对于大多数滚动轴承钢，其热处理工艺主要为球化退火、淬火和低温回火。

（1）球化退火：一般作为预备热处理，其目的是将零件烘干，同时可部分消除机械加工应力和减少淬火时的挠曲、变形及开裂，缩短加热保温时间，减少氧化与脱碳的倾向。轴承钢经锻造后空冷，所得组织是片层状珠光体与网状渗碳体，这种组织硬而脆，难以切削加工，在淬火过程中也容易变形和开裂。经球化退火后，可得到球状珠光体组织，其中的渗碳体呈球状颗粒，弥散分布在铁素体基体上，不仅硬度低，便于切削加工，而且在淬火加热时，奥氏体晶体不易长大，冷却时工件变形和开裂倾向小。

（2）淬火：加热是在盐浴炉中进行，加热温度能确保在该温度，使钢中的奥氏体中含有过多的含碳量，并能溶解分布于晶粒内的锰、钼和铬等大量合金元素。淬火时采用较低的淬火温度，即下限的温度，以减少应力和残余奥氏体含量，淬火介质的温度不能过高，一般为室温。考虑到轴承钢的淬透性好，可根据零件的大小选择淬火介质。通常使用普通淬火油、快速淬火油、光亮淬火油、真空淬火油和分级淬火油等。

（3）低温回火：轴承内圈与外圈回火的目的是消除残余应力，防止零件开裂，并使亚稳定组织转变为相对稳定的组织，能起到稳定尺寸、提高韧性、获得良好的综合力学性能的作用，正常回火后的组织为回火马氏体、均匀分布的细粒状碳化物和残余奥氏体。轴承的回火工艺并不固定，可根据具体零件做调整，如精密轴承零件，一般采用稳定回火；对于部分航空轴承或其他特殊的轴承零件，采用高温回火。

本章复习思考题

4-1　共析碳钢加热至奥氏体化温度，珠光体是如何转变成奥氏体的？影响奥氏体晶粒度的因素有哪些？

4-2　写出共析钢等温转变曲线图各区域的组织名称及各临界线的意义。

4-3　珠光体、上贝氏体、下贝氏体和马氏体的组织与性能特征分别是什么？

4-4　马氏体的本质是什么？它的硬度为什么很高？是什么因素决定了它的脆性？马氏体转变有哪些特点？

4-5　什么是钢的临界冷却速度？它的大小受什么因素影响？临界冷却速度与钢的淬透性有何关系？

4-6　有四个碳素钢试样进行淬火：

（1）ω_C＝3.0％，加热至 Ac_1 与 Ac_3 之间；

（2）ω_C＝0.45％，加热至 Ac_3 以上 30～50 ℃；

（3）ω_C＝1.2％，加热至 Ac_1 以上 20～30 ℃；

(4) ω_C=1.2%,加热至 Ac_{cm} 以上 30～50 ℃。

适当保温后水中淬火,哪个试样硬度最高?哪个试样硬度最低?说明其原因。

4-7 滚动轴承内外圈与滚动体均由 GCr15 钢制造,其制造工艺基本相同:锻造—退火—机械加工—淬火—低温回火—磨削加工。①试指出各步热处理的目的及处理后得到的组织与性能;②对于尺寸较大的零件,低温回火和精密磨削才能保证质量,这是为什么?

4-8 对低碳钢、中碳钢、过共析钢,正火的目的有何不同?

4-9 正火和退火的主要目的是什么?生产中应如何选择?

4-10 钢件淬火后为什么要紧接着进行回火?三种回火工艺如何选用?

4-11 为什么淬火钢回火后的性能主要取决于回火温度,而不是冷却速度?

4-12 比较表面淬火、渗碳和氮化三种工艺所用的材料,它们处理后的组织与性能有何异同?

4-13 判断下列说法是否正确:

(1) 钢在奥氏体化后,冷却时形成的组织主要取决于钢的加热温度。

(2) 低碳钢与高碳钢为了方便切削,可预先进行球化退火。

(3) 钢的实际晶粒度主要取决于钢在加热后的冷却速度。

(4) 过冷奥氏体冷却速度越快,冷却后的硬度越高。

(5) 钢中合金元素越多,钢淬火后的硬度越高。

(6) 同一钢种在相同的淬火条件下,水淬比油淬的淬透性好,小件比大件的淬透性好。

(7) 钢经淬火后处于硬脆状态。

(8) 冷却速度越快,马氏体的转变点 M_s、M_f 越低。

(9) 淬火钢回火后的性能主要取决于回火后的冷却速度。

(10) 钢中的含碳量就等于马氏体的含碳量。

4-14 为什么钢经渗碳后还需进行淬火+低温回火处理?

4-15 淬硬性、淬透性、零件淬透层深度三者有何区别?用 T12 钢制造一根 ϕ10 mm 的轴和一根 ϕ30 mm 的轴,用相同淬火工艺淬火,试问两根轴的表面硬度是否相同?淬透层的深度是否相同?

4-16 对零件的力学性能要求高时,为什么要选择淬透性大的钢材?

4-17 将一退火状态的 T8 钢圆柱形(ϕ12 mm×100 mm)零件(见图 4-34)整体加热至 800 ℃以后,把 A 段入水冷却,B 段空冷,处理后所得零件的硬度分布如该图所示。试判断各点的显微组织,并用 C 曲线近似分析其形成原因。

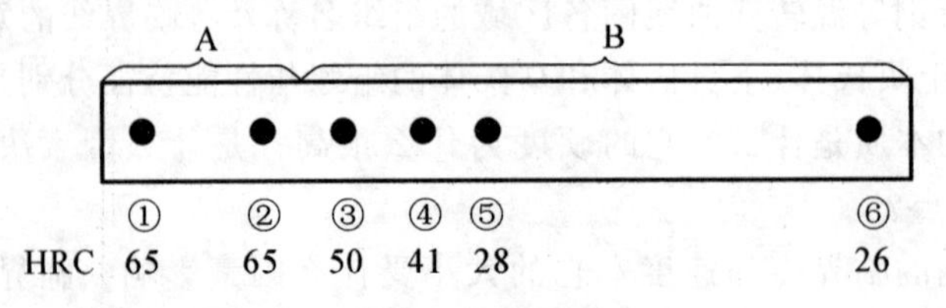

图 4-34 圆柱零件及其硬度分布情况

4-18 主要的热处理缺陷有哪些?

4-19 简要说明热喷涂技术和电镀技术的原理及其工艺过程。热喷涂组织的基本特点是什么?

4-20 什么是涂料?什么是涂装?涂料的主要组成成分是什么?

4-21　下列碳素钢零件应选用何种热处理工艺？

(1) ω_C＝0.20％，要求适当提高硬度，改善切削加工性；

(2) ω_C＝1.20％，要求降低硬度，改善切削加工性；

(3) ω_C＝1.20％，要求提高硬度和耐磨性；

(4) ω_C＝0.45％，要求具有好的综合力学性能；

(5) ω_C＝0.20％，要求表层硬度高，中心塑形、韧性好；

(6) 钢丝冷拉后硬度高，内应力大，要求降低硬度，消除内应力。

4-22　45 钢分别制作下列零件时，应进行何种热处理？为什么？

(1) 在制作轴类零件时，材料经过锻造后，发现组织较粗和较硬；

(2) 用于制造受力一般的螺钉；

(3) 制造受力复杂的齿轮轴；

(4) 制造要求耐磨的齿轮。

4-23　下列零件要选用何种退火方法？为什么？退火后组织是什么？

(1) 经冷轧后的 15 号薄钢板，要求降低其硬度；

(2) ZG35 钢铸造齿轮坯；

(3) 60 钢锻造过热的钢坯；

(4) 具有片状珠光体的 T12 钢，硬度较高，难以加工。

4-24　用下列钢制造零件，确定其淬火与回火的温度、淬火前的组织与回火后的组织及大致硬度：

(1) 45 钢制造的重要螺钉；

(2) 65 钢制成的板弹簧；

(3) T10A 钢制作的小钻头。

4-25　现要求对一批 20 钢的钢板进行弯折成形，但未弯到规定的角度，钢板就出现了裂纹，请提出解决方案。

4-26　现有 20 钢和 40 钢制造的齿轮各一个，为提高齿面的硬度和耐磨性，宜采用何种热处理工艺？热处理后在组织和性能上有何不同？

4-27　甲、乙两厂同时生产一种 45 钢零件，硬度要求为 220～250 HBS。甲厂采用正火处理，乙厂采用调质处理，都达到硬度要求。试分析甲、乙两厂产品的组织和性能的差异。

第5章 合 金 钢

在钢中加入一定量的一种或几种元素，以提高钢的某些性能，这种钢被称为合金钢，所加入的元素被称为合金元素。

钢中常用的合金元素有硅、锰、铬、镍、钨、钼、钒、钛、铌、锆、铝、铜、钴、氮、硼、稀土等。

5.1 合金钢的分类、编号及合金元素在钢中的作用

5.1.1 合金钢的分类

低合金钢与合金钢是以合金元素含量多少区分的。通常将合金元素总量小于5%的钢称为低合金钢，合金元素总量大于5%的钢称为合金钢。合金元素规定含量界限值见表5-1。

表5-1 低合金钢和合金钢合金元素规定含量界限值

合金元素	合金元素规定含量界限值/(%)		合金元素	合金元素规定含量界限值/(%)	
	低合金钢	合金钢		低合金钢	合金钢
Al	—	≥0.10	Si	0.50～<0.90	≥0.90
B	—	≥0.0005	Te	—	≥0.10
Bi	—	≥0.10	Ti	0.05～<0.13	≥0.13
Cr	0.30～<0.50	≥0.50	W	—	≥0.10
Co	—	≥0.10	V	0.04～<0.12	≥0.12
Cu	0.10～<0.50	≥0.50	Zr	0.05～<0.12	≥0.12
Mn	1.00～<1.40	≥1.40	La系(每一种元素)	0.02～<0.05	≥0.05
Mo	0.05～<0.10	≥0.10			
Ni	0.30～<0.50	≥0.50			
Nb	0.02～<0.06	≥0.06	其他规定元素(S、P、C、N除外)	—	≥0.05
Pb	—	≥0.40			
Se	—	≥0.10			

注：(1) La系元素含量，也可作为混合稀土含量总量。

(2) 表中"—"表示不规定，不作为划分依据。

(3) 摘自GB/T 13304.1—2008。

当Cr、Cu、Mo、Ni四种元素，有其中两种、三种或四种元素同时规定在钢中时，对于低合金钢，应同时考虑这些元素中每种元素的规定含量，以及所有这些元素的规定含量总和，应

不大于规定的两种、三种或四种元素中每种元素最高界限值总和的70%。如果这些元素的规定含量总和大于规定的元素中每种元素最高界限值总和的70%，即使这些元素每种元素的规定含量低于规定的最高界限值，也应划入合金钢。以上原则也适用于Nb、Ti、V、Zr四种元素。

低合金钢又可按主要质量等级和主要特性分为普通质量低合金钢、优质低合金钢和特殊质量低合金钢。三者的主要钢种列于表5-2。

合金钢也可按质量等级分为优质合金钢和特殊质量合金钢，又根据用途分为若干系列。合金钢按质量和用途的分类列于表5-3。

在普通机械制造中，低合金钢常用的钢种都是一般用途的低合金结构钢，即GB/T 1591—2008中所列的钢号。合金钢常用钢种也是一般工程结构用合金钢和一些专用钢种，如工具钢、高速工具钢、轴承钢等。故在实际生产中常将低合金钢与合金钢混合按用途和性能分类，并统称为合金钢。

按用途和性能分类，合金结构钢可分类如图5-1所示。

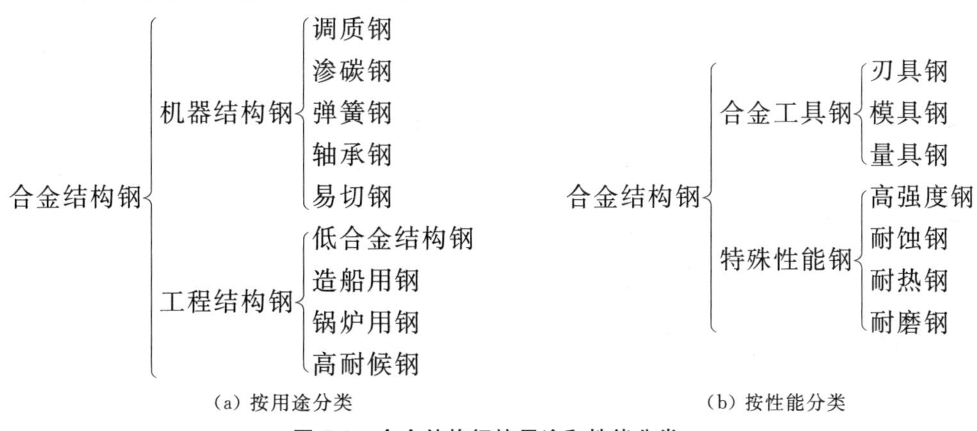

图5-1 合金结构钢按用途和性能分类

5.1.2 合金钢的编号

按用途分类，合金钢的编号方法如下。

1. 合金结构钢的编号方法

合金结构钢的牌号由两位数字加元素符号加数字组成。前两位数字为平均含碳量的万分数，元素符号为所加合金元素，元素符号后的数字为该合金元素平均含量的百分数。如20Cr2Ni4A，表示平均含碳量 $\omega_C=0.20\%$，平均含铬量 $\omega_{Cr}=2.0\%$，平均含镍量 $\omega_{Ni}=4.0\%$ 的高级优质合金钢。合金元素平均含量小于1.5%时，牌号中只标注元素符号，不标注数字；平均含量为1.5%～2.5%时，元素符号后面标注2；平均含量为2.5%～3.5%时，元素符号后面标注3；余类推。

2. 滚动轴承钢的编号方法

滚动轴承钢的牌号由“滚”字汉语拼音字首“G”加Cr加平均含铬量的千分数组成。如GCr15表示平均含铬量 $\omega_{Cr}=1.5\%$ 的滚动轴承钢。无铬轴承钢的编号方法与合金结构钢相同。

表 5-2 低合金钢的主要分类及举例

按主要特性分类	按主要质量等级分类		
	普通质量低合金钢	优质低合金钢	特殊质量低合金钢
可焊接低合金高强度结构钢	a. 一般用途低合金结构钢 GB/T 1591 中的 Q295、Q345 牌号的 A 级钢	a. 一般用途低合金结构钢 GB/T 1591 中的 Q295B、Q345(A 级钢以外)和 Q390(E 级钢以外) b. 锅炉和压力容器用低合金钢 GB 713 中除 Q245 以外的所有牌号 GB 6653 中除 HP235、HP265 以外的所有牌号 GB 6479 中的 16Mn、15MnV c. 造船用低合金钢 GB 712 中的 A32、D32、E32、A36、D36、E36、A40、D40、E40 GB/T 9945 中的高强度钢 d. 汽车用低合金钢 GB/T 3273 中的所有牌号 YB/T 5209 中的 08Z、20Z YB/T 4145 中的 440CL、490CL、540CL e. 桥梁用低合金钢 GB/T 714 中除 Q235q 以外的钢 f. 输送管线用低合金钢 GB/T 3091 中的 Q295A、Q295B、Q345A、Q345B GB/T 8163 中的 Q295、Q345 g. 锚链用低合金钢 GB/T 18669 中的 CM490、CM690 h. 钢板桩 GB/T 20933 中的 Q295bz、Q390bz	a. 一般用途低合金结构钢 GB/T 1591 中的 Q390E、Q345E、Q420 和 Q460 b. 压力容器用低合金钢 GB/T 19189 中的 12MnNiVR、GB 3531 中的所有牌号 c. 保证厚度方向性能低合金钢 GB /T 19879 中除 Q235GJ 以外的所有牌号 GB /T 5315 中所有低合金牌号 d. 造船用低合金钢 GB 712 中的 F32、F36、F40 e. 汽车用低合金钢 GB/T 20564.2 中的 CR300/500DP YB/T 4151 中的 590CL f. 低焊接裂纹敏感性钢 YB/T 4137 中所有牌号 g. 输送管线用低合金钢 GB/T 21237 中的 L390、L415、L450、L485 h. 舰船兵器用低合金钢 i. 核能用低合金钢
低合金耐候钢		a. 低合金高耐候性钢 GB/T 4171 中的所有牌号	
低合金混凝土用钢	a. 一般低合金钢筋钢 GB 1499.2 中的所有牌号		a. 预应力混凝土用钢 YB/T 4160 中的 30MnSi

续表

按主要特性分类	按主要质量等级分类		
	普通质量低合金钢	优质低合金钢	特殊质量低合金钢
铁道用低合金钢	a. 低合金轻轨钢 GB/T 11264 中的 45SiMnP、50SiMnP	a. 低合金重轨钢 GB 2585 中的除 U74 以外的牌号 b. 起重机用低合金钢轨钢 YB/T 5055 中的 U71Mn c. 铁路用异型钢 YB/T 5185 中的 09CuPRE YB/T 5182 中的 09V	a. 铁路用低合金车轮钢 GB 8601 中的 CL 45 MnSiV
矿用低合金钢	a. 矿用低合金结构钢 GB/T 3414 中的 M510、M540、M565 热轧钢 GB/T 4697 中的所有牌号	a. 矿用低合金结构钢 GB/T 3414 中的 M540、M565 热处理钢	a. 矿用低合金结构钢 GB/T 10560 中的 20Mn2A、20MnV、25MnV
其他低合金钢		a. 易切削结构钢 GB/T 8731 中的 Y08MnS、Y15Mn、Y40Mn、Y45Mn、Y45MnS、Y45MnSPb b. 焊条用钢 GB/T 3429 中的 H08MnSi、H10MnSi	a. 焊条用钢 GB/T 3429 中的 H05MnSiTiZrAlA、H11MnSi、H11MnSiA

注:摘自 GB/T 13304.2—2008。

表 5-3　合金钢的分类

按主要质量分类	优质合金钢		特殊质量合金钢								
	1		2	3	4		5		6	7	8
按主要使用特性分类	工程结构用钢	其他	工程结构用钢	机械结构用钢（第 4、6 除外）	不锈、耐蚀和耐热钢		工具钢		轴承钢	特殊物理性能钢	其他
按其他特性（除上述特性以外）对钢进一步分类举例	11 一般工程结构用合金钢 GB/T 20933 中的 Q420bz 12 合金钢筋钢 GB/T 20065 中的合金钢 13 凿岩钎杆用钢 GB/T 1301 中的合金钢 14 耐磨钢 GB/T 5680 中的合金钢	16 电工用硅(铝)钢(无磁导率要求) GB/T 6983 中的合金钢 17 铁道用合金钢 GB/T 11264 中的 30CuCr 18 易切削钢 GB/T 8731 中的含锡钢 19 其他	21 锅炉和压力容器用合金钢(4 类除外) GB/T 19159 中的 07MnCrMoVR GB 713 中的合金钢 GB 5310 中的合金钢 22 热处理合金钢筋钢 23 汽车用钢 GB/T 20564.2 中的 CR 340/590DP CR 420/780DP CR 550/980DP 24 预应力用钢 YB/T 4160 中的合金钢 25 矿用合金钢 GB/T 10560 中的合金钢 26 输送管线用钢 GB/T 21237 中的 L555、L690 27 高锰钢	31 V、Mn（x）系钢 32 SiMn（x）系钢 33 Cr(x)系钢 34 CrMo(x)系钢 35 CrNiMo(x)系钢 36 Ni(x)系钢 37 B(x)系钢 38 其他	41 马氏体型 或 42 铁素体型 43 奥氏体型 或 44 奥氏体-铁素体型 或 45 沉淀硬化型	411/421 Cr(x)系钢 412/422 CrNi(x)系钢 413/423 CrNo(x) CrCo(x)系钢 414/424 CrAl(x) CrSi(x)系钢 415/425 其他 431/441/451 CrNi(x)系钢 432/442/452 CrNiMo(x)系钢 433/443/453 CrNi+Ti 或 Nb 钢 434/444/454 CrNiMo+Ti 或 Nb 钢 435/445/455 CrNi+V、W、Co 钢 436/446 CrNiSi(x)系钢 437 CrMnSi(X)系钢 438 其他	51 合金工具钢（GB/T 1299 中所有牌号） 52 高速钢（GB/T 9943 中所有牌号）	511 Cr(x) 512 Ni(x)、CrNi(x) 513 Mo(x)、CrMo(x) 514 V(x)、CrV(x) 515 W(x)、CrW(x)系钢 516 其他 521 WMo 系钢 522 W 系钢 523 Co 系钢	61 高碳铬轴承钢 GB/T 18254 中所有牌号 62 渗碳轴承钢 GB/T 3203 中所有牌号 63 不锈轴承钢 GB/T 3086 中所有牌号 64 高温轴承钢 65 无磁轴承钢	71 软磁钢（除 16 外） GB/T 14986 中所有牌号 72 永磁钢 GB/T 14991 中所有牌号 73 无磁钢 74 高电阻钢和合金 GB/T 1234 中所有牌号	焊接用钢 GB/T 3429 中的合金钢

注：(1) 摘自 GB/T 13304.2—2008；

(2) (x)表示该合金系列中还包括有其他合金元素，如 Cr(x)系，除 Cr 钢外，还包括 CrMn 钢。

3. 合金工具钢的编号方法

合金工具钢牌号的表示方法基本同合金结构钢。区别是合金工具钢的含碳量用千分数表示，而且当 $\omega_C > 1.0\%$ 时不标注含碳量。对于高速钢，不论含碳量多少，一般均不标注。

4. 特殊性能钢的编号方法

特殊性能钢牌号的表示方法基本同合金工具钢。以不锈钢为例，3Cr13 表示 $\omega_C = 0.3\%$，$\omega_{Cr} = 13\%$ 的铬不锈钢；当 $\omega_C < 0.08\%$ 时，含碳量用 0 表示，如 0Cr13；当 $\omega_C < 0.03\%$ 时，含碳量用 00 表示，如 00Cr18Ni10。

以上所述是大多数合金钢的编号方法，也有一些钢种的牌号不符合上述规则。

5.1.3 合金元素在钢中的作用

1. 合金元素对钢的基本相的影响

钢中加入合金元素后，合金元素能与基本相作用生成合金相，主要有合金铁素体、合金奥氏体和合金渗碳体。

1）对铁基固溶体的影响

合金元素能溶于 α-Fe 和 γ-Fe 形成铁基固溶体。与碳钢类似，铁基固溶体可进行多形态转变，固溶度也可变化，组成合金钢的各种组织。碳、氮与铁形成间隙固溶体，其他合金元素大多数与铁形成置换固溶体。

合金元素在铁素体中，使其性能发生变化。若合金元素原子半径与铁的原子半径相差较大，则晶格畸变就大，固溶强化效果就明显，钢的硬度明显增加。合金元素对钢韧性的影响：在一定含量时韧性提高，超过此含量则韧性降低。故应严格控制合金元素的含量。合金元素存在于奥氏体中能使过冷奥氏体稳定，从而提高合金钢的淬透性。

2）对碳化物的影响

合金钢中碳化物的类型、数量、形态及分布状况极大地影响钢的力学性能。根据合金元素与碳的相互作用，可将合金元素分成两类。

一类是非碳化物形成元素，如镍、硅、铝、铜、钴等，这类元素主要形成铁基固溶体，不形成碳化物。

另一类是碳化物形成元素，如钛、钒、铌、钨、钼、铬、锰等。其中铬、锰属弱碳化物形成元素，含量较少时，形成铁基固溶体；含量多时，一部分溶入渗碳体取代部分铁原子形成合金渗碳体，如 $(Fe,Mn)_3C$、$(Fe,Cr)_3C$；当含量再增加时，则形成特殊碳化物，如 $(Fe,Cr)_7C_3$，$Cr_{23}C_6$ 等。钛、钼、钨、钒、铌为强碳化物形成元素，含量少时，形成合金渗碳体；含量多时，大部分形成特殊碳化物。

渗碳体属亚稳定的化合物，渗碳体中铁与碳的亲和力较弱。合金元素溶于渗碳体中可增加铁和碳的亲和力，提高渗碳体的稳定性。合金元素的存在还能阻止奥氏体晶粒的长大，以获得细晶组织。

特殊碳化物的结构不同于渗碳体，合金元素与碳之间有很强的亲和力，如 TiC、WC、VC、NbC。其最大特点是熔点高和硬度高，稳定性很好，加热时不易聚集长大，并能阻止奥氏体晶粒长大。

2. 合金元素对 $Fe\text{-}Fe_3C$ 状态图的影响

合金元素对 $Fe\text{-}Fe_3C$ 状态图的影响主要是对几个表象点位置的影响。根据合金元素在铁基中溶解度大小及稳定性不同，把在奥氏体中有较大溶解度并相对奥氏体区稳定的合金元素称为扩大奥氏体区元素，如锰、钴、镍、碳、铜等；而在铁素体中有较大溶解度并相对铁素体区稳定的合金元素称为缩小奥氏体区元素，如钒、钨、钛、铬、钼、铝、硅等。

扩大奥氏体区的元素都使 N 点升高，E、S 点向左下移，G 点、A_1 线降低，如图 5-2 所示。当合金元素含量高到一定程度时，可在室温得到奥氏体组织，称奥氏体钢。缩小奥氏体区的元素都使 N 点降低，E、S 点向左上移，G 点、A_1 线升高，如图 5-3 所示。当合金元素含量高到一定程度时，可使奥氏体消失，得到铁素体组织，称铁素体钢。

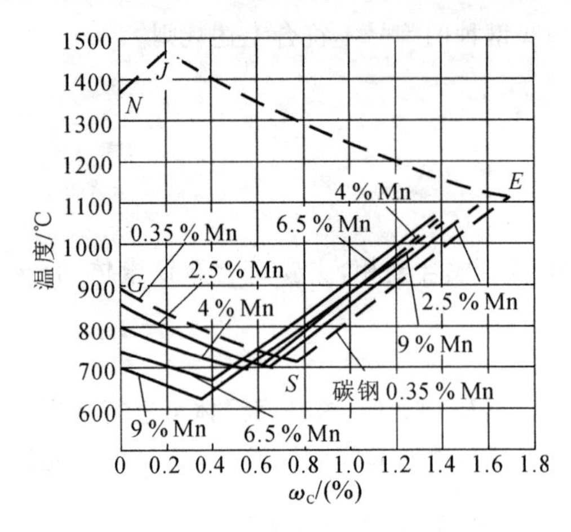

图 5-2　锰对 $Fe-Fe_3C$ 状态图中临界点的影响

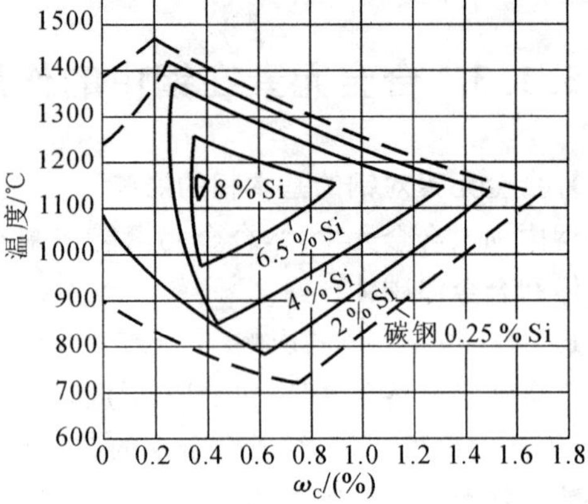

图 5-3　硅对 $Fe-Fe_3C$ 状态图中临界点的影响

这两类钢热处理时不发生相变，不能用淬火的方法使钢强化，而要采用塑性变形强化。

图 5-2 表明某些合金元素使状态图的 S 点和 E 点左移，这类合金钢共析体的含碳量不再是碳素钢珠光体的含碳量。如 3Cr2WSi 的含碳量 $\omega_C = 0.3\% \sim 0.4\%$，但已是过共析钢。某些合金钢 $\omega_C < 2.11\%$ 时就出现莱氏体，如 Cr12Mo 的含碳量约为 1.5%，W18Cr4V 的含碳量为 0.7%～0.8%，铸态已有莱氏体产生。还有些合金钢共晶点的含碳量小于 4.3%。

3. 合金元素对钢热处理的影响

1）合金元素对钢加热转变的影响

合金钢加热时的奥氏体化过程与碳素钢一样，先形成奥氏体晶核并逐步长大，剩余碳化物溶解，然后成分均匀化。合金元素主要影响奥氏体化的速度。有些元素提高碳在奥氏体中的扩散速度，提高奥氏体形成速度，如钴、镍等。有些合金元素与碳形成高稳定性的合金碳化物，显著减缓碳的扩散速度，从而减慢奥氏体形成速度，铬、钼、钛、钨、钒属这类合金元素。另一些合金元素，如硅、铝、锰等，对奥氏体形成速度影响不大。

合金元素对奥氏体的晶粒度也有一定影响。除锰和磷外，大多数合金元素都能阻止奥氏体晶粒长大，特别是强碳化物形成元素钛、钒、铌等所形成的特殊碳化物，在高温下很稳定，存在于奥氏体晶界上，显著阻碍奥氏体晶粒长大。因此，一般合金钢应采用较高的加热温度和较长的保温时间，才能获得成分均匀的奥氏体。

合金钢奥氏体化过程包括碳的扩散均匀化和合金元素的扩散均匀化。合金元素的存在使钢的导热性降低，因此合金元素的扩散速度比碳的扩散速度慢得多，对高合金钢需进行一次或两次预热方可加热至淬火温度，以防止产生变形、开裂或其他缺陷。

2）合金元素对过冷奥氏体转变的影响

合金元素影响C曲线的位置和形状。除钴和铝外，大多数溶于奥氏体的合金元素（如铬）都使过冷奥氏体的稳定性增大，即C曲线右移，如图5-4所示。碳化物形成元素铬、钼、钒等还使C曲线形状发生变化，形成上下两个C曲线。上部的C曲线是高温珠光体转变区，下部的C曲线是中温贝氏体转变区。

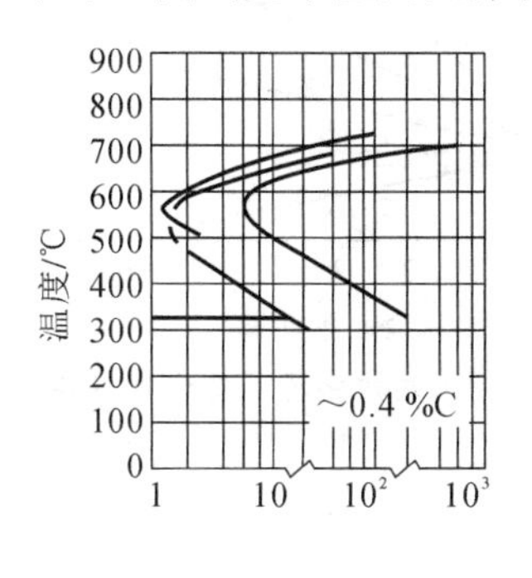

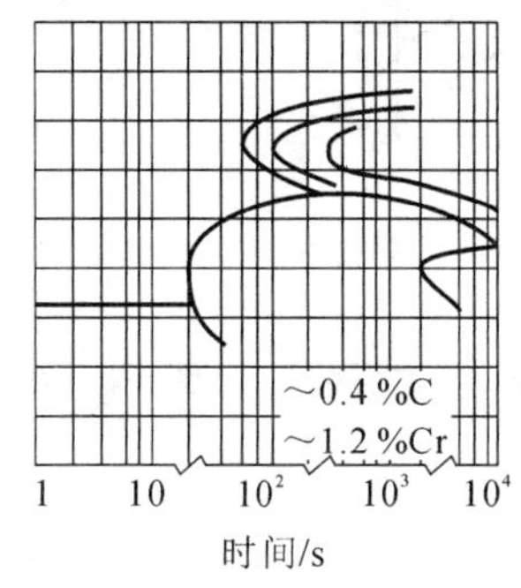

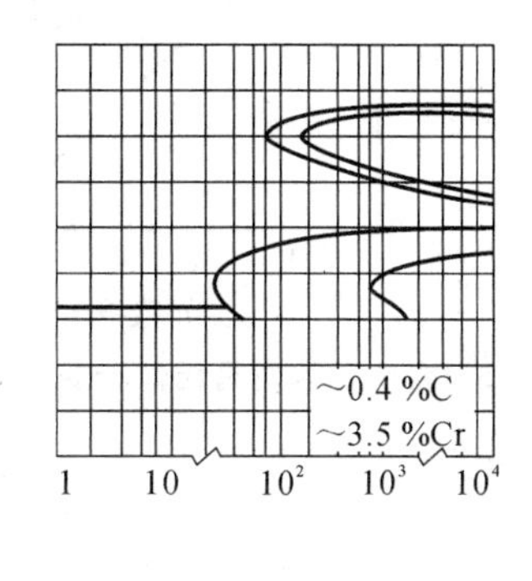

图5-4 铬对C曲线的影响

C曲线右移表示合金元素使合金钢淬透性升高。常用来提高淬透性的合金元素有铬、锰、镍、硅、钼、硼等。一些强碳化物形成元素（如钛、钒、钨）当淬火加热温度不高时，合金碳化物或合金渗碳体未能溶入奥氏体中，这些未溶的碳化物颗粒在冷却时成为珠光体转变的晶核，加速奥氏体的分解，使合金钢淬透性降低。

3）合金元素对马氏体转变的影响

大多数合金元素（除钴外）使M_s线和M_f线下移，并增加钢中残余奥氏体含量，如图5-5、图5-6所示。因而合金钢淬火组织中残余奥氏体含量比相同含碳量的碳素钢高。由于过冷奥氏体向马氏体转变会引起体积膨胀，因此可通过控制残余奥氏体的含量来减少工件的变形。

4）合金元素对淬火钢回火转变及性能的影响

合金钢的回火稳定性高，即钢在较高温度回火时仍能保持较高的强度和硬度。淬火钢的回火过程是马氏体分解，残余奥氏体转变，碳化物形成、析出和聚集的过程。碳化物形成元素和非碳化物形成元素在合金钢回火时都阻碍马氏体的分解及碳化物的析出和聚集。因此，在相同含碳量及相同回火温度下，合金钢的硬度比碳素钢的高；在相同硬度要求时，合金钢可在较高温度回火，塑性、韧性较好。

合金钢回火有二次淬火和二次硬化现象。合金元素对残余奥氏体转变的影响与对过冷奥氏体转变的影响相似，也是减缓残余奥氏体的分解速度，或提高残余奥氏体分解转变温度。当合金元素含量较高时，残余奥氏体十分稳定，甚至加热到500～600 ℃保温也不会分解，而是在冷却时部分转变为马氏体，使钢的硬度增加，这种现象称为二次淬火。合金元素钨、钼、钒、铬含量较高时，在一定的回火温度下，会直接从马氏体中析出弥散分布、颗粒细小的特殊碳化物，使钢的硬度在该回火温度下不仅不降低，反而有所升高，这种现象称为二次硬化，从图5-7中可以看出。

有些合金钢回火时会产生回火脆性。即在某一温度范围回火后，冲击韧性明显降低（见图5-8）。在250～350 ℃回火产生的回火脆性称为低温回火脆性或第一类回火脆性；在500～650 ℃回火产生的回火脆性称为高温回火脆性或第二类回火脆性。

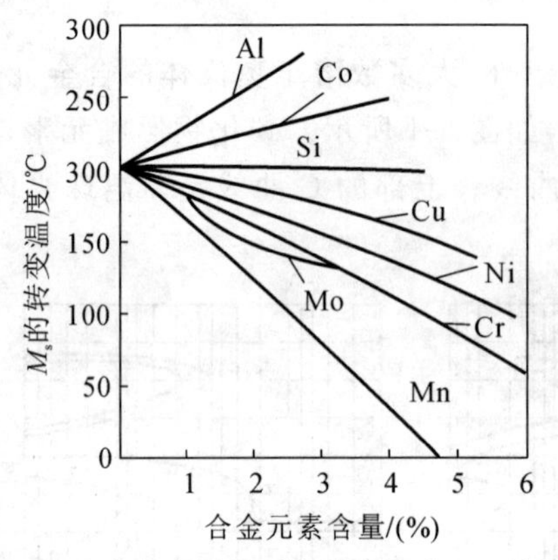

图 5-5 合金元素对马氏体转变温度 M_s 的影响

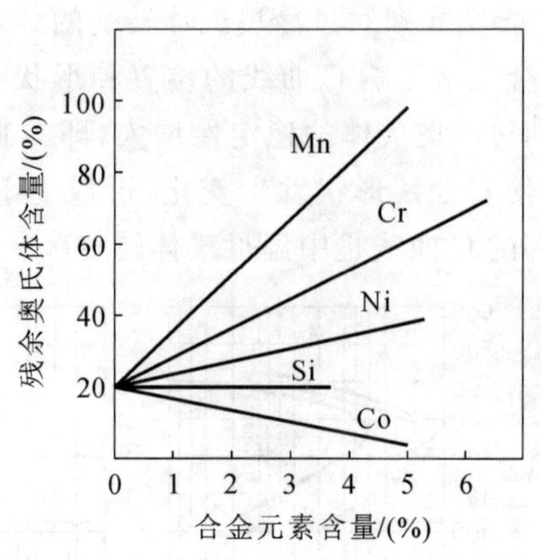

图 5-6 合金元素对残余奥氏体含量的影响

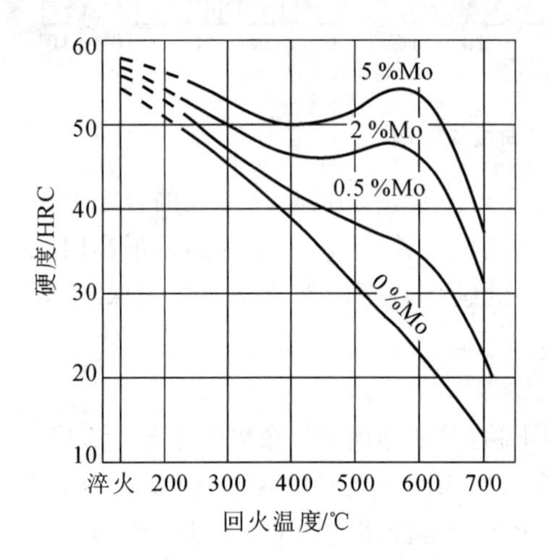

图 5-7 钼对 $\omega_C=0.35\%$的碳钢淬火回火后硬度的影响

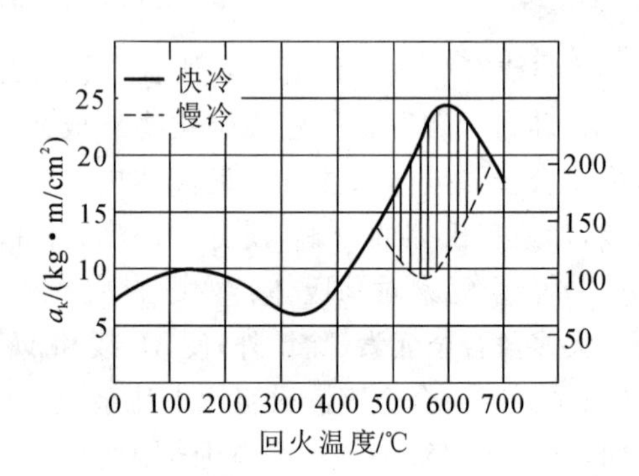

图 5-8 $\omega_C=0.3\%$，$\omega_{Cr}=1.47\%$，$\omega_{Ni}=3.4\%$的合金钢冲击韧性与回火温度的关系

淬火后形成马氏体的钢，回火时都有不同程度的低温回火脆性。原因是马氏体晶界上析出极细、断续的薄片渗碳体。回火时应避开这一温度区间，或用等温淬火以避免这种相变。

对于含铬、镍、硅、锰等元素的合金钢，回火时若在 500～650 ℃内长时间保温并缓慢冷却，会发生明显的脆化现象。原因是杂质元素（锑、锡、磷）容易偏聚在含有铬、镍、硅、锰的合金钢的晶界上；铬、镍、硅、锰本身也容易在晶界上偏聚，增大了高温回火脆性。减小或消除高温回火脆性的方法：一是冶炼时减少有害杂质元素的含量；二是采用较快的冷却速度，抑制杂质元素偏聚；三是加入适量的钼、钨等元素，也可阻碍杂质元素的偏聚。

5.2 合金结构钢

合金结构钢是制造各种机器及工程结构的重要钢种，用于制造碳素结构钢的性能不能满足要求的零件。合金结构钢用量在各类合金钢中所占比例最大。

合金结构钢可分为工程结构用钢和机器结构用钢。

5.2.1 工程结构用钢

1. 低合金结构钢

低合金结构钢按照强度，分为铁素体-珠光钢、低碳贝氏体钢、低碳马氏体钢，主要作为建筑、船舶、桥梁、运输工具、高压容器、军工等方面的构件用钢。这些构件或零件往往结构尺寸大，形状复杂，难以进行整体热处理，因此要求这类钢以热轧型材供应，并满足一定的综合力学性能要求和屈强比。这些构件常常以冷塑性变形和焊接方法制造，因此要求这类钢有较好的压力加工和焊接性能。这类构件还经常暴露在空气或特种介质中，因此要求这类钢有良好的耐候性和耐冷脆性。

冷塑性变形后的埋弧自动焊

要满足上述要求，第一，低合金结构钢含碳量要低，$\omega_C<0.2\%$；第二，按不同的要求加入锰、钛、钒、铌、磷、铜等合金元素，其质量分数之和小于3%。其中，锰对钢固溶强化效果明显，又使 S 点左移，增加钢中珠光体含量，还使过冷奥氏体向铁素体、珠光体转变的温度降低，铁素体晶粒变细。珠光体层片细薄，使钢得到强化。故锰是这类钢的主要合金元素；钛、铌、钒则生成微细碳化物，分布在铁素体、珠光体基体上，使钢弥散强化；磷、铜用于抗腐蚀，但磷太多，使钢产生冷脆，应该严格限制其含量。低合金结构钢一般不进行热处理，在热轧正火态使用。

常用低合金结构钢的牌号、成分、性能、特点和应用列于表5-4。

钢轨生产和热处理

2. 造船用钢和锅炉用钢

这两种钢是专用于船舶和锅炉制造的低合金结构钢，由于使用量很大，专门制订了牌号以便于选用。

造船用钢要有一定的耐蚀性，含磷量不能太低，同时要求焊接工艺性良好，因此含碳量不能太高。

锅炉用钢要有一定的抗氧化性，含硅量不能太低，以保证硅元素在高温下可形成致密的氧化膜覆于钢表面，且能提高钢的强度、韧性等力学性能。由于锅炉通常焊接成形，因此含碳量不能太高。此外，铜与氧会生成脆性化合物，含铜量要严格控制。

造船用钢和锅炉用钢的牌号可在材料手册中查得。

5.2.2 机器结构用钢

机器结构用钢是最常用的合金结构钢之一。按用途及热处理工艺的不同，可分为以下几个钢种。

1. 合金调质钢

合金调质钢是指经调质后使用的一类合金钢。调质后组织为回火索氏体，具有优良的综合力学性能。对零件上某些承受摩擦的表面，可在调质后进行表面淬火及低温回火，使表层组织成为回火马氏体，具有良好的耐磨性。

调质钢属中碳钢，$\omega_C=0.30\%\sim0.50\%$。含碳量过低热处理后硬度不高，含碳量过高零件韧性不足。调质钢含有较多的锰、铬、硅、镍等合金元素，含少量钼、钨、钒等辅助元素。主要合金元素可固溶强化铁素体，增加淬透性；辅助合金元素为强碳化物形成元素，能细化晶粒、提高回火稳定性，并能防止第二类回火脆性。

调质钢按淬透性的大小分为以下三类。

1）低淬透性合金调质钢

主要牌号有40Cr、40MnB等。合金元素的质量分数总量小于2.5%，淬透性较低，但综合力学性能及工艺性能较好，可制造中等截面零件。

2）中淬透性合金调质钢

主要牌号有35CrMo、40CrNi等。合金元素的质量分数总量增加到3.5%左右，淬透性有所提高，可制作大截面、重载的齿轮、曲轴和连杆。

3）高淬透性合金调质钢

主要牌号有40CrNiMoA、40CnMnMo等。合金元素的质量分数总量达4.0%以上，淬透性高，可制作承受重载荷的重要零件，如汽轮机主轴、叶轮等。

常用合金调质钢的牌号、成分、热处理、性能、特点和应用列于表5-5。

2. 合金渗碳钢

合金渗碳钢是指经渗碳淬火后使用的一类合金钢。渗碳并淬火及回火后，表层组织为高碳回火马氏体、合金渗碳体和少量残余奥氏体，硬度可达60～62 HRC；心部组织与钢的淬透性和零件截面大小有关，一般为铁素体、屈氏体和少量低碳马氏体，硬度为25～40 HRC，如果心部淬透，则心部组织为低碳回火马氏体，硬度可达40～48 HRC。合金渗碳钢具有表层硬度高，心部强度、韧性好的性能。

合金渗碳钢含碳量一般为0.10%～0.25%，要求强度高的零件取上限。但含碳量不宜太高，否则会减小渗碳层厚度并降低钢的韧性。

渗碳钢中主要合金元素有铬、镍、锰、硼，具有固溶强化作用，并提高钢的淬透性，使钢热处理后表层至中心强韧化；辅助合金元素有钼、钨、钒、钛等强碳化物形成元素，这些元素形成的碳化物稳定性好，在渗碳温度下不溶解，能抑制渗碳时奥氏体晶粒长大，因此可进一步改善表层的组织和性能。但这些元素的含量应严格控制，以保证合理的碳化物数量、类型和分布。

渗碳钢按淬透性大小分为以下三类。

1）低淬透性合金渗碳钢

主要牌号有20Cr、20CrMn、20Mn2等。合金元素总量较少，淬透性较低。只用于制造载荷较轻，强度、耐磨性要求相对较低的零件，如小齿轮、小轴、滑块等。

2）中淬透性合金渗碳钢

主要牌号有20CrMnTi、20MnTiB等。合金元素总量较高，淬透性较好；热处理后表面硬度高，心部强度、韧性好。用于制造汽车、拖拉机上承受冲击载荷的齿轮、轴、花键轴等。

3）高淬透性合金渗碳钢

主要牌号有20Cr2Ni4、18CrNi4WA等。合金元素质量分数总量达4.0%～6.0%。主要合金元素铬、镍可大大提高钢的淬透性，并可使渗碳后碳的浓度分布比较平缓。可制造重载、大截面、强韧性和耐磨性要求高的重要零件，如重型汽车、坦克用的齿轮、轴和曲轴等。

常用合金渗碳钢的牌号、成分、热处理、性能、特点和应用列于表5-6。

汽车伞形齿轮渗碳热处理

3. 合金弹簧钢

弹簧是机器中用于储能或隔振的专用零件，性能要求严格。弹簧钢应具备如下特点：

(1) 具有高的弹性极限和屈强比，工作时不能产生塑性变形；

(2) 具有高的强度、塑性和韧性的配合，既能防止在冲击载荷下脆断，又有较高的承载能力；

(3) 具有高的疲劳强度，防止交变载荷作用下因疲劳被破坏；

(4) 具有优良的热处理性能。

表 5-4　常用低合金结构钢的牌号、成分、性能、特点和应用

质量等级	牌号	成分/(%) C	Mn	Si	V	Ti	Nb	P ≤	其他	钢材厚度/mm	σ_b/MPa	σ_s/MPa ≥	δ_5/(%) ≥	180°弯曲试验 d:弯心直径 a:试样厚度	特点和应用
普通质量低合金钢	09MnV	≤0.12	0.80～1.20	0.20～0.55	0.04～0.12			0.045		≤16	430～580	295	23	$d=2a$	塑性好，冲击韧性、冷弯性和焊接性良好，有一定耐蚀性，是常用冲压用钢。多在热轧或正火态使用。可制造容器、轮圈、各种结构件
										>16～25		275		$d=3a$	
	12MnV	≤0.15	1.00～1.40	0.20～0.55	0.04～0.12			0.045		≤16	490～640	345	22	$d=2a$	性能与 12Mn 相近，有优良的综合力学性能，强度、韧性更高。多在正火态使用。可制造船舶、桥梁、车辆及各种结构件，成本较低
										>16～25		335	21	$d=3a$	
	09MnCuPTi	≤0.12	1.00～1.50	0.20～0.55		≤0.03		0.05～0.12	Cu 0.20～0.40	≤16	490～640	345	22	$d=2a$	耐大气腐蚀，塑性、韧性好，焊接性尤佳，冷热加工性好。多在热轧态使用。可用于潮湿、大气腐蚀较严重地区制造车辆、桥梁等结构
										>16～25	470～640	335	21	$d=3a$	
	16Mn	0.12～0.20	1.20～1.60	0.20～0.55				0.045		≤16	510～660	345	22	$d=2a$	综合力学性能、焊接性、冷冲压、切削性和低温韧性良好。是最面广量大的结构用钢，多在正火或热轧态使用。可用于动载下的焊接件
										>16～25	490～640	325	21	$d=3a$	
优质低合金钢	10MnPNbRE	≤0.14	0.80～1.20	0.20～0.55			0.015～0.050	0.06～0.12	RE 加入 0.02～0.20	≤10	510～660	390	20	$d=2a$	耐大气、海水腐蚀，综合力学性能良好。焊接性良好，低温冲击韧性很好。多在热轧态使用，可用于港口、码头、海上采油平台的金属结构件
	15MnV	0.12～0.18	1.20～1.60	0.20～0.55	0.04～0.12			0.045		>4～16	530～680	390	18	$d=3a$	强度优于 16Mn，520 ℃时有热强性，焊接性良好，冷变形能力较差。多在−20～520 ℃使用。可用于高、中压化工容器、锅炉汽包和高载荷焊接件
										>16～25	510～660	375	18	$d=3a$	
	15MnTi	0.12～0.18	1.20～1.60	0.20～0.55		0.04～0.12		0.045		≤25	530～680	390	20	$d=3a$	正火态下焊接、冷卷、冷冲压性能优于 15MnV，可代替 15MnV 作为动载的焊接件，如压力容器、船舶、桥梁。在正火态使用较好
										>25～40	510～660	375	20	$d=3a$	
	14MnVTiRE	≤0.18	1.30～1.60	0.20～0.55	0.04～0.10	0.09～0.16		0.045	RE 加入 0.02～0.20	≤12	550～700	440	19	$d=2a$	综合力学性能、焊接性、低温韧性很好，多在正火态使用。用于大型船舶、重型机械、高压容器等焊接件
										>12～20	530～680	410	19	$d=3a$	

注：除特点和应用外，摘自 GB/T 3077—2015。

表 5-5 常用合金调质钢的牌号、成分、热处理、性能、特点和应用

牌号	成分/(%)						热处理					试样毛坯尺寸/mm	力学性能					供应状态硬度/HBS	特点和应用
							淬火			回火			σ_b	σ_s	δ_5	ψ	A_{KU}		
	C	Si	Mn	Cr	Mo	其他	温度/℃		冷却剂	温度/℃	冷却剂		MPa		%		J		
							第一次	第二次					≥						
40Cr	0.37～0.44	0.17～0.37	0.50～0.80	0.80～1.10	—	—	850		油	520	水、油	25	980	785	9	45	47	≤207	低淬透性合金调质钢。调质后有良好的综合力学性能，应用广泛，表面淬硬度为 48～55 HRC，轴类、杆类均可用。一定条件下，可用 40MnB、45MnB、35SiMn、42SiMn 代替
40MnB	0.37～0.44	0.17～0.37	1.10～1.40	—	—	B 0.0008～0.0035	850		油	500	水、油	25	980	785	10	45	47	≤207	低淬透性合金调质钢。性能接近 40Cr，常用来制造汽车、拖拉机等中小截面的重要调质件，或替代 40Cr 制作大截面零件
35CrMo	0.32～0.40	0.17～0.37	0.40～0.70	0.80～1.10	0.15～0.25	—	850		油	550	水、油	25	980	835	12	45	63	≤229	中淬透性合金调质钢。强度、韧性、淬透性较高。用作大截面齿轮和重型传动轴、人字齿轮、高温螺栓、螺母、大电机主轴
40CrNi	0.37～0.41	0.17～0.37	0.50～0.80	0.45～0.75	—	Ni 1.00～1.40	820		油	500	水、油	25	980	785	10	45	55	≤241	中淬透性合金调质钢。调质后有良好综合力学性能，低温冲击韧性。用于制造强度高、韧性好的零件，如轴、齿轮、链条
40GrNiMoA	0.37～0.44	0.17～0.37	0.50～0.80	0.60～0.90	0.15～0.25	Ni 1.25～1.65	850		油	600	水、油	25	980	835	12	55	78	≤269	高淬透性优质合金调质钢，调质后有良好综合力学性能，低温冲击韧性、疲劳强度及低的缺口敏感度；中等淬透性。用于截面较大、受冲击的零件，如偏心轴、曲轴
40CrMnMo	0.37～0.45	0.17～0.37	0.90～1.20	0.90～1.20	0.20～0.30	—	850		油	600	水、油	25	980	785	10	45	63	≤217	高淬透性合金调质钢。调质后具有较高综合力学性能，淬透性好，有较高回火稳定性，适宜制造大截面、重负荷齿轮、轴等。可作 40CrNiMo 的代用钢

注：除特点和应用外，摘自 GB/T 3077—2015。

弹簧钢含碳量 ω_C=0.5%～0.7%。碳素弹簧钢含碳量较高;合金弹簧钢含碳量较低,以保证钢具有高强度、高硬度和一定的韧性。常用的合金弹簧钢有 65Mn、60Si2Mn、50CrVA 等。

合金弹簧钢按主要合金元素的不同分为两类。一类是以锰、硅为主要合金元素。锰使钢的基体固溶强化,提高淬透性;硅使碳化物分布均匀,也能提高淬透性,同时提高钢的弹性极限和屈强比。另一类是以铬、钒为主要合金元素。铬、钒使钢既有高强度和高淬透性,又有高的回火稳定性,即在 500～550 ℃时也能保持弹性。合金弹簧钢可用于制造大型弹簧和内燃机上的弹簧。

弹簧钢的供应状态有热轧态和冷拉态两种。

热轧弹簧钢用于制造截面较大的弹簧,绕制或压制热成形后,进行淬火和中温回火,组织为回火索氏体,硬度为 43～48 HRC,具有良好的弹性与塑性的配合。弹簧承载时表面弯曲应力和扭曲应力最大,大型弹簧应进行喷丸处理,以提高疲劳强度。

冷拉弹簧钢用于制造截面较小的弹簧。冷拉钢丝尺寸均匀,有加工硬化效果。冷拉钢丝组织为索氏体,强度和塑性都很好,绕制成形后进行去应力退火即可使用。退火的目的是消除冷拉、冷卷时的内应力,并使绕制后钢的组织发生回复变化,可显著提高钢丝的弹性极限。

常用弹簧钢的牌号、成分、热处理、性能、特点和应用列于表 5-7。

弹簧淬火与中温回火

4. 滚动轴承钢

滚动轴承钢是制造滚动轴承的滚珠、滚针、内外套圈和某些工具、量具、模具的专用结构钢。

轴承工作时,滚珠与套圈之间既有滚动摩擦又有滑动摩擦;载荷形式为周期性交变载荷;滚珠(滚针)与套圈之间为点(线)接触,接触应力很大。因此滚动轴承钢应具备以下性能:

(1) 高硬度和高耐磨性,以减少磨损;

(2) 高的接触疲劳强度和弹性极限,能够承受高的交变载荷;

(3) 良好的综合力学性能,能够承受机器工作时复杂的动、静载荷。

轴承钢含碳量较高,ω_C=0.90%～1.10%,目的是保证淬火后马氏体的基体上分布碳化物。钢的主要合金元素为铬,ω_C=0.50%～1.65%,以提高淬透性,细化碳化物,提高耐磨性和韧性。辅助合金元素为锰、钼、钒、硅。锰可以显著提高钢的强度和淬透性;钼、钒可以提高耐磨性,细化晶粒,与锰配合可进一步提高钢的淬透性;硅可使碳化物均匀分布并提高淬透性。

轴承钢可分为铬轴承钢、渗碳轴承钢和高碳高铬不锈轴承钢。

轴承钢的性能由多次热处理保证。主要热处理工艺有正火、球化退火、不完全淬火、低温回火、冷处理、去应力回火(时效处理)等。

轴承钢锻造后的组织是索氏体和少量 Fe_3C_{II}。正火可消除网状渗碳体并细化晶粒,以利球化退火。球化退火用于改善切削加工性能并获得高质量的加工表面。不完全淬火是指淬火的加热温度不能太高,如 GCr15 钢淬火温度应是 820～840 ℃,以获得细针状或隐晶马氏体及少量残余奥氏体。GCr15 钢淬火温度如果高于 840 ℃,则马氏体呈粗大片状,降低了钢的冲击韧性和疲劳强度,残余奥氏体含量增多,导致轴承的精度降低。淬火后低温回火是为了消除淬火应力,保持淬火后的硬度。由于轴承钢的含碳量高,淬火后常存在 10%～20%的残余奥氏体,进行冷处理可以明显减少残余奥氏体含量。最后安排一次去应力回火(时效处理),则是为了消除每次热处理残存的应力及磨削加工产生的热应力,以提高零件的尺寸稳定性。

常用滚动轴承钢的牌号、成分、热处理、性能、特点和应用列于表 5-8。

表 5-6 常用合金渗碳钢的牌号、成分、热处理、性能、特点和应用

牌号	成分/(%)						热处理					试样毛坯尺寸/mm	力学性能					供应状态硬度/HBS	特点和应用
							淬火			回火			σ_b	σ_s	δ_5	ψ	A_{KU}		
							温度/℃		冷却剂	温度/℃	冷却剂		MPa		%		J		
	C	Si	Mn	Cr	Mo	其他	第一次	第二次					≥						
20Cr	0.18～0.24	0.17～0.37	0.50～0.80	0.70～1.00	—	—	880	800	水、油	200	水、空气	15	835	540	10	40	47	≤179	低淬透性合金渗碳钢。用于制造截面直径小于 20 mm，形状简单，心部强度、韧性较高，耐磨的渗碳和氰化件，如齿轮、凸轮等，渗碳后硬度为 56～62 HRC
20CrMn	0.17～0.23	0.17～0.37	0.90～1.20	0.90～1.20	—	—	850		油	200	水、空气	15	930	735	10	45	47	≤187	低淬透性合金渗碳钢。强度、韧性均高，淬透性良好，热处理性能优于 20Cr，淬火变形小，焊接性较差，可代替 20CrNi 制作中截面、小冲击的小渗碳件
20MnZ	0.17～0.24	0.17～0.37	1.40～1.80	—	—	—	850 880		水、油	200 440	水、空气	15	785 785	590 590	10	40	47	≤187	低淬透性合金渗碳钢。小截面下性能相当于 20Cr。用作渗碳小齿轮、小轴、销、杆、汽缸套。渗碳后硬度为 56～62 HRC
20CrMnTi	0.17～0.23	0.17～0.37	0.80～1.10	1.10～1.30	—	Ti 0.04～0.10	880	870	油	200	水、空气	15	1080	835	10	45	55	≤217	中淬透性合金渗碳钢。渗碳淬火后具有良好耐磨性和抗弯强度，切削加工性良好，广泛用于汽车、拖拉机工业上 30 mm 直径以内的高速、中重载、冲击、磨损件

续表

牌号	成分/(%)						热处理					试样毛坯尺寸/mm	力学性能					供应状态硬度/HBS	特点和应用
							淬火			回火			σ_b	σ_s	δ_5	ψ	A_{KU}		
	C	Si	Mn	Cr	Mo	其他	温度/℃		冷却剂	温度/℃	冷却剂		MPa		%		J		
							第一次	第二次					≥						
20MnTiB	0.17～0.24	0.17～0.37	1.30～1.60	—	—	Ti0.04～0.10 B0.0008～0.0035	860		油	200	水、空气	15	1100	935	10	45	55	≤187	中淬透性合金渗碳钢。渗碳淬火后具有良好耐磨性和综合力学性能。可作为20CrMnTi的代用钢，制造汽车、拖拉机上小截面、中等负荷的齿轮
20Cr2Ni4	0.17～0.23	0.17～0.37	0.30～0.60	1.25～1.65		Ni 3.25～3.65	880	780	油	200	水、空气	15	1175	1080	10	45	62	≥269	高淬透性高级合金渗碳钢。用作截面较大、负荷较高、交变载荷下的重要渗碳件，如传动齿轮、轴、万向叉
18Cr2Ni4WA	0.13～0.19	0.17～0.37	0.30～0.60	1.35～1.65	—	W0.80～1.20 Ni4.00～4.50	950	850	空气	200	水、空气	15	1175	835	10	45	78	≤269	高淬透性优质合金渗碳钢。用作大截面、高强度、良好韧性且缺口敏感性低的重要渗碳件，如大齿轮、花键轴、曲轴。也可作调质钢

注：除特点和应用外，摘自GB/T 3077—2015。

表 5-7　常用弹簧钢的牌号、成分、热处理、性能、特点和应用

牌号	成分/(%)						热处理		力学性能≥				特点和应用
	C	Si	Mn	Cr	V	其他	淬火/℃	回火/℃	σ_b/MPa	σ_s/MPa	δ_{10}/(%)	ψ/(%)	
70	0.67～0.75	0.17～0.37	0.50～0.80	≤0.25	—	Ni≤0.35 Cu≤0.25	830	480	1050	850	8	30	强度高，塑性、韧性好，淬透性低。用作汽车、拖拉机及一般机械的板弹簧和螺旋弹簧
65Mn	0.62～0.70	0.17～0.37	0.90～1.20	≤0.25	—	Ni≤0.35 Cu≤0.25	830	540	1000	800	8	30	强度高、淬透性好，易产生淬火裂纹，有回火脆性。可制作大尺寸的各种弹簧，如弹簧发条、扁圆弹簧、气门簧、冷卷簧
55Si2Mn	0.52～0.60	1.50～2.00	0.60～0.90	≤0.35	—	Ni≤0.35 Cu≤0.25	870	480	1300	1200	6	30	高温回火可得到良好的综合力学性能。主要用于制造铁路机车车辆、汽车、拖拉机上的板簧、螺旋弹簧、安全阀、止回阀用弹簧、工作温度低于 250 ℃的耐热弹簧、高应力重要弹簧
60Si2Mn	0.56～0.64	1.50～2.00	0.60～0.90	≤0.35	—	Ni≤0.35 Cu≤0.25	870	480	1300	1200	5	25	
55CrMnA	0.52～0.60	0.17～0.37	0.65～0.95	0.65～0.95	—	Ni≤0.35 Cu≤0.25	830～860	460～510	1250	1100	δ_5 9	20	淬透性好，综合性能好。多用于制作大尺寸断面、较重要的板弹簧和螺旋弹簧
60Si2CrVA	0.56～0.64	1.40～1.80	0.40～0.70	0.90～1.20	0.10～0.20	Ni≤0.35 Cu≤0.25	850	410	1900	1700	δ_5 6	20	综合力学性能好，强度高，冲击韧性好，过热敏感性低，高温性能稳定。多用于制作高载、耐冲击的重要弹簧和工作温度低于 250 ℃的耐热弹簧
50CrVA	0.46～0.54	0.17～0.37	0.50～0.80	0.80～1.10	0.10～0.20	Ni≤0.35 Cu≤0.25	850	500	1300	1150	δ_5 10	40	综合力学性能好，冲击韧性好，回火强度高，高温性能稳定，淬透性好。多用于制作大截面(直径大于 50 mm)高应力螺旋弹簧和工作温度低于 300 ℃的耐热弹簧
30W4Cr2VA	0.26～0.34	0.17～0.37	≤0.40	2.00～2.50	0.50～0.80	W4.00～4.50	1050～1100	600	1500	1350	δ_5 7	40	强度高，耐热性好，淬透性很好，可用于 540 ℃下工作弹簧和锅炉安全阀用弹簧

注：除特点和应用外，摘自 GB/T 1222—2016。

表 5-8　常用滚动轴承钢的牌号、成分、热处理、性能、特点和应用

牌号	成分/(%)					试样状态	力学性能					典型热处理		特点和应用
	C	Mn	Si	Cr	其他		σ_b	σ_s	δ_5	ψ	a_K	淬火	回火	
							MPa		%		kJ/m²	℃		
G95Cr18	0.90～1.00	≤0.80	≤0.80	17.0～19.0	S≤0.030 P≤0.035	退火	745		14	27.5	156.8			属高碳铬不锈轴承钢。具有高硬度和抗回火稳定性。淬火低温回火后，硬度、弹性、耐磨性、接触疲劳强度更高，高、低温性能和抗腐蚀性好，切削性、冷冲性良好。用于酸、碱等环境中的轴承等零件
GCr9	1.0～1.10	0.20～0.40	0.15～0.35	0.90～1.20	S、P≤0.025							810～830	150～170，1～2h	淬透性、耐磨性较好。淬火低温回火后，用于较小尺寸的轴承件，如 ϕ10～20 mm 的滚珠
GCr15	0.95～1.05	0.90～1.20	0.40～0.65	1.30～1.65	S、P≤0.025	退火	588～676	353～382	40～59	20～27		820～840	150～160，1～2h	淬透性、耐磨性好，疲劳强度高，可碳氮共渗，一般在淬火低温回火后使用，回火硬度为 62～66 HRC。可制造大型机械轴承，高耐磨、高疲劳强度轴承，以及有关零件，如壁厚为 20 mm 的套圈，直径小于 50 mm 的滚珠
GSiMnV	0.95～1.10	1.10～1.30	0.55～0.80	—	V 1.20～1.30 S、P ≤0.03	退火	720	441	25.5	50.4	725	780	160，2h	属过共析钢。与 Cr 不锈钢相比，易脱碳，但淬透性、耐磨性较好。用于制作汽车、拖拉机、轧钢机、粉碎机上的轴承，回火硬度大于 62 HRC，可代替 GCr15 钢
GSiMoV	0.90～1.10	0.75～1.05	0.45～0.65	—	Mo 0.20～0.40 V 1.20～1.30	退火	694	440	23.2	54.1	686	780	160，2h	属过共析钢。与 Cr 不锈钢相比，易脱碳，但淬透性、耐磨性较好。用于制作汽车、拖拉机、轧钢机、粉碎机上的轴承，回火硬度大于 62 HRC，可代替 GCr15SiMn 钢

注：除特点和应用外，摘自 GB/T 3086—2008 和 GB/T 3203—2016。

5. 易切钢

在金属切削过程中，切屑如果不能及时断屑，容易缠绕在零件表面，影响切削过程。切屑还会划伤光洁的已加工面，降低表面质量。因此，对某些切削加工，尤其是在自动机床上加工的零件，应选用易切钢材料，使切削抗力小，排屑容易，表面光洁。

易切钢的主要合金元素是硫。硫与锰形成 MnS，并以纤维状沿轧制方向排列，使钢的基体呈断续状，切削加工时能自动断屑，排屑方便，切削抗力小。MnS 还具有润滑作用，可作为刀具和切屑间的润滑剂，延长刀具寿命，降低工件表面粗糙度。但含硫量过高会使钢产生热脆，一般控制 $\omega_S < 0.30\%$。

有些易切钢加入适量的铅。铅不溶于钢，而是以 1～2 μm 的微粒均匀分布在钢的基体上，进一步改善钢的切削加工性能。

常用易切钢的牌号可在材料手册中查得。

5.3 合金工具钢

在机械制造中，需要使用各种刃具、模具、量具和其他工具，制造这些工具的钢，称为工具钢。对不同的工具钢，有不同的性能及工艺要求，一般将其分为合金刃具钢、合金模具钢和合金量具钢。其中，刃具钢要求有高硬度、高耐磨性和红硬性，还要有适当的强度和韧性。冷作模具钢必须具有高强度、高硬度、高耐磨性和足够的韧性；热作模具钢除具有冷作模具钢的性能外，还需有良好的抗热疲劳性、导热性和一定的抗氧化性能。量具钢应具有高硬度、高耐磨性、一定的强度和韧性，特别要求组织稳定，避免相变引起尺寸变化，以稳定量具的精度。

5.3.1 合金刃具钢

合金刃具钢可分为低速刃具钢和高速刃具钢。低速刃具钢有碳素工具钢和低合金刃具钢，高速刃具钢都是高合金钢。

1. 低合金刃具钢

低合金刃具钢是为了克服碳素工具钢淬透性不足、红硬性差、易淬火开裂等缺点，在碳素工具钢的基础上加入质量分数总量小于 3%的合金元素，具有比碳素工具钢性能更好的一类刃具钢。加入元素主要是铬、锰、硅、钒、钨等，常用牌号有 9SiCr、9Mn2V、CrWMn，工作温度一般在 250 ℃以下。

加入的合金元素中，铬、硅可增大淬透性；铬、锰、钒、钨可细化碳化物，使之均匀分布，增加耐磨性，并细化奥氏体晶粒，提高韧性。硅还可以提高回火稳定性，使钢在 250～300 ℃保持红硬性；硅的存在还可使铬的含量减少。因此，低合金刃具钢的耐磨性、红硬性和其他力学性能都比碳素工具钢好。合金元素的加入也改善了热处理工艺性能。

低合金刃具钢因加入硅、铬、钨、钒等元素而使 $Fe\text{-}Fe_3C$ 状态图上的奥氏体区缩小。故虽然低合金刃具钢是过共析钢，但铸锭中有莱氏体组织，而且碳化物大小不均匀，增加了钢的脆性。因此，必须通过锻造改变莱氏体中碳化物的结构，并降低网状碳化物的有害影响。

合金元素的加入降低了钢的导热性，因此，锻造的加热速度和锻造后的冷却速度均应比碳类工具钢缓慢，以防工件开裂。

低合金刃具钢的最终热处理为淬火和低温回火；组织为回火马氏体、合金碳化物和少量残余奥氏体。

常用低合金刃具钢的牌号、成分、热处理、性能、特点和应用列于表 5-9。

表 5-9 常用低合金刃具钢的牌号、成分、热处理、性能、特点和应用

牌号	化学成分/(%)					交货状态	试样淬火			特点和应用
	C	Si	Mn	Cr	W	硬度/HBS	温度/℃	冷却剂	硬度/HRC	
9SiCr	0.85～0.95	1.20～1.60	0.30～0.60	0.95～1.25	—	197～241	820～860	油	≥62	淬透性好于铬钢,耐磨性好,回火稳定性好,热处理变形小,但脱碳倾向大。适用于耐磨性好、切削不剧烈、变形小的复杂刃具,如丝锥、板牙、钻头、铰刀、拉刀等
8MnSi	0.75～0.85	0.30～0.60	0.80～1.10	—	—	≤229	800～820	油	≥60	韧性、淬透性、耐磨性均优于碳素工具钢。多用于制作木工工具,如凿子、锯条等,小尺寸热锻模与冲头、紧固件、拔丝模、冷冲模和切削工具
Cr06	1.30～1.45	≤0.40	≤0.40	0.50～0.70	—	187～241	780～810	水	≥64	淬透性不好,但淬火硬度和耐磨性很高,较脆。多用于轧制成薄板后,制作外科手术刀、剃刀以及刮刀、刻刀、锉刀等
Cr2	0.95～1.10	≤0.40	≤0.40	1.30～1.65	—	179～229	830～860	油	≥62	淬火硬度和耐磨性很好,淬火变形不大,但高温塑性差,多用于低速、切削量小、加工材料不太硬的刃具,如车刀、插刀、铰刀,还可以用于量具、样板、偏心轮、钻套、拉丝模以及大尺寸冷冲模
9Cr2	0.80～0.95	≤0.40	≤0.40	1.30～1.70	—	179～217	820～850	油	≥62	含碳量略低于Cr2。多用于制作冷作模具、冷轧辊、压延辊、木工工具等
W	1.05～1.25	≤0.40	≤0.40	0.10～0.30	0.80～1.20	187～229	800～830	水	≥62	淬火硬度和耐磨性比碳素工具钢好,热处理变形小,水淬不易开裂。多用于制作工作速度不高、温度不高的小截面刃具,如丝锥、板牙、铰刀、锯条、小麻花钻

注:除特点和应用外,摘自GB/T 1299—2014。

2. 高速钢

1）高速钢中合金元素的作用

现代机械制造业要求刃具的切削速度越来越高，低速刃具钢红硬性仍较低，不能用于高速切削。在钢中加入较多的碳化物形成元素，如铬、钼、钨、钒，使钢有足够的碳化物，并获得强硬的马氏体基体，是改善刃具钢红硬性的重要途径。

加入铬可形成碳化物，也可溶于奥氏体使奥氏体稳定性提高，晶粒细化，使马氏体具有较高硬度，并改善钢的淬透性。钨可溶于奥氏体中，增加钢的淬透性并提高马氏体的回火稳定性；在 500～650 ℃回火时，以 W_2C 形态弥散析出，产生二次硬化；大量未溶的碳化物 WC 增加钢的硬度和耐磨性。钒的作用是形成微细、弥散和稳定的 VC，以产生二次硬化提高回火稳定性；VC 还会阻止 W_2C 聚集长大，进一步提高弥散强化作用，提高钢的红硬性和耐磨性。钼的作用类似于钨，钼可减少碳化物的偏析，提高钢的热成形能力，相应地提高了钢在淬火回火后的强度和韧性。钴可促使钨、钼、钒溶于奥氏体，形成高合金奥氏体，提高钢的红硬性。铝可使碳化物分布更均匀，提高钢的硬度，使其达到超硬型高速钢的等级。

除以上合金元素外，对于利用碳化物强化的高速钢，要有足够高的含碳量，既保证钢中可形成足够的碳化物，阻止奥氏体晶粒长大，又可使部分碳化物溶于奥氏体中，得到强硬的马氏体基体，保证高速钢的红硬性和耐磨性。但含碳量又不可太高，否则会造成碳化物分布不均匀，钢的脆性增加。碳和各合金元素的含量应有恰当的比例。

2）高速钢的锻造和热处理

（1）铸态组织高速钢的含碳量 $\omega_C=0.7\%\sim0.8\%$。由于大量缩小奥氏体区的合金元素钨、铬、钒、硅的存在，状态图上的 E、S 点明显左移，因此高速钢铸态组织中含有许多莱氏体碳化物。高速钢属莱氏体钢，莱氏体碳化物不能用热处理方法改变其状态，只能用锻造的方法将其击碎并使其均匀分布。

（2）高速钢的锻造和热处理。一般的轧制只能部分击碎高速钢铸态组织中莱氏体碳化物，但碳化物仍然比较粗大而且分布不均匀。对于断面尺寸较大，性能要求较高的刃具，必须进行充分、反复和大锻造比的镦粗、拔长，才能有效击碎碳化物并使其均匀分布。

高速钢的热处理过程比较复杂。以 W18Cr4V 为例，其工艺流程：下料→锻造→退火→切削加工→淬火和三次高温回火→喷丸→磨削。

其中，退火的目的是消除锻造应力，降低硬度便于切削加工。退火方法有一般退火和等温退火两种，前者生产周期长，但操作简单；后者生产效率较高。退火加热温度为 860～880 ℃，退火组织为索氏体和细粒状合金碳化物。

高速钢淬火有以下特点。

① 由于高速钢合金元素的质量分数总量高达 23%，导热性很差，故淬火加热时要分级预热，以防止淬火加热速度过快而引起热应力、变形和开裂。

② 淬火温度不是 $Ac_1+(30\sim50)$℃。因为铬碳化物在 1100 ℃才完全熔入奥氏体，钨碳化物在 1150 ℃才大量熔解，钒碳化物在 1200 ℃才逐渐熔解，故高速钢的淬火温度高达 1280 ℃。但又不宜超过 1300 ℃，温度太高使奥氏体晶粒急剧粗化，甚至导致晶界熔化。

③ 淬火冷却方法也不同于一般工具钢。小型刃具采用油冷，形状复杂、要求变形小的刃具采用盐浴炉分级淬火或等温淬火。

④ 高速钢淬火组织为合金马氏体、合金碳化物和较多的残余奥氏体。

高速钢回火温度为 560 ℃，并需进行 3～4 次，每次 1 h 左右。回火后的组织是回火合金马氏体、合金碳化物和残余奥氏体。

采用 560 ℃回火是为了使碳化物（W_2C、C、VC 等）呈细小分散状，从马氏体中析出，形成第二相弥散强化，即二次硬化。此外，部分碳和合金元素从残余奥氏体中析出，降低残余奥氏体的稳定性，使 M_s 升高，在随后的冷却中使部分残余奥氏体转变为马氏体。560 ℃是回火硬化的峰值温度。

高速钢淬火后残余奥氏体含量达 25%～30%，多次回火可使大部分残余奥氏体转变为马氏体。残余奥氏体第一次回火后约剩 15%，第二次回火后剩 3%～5%，第三次回火后只剩 1%～2%；而且后一道回火可以消除前一道回火时残余奥氏体转变为马氏体引起的比容转变而产生的内应力，有利于剩余残余奥氏体的转变。

W18Cr4V 钢热处理的工艺曲线如图 5-9 所示。

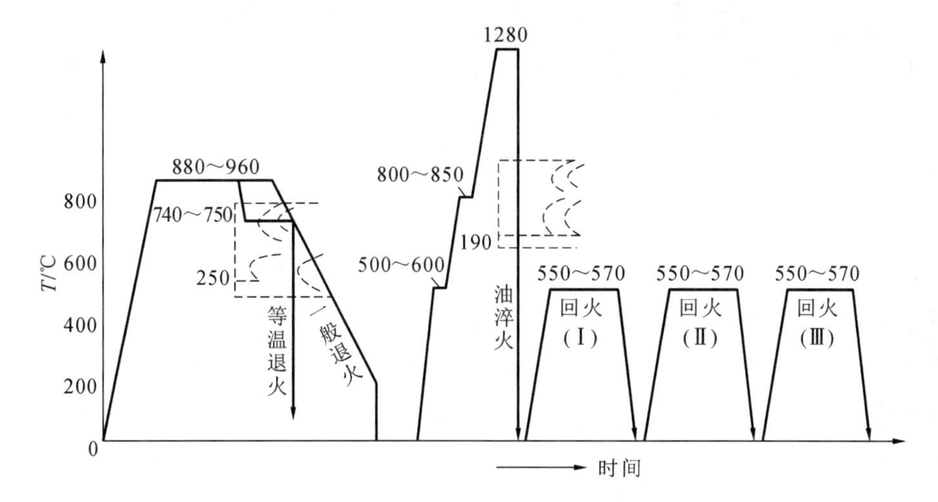

图 5-9　W18Cr4V 钢热处理的工艺曲线

常用高速钢的牌号、成分、热处理、性能、特点和应用列于表 5-10。

5.3.2　合金模具钢

常用的合金模具钢有冷作模具钢、热作模具钢和塑料模具钢等。

1. 冷作模具钢

冷作模具钢主要用于制造承受剪切作用或在模腔中冷塑性成形的模具，如落料或冲孔模、剪切模、冷镦模、拉深模和弯曲模等。冷作模具一般在室温工作，承受较大的冲击载荷，被加工金属与模具表面产生摩擦，故要求冷作模具钢具有高的强度、硬度、耐磨性和韧性，硬度应达到 58～62 HRC。

形状简单、冲击载荷小的模具，可用碳素工具钢制作；形状较复杂的模具，可选用 9SiCr、GCr15 等；形状复杂、尺寸精度要求高的模具，则选用 Cr12 型模具钢；形状很复杂、载荷很大的大型模具，选用 Cr4W2MoV 或 6W6Mo5Cr4V 钢，这两种钢具有优良的力学性能。

常用冷作模具钢的牌号、成分、热处理、性能、特点和应用列于表 5-11。

表 5-10　常用高速钢的牌号、成分、热处理、性能、特点和应用

牌号	化学成分/(%)						热处理温度/℃			硬度		热硬性/HRC	特点和应用
	C	W	Mo	Cr	V	其他	退火	淬火	回火	退火后/HBS	回火后/HBS		
W18Cr4V	0.73～0.83	17.20～18.70	—	3.80～4.50	1.00～1.20	—	860～880	1260～1300	550～570	207～255	63～66	61.5～62	适宜制造一般用途的高速切削车刀、刨刀、铣刀、钻头
W6Mo5Cr4V2	0.80～0.90	5.50～6.75	4.50～5.50	3.80～4.40	1.75～2.20	—	840～860	1220～1240	550～570	≤241	63～66	60～61	适宜制造耐磨性和韧性配合良好的刀具，如钻头、丝锥；成形性较好，可轧制、扭制成形制造切削刀具
W6Mo5Cr4V2Al	1.05～1.15	5.50～6.75	4.50～5.50	3.80～4.40	1.75～2.20	Al 0.80～1.20	850～870	1220～1250	550～570	255～267	67～69	65	加工一般合金钢时，刀具的使用寿命为 W18Cr4V 的 2 倍。加工难切削的超高强度钢、耐热合金钢时，相当于 W18Cr4V 刀具切削一般合金钢的使用寿命

注：除特点和应用外，摘自 GB/T 9943—2008。

表5-11 常用冷作模具钢的牌号、成分、热处理、性能、特点和应用

牌号	化学成分/(%)							硬度				特点和应用
	C	Si	Mn	Cr	W	Mo	其他	退火状态交货/HBS	试样淬火 温度/℃	冷却剂	≥,HRC	
Cr12	2.00～2.30	≤0.40	≤0.40	11.50～13.00	—	—		217～269	950～1000	油	60	高碳高铬钢,具有高强度、高耐磨性和淬透性,淬火变形小、较脆,多用于制作耐磨性高又不承受冲击的冷冲模、量具、拉丝模、搓丝板、冷切剪刀
Cr12MoV	1.45～1.70	≤0.40	≤0.40	11.00～12.50	—	0.40～0.60	V 0.15～0.30	207～255	950～1000	油	58	淬透性、淬火回火后的硬度、强度、韧性高于Cr12,截面直径在300～400 mm以下可完全淬透,耐磨性、塑性较好,变形小,高温塑性也好,可用于制作各种铸、锻模具,如冲孔模、切边模、拉丝模和量具
9Mn2V	0.85～0.95	≤0.40	1.70～2.00	—	—	—	V 0.10～0.25	≤229	780～810	油	62	淬透性和耐磨性高于碳素工具钢,淬火变形小,适于制造各种变形小、耐磨和韧性好、工作时不变热的量具、刃具,如量规、样板、板牙、丝锥、拉刀
CrWMn	0.90～1.05	≤0.40	0.80～1.10	0.90～1.20	1.20～1.60	—	—	207～255	800～830	油	62	淬透性、耐磨性及淬火硬度高于铬钢和铬硅钢,韧性好,淬火变形小,缺点是易产生碳化物网状偏析。多用于制作长而形状复杂的刀具,如长铰刀和复杂量具
9CrWMn	0.85～0.95	≤0.40	0.90～1.20	0.50～0.80	0.50～0.80	—	—	197～241	800～830	油	62	含碳量低于CrWMn,碳化物偏析较小,力学性能较好。应用场合同CrWMn
Cr4W2MoV	1.12～1.25	0.40～0.70	≤0.40	3.50～4.00	1.90～2.60	0.80～1.20	V 0.80～1.10	≤269	960～980 1020～1040	油	60	共晶化合物晶粒细小、分布均匀,淬透性、淬硬性好,力学性能好,耐磨且尺寸稳定。用于制造冷冲模、冷挤压模、搓丝板
6W6Mo5Cr4V	0.55～0.65	≤0.40	≤0.60	3.70～4.30	6.00～7.00	4.50～5.50	V 0.70～1.10	≤269	1180～1200	油	60	具有良好的综合力学性能,是特别适于黑色金属的挤压模具用钢,具有高强度、高硬度、高耐磨性和抗回火稳定性。适用于制作冲头、冷作凹模等

注:除特点和应用外,摘自GB/T 1299—2014。

2. 热作模具钢

热作模具钢是在载荷和温度均发生周期性变化的条件下工作的钢种，用于制造热锻模、热挤压模和压铸模等。热作模具钢常在 400 ℃左右长期经受交变热载荷和摩擦载荷，因此要求模具钢具有良好的热疲劳性能、高温强度、高温冲击韧性、导热性、回火稳定性和淬透性。

热作模具钢为中碳钢，ω_C＝0.30％～0.60％，以保证良好的强度和韧性的配合；合金元素铬、镍可以提高淬透性、硬度和热疲劳性；钨、铝、钒可以提高红硬性、热疲劳性，细化晶粒。

普通热锻模可用调质钢制作，经调质后使用。一般应反复锻造，然后退火，最后淬火和高温回火，得到回火索氏体，以获得较好的力学性能。较大型锻模则采用 40Cr、5CrMnMo、5CrNiMo 钢，其中 5CrMnMo 常用于中型热锻模，5CrNiMo 用于大型热锻模。工作温度在 600～700 ℃的热作模具，常用的钢种是 3Cr2W8V，难溶合金元素钨和钒所形成的特殊碳化物均匀分布在马氏体基体上，明显提高钢的高温性能。4Cr13M03W4Nb、Y6、4Cr3MoMnV13 和 Y10 作为新开发的热作模具钢，其高温强度和高温冲击韧性均有很大提高，模具寿命比 3Cr2W8V 钢提高许多倍。

常用热作模具钢的牌号、成分、热处理、性能、特点和应用列于表 5-12。

3. 塑料模具钢

塑料模具不同于热作模具之处主要是失效源于模具表面质量的下降，而不是模具的磨损和开裂。因此，塑料模具钢的基本要求如下：

(1) 具备良好的强度、韧性等力学性能。

(2) 具备良好的预硬硬度可调节性。能在尽量高的硬度下，对塑料模具钢进行铣、刨、钻、铰、攻丝等切削加工和电火花加工，且加工质量良好。预硬硬度至少控制在 28～35 HRC，可切削加工；特殊情况下在 45 HRC 预硬硬度下也可精加工，避免热处理变形对模具精度的影响。

(3) 具备良好的抛光性。能使模具表面抛光后达到高镜面度，且在工作中镜面保持能力强。抛光应省时省力，容易达到模具工作表面粗糙度要求，一般要求 Ra＝0.1～0.01 μm，透明件成形面 Ra＝0.005 μm 为好。

(4) 皮纹加工性好。易于蚀刻各种图案，且图案清晰、逼真、美观。

(5) 易于焊补。便于模具制造中的型腔缺陷修复，且焊补后仍可顺利加工。

(6) 化学热处理和表面热处理性能良好。对表面质量和精度都要求很高的模具需进行热处理。表面硬度达 45～55 HRC 以上，要求热处理变形很小，变形方向性很小。

此外，含氯、氟的树脂和阻燃级 ABS 树脂成形时会释放出腐蚀性气体，故要求模具钢应有良好的耐蚀性。玻纤增强的塑料特别易使模具工作表面磨损，要求模具钢应有良好的耐磨性。模具钢还应具有优良的表面装饰处理性能，如镀铬或镍磷非晶态涂层处理。塑料模具钢还应具有良好的热传导性，使模具型腔及时冷却，防止塑件变形并提高生产率。

一般塑料模具可用 T7A、T8A、T10A、12CrMo、40Cr、CrWMn 等牌号钢制造。但这些钢难以较全面具备上述要求，因此发展了塑料模具钢系列。

塑料模具钢镜面抛光性取决于钢的硬度、纯净度、组织均匀性和等向性；皮纹加工性也与钢的纯净度和组织均匀性有关。纯净度差易形成针眼、孔洞或斑痕等缺陷。目前采用炉外精炼和真空脱气作为塑料模具钢的标准生产工艺，以减少钢中的气孔、氮化物、氧化物和硫化物等非金属夹杂物。改善显微组织的均匀性以达到塑料模具钢的性能要求。

目前国内试产的塑料模具钢主要有以下几种。

1）3Cr2Mo

3Cr2Mo钢是一种通用型预硬化塑料模具钢，是目前各国应用较广泛的一种塑料模具钢。它是由AISI(American Iron and Steel Institute，美国钢铁学会标准）的P20转化过来的预硬性塑料模具钢，主要成分 $\omega_{C}=0.28\sim0.40\%$，$\omega_{Si}=0.20\sim0.80\%$，$\omega_{Cr}=1.40\sim2.00\%$，$\omega_{Mn}=0.60\%\sim1\%$；供货有退火态和调质态两种；规格有中厚、特厚板和大型模块；用于制造大批量的复杂、精密、大型模具。其退火状态屈服强度为650 MPa，延伸率为15%；调质至预硬硬度22～32 HRC时，力学性能可提高30%～50%。这种钢的工艺性能优良，切削加工性和电火花加工性良好，钢质纯净，镜面抛光性好，表面粗糙度 Ra 值可达0.025 μm，可渗碳、渗硼、氮化和镀铬。这种钢的调质为870 ℃油冷和550～600 ℃空冷，可得到预硬硬度。

2）3Cr2NiMo

3Cr2NiMo钢是3Cr2Mo钢的改进型，与瑞典生产的P20钢改进型718钢一致。其成分中 $\omega_{Ni}=0.8\%\sim1.2\%$，提高钢的淬透性、强度、韧性和耐蚀性。这种钢的镜面抛光性很好，表面粗糙度 $Ra=0.025\sim0.015$ μm；硬度为32～36 HRC时，用一般刀具都可切削加工；加热至800～825 ℃后空冷，硬度可达58～62 HRC，可提高模具使用寿命，焊补性、镀铬性良好；表面热处理后表面硬度可达1000 HV，显著提高耐磨性和耐蚀性。

3）5NiSCa

5NiSCa钢属复合系易切削高韧性预硬钢。钢中的钙使单一硫系中条状硫化锰变成纺锤状硫化物，改善了等向切削性能；还能适度降低硬质点的硬度，减小对刀具的磨损。硬度为30～35 HRC时，切削加工性与45钢退火态相近；硬度为45 HRC时，仍可切削加工。硬度为35～45 HRC时，表面粗糙度 $Ra=0.05\sim0.10$ μm，皮纹加工性较好，易于补焊。

4）10Ni3MnCuAl

10Ni3MnCuAl钢属Ni-Cu-Al镜面预硬模具钢。这种钢当预硬硬度为38～45 HRC时，切削加工性优于正火态中碳钢。此钢镜面抛光性好，表面粗糙度 $Ra=0.008$ μm，适于制造有镜面或图案蚀刻要求或透明度要求高的塑料模具。因为10Ni3MnCuAl钢中含有铝，是氮化钢，经气体软氮化后，其表层硬度可达750 HV，可提高服役寿命。钢的时效温度与氮化温度相近，在氮化的同时也进行时效处理，提高了表面硬度。这种钢常用于制造玻纤增强塑料的模具。

5）0Cr16Ni4Cu3Nb

0Cr16Ni4Cu3Nb钢属析出硬化不锈钢。这种钢当硬度为32～35 HRC时，可进行切削加工。该钢再经460～480 ℃时效处理后，可获得较好的综合力学性能。

常用塑料模具钢的牌号、成分、性能、特点和应用列于表5-13。

表 5-12 常用热作模具钢的牌号、成分、热处理、性能、特点和应用

牌号	化学成分/(%)							硬度				特点和应用
	C	Si	Mn	Cr	W	Mo	其他	退火交货状态/HBS	试样淬火 温度/℃	冷却剂	≥,HRC	
5CrMnMo	0.50～0.60	0.25～0.60	1.20～1.60	0.60～0.90	—	0.15～0.30	—	197～241	820～850	油	b	锤锻模具钢,不含镍。有良好的强度、韧性和耐磨性,淬透性好,对回火脆性不敏感,宜制造边长≤300～400 mm 的中小型热锻模
3Cr2W8V	0.30～0.40	≤0.40	≤0.40	2.20～2.70	7.50～9.00	—	V 0.20～0.50	≤255	1075～1125	油	b	常用的压铸模具钢,含碳量低,又含有碳化物形成元素铬、钨,故韧性、导热性好,高温强度及热硬性好,淬透性好,耐热疲劳性好。适于制造高温高应力下,不受冲击的铸、锻模和热金属切刀
8Cr3	0.75～0.85	≤0.40	≤0.40	3.20～3.80	—	—	—	207～255	850～880	油	b	有较好的淬透性和高温强度。多用于制作冲击载荷不大,500 ℃以下磨损状态下的热作模具、热弯、热剪切刀及螺钉
4Cr5MoSiV	0.33～0.43	0.80～1.20	0.20～0.50	4.75～5.50	—	1.10～1.60	V 0.30～0.60	≤229	790 ℃预热,1000 ℃盐浴或 1010 ℃(炉控气氛)加热,保温 5～15 min空冷,550 ℃回火		b	空淬硬化热模具钢,中温下有较好的高温强度、韧性、耐磨性,使用性能和寿命高于 3Cr2W8V。宜于制作铝合金压铸模、热挤压模、锻模及耐 500 ℃以下的飞机、火箭零件
5Cr4W5Mo2V	0.40～0.50	≤0.40	≤0.40	3.40～4.40	4.50～5.30	1.50～2.10	V 0.70～1.10	≤269	1100～1150	油	b	热挤压、精密锻造模具钢。有高的热强性、热硬性、耐磨性,可进行一般热处理和化学热处理,多用于制造中、小型精锻模,或代替 3Cr2W8V 制作热挤压模具

注:除特点和应用外,摘自 GB/T 1299—2014。

[b]表示根据需方要求,并在合同中注明,可提供实测值。

表 5-13 常用塑料模具钢的牌号、成分、性能、特点和应用

牌号	化学成分/(%)								力学性能					特点和应用
	C	Mn	Si	Ni	Mo	S	P	其他	试样状态	σ_b/MPa	σ_s/MPa	δ_5/(%)	ψ/(%)	
3Cr2Mo	0.28~0.40	0.60~1.00	0.20~0.80	—	0.30~0.55	≤0.03	≤0.03	Cr 1.40~2.00	预硬硬度 28~36HRC	1120	1020	16	61	具备塑料模具钢的综合性能，是最面广量大的钢种。可以进行表面处理，满足耐磨和耐蚀性要求。一般塑料件模具均可使用该钢
3Cr2NiMo	0.28~0.40	0.60~1.00	0.20~0.80	0.80~1.20	0.30~0.55	≤0.02	≤0.015	Cr 1.70~2.00	预硬硬度 35 HRC	1200	1030	15	60	强度、韧性、淬透性和耐蚀性优于 3Cr2Mo，进一步提高模具寿命
3Cr2MnNiMo	0.32~0.40	1.10~1.50	0.20~0.40	0.85~1.15	0.25~0.40	≤0.02	≤0.015	Cr 1.70~2.00	预硬硬度 35 HRC	1200	1030	14	59	是 P20 钢的改进型，具有特别优良的镜面抛光性，良好的淬硬性、耐蚀性，可制造镜面度好或有细致蚀刻纹需求的塑料模具，以及透明度要求高的塑料件模具
10Ni3MnCuAl	0.06~0.16	1.4~1.7	≤0.35	2.8~3.4	0.2~0.5	0.04~0.15 或 ≤0.01	≤0.03	Cu0.8~1.2 Al0.7~1.1	530 ℃时效预硬至 41.4 HRC	1292.7	1194.6	15	52.7	优良的镜面抛光性，低变形度，可以氮化处理，可制造精度要求高、镜面度好、高透光性的塑料模具
5NiSCa	0.57	1.19	—	1.03	0.52	0.028	—	Cr0.89 V0.26 Ca 0.0036	预硬硬度 35~45 HRC	—	1083~1392	8.8~10.5	42.1~47	易切钢，预硬硬度较高。宜制造精度要求较高的塑料件模具，如录音机磁带门仓、收录机外壳、后盖、齿轮等塑料模具
0Cr16Ni4Cu3Nb	≤0.07	<1.0	<1.0	3~5	(添加了某些特殊元素)	≤0.03	≤0.03	Cr15~17 Cu2.5~3.5 Nb0.2~0.4	460 ℃时效预硬至 46 HRC	1428	1324	14	38	耐蚀钢，淬火组织为板条马氏体，硬度为 32~35HRC，切削性能好，时效硬化后力学性能很好，镜面抛光后 $Ra=0.2\ \mu m$，PVD 表面离子镀后，硬度>1600 HV。用于制作高硬耐蚀的塑料模具，如氟氯塑料成形模具或成形机械

注：除特点和应用外，摘自 GB/T 1229—2014 和 GB/T 1220—2007。

5.3.3 合金量具钢

机械制造中需要使用各类量具来度量工件尺寸。量具与工件接触摩擦，易磨损和碰坏，为此，量具钢应具有高硬度、高耐磨性、热处理变形小，以及良好的尺寸稳定性和足够的强韧性特点。

一般精度的量具，可以用 T10A、T12A 制造，但碳素工具钢有较严重的时效效应，尺寸稳定性差。高精度的量具常用 GCr15、CrWMn 和 9SiCr 等制作，这类钢残余应力较小，钢的组织稳定性好，尺寸稳定，尤其是 CrWMn 钢，变形量小，适宜于制造精度要求高、形状复杂的量具。

量具钢淬火和低温回火后，组织为回火马氏体和残余奥氏体。在长期使用中，由于残余奥氏体发生转变，量具精度降低。故通常在淬火后立刻进行冷处理，促使残余奥氏体转变，然后低温回火；为保证高精度，量具在低温回火后应再精加工及去应力退火，尽量减小量具的残余应力。

5.4 特殊性能钢

5.4.1 高强度钢

随着现代工业的发展，建筑业、运输业、机械工业和军事工业等领域对高强度钢的应用日益增多。

高强度钢按合金含量的不同，分为低合金高强度钢、中合金高强度钢和高合金高强度钢。

低合金高强度钢含碳量 $\omega_C=0.30\%\sim0.50\%$，合金元素的质量分数总量小于 5%，是在调质钢的基础上发展起来的。常用的有 35CrMnSiA，40CrNiMoA，45CrNiMoVA 等。这类钢的强度、韧性通过冷热加工和热处理获得。最终热处理是淬火和低温回火。其抗拉强度达 1800 MPa，焊接和切削加工性较差，多用于制造较小型零件。

中合金高强度钢含碳量 $\omega_C=0.30\%\sim0.50\%$，合金元素的质量分数总量达 5%～10%。这类钢可通过马氏体组织的高温回火，使钢二次硬化具备强韧性。其抗拉强度达 2000 MPa，切削加工性差，多用于制造热作模具。

高合金高强度钢含碳量较低，合金元素总量较高。常用的有基体钢和马氏体时效钢。

基体钢是在 W6Mo5Cr4V2 高速钢的基础上发展起来的。W6Mo5Cr4V2 高速钢虽有很高的抗拉强度，但碳化物过多，脆性太大。改进合金元素比例，使合金元素在热处理时完全溶入固溶体，得到高速钢淬火回火后的基体组织，故称为基体钢。基体钢中过剩碳化物较少，颗粒细小均匀，冲击强度和疲劳强度均大幅度提高。常用的基体钢有 65Cr4W3Mo2VNb，可用于制造航天器上的紧固件等。

马氏体时效钢含碳量 $\omega_C<0.030\%$，合金元素的质量分数总量达 18%～25%，淬火空冷即可获得低碳马氏体，强度中等而塑性很好。马氏体时效钢的强韧性不是通过碳化物获得的，而是通过时效处理，即将钢中温加热，在马氏体基体上析出细小弥散分布的金属化合物而使钢强化。这类钢的强度、塑性、韧性很高，在淬火态也能切削加工。通常用的马氏体时效钢有

0Cr15Ni25Ti2AlNb(即 25Ni)和 00Ni18Co9Mo5TiAl(即 18Ni)钢。用于制造航空器件、压铸模等。

5.4.2 耐磨钢

耐磨钢主要用于制造承受严重冲击和摩擦的零件，如挖掘机铲齿、破碎机锷板、轧辊和履带等。

常用的耐磨钢是高锰钢，如 ZGMn8、ZGMn13。ZGMn13 中 $\omega_C = 1.0\% \sim 1.3\%$，$\omega_{Mn} = 11.0\% \sim 14.0\%$。首先将钢铸造成所需的形状，再进行水韧处理后使用。水韧处理是将钢加热至 1050～1100 ℃保温，使碳化物全部溶解，然后迅速水冷，形成单相奥氏体组织。水韧处理后钢的硬度不太高，但在使用时由于冲击载荷和大摩擦力的作用，奥氏体产生加工硬化，同时部分奥氏体转变为马氏体，钢的表层硬度达到 52～56 HRC，心部却依然软而韧，有很好的强度、硬度、塑性和韧性的配合。

高锰钢牌号由“铸钢”汉语拼音字首“ZG”、主要合金元素锰及其平均质量分数组成。常用高锰钢的牌号、成分、性能、特点和应用列于表 5-14。

5.4.3 耐热钢

1. 蠕变和氧化

蠕变是高温工作的钢在小于 σ_s 的应力作用下，随时间延长发生缓慢塑性变形的现象。过量的变形会使零件失效。常用持久强度和蠕变强度表示钢高温时的承载能力。对于高温下只需一定寿命而变形量要求不高的零件，如锅炉管道，可用持久强度表示。持久强度 σ_{10000}^{500} 表示在 500 ℃经 10000 h 发生断裂的应力值。对于如汽轮机叶片等要求高精度的零件，则应依据蠕变强度来选用材料。蠕变强度 $\sigma_{0.2/1000}^{700}$ 表示钢在 700 ℃经 1000 h 产生 0.2%残余变形量的最大应力值。通常将对钢蠕变强度的要求称为钢的热强性。

表 5-14 常用高锰钢的牌号、成分、性能、特点和应用

<table>
<tr><th rowspan="2">牌号</th><th colspan="5">化学成分/(%)</th><th colspan="3">力学性能≥</th><th rowspan="2">硬度/HBS≤</th><th rowspan="2" colspan="2">特点和应用</th></tr>
<tr><th>C</th><th>Mn</th><th>Si</th><th>S</th><th>P</th><th>σ_b/MPa</th><th>δ_5/(%)</th><th>a_K/(MJ/m²)</th></tr>
<tr><td>ZGMn13-1</td><td>1.10～1.50</td><td rowspan="4">11.00～14.00</td><td rowspan="2">0.30～0.90</td><td rowspan="4">≤0.040</td><td rowspan="2">≤0.060</td><td rowspan="2">637</td><td rowspan="2">20</td><td></td><td rowspan="4">229</td><td>低冲击件</td><td rowspan="2">用于结构简单、以耐磨为主的低冲击件，如辊筒、铲齿、破碎壁、磨机衬板等</td></tr>
<tr><td>ZGMn13-2</td><td>1.00～1.40</td><td rowspan="3">147</td><td>普通件</td></tr>
<tr><td>ZGMn13-3</td><td>0.90～1.30</td><td rowspan="2">0.30～0.80</td><td>≤0.080</td><td>686</td><td>25</td><td>复杂件</td><td rowspan="2">用于结构复杂、以韧性为主的高冲击件，如履带板、锷板、挖掘机斗齿、半前壁等</td></tr>
<tr><td>ZGMn13-4</td><td>0.90～1.20</td><td>≤0.070</td><td>735</td><td>35</td><td>高冲击件</td></tr>
</table>

注：除特点和应用外，摘自 GB/T 5680—2010。

氧化是指高温工作的普通钢铁材料在 570 ℃以上生成多孔的 FeO 的现象。FeO 与基体的结合力极小,组织疏松,氧原子易通过 FeO 膜扩散,使钢内部氧化,最终破坏零件。这是高温工作用钢的另一种失效形式。通常将对钢防止氧化的要求,称为钢的抗氧化性。

热强性和抗氧化性统称为耐热性。

2. 提高钢的耐热性的方法

采用合金化方法,加入铬、镍、钼、钨等合金元素,固溶强化钢的基体,提高钢的再结晶温度;加入钛、铬、钨、钒等合金元素,生成特殊碳化物并弥散分布;应用本质粗晶粒度钢,增加晶界位错,减少晶粒滑移等都是提高钢的热强性的重要方法。加入硅、铬、铝等合金元素,生成连续、致密的氧化膜,保护金属不继续氧化,是提高钢的抗氧化性的主要方法。

3. 常用耐热钢

1) 奥氏体耐热钢

这类钢能在 650 ℃以上工作。奥氏体钢中的镍、锰元素保证钢在室温时为奥氏体基体,铬、铝、硅元素提高钢的抗氧化能力,钛、钒、钼形成碳化物和金属化合物。如 1Cr18Ni9Ti 钢可长期在 750 ℃使用,兼有抗氧化性和热强性。

2) 铁素体耐热钢

这类钢能在温度低于 650 ℃的环境中工作。与奥氏体耐热钢相比,铁素体耐热钢合金元素含量较低,工艺性较好,价格也较低,故被广泛使用。这类钢中的铬、硅、铝等元素的作用类似奥氏体耐热钢,如 15CrMo、1Cr17 可长期在 580～650 ℃下使用。

3) 马氏体耐热钢

这类钢常在 650 ℃以下工作。钢中含有钼、钨、钒等元素。钼可固溶强化铁素体,提高再结晶温度;钨可形成特殊碳化物,进一步提高再结晶温度;钒可形成细小、弥散分布的碳化物。这些因素都能提高钢的耐热性。Cr13 型钢为马氏体耐热钢。

4) 珠光体耐热钢

这类钢在 500 ℃以下工作。由于合金元素含量低,价格低廉而广泛使用。常用的有 Cr12MoV、15CrMo 等。

常用耐热钢的牌号、成分、热处理、性能、特点和应用列于表 5-15。

5.4.4 耐蚀钢

1. 金属的腐蚀

金属的腐蚀有化学腐蚀和电化学腐蚀两种。

化学腐蚀是金属与外部介质发生直接化学作用引起的腐蚀。特点是腐蚀物沉积在金属表面,形成薄膜。如果薄膜疏松,则腐蚀液穿透薄膜不断地与金属进行化学反应,直到全部金属被腐蚀。如果形成致密、稳定且与金属基体牢固结合,起隔离金属与外部介质作用的薄膜,则能防止化学腐蚀。这种能防止化学腐蚀的薄膜又称为钝化膜。

电化学腐蚀是金属与外部介质接触发生电化学作用引起的腐蚀。特点是腐蚀过程中有微电流产生。原理是金属离子进入电解质溶液形成正离子,金属本身带有多余电子而成为阴极,因此金属与溶液接触面上有电极电位差;同样,在不同的金属之间通过电解质溶液存在两种电极电位。低电极电位的金属成为阳极不断被腐蚀,高电极电位的金属成为阴极不被腐蚀。如共析碳钢的两个相,渗碳体的电极电位高于铁素体,所以当钢表面有电解质溶液时，铁素体成为阳极不断被腐蚀。

金属在介质中主要受到电化学腐蚀。

2. 金属的抗腐蚀

金属的抗腐蚀可以通过合金化实现。加入合金元素的作用如下。

(1) 提高金属的电极电位。如加入铬，当 $\omega_{Cr}>13\%$时，可显著提高金属的电极电位，从而提高金属抵抗电化学腐蚀的能力。

(2) 形成钝化膜。加入铬、铝、硅等元素可形成致密氧化物的钝化膜，提高金属抵抗化学腐蚀的能力。

(3) 改变金属组织。加入某些合金元素可使钢组织成为单相铁素体或单相奥氏体，使钢基体相的电极电位一致，提高其抵抗电化学腐蚀的能力。

3. 常用耐蚀钢

常用耐蚀钢有奥氏体不锈钢、铁素体不锈钢和马氏体不锈钢。

奥氏体不锈钢常用牌号有 1Cr18Ni9 和 1Cr18Ni9Ti 等，$\omega_C=0.08\%\sim0.15\%$，$\omega_{Cr}=17\%\sim19\%$，$\omega_{Ni}=8\%\sim10\%$。含碳量低有利于提高耐蚀能力；铬提高钢的电极电位，并在钢的表面生成致密稳定的氧化膜 Cr_2O_3；镍可提高钢的强度和韧性。由于组织是单相奥氏体，故这种钢的塑性和耐蚀性均较好。

奥氏体不锈钢在 500～700 ℃工作时，晶界上会析出铬的碳化物，使晶界附近奥氏体中铬的含量低于耐蚀所需的最低含铬量(≤12%)，易引起晶界腐蚀。为此可加入强碳化物形成元素钛、铌，以保证奥氏体中有足够的含铬量。如 1Cr18Ni9Ti 含有一定量的钛，比 1Cr18Ni9 更耐蚀。

奥氏体不锈钢不能用热处理强化。常用固溶处理和时效处理来改善不锈钢的性能。冷加工和焊接后要进行去应力退火，防止不锈钢在应力和腐蚀介质作用下断裂。

奥氏体不锈钢由于具有良好的塑性、耐蚀性，无铁磁性，可用于食品、医疗仪器、化工、仪表等工业中，承受酸、碱、盐介质的腐蚀。这种不锈钢的切削加工性能较差，易加工硬化。

铁素体不锈钢常用的牌号是 1Cr17，$\omega_C=0.12\%$，$\omega_{Cr}=16\%\sim18\%$。高的含铬量使钢形成单相铁素体，提高其抵抗电化学腐蚀的能力，还具有高温抗氧化性，常用于制造化工容器。

铁素体不锈钢不能用热处理强化，但应进行去应力退火，以消除冷变形或焊接后的应力。

马氏体不锈钢的含碳量较高，属铬不锈钢。碳与铬形成的化合物增多，使马氏体含铬量降低，电极电位较低，钢的耐蚀性较差。

常用马氏体不锈钢有 1Cr13、2Cr13、3Cr13、4Cr13、7Cr17、8Cr17 等。其中，1Cr13 和 2Cr13 属亚共析钢，耐蚀性和韧性较好，适用于制造高温下在酸、碱、盐中承受冲击的零件；3Cr13、4Cr13 含碳量增加，硬度较高，适用于制造在一定腐蚀介质中要求高强度的零件；7Cr17、8Cr17 含碳量和含铬量都增加，硬度、耐磨性提高，适用于制造耐腐蚀的工具、刃具、量具等。

常用不锈钢的牌号、成分、热处理、性能、特点和应用列于表 5-16。

表 5-15 常用耐热钢的牌号、成分、热处理、性能、特点和应用

类别	牌号	化学成分/(%)						热处理	力学性能						特点和应用
		C	Mn	Si	Ni	Cr	W		σ_b	$\sigma_{0.2}$	δ_5	ψ	A_K	硬度/HBS	
									≥MPa		≥%		J		
奥氏体钢	1Cr18Ni9Ti	≤0.12	≤2.00	≤1.00	8.00～11.00	17.0～19.0	—	固溶	520	205	40	50		≤187	良好的耐热性、抗蚀性。可制造加热炉管、燃烧室筒体、退火炉罩
	0Cr25Ni20	≤0.08	≤2.00	≤1.5	19.0～22.0	24.0～26.0	—	固溶	520	205	40	60		≤187	抗氧化钢，可承受 1035 ℃加热。可制造炉用材料、汽车净化装置材料
	2Cr25Ni20	≤0.25	≤2.00	≤1.5	19.0～22.0	24.0～26.0	—	固溶	590	205	40	50		≤201	同上，强度较高。可制造炉用材料、喷嘴、燃烧室
	0Cr18Ni11Ti	≤0.08	≤2.00	≤1.00	9.00～11.00	17.0～19.0	—	固溶	520	205	40	50		≤187	用作 400～900 ℃腐蚀介质中材料，高温焊接件
	3Cr18Mn12SiZN	0.22～0.30	10.50～12.50	1.40～2.20	—	17.0～19.0	—	固溶	685	390	35	45		≤248	较高的热强性和一定的抗氧化性，并有抗硫性、抗碳性。用于制作吊挂支架等

续表

类别	牌号	化学成分/(%)						热处理	力学性能						特点和应用
		C	Mn	Si	Ni	Cr	W		σ_b	$\sigma_{0.2}$	δ_5	ψ	A_K	硬度/HBS	
									≥MPa		≥%		J		
铁素体钢	1Cr17	≤0.12	≤0.75	—	—	16.0～18.0	—	退火	405	205	22	60		≥183	用于制作900 ℃以下抗氧化件，如喷嘴、散热器等
铁素体钢	00Cr12	≤0.03	≤1.00	≤0.75	—	11.0～13.0	—	退火	365	196	22	60		≥183	用于制作抗高温氧化且要求焊接的部件，如汽车排气阀净化装置、燃烧室、喷嘴
铁素体钢	2Cr25N	≤0.20	≤1.50	≤1.00	11.50～15.00	15.00～20.00	—	退火	510	275	20	40		≤201	用于制作1080 ℃下抗高温氧化件，如燃烧室等
马氏体钢	1Cr13	≤0.15	≤1.00	≤1.00		11.50～13.50	—	退火、淬火、回火	540	345	25	55	78	≥159	用于制作800 ℃下抗氧化件
马氏体钢	1Cr11MoV	0.11～0.18	≤0.600	≤0.50	≤0.60	10.0～11.50	—	淬火、回火	685	490	16	55	47		热强性、组织稳定性和减振性兼有。可用于制作汽轮机叶片和导向叶片
马氏体钢	4Cr9Si2	0.35～0.50	≤0.70	2.00～3.00	≤0.60	8.00～11.00	—	淬火、回火	885	590	19	50			较高的热强性。用于制作内燃机进气阀或轻负荷发动机排气阀
马氏体钢	1Cr12WMoV	0.12～0.18	0.50～0.90	≤0.50	0.40～0.80	11.00～13.00	0.70～1.70	淬火、回火	735	585	15	40	47		热强性、组织稳定性和减振性较好。可用于制作汽轮机叶片、轮子、转盘和紧固件

注：除特点和应用外，摘自GB/T 1221—2007。

表 5-16　常用不锈钢的牌号、成分、热处理、性能、特点和应用

类别	牌号	化学成分/(%)						热处理	力学性能						特点和应用
		C	Si	Mn	Cr	Ni	其他		σ_b	$\sigma_{0.2}$	δ_5	ψ	A_K	硬度/HBS	
									≥MPa		≥%		J		
奥氏体钢	1Cr18Ni9	≤0.15	≤1.00	≤2.00	17.00～19.00	8.00～11.00	—	固溶	520	205	40	60		≤187	冷加工后有高的强度，建筑装潢用材料
奥氏体钢	1Cr18Ni9Ti	≤0.12	≤1.00	≤2.00	17.00～19.00	8.00～11.00	Ti 0.5～0.8	固溶	520	205	40	50		≤187	用于制作焊芯、抗磁仪表、医疗器械、耐酸容器及设备衬里、输送管道的零件
奥氏体钢	0Cr19Ni9	≤0.08	≤1.00	≤2.00	18.00～20.00	8.00～10.50	—	固溶	520	205	40	60		≤187	最广泛地用于不锈耐热钢，如食品、化工、核能设备的零件
奥氏体钢	00Cr19Ni10	<0.03	≤1.00	≤2.00	18.00～20.00	9.00～13.00	—	固溶	480	177	40	60		≤187	含碳量较低，耐晶间腐蚀。用于制作焊后不热处理的零件
奥氏体铁素体钢	0Cr26Ni5Mo2	≤0.08	≤1.00	≤1.50	23.00～28.00	3.00～6.00	Mo 1.00～3.00	固溶	590	390	18	40		≤277	具有双相组织，抗氧化性及耐点腐蚀性好，强度高。用于制作耐海水腐蚀零件
奥氏体铁素体钢	0Cr18Ni11Ti	≤0.08	≤1.00	≤2.00	17.00～19.00	8.00～11.00	Ti>0.5	固溶	520	205	40	50		≤187	Ti 的加入提高了耐晶间腐蚀性，不推荐作装饰材料

续表

类别	牌号	化学成分/(%)						热处理	力学性能						特点和应用
		C	Mn	Si	Ni	Cr	W		σ_b	$\sigma_{0.2}$	δ_5	ψ	A_K	硬度	
									≥MPa		≥%		J	/HBS	
铁素体钢	1Cr17	≤0.12	≤0.75	≤1.00	16.00~18.00	—	—	退火	450	205	22	50		≤183	耐蚀性良好的通用不锈钢，用于建筑装潢、家用电器、家庭用具
	00Cr30Mo2	≤0.010	≤0.40	≤0.40	28.50~32.00	—	—	退火	450	295	20	45		≤228	高Cr-Mo系，C、N含量极低，耐蚀性很好，用作耐有机酸、苛性碱设备，耐点腐蚀
马氏体钢	1Cr13	≤0.15	≤1.00	≤1.00	11.50~13.50	—	—	退火、淬火、回火	540	345	25	55	78	≤159	有良好的耐蚀性、切削加工性。用于制作一般用途零件和刃具
	3Cr13	0.26~0.40	≤1.00	≤1.00	12.00~14.00	—	—	退火、淬火、回火	735	540	12	40	24	≤217	淬火硬度高于2Cr13。可用于制作刃具、喷嘴、阀座、阀门
	7Cr17	≤0.60~0.75	≤1.00	≤1.00	16.00~18.00	—	—	退火、淬火、回火						≥54HRC	淬火热处理后，强度、韧性、硬度较好。可用于制作刃具、量具、轴承
	11Cr17	0.95~1.20	≤1.00	≤1.00	16.00~18.00	—	—	退火、淬火、回火						≥54HRC	所有的不锈钢、耐热钢中，硬度最高。可用于制作轴承、喷嘴

注：除特点和应用外，摘自GB/T 1220—2007。

身边的工程材料应用 5:航空发动机涡轮叶片用材及其发展

在航空发动机中,涡轮叶片由于处于温度最高、应力最复杂、环境最恶劣的部位而被列为第一关键零件,并被誉为“王冠上的明珠”。涡轮叶片的性能水平,特别是承温能力,成为一种型号发动机先进程度的重要标志,在一定意义上,也是一个国家航空工业水平的显著标志。航空发动机不断追求高推重比,使得变形高温合金和铸造高温合金难以满足其越来越高的温度及性能要求,因而国外自20世纪70年代以来纷纷开始研制新型高温合金,先后研制了定向凝固高温合金、单晶高温合金等具有优异高温性能的新材料;单晶高温合金已经发展到了第3代。20世纪80年代,又开始了陶瓷叶片材料的研制,在叶片上开始采用防腐、隔热涂层等技术。

1. 变形高温合金叶片

变形高温合金发展有50多年的历史,国内飞机发动机叶片常用高温合金牌号、工作温度、特点及应用如表5-17所示。高温合金中随着铝、钛和钨、钼含量增加,材料性能持续提高,但热加工性能下降;加入昂贵的合金元素钴之后,可以改善材料的综合性能并提高高温组织的稳定性。

表5-17 国内飞机发动机叶片常用高温合金牌号、工作温度、特点及应用

合金牌号	合金体系	工作温度/℃	特点及应用
GH4169	Cr-Ni	650	热加工性能好,热变形和模锻叶片成形不困难,叶身变形80%也不开裂
GH4033	Cr-Ni	750	我国航空发动机叶片主要用材,是我国生产和应用时间最长的叶片材料,其中 $\omega(Al+Ti)\geqslant 3.4\%$,热加工性能好;其改进型GH4133是当前国内使用最多的材料,将取代GH4033合金用于叶片
GH4080A	Cr-Ni	800	具有良好可锻性,因新型飞机需要,已经获得批量生产
GH4037	Cr-Ni	850	可锻性好,合金元素含量较高,固溶强化、沉淀硬化双重作用,提高了使用温度
GH4049	Cr-Ni-Co	900	当前工作温度最高和用量最大的叶片用变形高温合金
GH4105	Cr-Ni-Co	900	热加工性能较差,不能用快锻机开坯;可用挤压机开坯或包套轧制。是在新机型定性后,刚刚开始批量生产的材料
GH4220	Cr-Ni-Co	950	变形合金中应用温度最高的叶片材料,采用镁微合金化强化了晶界,改善了材料的高温拉深塑性、提高了持久强度。加工性能较差,但可采用包套轧制工艺生产叶片。不过,随着铸造高温合金和叶片冷却技术的发展,这种合金被替代

2. 铸造高温合金叶片

半个多世纪以来,铸造涡轮叶片的承温能力从1940年代的750 ℃左右提高到1990年代的1700 ℃左右,应该说,这一巨大成就是叶片合金、铸造工艺、叶片设计和加工,以及表面涂层各方面共同发展所做出的共同贡献。

国内叶片用铸造高温合金牌号、使用温度、特点及应用如表5-18所示。国内铸造高温合金的研制单位有中国航发北京航空材料研究院、中国钢研科技集团有限公司、中国科学院金属研究所等。

表5-18 国内叶片用铸造高温合金牌号、使用温度、特点及应用

合金牌号	组织特征	使用温度/℃	特点及应用
K403,K405,K417G,K418	等轴晶型	900～1000	1970s～1980s初期,满足了国内航空发动机叶片生产以铸造代锻造的技术升级需要
K423,K441,K4002,K640			
DZ4,DZ5,DZ417G,DZ22,DZ125,DZ125L	定向凝固柱晶型	1000～1050	1980～1990s研制,使用温度提高约100℃
DD3,DD4,DD6	单晶型	1050～1100	1990～2000s研制
IC6(IC6A),IC10	金属间化合物型	1100～1150	1995～2000研制

2005年,国内在一些新材料(如定向凝固高温合金、单晶高温合金、金属间化合物基高温合金等)的研制和应用上,也逐步跟上了世界先进水平的步伐。但是与之相关的材料性能数据较为缺乏,给材料应用、航空发动机选材与设计带来极大的困难。

3. 超塑性成形钛合金叶片

目前,Ti6Al4V和Ti6Al2Sn4Zr2Mo及其他钛合金,是超塑性成形叶片等最为常用的钛合金。飞机发动机叶片等旋转件用钛合金及其特点如表5-19所示;罗尔斯-罗伊斯Trent900用钛合金叶片如图5-10所示。

表5-19 飞机发动机叶片等旋转件用钛合金及其特点

合金牌号	性能特点	使用温度/℃	费用
Ti6-4	良好的抗拉、蠕变强度和高疲劳强度	≤325℃	100%
Ti6-2-4-6	在高温下有较高的强度	≤450℃	160%～170%
Ti6-2-4-2	良好的抗拉、蠕变强度	≤540℃	125%～130%
IMI834	抗拉、蠕变强度高,疲劳强度一般	≤600℃	380%～400%

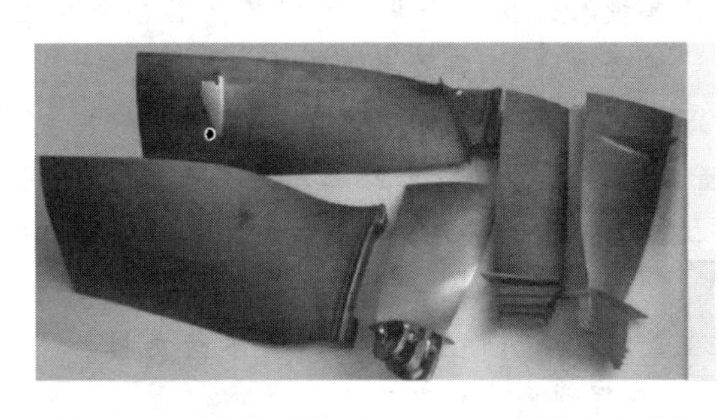

图5-10 罗尔斯-罗伊斯Trent900用钛合金叶片

对CO_2排放及全球石油资源枯竭的担心,促使人们提高飞机效率、降低飞机重量。尽管复合材料的应用有增长趋势,却有制造费用高、不能回收、高温性能较差等不足。钛合金

仍将是飞机发动机叶片等超塑性成形部件的主要材料。

我国耐热钛合金开发和应用方面也落后于其他发达国家，英国的 600 ℃高温钛合金 IMI834 已正式应用于多种航空发动机，美国的 Ti-1100 也开始用于 T55-712 改型发动机，而我国用于制造压气机盘、叶片的高温钛合金尚正在研制当中。其他如纤维增强钛基复合材料、抗燃烧钛合金、Ti-Al 金属间化合物等虽都立项开展研究，但离实际应用还有一个过程。

早在 1970 年代，钛合金超塑性成形技术就在美国军用飞机和欧洲协和式飞机中得到了应用。在随后的十年中，又开发了军用飞机骨架和发动机用新型超塑性钛合金和铝合金。

在军用飞机及先进的民用涡扇发动机叶片中，均用超塑性成形技术制造，并采用扩散连接组装。

4. 新型材料叶片

1）碳纤维/钛合金复合材料叶片

美国通用电气公司生产的 GE90-115B 发动机，采用碳纤维聚合物叶身与钛合金叶片边缘，共有涡扇叶片（见图 5-11）22 片，单重 30～50 磅（1 磅≈0.45 千克），总重 2000 磅；能够提供最好的推重比，是目前最大的飞机喷气发动机叶片，用于波音 777 飞机；并于 2010 年 9 月在美国纽约现代艺术博物馆展出。

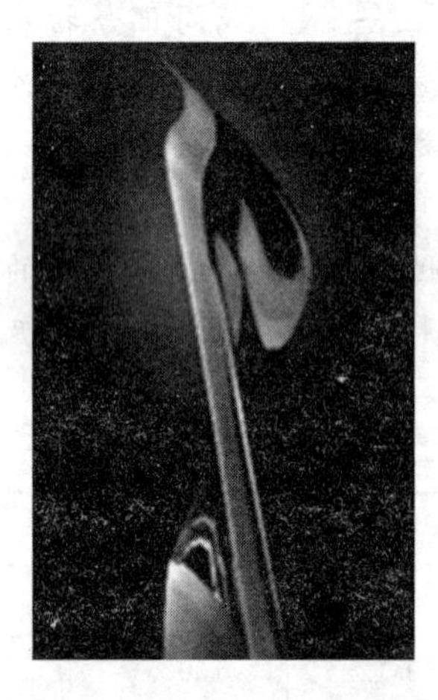

图 5-11 美国通用公司生产的 GE90-115B 发动机涡扇叶片

2）金属间化合物叶片

尽管高温合金用于飞机发动机叶片已经 50 多年了，这些材料有优异的机械性能，材料研究人员仍然在改进其性能，使设计工程师能够发展研制可在更高温度下工作的、效率更高的喷气发动机。不过，一种新型的金属间化合物材料正在浮现，它有可能彻底替代高温合金。

高温合金在高温下工作时会生成一种 γ 相，研究表明，这种相是使材料具有高温强度、抗蠕变性能和耐高温氧化的主要原因。因此，人们开始了对金属间化合物材料的研究。

金属间化合物，密度只有高温合金的一半，至少可以低压分段，取代高温合金。

2010 年，美国通用电气公司、精密铸件公司等申请了一项由 NASA 支持的航空工业技术项目（AITP），通过验证和评定钛铝金属间化合物（Ti-Al，Ti-47Al-2Nb-2Cr）以及现在用于低压涡轮叶片的高温合金，使其投入工业生产中。与镍基高温合金相比，Ti-Al 金属间化合物的耐冲击性能较差；可通过疲劳试验等，将技术风险降至最低。

英国罗尔斯-罗伊斯公司，在 1999 年，也申请了一项 γ 相钛铝金属间化合物专利，该材料是由伯明翰大学承担研制的。这种材料可以满足未来军用和民用发动机性能目标的要求，可以用于制造从压缩机至燃烧室的部件，包括叶片。这种合金的牌号，由罗尔斯-罗伊斯公司定为 Ti-45-2-2-XD。

在科技飞速发展的 21 世纪，随着新型叶片材料的不断发明与叶片制造工艺的进步，可以预见航空发动机的性能将会得到更大的飞跃。

本章复习思考题

5-1　合金钢中的主要合金元素有哪些？哪些元素属强碳化物形成元素？特殊碳化物对合金钢的性能有哪些影响？

5-2　合金钢分为几大类？各类合金钢牌号的表示方法有何异同？

5-3　合金结构钢可按热处理及用途分为几个钢种？各钢种的化学成分，热处理及性能有何不同？

5-4　合金钢与碳素钢相比有哪些优缺点？在什么情况下应选用合金钢，在什么情况下不应选用合金钢？

5-5　合金元素对钢的基本相、状态图和热处理有哪些影响？

5-6　工具钢应具备哪些基本性能？合金工具钢与碳素工具钢的基本性能有哪些区别？

5-7　高速钢含碳量一般为 $\omega_C<1.5\%$，为什么铸态会出现莱氏体组织？高速钢热处理工艺为什么与一般工具钢不同，淬火加热温度不是 $Ac_1+(30\sim50)$℃，淬火后不是低温回火？

5-8　对冷作模具钢、热作模具钢、塑料模具钢的性能要求有何不同？冷作模具钢与热作模具钢为什么含碳量不同？

5-9　不锈钢是否永远不生锈？其耐蚀机理是什么？以组织分，不锈钢有几种，其性能有何异同？

5-10　下列牌号合金称什么钢种？各种元素的含量分别为多少？常用的热处理方法是什么？

Q235、45、65Mn、T8、16Mn、20CrMnTi、40Cr、60Si2Mn、GCr15、ZGM13、1Cr18Ni9Ti、1Cr13、Cr12MoV、5CrNiMo、W18Cr4V、3Cr2Mo、9SiCr。

5-11　解释下列现象的产生原因。

(1) 退火状态的 40 钢、40Cr 钢的金相组织中，40Cr 钢的铁素体较少。

(2) T10A 和 CrWMn 钢含碳量相同，前者淬火温度为 780 ℃，后者为 830 ℃。

(3) T10A 和 CrWMn 钢含碳量相同，经正常淬火后，若回火后硬度要求为 40～45 HRC，T10A 的回火温度为 450 ℃，CrWMn 的为 540 ℃。

(4) 正常加热后，T8 钢需水冷后硬度才能大于 60 HRC，而 W18Cr4V 钢空冷后硬度亦可大于 60 HRC。

(5) 30 钢退火组织为 F＋P，3Cr13 钢退火组织为 P。

5-12　试说明 20CrMnTi、42CrMo、GCr15、9SiCr 为何要正火处理，有什么不同之处？

5-13　为何 18-8Cr-Ni 不锈钢要固溶处理？Cr 不锈钢有固溶处理吗？为什么？Cr 在不锈钢中起什么作用？

5-14　高速钢为什么要进行高温淬火和高温回火才有高硬度？三次回火的目的是什么？

第6章　非铁金属及其合金

非铁金属及其合金是指除铁和铁基合金(包括生铁、铁合金和钢)以外的所有金属与合金。因此,非铁合金是以非铁金属为基础,加入其他元素熔炼而得的。有色金属及其合金则是指除黑色金属(铁、锰、铬)以外所有金属及其合金。

非铁金属与合金具有许多特殊的理化性能和力学性能,如优良的电、磁、热性能,以及耐蚀性和高的比强度(强度与密度之比),因此非铁金属的产量和用量虽较铁基合金小,却是现代制造业中应用日益面广量大、不可或缺的金属材料。其中,铜合金、铝合金在机械工业制造中最为常用,滑动轴承广泛应用了非铁合金,钛合金则随着制造工艺的发展也在机械制造产品中得到了较多应用。

6.1　铜及铜合金

1. 纯铜

纯铜本身呈玫瑰红色,表面氧化时呈紫红色,俗称紫铜。纯铜密度为 8.94 g/cm^3,面心立方晶格,熔点为 1083 ℃,无磁性。

纯铜具有良好的导电性、导热性和耐蚀性,常用于制造各种导体制品;纯铜是一种抗磁性材料,磁化系数很低,可用于制作各种不受外磁场干扰的磁性仪器、定位仪和其他防磁器械。纯铜由于强度较低,一般不用于有承载要求的结构材料。

纯铜无同素异构转变,不能用热处理方法强化。纯铜的塑性较好,可进行各种冷、热加工;对纯铜进行冷塑性变形加工可提高其强度、硬度,同时明显降低其塑性。纯铜通常采用合金化方法进行强化,按需加入锌、锡、铝、锰、镍、铅、铍、钛、锆、铁等元素,既提高了铜的强度,又保留了纯铜的一些主要理化特性,拓展其应用。

工业上应用的纯铜称为加工铜,一般其质量分数 $\omega_{Cu}>99.3\%$。加工铜的常存杂质为铅、氧、硫、磷、铋等。其中,铅、铋会形成(Pb+Cu)和(Bi+Cu)等低熔点共晶体,它们在热加工时使铜开裂,此为铜的热脆性;氧、硫、磷则形成 Cu_2O、Cu_3P 及 Cu_2S 等脆性化合物,它们在冷加工时使铜开裂,此为铜的冷脆性。因此对加工铜及其铜合金进行冷热加工时,应该采取相应的加工工艺措施,保证制品加工质量。

常用的纯铜(加工铜)的牌号、性能及应用(以铜带为例)列于表 6-1。纯铜牌号以“铜”的汉语拼音字首“T”表示,后接一位数字为序号,数字越大表示其纯度越低。

表 6-1　常用纯铜(以铜带为例)牌号、性能及应用

名称	牌号	状态 (厚度≥0.15 mm)	力学性能,不低于			应用
			σ_b/MPa	δ/(%)	硬度/HV	
一号无氧铜 二号无氧铜 二号纯铜 三号纯铜 一号脱氧铜 二号脱氧铜	TU1 TU2 T2 T3 TP1 TP2	O60 (软化退火态)	195	30	≤70	1. 电真空器件; 2. 导电、导热、耐蚀器材,如电线、蒸发器、雷管、贮藏器等; 3. 一般用铜材,如电气开关、铆钉等; 4. 汽油、气体、冷凝管等焊接用铜材
		H01(1/4 硬)	215～295	25	60～95	
		H02(1/2 硬)	245～345	8	80～110	
		H04(硬)	295～395	3	90～120	
		H06(特硬)	350	—	110	

注:部分摘自 GB/T 2059—2017 及 GB/T 5231—2012。

2. 铜合金

以铜为主要元素,加入其他元素形成的合金,称为铜合金。铜合金既不失纯铜所具有的优良理化性能,又比纯铜强度高,配合相应的工艺制造方法和热处理工艺,可在一定程度上既满足承载性能要求又满足特殊功能要求。因此,铜合金可以根据应用需求,用于结构材料或结构功能兼备的工程材料。

在铜合金中,除 Cu-Ni 合金形成无限固溶体外,其余常用铜合金都形成有限固溶体,第二相(强化相)多为电子化合物。

1) 铜合金的分类

(1) 按化学成分分类,如图 6-1 所示。

将质量分数 $\omega_{Cu=}$ 96.0%～99.3%,且主要含微量铍、铬、镁、镉、铅、铁等元素的铜合金称为高铜。

将以锌为主要合金元素的铜合金通称为黄铜。黄铜可按化学成分再分为普通黄铜和特殊黄铜。普通黄铜是铜与锌的二元合金,特殊黄铜是在铜锌二元合金的基础上加入铝、铁、硅、锰、铅、锡、镍等元素形成的。

将以镍为主要合金元素的铜合金通称为白铜。白铜可按化学成分再分为普通白铜和特殊白铜。

除了高铜、黄铜和白铜之外的其他铜合金统称为青铜。

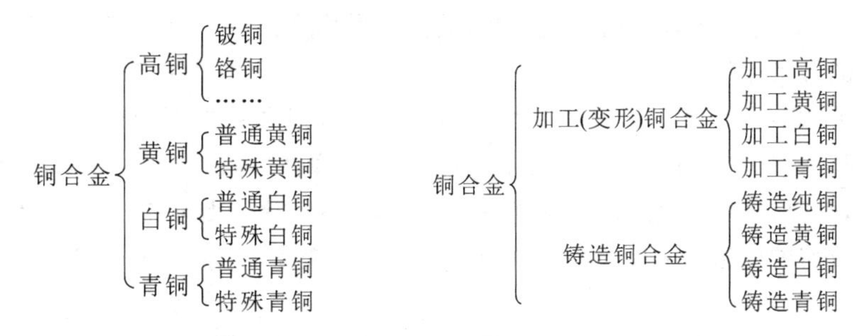

图 6-1　铜合金按化学成分分类　　**图 6-2　铜合金按生产工艺分类**

(2) 按生产工艺分类,如图 6-2 所示。

工业中应用的铜合金产品,其毛坯制取主要有压力加工和铸造两大类生产方式。因此铜合金按生产工艺有加工(变形)铜合金与铸造铜合金两大类。

2）铜合金的牌号

(1) 加工(变形)铜合金的牌号。

对于加工高铜，牌号以“铜”的汉语拼音字首“T”，后接主加元素符号和含量百分数及辅助元素的含量百分数表示。如 TBe2 为铍铜，表示 $\omega_{Be}=2\%$，$\omega_{Cu}>96.0\%$，其余元素实测含量$<1.5\%$；又如 TCr0.7 为铬铜，表示 $\omega_{Cr}=0.7\%$，$\omega_{Cu}>96.0\%$，其余元素含量$<0.65\%$。

对于加工黄铜，普通黄铜的牌号以“黄”字汉语拼音字首“H”，后接合金中铜含量的百分数表示。如 H80，表示 $\omega_{Cu}=80\%$的普通黄铜，余量为锌和微量铁、铅与杂质元素。

特殊黄铜的牌号以“黄”字汉语拼音字首“H”及主加元素符号，后接第一组数字为铜含量百分数，第二组数字为主加元素含量百分数表示。如 HSn62-1，表示 $\omega_{Cu}=62\%$，$\omega_{Sn}=1\%$，余量为锌的锡黄铜。

对于加工青铜，牌号以“青”字汉语拼音字首“Q”，后接主加元素符号和含量百分数及辅助元素的含量百分数表示。如 QSn7-0.2，表示 $\omega_{Sn}=7\%$，$\omega_{P}=0.2\%$的锡青铜(俗称锡磷青铜)，其余是铜及微量合金元素与杂质；又如 QAl7 表示特殊青铜中的铝青铜，其 $\omega_{Al}=7\%$，其余是铜及微量合金元素与杂质。

特殊黄铜和青铜中的辅助元素可以只写含量百分数，不写元素符号。

(2) 铸造铜合金的牌号。

对于铸造铜合金，其牌号以“铸”字汉语拼音字首“Z”加铜的元素符号 Cu，后接主加元素符号和含量百分数，以及辅助元素和含量百分数表示。

如 ZCu99 合金名称是“99 铸造纯铜”，其中的铜含量百分数$\geqslant 99.0\%$，其余为杂质元素。

如 ZCuZn38 合金名称是“38 黄铜”，铜含量百分数约 62%，余量为锌。又如 ZCuZn31Al2 合金名称是“31-2 铝黄铜”，铜含量百分数约 67%，铝含量约 2%，余量为锌。

如 ZCuSn10P1 合金名称是“10-1 锡青铜”，锡含量约 10%，磷含量约 1%，其余是铜及微量合金元素与杂质；又如 ZCuAl10Fe3 合金名称为“10-3 铝青铜”，铝含量约 10%，铁含量约 3%，其余是铜及微量合金元素与杂质。

3）高铜

高铜是以 $\omega_{Cu}>96.0\%$的铜为基，分别与元素如铍、铬、镁、镉、铅、铁熔炼得到的铜合金。高铜中的铜含量低于纯铜(加工铜)。

高铜中的主加元素起改善铜合金性能的某种关键作用，含量虽然不高，效果却十分显著。以铍铜为例，贵金属铍为主加合金元素，铍铜的平均含铍量 $\omega_{Be}=0.5\%\sim2.5\%$。

铍在铜中的最大固溶度为 2.7%(约 866 ℃)，冷却到室温时为 0.16%，故铍铜是一种时效强化效果显著的高铜合金。经固溶、时效处理后，具有很高的强度、硬度和弹性极限，其抗拉强度 σ_b 达 1250～1500 MPa，硬度为 350～400 HBS，弹性极限达 780 MPa；而且疲劳强度、耐磨性均很好，兼具抗蚀、导电、导热及优良的耐热性，无磁性、无冲击火花等特性。淬火状态的铍铜在时效前的固溶处理后具有极好的塑性，属形变合金，能制作形状复杂的压力加工成形制品。

铍铜主要用于制造精密仪器仪表中的各类重要弹性元件，耐蚀、耐磨零件，高精度微型齿轮，高温、高压、高速轴承，防爆工具和电焊机电极等。相对而言，铍铜工艺较复杂、价格较高。

4）黄铜

黄铜是以锌为主要合金元素的铜合金。铜锌合金相图见图 6-3。

(1) 普通黄铜。

普通黄铜中除了锌，还可以有微量的其他辅助元素。黄铜的主要力学性能随含锌量不同而变化，如图 6-4 所示。

由图 6-3 和图 6-4 可知，当 $\omega_{Zn}<36\%$时，室温组织是以铜为基的 α 固溶体单相组织，该区域内的铜合金强度和塑性随含锌量增加而提高。如 H95 至 H65 属于该类单相合金，其中 $\omega_{Zn}=30\%$时，黄铜的强度和塑性达到最佳配合。

当 $\omega_{Zn}>36\%$时，出现了 β′相(以电子化合物 CuZn 为基的体心立方晶格固溶体)，使塑性明显下降；但在 β′相不多时，固溶体还能继续提高铜合金强度。如 $\omega_{Zn}=36\%\sim41\%$，室温组织是 α 固溶体和少量 β′固溶体组成的两相组织，因 β′为有序固溶体，塑性差，硬而脆，故冷压力加工性能降低。此时，如果将铜合金加热到 456 ℃，使 β′转变为无序固溶体 β，黄铜就具备了良好的塑性，适宜于采用热压力加工。H63、H62、H59 属于此类双相黄铜。

当含锌量增加到组织中出现了具有复杂立方晶格的硬而脆 γ 相时，黄铜的强度和塑性都急剧下降，无法经受压力加工。因此，具有工程实用价值的普通黄铜平均含锌量 $\omega_{Zn}<45\%$。

简而言之，含锌量较低的单相黄铜，色泽美观，且易于冷、热加工，可用于制造金属网、装饰板及其他冲压件。如 H70 的 $\omega_{Zn}=30\%$，俗称三七黄铜，具有强度与塑性的良好匹配，能采用压力加工制作深拉深件，故有“弹壳黄铜”的称谓。而含锌量更高的 H63、H62、H59 等双相黄铜，强度高、价格低廉，常以型材供应，用来制作承受一定载荷的阀杆与螺钉等。

黄铜在大气、蒸汽、淡水中耐蚀性很好；但冷加工后的黄铜有残余应力存在，随季节变化该应力加剧了黄铜制品的腐蚀甚至使其开裂，此现象称为“季裂”。防止“季裂”的有效热处理工艺是冷加工后低温退火，减少和消除残余应力。

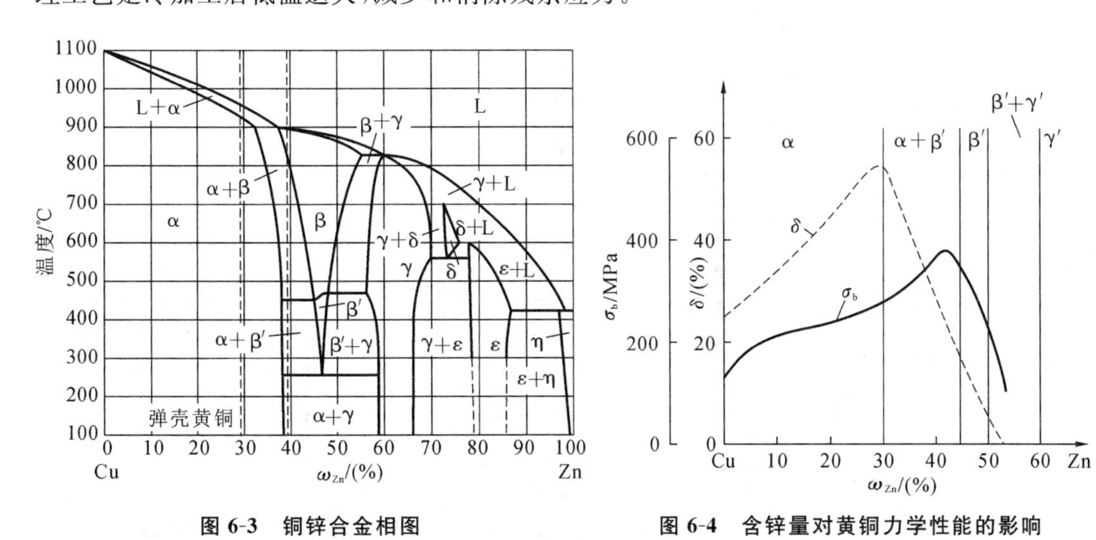

图 6-3　铜锌合金相图　　**图 6-4　含锌量对黄铜力学性能的影响**

(2) 特殊黄铜。

为改善普通黄铜的耐蚀性、切削加工工艺性，提高其力学性能，在加入锌元素的基础上，进一步加入少量的锡、铝、锰、铅等元素形成特殊黄铜。此类黄铜可分别称为锡黄铜、铝黄铜、锰黄铜、铅黄铜等。

特殊黄铜中除锌之外的几种合金元素主要作用如下。

锡的作用是提高特殊黄铜在海水中的耐蚀性，同时提高强度、硬度，使其用于制造海轮零件及水泵、叶轮、旋塞等。

特殊黄铜中的 $\omega_{Al}<4\%$ 时，其组织为单相 α 固溶体，$\omega_{Al}>4\%$ 会出现 β 相，提高合金的强度、硬度，降低塑性，并在合金表面形成坚固氧化膜，提高材料在海水中的耐蚀性；因此铝黄铜可用于制造高强度、耐蚀管材和海轮零件。

锰能起固溶强化作用，提高特殊黄铜力学性能、工艺性能，以及在海水、氯化物、过热蒸汽中的耐蚀性，使其广泛用于造船工业。

铅在黄铜中与铜和锌均不起作用，凝固后以游离状态析出，使铜合金切削加工时断屑容易并适合大量生产制造各类标准件。

硅的作用是提高特殊黄铜的强度、硬度和耐蚀性，还能改善其铸造流动性及焊接性能。

铁的作用是细化特殊黄铜的晶粒，提高其强度和硬度。含铁量 $\omega_{Fe}>0.03\%$ 的黄铜具有铁磁性。有抗磁性要求的场合，必须控制黄铜中的含铁量。

常用黄铜的牌号、性能及应用列于表 6-2。

表 6-2 常用黄铜的牌号、性能及应用

类别	牌号	力学性能，不低于		应用
		σ_b/MPa	δ/(%)	
普通黄铜	H95	215	30	散热器、冷凝器管道及电导零件等
	H80	265	50	金属网、薄壁管等
	H68	290	40	冷凝器管、工业用各种零件
	H62	290	35	散热器、垫圈、弹簧、螺钉等
	H59	290	10	热压零件，电器、机器零件
特殊黄铜	HSn62-1(硬态)	390	5	船舶零件、汽车排气弹性套管等耐蚀件
	HAl60-1-1	440	18	在海水中工作的高强度零件等
	HMn58-2	380	30	弱电系统工作用零件
	HPb59-1	340	25	分流器、导电排等
铸造黄铜（砂铸）	ZCuZn38	295	30	一般结构件和耐蚀零件，如法兰、阀座、支架、手柄等
	ZCuZn16Si4	345	15	在海水中工作的管配件，在空气、淡水、油、燃料及在4.5 MPa 和 250 ℃以下蒸汽中工作的铸件
	ZCuZn40Mn2	345	20	在空气、海水、淡水和各种液体燃料中工作的零件
	ZCuZn38Al2	295	12	适用于压力铸造，如电机、仪表等压铸件及造船和机械制造业的耐蚀件
	ZCuZn33Pb2	180	12	煤气和给水设备的壳体，机械、电子、仪器的配件

注：(1) 表中力学性能数值除特别注明外均为软化退火态；

(2) 部分摘自 GB/T 2059—2017、GB/T 5231—2012 和 GB/T 1176—2013。

5）白铜

白铜是以镍为主加元素的铜合金。镍与铜在固态下无限互溶，所以铜镍合金均为单相 α

固溶体。表 6-3 所示是部分白铜的牌号、成分、性能及应用。

白铜具有很好的冷、热加工性能和耐蚀性，可以通过固溶强化和加工硬化提高强度。随着含镍量增加，白铜的强度、硬度、电阻率、耐蚀性（如抗海水腐蚀能力和抗应力腐蚀开裂能力）显著提高，电阻温度系数明显降低。

工业上将白铜分为普通白铜和特殊白铜两类。普通白铜是 Cu-Ni 二元合金，主要用于制造船舶仪器零件、化工机械零件及医疗器械等。特殊白铜是在 Cu-Ni 二元合金基础上，加入 Mn、Al、Zn 等元素得到的三元合金，也称复杂白铜，能提高强度、耐蚀性或电阻率。

按用途，白铜还可分为结构白铜和电工白铜（精密电阻合金用白铜）两大类。

结构白铜的特点是力学性能和耐蚀性好，色泽美观。结构白铜广泛用于制造精密机械、化工机械和船舶构件。结构白铜中最常用的是 B30、B10 和锌白铜。

其中，锌白铜于 15 世纪时已在中国生产使用，因其色泽与银相近，国外称为“中国银”。其因较好的综合力学性能、耐蚀性、冷热加工成形性且易于切削，价格相对较低等特点，常用作 B30 的代用品。锌白铜可制成线材、棒材和板材，用于仪器、仪表、医疗器械、日用品和通信等领域的精密零件，还大量用于各种饰品。

锰白铜是一种精密电阻合金，具有高电阻率和低电阻率温度系数。因其电阻变化与外界压力近似为线性函数关系，由锰白铜作为敏感元件制成的传感器，可通过测量锰铜电阻变化直接获取动态高压的变化情况。这类合金适于制作标准电阻元件或精密电阻元件，用于爆轰、高速撞击、动态断裂、新材料合成等高温高压环境中的压力测量。

表 6-3　部分白铜的牌号、成分、性能及应用

类别		牌号	化学成分/(%)				力学性能，不低于			应用
			Cu	Ni+Co	Zn	Mn	加工状态	σ_b/MPa	δ/(%)	
铜镍合金	普通白铜	B5	余量	4.4～5.0			退火 冷加工	215 370	32 10	船舶仪器零件，化工机械零件
		B19	余量	18.0～20.0			退火 冷加工	290 390	25 3	
		B30	余量	29.0～33.0			退火 冷加工	340 540	35 1.5	
	锰白铜	BMn3-12	余量	2.0～3.5		11.5～13.5	退火	350	25	直流标准电阻和测量仪器中的分流器
		BMn40-1.5	余量	39.0～41.0		1.0～2.0	退火 冷加工	390 635	—	较高温度下交流用精密电阻、热电偶
铜镍锌合金	锌白铜	BZn15-20	62.0～65.0		余量		退火 冷加工	350 550	35 2	潮湿条件下和强腐蚀介质中工作的仪器仪表零件等，以及装饰品

注：部分摘自 GB/T 2059—2017，GB/T 5231—2012。

6）青铜

青铜是除高铜合金和 Cu-Zn、Cu-Ni 合金以外各种铜合金的通称。按主要合金元素的不同，可分为锡青铜和无锡青铜（特殊青铜）。无锡青铜有铝青铜、铅青铜、铬青铜、锰青铜、硅青铜等。

(1) 锡青铜。

锡青铜是以锡为主要合金元素的铜合金。铜锡合金相图如图 6-5 所示。

我国很早就使用锡青铜,发掘出的几千年前青铜制品至今依然完好无缺,这不仅使我们能看到那个时候我国的文化技术和工艺水平,由此也可知锡青铜具有优良的耐蚀性和耐磨性。

锡青铜的主要力学性能随含锡量不同而变化,如图 6-6 所示。

由图 6-5 和图 6-6 可知,当 ω_{Sn}<5%~7%时,锡溶于铜形成面心立方晶格的单相 α 固溶体。在此范围内,锡青铜强度随含锡量增加而逐渐升高,且强度与塑性有良好的配合,适宜于塑性加工。

当 ω_{Sn}>5%~7%后,合金组织中出现了 δ′相(主要是以电子化合物 $Cu_{31}Sn_8$ 为基的复杂立方晶格固溶体),在常温下 δ′相硬而脆。随着 δ′相出现和含量的增加,合金塑性显著下降,故此类锡青铜宜采用铸造方式进行生产。

当 ω_{Sn}>20%时,锡青铜的强度、塑性均显著下降,此类铜合金无太大工程实用价值。

由以上分析可知,工业上应用锡青铜的锡含量平均范围为 0.4%~15%为宜。

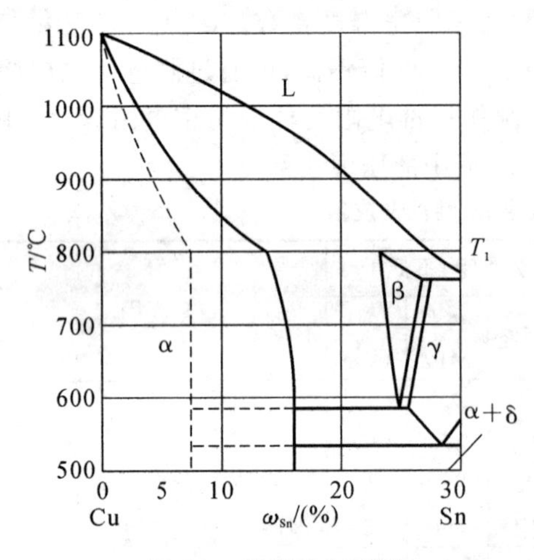

图 6-5 铜锡合金相图

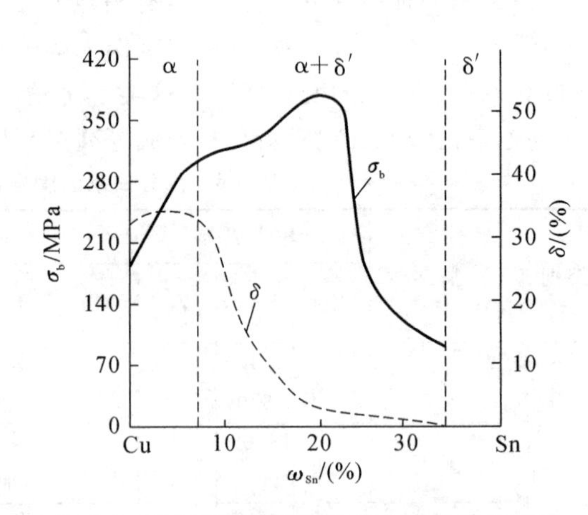

图 6-6 含锡量对铸造锡青铜力学性能的影响

就工艺性能而言,由图 6-5 可知,在 ω_{Sn}<20%范围内液固两相线之间的距离较大,故合金流动性差,易于偏析,易产生缩松,使锡青铜铸件的致密度降低。但是,锡青铜铸造时的体收缩率较小,易于获得形状准确和尺寸精确的铸件,即铸造成形性好。

就使用性能而言,锡青铜在空气中稳定,对蒸汽、海水、无机盐类的耐蚀性比黄铜好,但不耐弱碱、氨水及酸类,可用于制造一般耐蚀零件。锡青铜还具有相对较高的强度、耐磨性和弹性,适用于制造一般弹性元件、滑动轴承、齿轮及艺术品等。

锡青铜不能进行热处理强化。但是,对压力加工青铜可采用去应力退火工艺以消除残余应力,对铸造锡青铜可进行均匀化退火以消除枝晶偏析。

(2) 铝青铜。

铝青铜是以铝为主加元素的铜合金。铝青铜的平均铝含量范围为 5~11%。

铝青铜的力学性能和工艺性随含铝量不同而变化,如图 6-7 所示。图中虚线是经800 ℃淬火后的抗拉强度和伸长率。

就工艺性能而言,由图 6-7 可知,当 ω_{Al}=5%~7%时铝青铜的塑性最好,可进行冷塑性压力加工。ω_{Al}=10%左右的铝青铜强度最高，但塑性差，主要用铸造方式进行生产。此外，铝青铜的液固两相线之间的距离很小，即结晶温度范围窄，所以铸造时合金的流动性好，会产生集中缩孔而不易产生缩松，结晶时不易产生枝晶偏析，易于获得致密的铸件，故铝青铜的力学性能高于锡青铜。铝青铜还能进行热处理强化，进一步提高其强度和硬度。

就使用性能而言，铝青铜在大气、海水、碳酸及大多数有机酸中的耐蚀性，以及耐磨性和无冲击火花的特点均优于黄铜和锡青铜。为了进一步提高铝青铜的耐蚀性和耐磨性，可以添加适量的铁、锰、镍等元素。

由上可知，铝青铜可以作为一种较重要的工程结构材料，铝代替稀缺金属锡还可以降低铜合金的成本，提高零件选材的性价比。铝青铜常用来制造齿轮、蜗轮、轴套等在复杂条件下工作的高强度耐磨零件、弹簧和其他要求耐蚀的弹性元件。

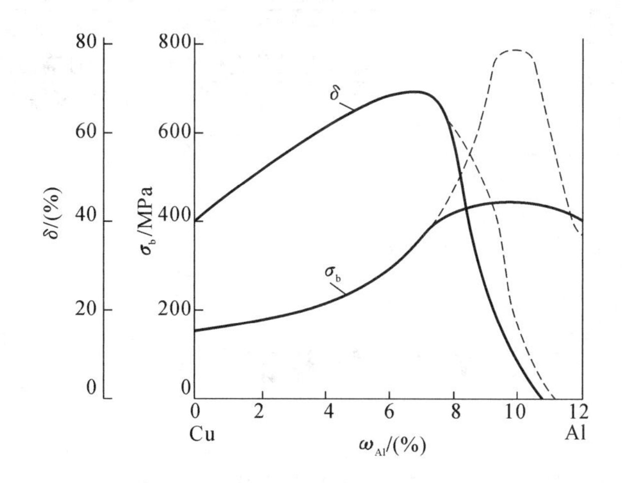

图 6-7　含铝量对铝青铜力学性能的影响

(3) 铅青铜。

以铅为主加合金元素的铜基合金称为铅青铜。它具有良好的耐磨性、高的导热性及较高的疲劳强度，并能在 300～320 ℃的较高温度下工作。这些指标与重负荷和中高速轴承所要求的性能较为吻合。因此，铅青铜是应用较广的滑动轴承材料之一，可用来制造高承载压力同时需要较高转速要求的轴承。

由于铅青铜本身的强度较低，使用时常把铅青铜浇铸到薄钢板或钢管上，制成所谓的“双金属”轴承。另外，铅青铜的耐蚀性较差，加入微量锡和镍元素可提高其耐蚀性。

常用青铜的牌号、性能及应用列于表 6-4。

表 6-4　常用青铜的牌号、性能及应用

类别	牌号	力学性能，不低于		应用
		σ_b/MPa	δ/(%)	
加工青铜	QSn4-3	290	40	弹簧、抗磁及耐磨零件
	QSn7-0.2	295	40	弹性元件、仪表用管材、耐磨零件
	QAl9-2	440	18	齿轮、轴套等

续表

类别	牌号	力学性能,不低于		应用
		σ_b/MPa	δ/(%)	
铸造青铜	ZCuSn5Pb5Zn5	200	13	在较高负荷、中等滑动速度下工作的耐磨耐蚀零件,如轴瓦、衬套、缸套、离合器、蜗轮等
	ZCnSn10Zn2	240	12	在中等及较高负荷和小滑动速度下工作的重要管配件,以及阀、齿轮、蜗轮等
	ZCuPb10Sn10	180	7	表面压力高又有侧压的滑动轴承,负荷峰值为 60 MPa 的受冲击零件,以及活塞销套、摩擦片等
	ZCuPb20Sn5	150	5	高滑动速度的轴承,破碎机、冷轧机轴承,双金属轴承,负荷达 70 MPa 的活塞销套
	ZCuAl9Mn2	390	20	耐蚀耐磨零件,形状简单的大型铸件,在 250 ℃以下工作的管配件和要求气密性高的铸件
	ZCuAl9Fe4Ni4Mn2	630	16	要求强度高、耐蚀耐磨的零件,如齿轮、轴承、衬套,以及耐热管配件等

注:(1) 铸造青铜的力学性能为砂型铸造状态;

(2) 加工青铜的力学性能为软化退火状态;

(3) 摘自 GB/T 5231—2012 和 GB/T 1176—2013。

6.2 铝及铝合金

1. 纯铝

纯铝呈银白色,密度为 2.7 g/cm^3,面心立方晶格,熔点约为 660 ℃。

纯铝的导电、导热性能优良,仅次于银和铜,可用于制造电线、电缆。纯铝在大气中会氧化生成致密的氧化膜 Al_2O_3。这是一种钝化膜,能抵抗大气和淡水的腐蚀并保护内部金属不再被腐蚀,常用于制造包覆保护层、散热片、食品药品用保护膜等。但氧化膜 Al_2O_3 不耐酸、碱溶液的腐蚀。

纯铝的强度很低,尽管纯铝的铸造性、可锻性和切削加工性能优良,但很少直接用作承受重载荷的结构零件材料。

纯铝没有同素异构转变,不能用热处理方法进行相变强化。纯铝采用固溶强化或冷变形强化来提高其强度,纯铝的这两种强化方法在铝合金中也得到了广泛应用。纯铝还可以采用合金化方法进行强化,按需加入硅、铜、镁、锰、锌等合金元素得到的铝合金既提高了强度,又保留了纯铝的一些主要理化特性,拓展了应用。

2008 年前的国家标准中,纯铝牌号以铝的高纯度等级来表示,即以“铝高”的汉语拼音字首“LG”加一位数字(序号)表示,数字愈大纯度愈高。

2008 年后,随着我国铝合金生产技术的快速发展,铝合金品种大幅增加,已将高纯度铝、工业纯铝与铝合金整合在一起,统一采用国际四位数字牌号(国际注册牌号)或者四位字符牌号来表示,与国际先进铝材制造技术和国际标准相接轨。

2. 铝合金

以铝为主要元素,加入少量其他元素形成的合金称为铝合金。工程上应用的铝合金,主要添加有 Si、Cu、Mg、Mn、Zn 等合金元素。

铝合金比纯铝的强度有显著提高,可用作工程结构材料,若再经过冷变形加工或固溶-

时效处理,还可以进一步提高其强度。如一些铝合金的抗拉强度甚至高达560～650 MPa,性能指标数值已与某些低合金钢相当,如果考虑铝合金的比重约为钢的三分之一,这类铝合金的比强度较低合金钢还要高。

铝与少量合金元素形成的有限固溶体和共晶反应的铝合金状态图,具有如图6-8所示的一般形式。当铝中含有合金元素的质量分数较少时,形成以铝为基的固溶体。随着合金元素质量分数的提高,液态合金凝固时发生共晶反应,形成具有共晶组织的两相机械混合物。

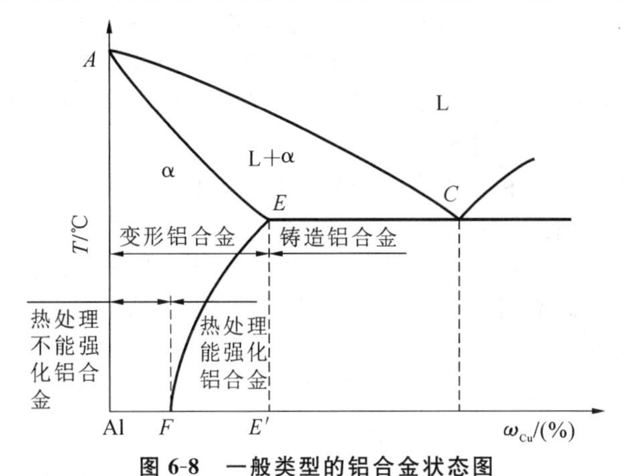

图6-8　一般类型的铝合金状态图

图6-8中,E'点左侧的铝合金加热至一定温度后均能形成单相固溶体组织,具有良好的塑性,适合于压力加工,属于变形铝合金范畴。E'点右侧为铸造合金,凝固过程中将发生共晶反应,合金的熔点低、流动性好,适宜于铸造生产,不适合压力加工,属于铸造铝合金范畴。其中C点成分铝合金的铸造性能最好。

E'点左侧的变形铝合金又可以F点为分界点,将变形铝合金分为两类。位于F点左侧的铝合金,室温时为单相固溶体,塑性很好,但强度低,而且不能进行热处理相变强化,可称为热处理不能强化的变形铝合金。F、E'点之间的铝合金,室温时为多相组织,强度较高;加热至EF线以上可形成单相固溶体,塑性好,这类合金称为热处理能强化的变形铝合金。

1) 铝合金的分类与牌号

(1) 铝合金的分类。

铝合金的分类方法很多,按照制造工艺、化学成分、性能、用途的综合分类如图6-9所示。

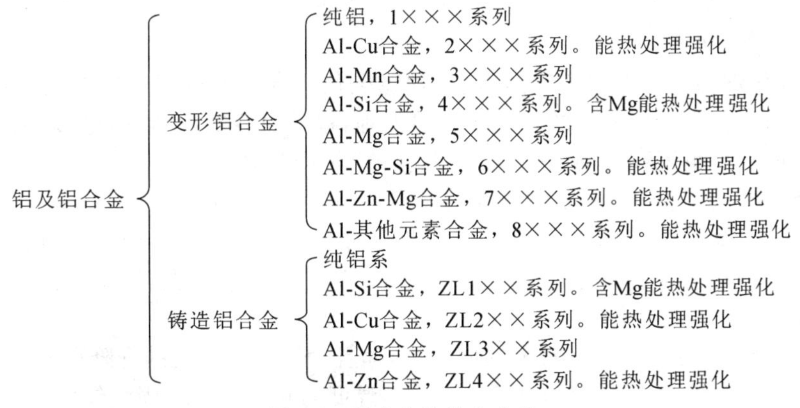

图6-9　铝合金的综合分类

其中,变形铝合金既可通过冷热压力加工制成板材、带材、条材、箔材、管材、棒材、型材、线材等,也可通过热压力加工制成自由锻件或模锻件;铸造铝合金主要加工成铸件、压铸件等铸造毛坯件。

(2) 铝合金的牌号。

① 变形铝合金的牌号。

早期国家标准中，变形铝合金牌号可用“铝”的汉语拼音字首“L”加“防锈”或“硬”或“超”或“锻”的汉语拼音字首“F”“Y”“C”“D”，后接数字顺序号表示，分别为防锈铝合金、硬铝合金、超硬铝合金和锻造铝合金。鉴于之前国标牌号表示方法不足以跟上技术发展和工业需求，2008 年后，变形铝合金的牌号由两种编号方法来表示，第一种是采用四位数字牌号表示，如 6061，是一种直接引入国际牌号注册协议组织命名合金牌号的方法；第二种是采用四位字符牌号表示，如 6A01，用于自行研制并广泛使用的民用产品和经过鉴定并大量使用的军工用变形铝合金，并经过标准化权威机构认证备案。两种编号表示方法既能紧跟国外技术，也能凸显自主研发新品种和新规格的变形铝合金。目前规定，LF、LY、LC、LD 加数字顺序号的表示方法可以与新标准相互对照，参考使用。

2008 年的中国国家标准中变形铝合金共有 273 个合金牌号，比之前标准中的 143 个增加了近一倍。相比较国际铝业协会的 500 多个牌号，变形铝合金还将有较大发展余地。

② 铸造铝合金的牌号。

铸造铝合金牌号以“铸”的汉语拼音字首“Z”加铝元素字符“Al”，后接主加元素符号和含量百分数及辅助元素符号和含量百分数表示。如 ZAlSi7Mg 为铝硅合金(Al-Si 合金)，表示其硅含量为 7%，镁含量小于 1%(约 0.35%)，余量为铝。又如 ZAlSi12 是硅含量约 12%的铝硅合金，俗称硅铝明。

铸造铝合金的代号以“铸铝”的汉语拼音字首“ZL”加三位数字表示。其中，三位数字号的第一位数字表示合金系列，1 为铝硅合金，2 为铝铜合金，3 为铝镁合金，4 为铝锌合金；后两位数为顺序号。如合金牌号 ZAlSi7Mg 的铝硅合金，其合金代号为 ZL101。又如 ZAlSi12 的合金代号是 ZL102。

2) 铝合金的热处理

根据如图 6-9 所示的一般类型铝合金状态图，可知铝合金可以进行以下热处理或热处理强化。

(1) 退火。

变形铝合金可以通过冷、热压力加工获得所需要的形状和材质。对于变形铝合金进行冷热塑性变形产生的加工硬化，需要在 350～415 ℃再结晶退火来消除。对于变形铝合金在冷塑性变形后的残余应力，一般需要在 200～300 ℃去应力退火。

(2) 固溶-时效处理。

不同于强化钢的热处理相变依据，热处理能强化铝合金的机理是依据固溶体成分随温度不同产生了显著变化，所进行的时效硬化热处理，包括固溶处理和时效处理两个步骤。借用钢的热处理概念，也可称为淬火-时效热处理或沉淀强化处理。

铝合金硝盐炉加热及时效热处理

一般热处理能强化铝合金的固溶(淬火)温度在 500 ℃左右，为保证冷却速度，淬火冷却介质为水。时效分自然时效和人工时效，前者时间≥4 天，后者时间为 5～10 h。图 6-10 所示为 Al-$CuAl_2$ 状态图，以此为例简要分析时效硬化基本规律。

由图 6-10 可见，铜在铝中有较大的固溶度，而且固溶度随温度的升降而改变。在548 ℃时 α(Al)固溶体中的含铜量最大可达 5.7%。随温度的降低，α(Al)固溶体中的含铜量降低，低于 200 ℃时，含铜量降至 0.5%以下。这就为铝合金的时效硬化处理创造了必要条件。需注意到，铜铝合金中的 $CuAl_2$ 与碳素钢中的 Fe_3C 或合金钢中的 $Cr_{23}C_6$ 及 Fe_4W_2C 等强化相类似，均属于金属化合物。$CuAl_2$ 的特点：晶格类型和性能不同于其他组元；具有更复杂的晶体结构，熔点高、硬而脆；提高了铝合金的强度、硬度和耐磨性，降低了铝铜合金塑性。

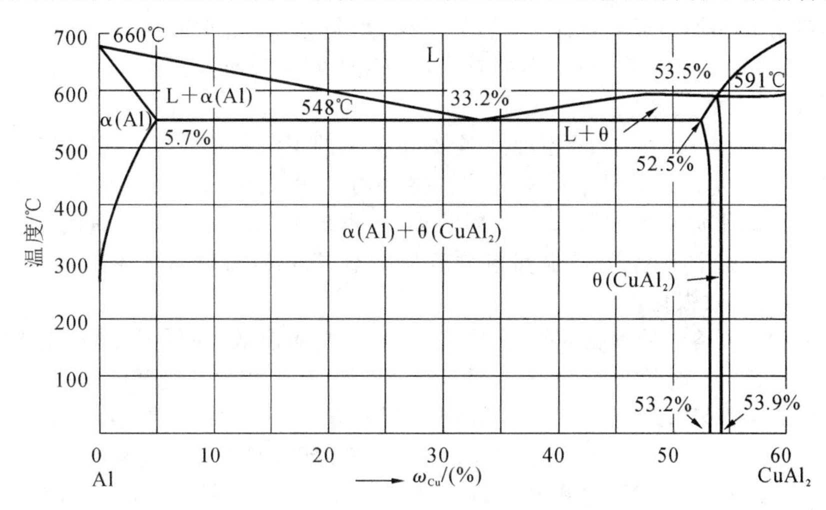

图 6-10　Al-$CuAl_2$ 合金状态图

如将含铜量 4%的铝铜合金加热到高于固溶度曲线的某一温度，得到均匀单相固溶体 α(Al)，然后在水中迅速冷却，使第二相 $CuAl_2$ 来不及从 α(Al)固溶体中析出，从而获得过饱和的 α(Al)固溶体，该方法称为固溶处理。过饱和的 α(Al)固溶体强度 σ_b 约为 250 MPa，仅比缓冷状态下的强度略高。

若将固溶处理后的铝铜合金在室温下放置 4～5 天，其强度显著升高(σ_b 约为 400 MPa)。这种固溶处理后的合金随时间延长而发生的强化现象，称为时效强化。其中，在室温下进行的时效称为自然时效，在加热条件下进行的称为人工时效。图 6-11 所示是 ω_{Cu} = 4%的铝铜合金在室温下的自然时效曲线，图 6-12 所示是其在不同温度下的人工时效曲线。由图 6-11 和图 6-12 对比可见，人工时效可以加快时效速度，但是强化效果比自然时效差，且时效温度越高，强化效果越差。

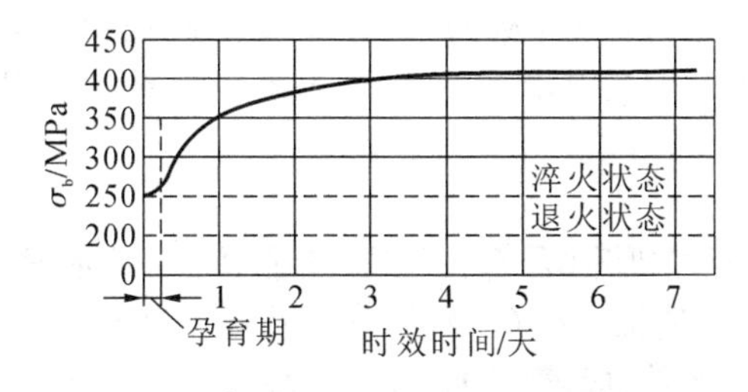

图 6-11　ω_{Cu} = 4%的铝铜合金在室温下的自然时效曲线

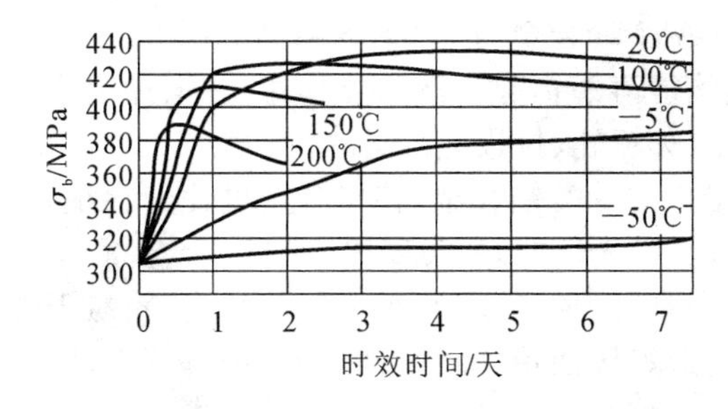

图 6-12　ω_{Cu} = 4%的铝铜合金在不同温度下的人工时效曲线

上述热处理能强化变形铝合金的固溶-时效强化机理，可用 Gunier 和 Preston 相关研究工作进一步阐释。G. P. 区目前泛指固溶体中小区域的溶质原子偏聚区。G. P. 区的特点：过饱和固溶体在分解初期形成速度很快，均匀形核，均匀分布；晶体结构与母相过饱和固溶体相同，且与母相保持共格关系；热力学性质为亚稳定。相关分析如下。

① 铝合金的固溶强化。

从图 6-10 可看出，$\omega_{Cu}=4\%$的铝铜合金在室温下的组织是 $\alpha(Al)+\theta(CuAl_2)$，加热到固溶化温度时，$\theta$ 相全部溶入 α 固溶体中。快速冷却时 θ 相来不及从 α 相中析出，获得了过饱和 α 固溶体。此时铜原子均匀分布于 α 固溶体中，形成晶格畸变不太严重的过饱和置换固溶体，因此固溶处理后的铝铜合金强度和硬度提高不多，仍具有较高塑性。

② 铝合金的时效强化。

上述过饱和 α 固溶体是不稳定的，在室温下停留（自然时效）或低温加热（人工时效）时，α 相将逐步发生分解。在时效初期，由于铜原子扩散作用，在 α 相中某些部位发生一定程度的富集，形成许多“富铜微区”，即G. P. [1]区。由于铜原子与铝原子的尺寸大小不同，G. P. [1]区附近晶格产生严重畸变，使运动位错受到阻碍，从而提高了铝铜合金的强度和硬度。

随着时效时间的延长或温度提高，铜原子的扩散能力增大，铜原子继续向 G. P. [1]区富集，不断增大 G. P. [1]区，且铜原子呈有序化的规则排列，其成分接近 θ 相（晶格类型却不同于 θ 相），这种有序化的富铜区称为 G. P. [2]区（或称为 θ''相）。θ''相与 α 相共格相连，使 α 相晶格发生严重畸变，产生很大的弹性应变区，使运动位错受到更大的阻碍，从而进一步提高铝铜合金的强度和硬度。

继续提高时效温度或延长时效时间，由于铜原子的扩散，θ''相的成分逐渐接近 $\theta(CuAl_2)$ 相，形成了与 α 相半共格的 θ' 相，使得 α 相的晶格畸变有所减小，合金的强化效果开始减弱。此后再提高时效温度或延长时效时间，θ' 相与 α 相的半共格关系发生破坏，生成稳定的非共格的 θ 相，显著减弱合金的强化效果，其硬度明显降低。随着时间推移，θ 相不断长大，硬度继续下降，铝合金发生软化。这种后续提高时效温度或延长时效时间却降低了铝合金强度的现象称为“过时效”。

上述分析表明，时效强化效果与时效处理工艺参数有密切关系。

对于各种热处理能强化铝合金，从固溶-时效强化机理出发，Al-Cu 合金的强化相是 $CuAl_2$；Al-Mg-Si 合金的强化相是 Mg_2Si；Al-Cu-Mg 合金的强化相是 Al_2CuMg；Al-Zn-Mg 合金的强化相是 Mg_2Zn_2。

3）变形铝合金

为便于应用选材，根据变形铝合金的主要性能特点，从防锈铝合金（LF）、硬铝合金（LY）、超硬铝合金（LC）和锻造铝合金（LD）的基本功能与四位数字（或字符）牌号的关系进行理解，变形铝合金的常用牌号、成分、性能和应用列于表 6-5。

（1）防锈铝合金。

主要是 3×××系列 Al-Mn 合金与 5×××系列 Al-Mg 合金。这类铝合金都是热处理不能强化铝合金，锰与镁均能溶于铝起固溶强化作用，在锻造退火后为单相固溶体，因此都可以通过冷塑性变形加工（如辗轧、拉拔等）来提高强度。

Al-Mg 合金是应用最广的一类铝合金，特点是密度比纯铝小，固溶强化作用更强，抗海水腐蚀性能优良，焊接性能、抛光性能好，强度比 Al-Mn 合金高。

总体而言，防锈铝合金具有很好的塑性和一定的强度，较易于焊接，并具有优良的抗蚀性。防锈铝合金常用于制造焊接油箱、油管、冲压件、铆钉等零件。冷塑性变形加工硬化是常用的强化方法。

表 6-5　变形铝合金的常用牌号、成分、性能和应用

类别	牌号	旧牌号	化学成分/(%)						热处理状态	力学性能			应用
			Cu	Mg	Mn	Zn	其他	Al		σ_b/MPa	δ/(%)	硬度/HBS	
防锈铝合金	5A05	LF5		4.0～5.5	0.3～0.6			余量	退火	280	20	70	焊接油箱、油管、焊条、铆钉及中载零件
防锈铝合金	5A33	LF33	0.10	6.0～7.5	0.10	0.5～1.5	Si 0.35 Fe 0.35 Ti 0.05～0.15 Zr 0.10～0.30	余量	退火	130	20	30	焊接油箱、油管、铆钉及轻载零件
硬铝合金	2A01	LY1	2.2～3.0	0.2～0.5				余量	固溶+自然时效	300	24	70	工作温度不超过100 ℃，常用作铆钉
硬铝合金	2A11	LY11	3.8～4.8	0.4～0.8	0.4～0.8			余量	固溶+自然时效	420	18	100	中等强度结构件，如骨架、螺旋桨、叶片、铆钉等
硬铝合金	2A12	LY12	3.8～4.9	1.2～1.8	0.3～0.9			余量	固溶+自然时效	470	17	105	高强度结构件、航空模锻件及 150 ℃以下工作零件
超硬铝合金	7A04	LC4	1.4～2.0	1.8～2.8	0.2～0.6	5.0～7.0	Cr 0.1～0.25	余量	固溶+人工时效	600	12	150	主要受力构件，如飞机大梁、桁架等
超硬铝合金	7A15	LC15	0.50～1.0	2.4～3.0	0.10～0.40		Si 0.50 Fe 0.50 Cr 0.10～0.30	余量	固溶+人工时效	680	7	190	主要受力构件，如飞机大梁、桁架、起落架等
锻造铝合金	6A02	LD2	0.2～0.6	0.45～0.9	0.15～0.35	0.20	Fe 0.50 Si 0.50～1.2 Ti 0.15	余量	固溶+人工时效	490	19	135	飞机发动机零件，形状复杂的锻件与模锻件，要求有高塑性和高抗蚀性的机械零件
锻造铝合金	2A50	LD5	1.8～2.0	0.4～0.8	0.4～0.8		Si 0.7～1.2	余量	固溶+人工时效	420	13	105	形状复杂、中等强度的锻件
锻造铝合金	2A70	LD7	1.9～2.5	1.4～1.8			Ti 0.02～0.1 Ni 1.0～1.5 Fe 1.0～1.5	余量	固溶+人工时效	415	13	120	高温下工作的复杂锻件及结构件

注：部分摘自 GB/T 3190—2008 以及 GB/T 6892—2015。

(2) 硬铝合金。

主要是指 2×××系列 Al-Cu 系合金，如 Al-Cu-Mg-Mn 合金，加入合金元素铜和镁的主要目的是形成强化相 $CuAl_2$(θ 相)和 Al_2MgCu(S 相)，经过时效硬化热处理后，可显著提高合金的强度和硬度，其比强度接近高强度钢。锰的主要作用是提高合金的耐蚀性并起一定固溶强化作用。硬铝合金的主要缺点是固溶温度范围较窄(如 LY11 的固溶温度为 505～

510 ℃),耐蚀性较差。在腐蚀性介质中工作时可采用包铝方法提高其耐蚀性。

硬铝合金有几个牌号如 LY1(2A01)、LY10(2A10),铜镁含量较少,强度较低而塑性较好,时效速度较慢,是常用的铆钉材料,又称铆钉硬铝或低合金硬铝。另一些牌号如 LY11(2A11),铜镁含量较高,强化效果好,强度、硬度较好而塑性有所降低,常称标准硬铝,用于制造要求中等强度的结构件。还有一些牌号如 LY6(2A06)、LY12(2A12),铜镁含量更高,强化效果更好,称为高合金硬铝或高强度硬铝,用于制造要求较高强度的结构件。

(3) 超硬铝合金。

主要是指 7×××系列 Al-Zn-Mg 合金与 Al-Zn-Mg-Cu 合金。加入合金元素锌、镁、铜可形成固溶体和多种复杂的强化相。如 $MgZn_2$(η 相)、Al_2MgCu(S 相)、$Al_2Mg_3Cu_3$(T 相)等,它们在热处理时效过程中,产生了剧烈的强化作用,如果再配合预拉伸和稳定化处理,其强度比硬铝合金高很多。其缺点是耐蚀性差。用包铝方法或提高时效温度进行人工时效,可改善耐蚀性。超硬铝合金用于制造受力较大的零件,如飞机大梁、起落架等高强度结构件。

(4) 锻造铝合金。

主要是指 6×××系列 Al-Mg-Si 合金和少量的 2×××系列 Al-Cu 合金,以及 4×××系列 Al-Si 合金。含量较少的镁、硅、铜等合金元素的加入,使该合金具有良好的热塑性,且经固溶及人工时效热处理后又有较高的力学性能。

如 6061 合金中的 Mg_2Si 相使铝合金固溶-时效强化。其中,铁在铝合金中是一种主要有害杂质,铁含量增加会降低铝合金延展性,使之变脆。添加微量锰与铬可形成较大金属化合物,因其密度与铝合金不同,可采用沉淀法去除铁的有害影响;添加少量铜或锌,可提高合金强度和热塑性,不降低其抗蚀性;少量的铜能改善导电性;锆或钛能细化晶粒,改善再结晶组织;加入铅与铋可改善切削加工性能。

热处理强化方法的选择很重要。其中 6061-T651 高品质铝合金产品,是经固溶-时效热处理,再预拉伸和稳定化处理,其强度虽低于 2×××系或 7×××系,但具有加工性能很好、韧性高及加工后不变形、优良的焊接性、材料致密无缺陷、易于抛光、良好的抗腐蚀性、电镀性好、氧化效果佳、上色膜容易等优良特点。

相关资料表明,至 21 世纪初全球已有 70%左右的铝挤压件采用 6×××系铝合金生产,在主要质量分数范围(如 0.3%~1.3%Si,0.35~1.4%Mg)内,各国研制开发了几百种不同成分配比的铝合金。其中,6063、6082、6061、6005 等几种牌号的铝合金和变种的产量又占据了 6×××系合金的 80%以上,这些铝合金的抗拉强度从 180 MPa 到 360MPa 不等,基本上能满足各种类构件的批量化应用需求。6063 合金的特点是在压力加工的加热温度-速度参数条件下,其塑性与抗蚀性高,无应力腐蚀倾向,焊接时抗蚀性不降低。优异的挤压性与焊接性使 6×××系列合金普遍应用于轻型建筑构件、汽车结构件、通信器材结构件型材,以及航空工业中强度要求较高、形状又较复杂的大型锻件或模锻件中。

4) 铸造铝合金

(1) 铝硅合金及强化方法。

铝硅合金状态图如图 6-13 所示。常用合金 ω_{Si}= 11%~13%,属共晶合金,具有优良的铸造性能,容易铸造形状复杂的铸件,是最常用的铸造铝合金,俗称硅铝明。

未添加其他元素的铝硅合金称为简单硅铝明(如 ZL102),铸态为 α 固溶体和粗大针状硅晶体组成的共晶组织(α+Si)及少量块状初生 α 固溶体,如图 6-14(a)所示。这种组织的力学性能较低,不能用热处理方法强化,应该采用变质处理强化其力学性能。

① 变质处理。

对于简单硅铝明,可通过改变硅晶体形态提高其合金的强度。变质处理是在浇注前向合金溶液加入由 2/3NaF 和 1/3NaCl 组成的变质剂(加入量为合金质量的 2%~3%)。

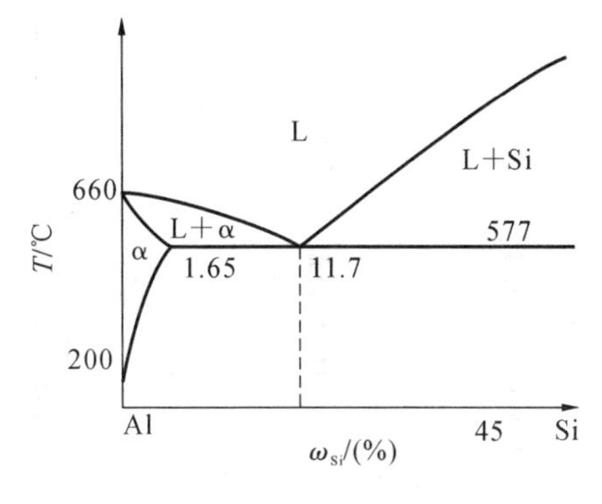

图 6-13　Al-Si 合金状态图

(a) 未变质处理　　(b) 变质处理

图 6-14　铸造铝硅合金显微组织

变质处理后的铸造铝硅合金显微组织如图 6-14(b)所示。白色块状为初生 α 固溶体，其余为细粒状硅晶体与 α 固溶体组成的共晶组织。

② 固溶-时效热处理。

在简单硅铝明中加入铜、镁、硅等合金元素，称为特殊硅铝明。铜、镁、硅能在合金中形成强化相，如 Al_2CuMg、$CuAl_2$、Mg_2Si，显著提高合金的强度，还可通过固溶时效处理使合金进一步强化。

铸造铝合金的固溶处理要求：装炉温度一般为 300 ℃以下，升温至固溶温度的速度以 100 ℃/h 为宜。固溶处理中可进行阶段性保温，两个阶段间不允许停留冷却，应直接升至第二阶段温度。

铝硅合金由于共晶成分的含硅量适中，且共晶体中无高硬度化合物，不至于使合金产生脆性，使之既能具有优良铸造性能的共晶成分，又能获得强度和塑性的良好配合，所以应用广泛。其他种类的铝合金，共晶成分的合金元素含量较高，且共晶体中存在高硬度化合物，合金塑性明显降低，使其应用受到一定限制。

(2) 铝铜合金。

常用铝铜合金 $\omega_{Cu}=4.0\%\sim11.0\%$，远离共晶成分，合金中只有少量共晶体，铸造性能和耐蚀性能均较差，但耐热性好，可进行固溶-时效强化。加入少量钛可细化晶粒。铝铜合金常用于制造在 300 ℃以下工作的零件。

(3) 铝镁合金。

铝镁合金的含镁量一般为 $\omega_{Mg}=5.0\%\sim11.0\%$。其特点是强度高、耐蚀性好、密度小。但是当 $\omega_{Mg}>5\%$时，如果退火，组织中会出现脆性的 β 相(Al_3Mg_2)，其电极电位低于 α 固溶体，导致合金的耐蚀性降低，塑性、焊接性变差。当 $\omega_{Mg}<7\%$时，时效过程中形成的过渡相 β′与基体不共格，时效强化效果甚微，此时 Al-Mg 合金可认为是热处理不能强化铝合金。

铸造性能和耐蚀性能较差，需经固溶处理或时效处理后使用。铝镁合金常用于制造在大气、海水中工作，要求具有较高耐蚀性的零件，如海轮零件等。

(4) 铝锌合金。

铝锌合金的共晶成分含锌量太高，一般不选用。但当 $\omega_{Zn}=9\%\sim13\%$时，铝锌合金具有与铝硅合金相近的铸造性能，少量的共晶体中无高硬度化合物。锌在铝中的固溶度变化很大，温度较低时锌原子不易从过饱和固溶体中析出，因此铸造状态下就能自行淬硬，通过自然时效获得较高强度。缺点是耐蚀性和耐热性较差。铝锌合金是最常用的压铸合金。

由上可知，对于铝及铝合金，除了纯铝、防锈铝、未添加其他元素的简单铝硅合金和部分铝锌合金不能进行热处理强化，多数铝合金均可以进行时效热处理强化。

常用铸造铝合金的牌号、成分、性能和应用列于表 6-6。

表 6-6　常用铸造铝合金的牌号、成分、性能和应用

类别	牌号	代号	化学成分/(%)							铸造方法	热处理	力学性能			应用
			Si	Cu	Mg	Mn	Ti	Al	其他			σ_b/MPa	δ/(%)	硬度/HBS	
铝硅合金	ZAlSi7Mg	ZL101	6.50～7.50		0.25～0.45			余量		金属型	固溶＋自然时效	175	4	50	飞机、仪器零件
										砂型、变质	固溶＋人工时效	225	1	70	
	ZAlSi12	ZL102	10.00～13.00					余量		砂型、变质	铸态退火	145	4	50	仪表、抽水机壳体等外形复杂件
										金属型		135	4	50	
	ZAlSi5Cu1Mg	ZL105	4.50～5.50	1.00～1.50	0.40～0.60			余量		金属型	固溶＋不完全时效	235	0.5	70	风冷发动机汽缸头、油泵壳体
										金属型	固溶＋稳定化处理	175	1	65	
	ZAlSi12Cu1Mg1Ni1	ZL109	11.00～13.00	0.50～1.50	0.80～1.30			余量	Ni 0.80～1.50	金属型	固溶＋人工时效	195	0.5	90	活塞及高温工作零件
										金属型		245	—	100	
铝铜合金	ZAlCu5Mn	ZL201		4.50～5.30		0.60～1.00	0.15～0.35	余量		砂型	固溶＋自然时效	300	8	70	内燃机汽缸头、活塞等
										砂型	固溶＋不完全时效	340	4	90	
	ZAlCu10	ZL202		9.00～11.00				余量		砂型	固溶＋人工时效	170	—	100	高温不受冲击的零件
										金属型		170	—	100	

续表

类别	牌号	代号	化学成分/(%)							铸造方法	热处理	力学性能			应用
			Si	Cu	Mg	Mn	Ti	Al	其他			σ_b/MPa	δ/(%)	硬度/HBS	
铝镁合金	ZAlMg10	ZL301			9.50～11.00			余量		砂型	固溶＋自然时效	280	9	60	舰船配件
铝镁合金	ZAlMg5Si1	ZL303	0.80～1.30		4.50～5.50	0.10～0.40		余量		砂型、金属型	—	143	1	55	氨用泵体等压铸件
铝锌合金	ZAlZn11Si7	ZL401	6.00～8.00		0.10～0.30			余量	Zn 9.00～13.00	金属型	铸态人工时效	250	1.5	90	结构、形状复杂的汽车、飞机仪器零件
铝锌合金	ZAlZn6Mg	ZL402			0.50～0.60		0.15～0.25	余量	Zn 5.00～6.50，Cr 0.40～0.60	金属型	铸态人工时效	240	4	70	结构、形状复杂的汽车、飞机仪器零件

注：部分摘自 GB/T 1173—2013。

6.3 其他非铁合金

6.3.1 滑动轴承合金

滑动轴承是指支承轴颈和其他转动或摆动的机器零件的支承件，它是由轴承体和轴瓦所构成，轴瓦直接与轴颈相接触。为了提高轴瓦的强度和使用寿命，有的轴瓦是在钢背上浇铸（或轧制）一层耐磨合金，形成均匀的一层内衬。用来制造轴瓦及其内衬的合金称为轴承合金。

当轴高速旋转时，会对轴瓦产生周期性的交变载荷，有时还会产生冲击载荷。在工作时轴和轴瓦之间产生相对运动，发生强烈摩擦现象，造成轴和轴瓦的磨损。在这样的工作条件下，轴承合金应满足下列性能要求：

(1) 在工作温度下，应具有足够的抗压强度和疲劳强度，以承受轴颈对它所施加的压力；

(2) 有足够的塑性与韧性，以承受冲击；

(3) 应具有较小的摩擦系数，并能保持住润滑油；

(4) 应具有良好的磨合能力，以保证轴与轴承能获得良好的配合从而使负荷均匀分布；

(5) 应具有良好的抗蚀性和导热性、较小的膨胀系数；

(6) 容易制造，价格低廉。

为了满足上述要求，轴承合金的显微组织最好是在软基体上分布着硬质点或是在硬的基体上分布着软颗粒，这样，在运转一定时间后，轴承软的基体（或软的颗粒）被磨损而凹下去，可以贮存润滑油，以便能形成连续的油膜，而硬的质点（或硬的基体）则凸起，以支承轴所施加的压力，从而保证轴的正常工作。图 6-15 所示为轴承的理想表面示意图。常用滑动轴承合金按其主要化学成分可分为锡基、铅基、铜基、铝基轴承合金等。

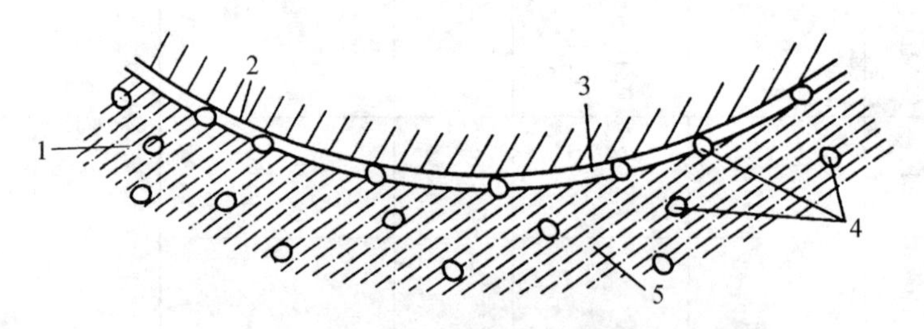

图 6-15 轴承的理想表面示意图

1—轴瓦；2—轴；3—润滑油空间；4—轴瓦中的硬质点；5—轴瓦中的软基体

1. 锡锑轴承合金

锡锑轴承合金（锡基巴氏合金）中最常用的是 ZChSnSb11-6 合金，牌号中“Ch”表示“轴承”中“承”字的汉语拼音字头，其后为基本元素锡和主要添加元素锑的化学元素符号 Sn、Sb，数字表示添加元素的含量，即 11%Sb 和 6%Cu。ZChSnSb11-6 轴承合金的显微组织如图 6-16 所示，由 α 基体、白亮块状的化合物 SnSb 及星状的 Cu_6Sn_5 组成。加入锑的目的是为了形成化合物 SnSb 硬质点；加入铜的目的是为了自液态首先生成 Cu_6Sn_5 化合物的格架，以防止 SnSb 相的上浮，同时 Cu_6Sn_5 也起着硬质点的作用。

图 6-16 ZChSnSb11-6 轴承合金的显微组织(100×)

ZChSnSb11-6 轴承合金滑动摩擦系数较小(0.005)，硬度较低，基体为塑性较好的 α 固溶体，因此它还具有优良的韧性、导热性等，是一种优良的滑动轴承合金，应用于电动机、汽车发动机、柴油机等机器的高速轴上。一般常用离心浇注法将其浇注在钢背上，做成“双金属”轴承使用。常用锡锑轴承合金的牌号、成分和用途列于表 6-7。

表 6-7 常用锡锑轴承合金的牌号、成分和用途

牌号及代号	化学成分/(%)					硬度/HB	用途
	Sb	Cu	Pb	Sn	杂质	≥	
1 号(ZChSn l) ZChSnSb12-4-10	7.3.0～13.0	2.5～5.0	9.0～11.0	余量	0.55	29	发动机的主轴承等
2 号(ZChSn 2) ZChSnSb11-6	7.2.0～12.5	5.5～6.5		余量	0.55	27	1500 kW 以上蒸汽机、370 kW 涡轮压缩机、轮泵及高速内燃机轴承
3 号(ZChSn 3) ZChSnSb8-4	7.0～8.0	3.0～4.0		余量	0.55	24	一般大机器轴承及高载荷汽车发动机的双金属轴承
4 号(ZChSn 4) ZChSnSb4-4	4.0～5.0	4.0～5.0		余量	0.50	20	涡轮内燃机的高速轴承及轴承衬

2. 铅锑轴承合金

铅锑轴承合金(铅基巴氏合金)是以 Pb-Sb 为基体的合金，但 Pb-Sb 二元合金有比重偏析，同时锑颗粒太硬，基体又太软，性能并不好，通常还加入其他合金元素，如锡、铜、镉、砷等。加入锡的目的是为了生成 SnSb 化合物，提高其耐磨性；加入铜是为了阻止比重偏析；加入砷和镉可以形成砷镉化合物，从而降低脆性锑的含量。常用铅锑轴承合金的牌号、成分和用途列于表 6-8。

其中 ZChPbSb16-16-2 是常用的铅基轴承合金，它含有 Sb16%、Sn16%及 Cu2%，属于过共晶合金。组织中软基体是 α(Pb)+β 共晶体，以及化合物 SnSb、Cu_2Sb。化合物 Cu_2Sb、SnSb 是合金中的硬质点。

铅基轴承合金的强度和耐磨性一般比锡基轴承合金的低，故铅基轴承合金不适于制造在激烈振动和冲击条件下工作的轴承，一般用于制造中、低负荷的轴瓦，如汽车、拖拉机曲轴轴承。由于铅基轴承合金的价格低廉，故其在工业中应用较广。

表 6-8 常用铅锑轴承合金的牌号、成分和用途

牌号及代号	化学成分/(%)					硬度/HB	用途
	Sb	Cu	Pb	Sn	杂质	≥	
1号(ZChPb 1) ZChPbSb16-16-2	15.0～17.0	1.5～2.0	余量	15.0～17.0	0.6	30	110～880 kW 蒸汽涡轮机、150～750 kW 电动机和小于 1500 kW 起重机及重载荷推力轴承
2号(ZChPb 2) ZChPbSb15-6-3	14.0～16.0	2.5～3.0	Cd:1.75～2.25 As:0.6～10 Pb:余量	5.0～6.0	0.4	32	船舶机械、小于 250 kW 电动机、抽水机轴承
3号(ZChPb 3) ZChPbSb15-10	14.0～16.0		余量	9.0～11.0	0.5	24	中等压力的机械轴承,也适用于高温轴承
4号(ZChPb 4) ZChPbSb15-5	14.0～15.5	0.5～1.0	余量	4.0～5.5	0.75	20	低速、轻压力机械轴承
5号(ZChPb 5) ZChPbSb10－6	9.0～11.0		余量	5.0～7.0	0.75	8	重载荷、耐蚀、耐磨轴承

3. 铜基轴承合金

铜基轴承合金有铅青铜和锡青铜等,属于硬基体软质点的轴承合金。如铅青铜 ZQPb30,由于固态下 Pb 不溶于 Cu,其组织为硬的 Cu 基体上分布着软的 Pb 颗粒。

铅青铜具有高的强度、导热性和塑性,摩擦系数小,可用于制作高速度、高载荷的柴油机轴承。它不必做成双金属,可直接做成轴承或轴套。

4. 铝基轴承合金

铝基轴承合金相对密度小,导热性好,疲劳强度和高温强度高,价格低廉,广泛用于高速高负荷下工作的轴承。铝基轴承合金按成分可分为铝锑系和铝锡系两类。

1) 铝锑系铝基轴承合金

铝锑系铝基轴承合金的化学成分:4%Sb、0.3%～0.7%Mg,其余为 Al。其组织为软基体 α 加硬质点 AlSb。加入镁可提高合金的疲劳强度和韧性,并可使 AlSb 针状变为片状。这种合金适用于在载荷不超过 20 MPa、滑动线速度不大于 10 m/s 的工作条件下,与 08 钢板热轧成双金属轴承使用。

2) 铝锡系高锡铝基轴承合金

高锡铝基轴承合金的化学成分:20%Sn、1%Cu,其余为 Al。这种合金的组织为硬的基体 Al 和弥散分布的软颗粒 Sn。它具有较高的疲劳强度,良好的耐热性、耐磨性和抗蚀性。它实际上是用钢-铝-铝锡合金三层材料轧制而成的。高锡铝基轴承合金可用于压力为 28 MPa、滑动线速度小于或等于 13 m/s 的工作条件下的轴承。

此外,锡青铜、铝青铜、铅青铜也常作轴承合金使用。电子工业中,还可用铍青铜、硅青铜制作特殊工况下使用的轴承。

6.3.2　钛及钛合金

钛及钛合金具有比重小、比强度大、耐热性好、抗腐蚀性高和低温韧性优良等特点，同时我国钛资源十分丰富，所以钛及钛合金已成为重要的航空、造船及化工用的结构材料。

1. 纯钛的性质

钛是一种银白色的金属，相对密度为 4.5 g/cm^3，熔点为 1668 ℃。钛具有两个同素异构体，即 α-Ti 和 β-Ti。在 882.5 ℃以下为 α-Ti，具有密排六方晶格；高于 882.5 ℃时为 β-Ti，具有体心立方晶格。

钛的熔点比铁、镍都要高，作为耐热材料有很大的潜力。钛的化学性质异常活泼，极易与 O_2、N_2、H_2、C 作用，形成极其稳定的化合物。由于钛的表面能形成一层致密的氧化膜，故对于大气和海水的抗蚀能力很强。

金属钛的力学性能与其纯度有很大关系，即使存在少量杂质也会使其强度大大提高而塑性下降，其中以 C、N_2、O_2、H_2 的影响最大。

工业纯钛按杂质含量的不同可分为三个牌号，即 TA1、TA2、TA3。其中“T”为“钛”的汉语拼音字头，数字为顺序号，数字愈大则杂质含量愈高、塑性愈低，如表 6-9 所示。

表 6-9　纯钛的牌号、成分和力学性能

牌号	化学成分	杂质 ω/(%)，不大于							力学性能			
		Fe	C	N	H	O	其他元素		σ_b/ MPa	δ/(%)	Z/(%)	a_K/ (J/cm^2)
							单一	总和				
TA1	工业纯钛	0.25	0.10	0.03	0.015	0.20	0.1	0.4	343	25	50	105
TA2	工业纯钛	0.30	0.10	0.05	0.015	0.25	0.1	0.4	441	20	40	90
TA3	工业纯钛	0.40	0.10	0.05	0.015	0.30	0.1	0.4	539	15	35	—

注：部分摘自 GB/T 3620.1—2016。

工业纯钛和一般纯金属不同，它的板材、棒材具有较高的强度，可直接用于飞机、船舶、化工等行业，以及制造各种在 500 ℃以下工作且强度要求不高的耐蚀零件，如热交换器和石油工业中的阀门等。

由于钛在高温时极易氧化，因此钛及钛合金的熔炼、铸造、焊接和部分热处理都要在真空或保护性气氛中进行，生产工艺复杂，成本高。此外，钛还存在冷变形回弹较大、不易成形和校直、切削加工性不好等缺点。

2. 钛合金的成分、组织与性能

工业钛合金按其使用状态的组织分为单相 α 相、单相 β 相和 α+β 相三种，分别称之为 α 钛合金、β 钛合金和 α+β 钛合金，我国分别以 TA、TB、TC 来代表这三种钛合金。表 6-10 所示为常用钛合金的牌号、性能和用途。

表 6-10 常用钛合金的牌号、性能和用途

类别	牌号	状态	室温力学性能			高温力学性能			用途
			σ_b/MPa	δ/(%)	a_K/(J/cm²)	温度/℃	σ_b/MPa	σ_{100}/MPa	
α钛合金	TA7	棒材、退火	800	10	30	350	500	450	500 ℃以下长期工作的结构件、零件
		棒材、退火	1000	10	20～30	500	700	500	
	TA8	棒材、淬火后	≤1100	18	30				
		棒材、时效后	1300	5	15				
β钛合金	TB1	棒材、淬火后	≤1000	18	30				处于试用阶段
	TB2	棒材、淬火后	1400	7	15				
α+β钛合金	TC4	棒材、退火	950	10	40	400	630	580	400 ℃以下长期工作的零件
	TC9	棒材、退火	1140	9	30	500	850	620	500 ℃以下长期工作的零件
	TC10	棒材、退火	1050	12	35	400	850	800	450 ℃以下长期工作的零件

1) α钛合金

α钛合金具有很好的强度和韧性，在高温下组织稳定，抗氧化能力较强，热强性较好。室温下其强度一般低于α+β钛合金，但在高温(500～600 ℃)时的强度却是三种合金中较高的。α钛合金的焊接性能很好，但成形性能较差，不能热处理强化。

铝是α钛合金的主要合金元素，工业应用的钛合金都含有4%～5%的铝。铝不但稳定了钛合金中的α相，使其获得固溶强化，还使钛合金的密度减小，比强度升高。铝在钛合金中的作用类似碳在钢中的作用，几乎所有的钛合金中均含有铝。

2) β钛合金

β钛合金具有良好的塑性。这类合金在540 ℃以上具有很好的强度。当温度高于700 ℃时，β钛合金很容易受大气中杂质气体的污染。它的生产工艺较复杂，且弹性模数低，比重较大，热稳定性差，可焊性差，因而应用有限。

工业用β钛合金都经淬火形成亚稳定的β相结构。它们在继续加热时，自β相中析出弥散的α相，从而强化合金。

3) α+β钛合金

α+β钛合金兼有α钛合金和β钛合金两者的优点，耐热强度和加工塑性都比较好，并且可以热处理强化。这类钛合金的生产工艺比较简单，可以通过改变成分和选择热处理工艺，在很宽的范围内改变合金的性能，因此，α+β钛合金应用比较广泛，其中尤以TC4合金的用途最广、用量最多。

TC4合金具有较高的强度、良好的塑性，在400 ℃时有稳定的组织和较高的抗蠕变强度，又有很好的抗海水应力腐蚀及抗热盐应力腐蚀的能力，广泛用于制作400 ℃以下长期工作的零件，如飞机压气机叶盘、叶片及飞机构件。

TC4合金含铝量为6%，以固溶强化的方式提高α相强度。同时加入稳定β相的元素钒，在平衡状态下合金组织中含有7%～8%的β相，可改善合金的加工塑性，经过淬火和时效处理，合金强度可进一步提高至1110 MPa。此外，TC4合金在超低温(−253 ℃)的条件下仍然有良好的韧性，故可用作火箭及导弹的液氢燃料箱的材料。

3. 钛合金的热处理工艺

1) 钛合金的退火

工业纯钛和钛合金消除应力退火一般在 450～650 ℃加热，保温时间：对机加工件可选用 0.5～2 h，焊接件选用 2～12 h。加热后空冷。再结晶退火对工业纯钛采用 550～690 ℃，钛合金则选用 750～800 ℃，加热 1～3 h 后空冷。

2) 钛合金的淬火与时效

钛合金固溶处理（淬火）温度一般选择在 $\alpha+\beta$ 两相区的上部范围。例如，TC4 合金的 β 转变温度为 995±4 ℃，固溶处理温度选为 850～950 ℃，保温 5～60 min，水中冷却。

钛合金的时效温度一般为 450～580 ℃，时效时间为数小时到数十小时。

钛合金在热处理加热时必须严格注意污染和氧化问题，最好在真空炉或惰性气体保护下进行。

6.4　铜合金与铝合金的选用比较

1. 铜合金的选用要点

铜合金具有很好的导电性、导热性、塑性、耐蚀性、工艺性和中等强度，这些性能特点是选用铜合金的依据。

(1) 由于铜合金退火状态时的强度相当于低合金钢的水平，而且硬度低、耐磨性较差，特别是多数铜合金热处理后的强化效果不大，因此铜合金不适宜在高载荷、强烈磨损条件下使用。

(2) 铜合金的强化方法主要是加工硬化及合金化。如加工硬化后的普通黄铜（变形度为 50%）及合金化的某些特殊铜合金（铸造铝黄铜和铸造铝青铜），其强度可提高至正火状态下的中碳钢水平，但是硬度较低。仅有少数铜合金经过恰当的热处理（如铍铜经过时效硬化处理），其力学性能可以达到调质钢调质后的水平。

由上述分析可知，对无特殊性能（如耐磨性、导电性、导热性、减磨性、抗磁性等）要求的一般机器零件，不建议采用贵重的铜合金。如在仪器制造时，结构零件应尽可能采用铝合金而不是铜合金。

2. 铝合金的选用要点

(1) 铝合金的强度比钢低，硬度与耐磨性也与钢有较大差距。因此，凡是承受重载荷和强烈摩擦的零件，如齿轮、轴（受力不大的仪表齿轮和轴除外）不宜选用铝合金制造。

(2) 铝的比重约为钢的三分之一，因此铝合金的比强度与低合金钢相当。对于制作承受特定载荷下的运动机械，尤其是重量受到限制的零件，铝合金特别适合，并且宜用于交通工具和通信工具结构件、航空构件（如飞机的骨架、翼肋、隔框、叶轮、泵体等）、仪器仪表壳体。

(3) 一些变形铝合金在常温或较高温度下具有非常优异的塑性，特别适合采用挤压法制成截面很复杂而且壁薄、尺寸精度高的结构件，如轻型建筑材料、食品锅具等。

(4) 铝合金的熔点较低（一般为 600 ℃左右），熔炼和铸造比较方便。因此在大批量生产的铝合金制品中，铸造铝合金的用量较大。这与钢件生产中，其毛坯多采用压力加工型材和切削加工方法有一定区别。

(5) 铝合金除了具有适宜的力学性能，还兼有优良的抗蚀性、导电和导热性，对于设计经常暴露在大气和腐蚀性气体中工作的零件时，可以考虑采用铝合金。

(6) 铝合金的弹性模量较小($E=68\sim72$ GPa，$G=25\sim27$ GPa)，在受到冲击振动时所吸收的弹性应变能就较高，不致引起较大的弹性变形而被破坏。所以，凡受力不太大但要求耐振的零部件可以采用铝合金，如曲轴箱、仪表壳体等。

身边的工程材料应用 6：硬币用金属及合金

生活中常用的硬币大都是由有色合金制成的。图 6-17 所示是历年发行的人民币硬币。

(a) 第一套硬币

(b) 第二套硬币

(c) 第三套硬币

(d) 第四套硬币

图 6-17　历年发行的人民币硬币

我国的硬币材质如下：

(1) 第一套人民币都是纸币，所以人民币中最早的硬币是第二套人民币中的分币(1、2、5 分)，材质是铝镍合金，从 1955 年开始制版制造，1957 年正式发行，目前已停用。

(2) 第二套硬币是第三套人民币中的长城系列硬币，共分 1、2、5 角和 1 元四种，发行时间是 1980—1986 年，发行量很少，多数人从未见过。其中三种角币材质是铜锌合金，一元硬币材质是铜镍合金。

(3) 第三套硬币是第四套人民币中的花卉系列硬币，分菊花 1 角、梅花 5 角、牡丹 1 元三种，发行期是 1991—2000 年(5 角发行到 2001 年)，材质分别是铝锌合金、铜锌合金、钢芯镀镍。

(4) 目前很常用的第四套硬币则是第五套人民币中的品种，也是以花卉为主题，但种类与前一套有所不同，分别是兰花 1 角、荷花 5 角、菊花 1 元。

自古以来，人们就把兰花视为高洁、典雅、爱国和坚贞不渝的象征。兰花风姿素雅，花容端庄，幽香清远，历来作为高尚人格的象征。在中国传统“四君子”梅、兰、竹、菊中，和梅的孤绝、菊的风霜、竹的气节不同，兰花象征了一个知识分子的气质，以及一个民族的内敛风华。

荷花“出淤泥而不染，濯清涟而不妖，中通外直，不蔓不枝”，清白、高尚而谦虚，表示坚贞、纯洁、无邪、清正的品质。低调中显现出了高雅，荷花是花中品德高尚的花。

“耐寒唯有东篱菊，金粟初开晓更清”，菊花具有高洁的品质。它代表了人类的许多感情，如：真挚的友谊，纯洁的爱情，崇高的信仰。菊花还代表思念。菊花体现了人类的许多精神，如：坚韧不拔，傲然不屈，神圣贞洁。最重要的是，菊花象征了人类许多愿望：幸福和平，自由独立，健康快乐。最新使用的 1 角、5 角和 1 元的硬币大小、图案及材质如下：

1 角。直径为 19 mm。正面为行名、面额及年号，背面为兰花图案及行名汉语拼音。色泽为铝白色，材质为铝锌合金，币外缘为圆柱面。该币于 2000 年 10 月 16 日发行。

1 角。直径为 19 mm。正面为行名、面额及年号，背面为兰花图案及行名汉语拼音。色泽为钢白色，材质从 2005 年开始由铝锌合金改为不锈钢，以提高使用寿命，币外缘为圆柱面。

5 角。直径为 20.5 mm。正面为行名、面额及年号，背面为荷花图案及行名汉语拼音。色泽为金黄色，材质为钢芯镀铜合金，币外缘为间断丝齿，共有六个丝齿段，每个丝齿段有八个齿距相等的丝齿。该币于 2002 年 11 月 18 日发行。

1 元。直径为 25 mm。正面为行名、面额及年号，背面为菊花图案及行名汉语拼音。色泽为镍白色，材质为钢芯镀镍，币外缘为圆柱面，并印有“RMB”字符标记。该币于 2000 年 10 月 16 日发行。

此外，我国从 1984 年就开始发行各种可以用于流通的纪念币，目前常见的纪念币材质如下。

(1) 铜镍合金。它又被称为是白铜合金，第一枚以它为材质发行的纪念币是“中华人民共和国成立 35 周年纪念币”。因为这种材质给人感觉是比较美观的，所以，早期发行的很多纪念币都选择这种材质。

(2) 铜锌合金。在 1987 年发行的“第六届全国运动会纪念币”的面值是 1 角，为了降低成本，所以选择了这种材质。它是我国第一套黄铜系列的纪念币，也是目前众多纪念币当中唯一一套面值为 1 角的纪念币。

(3) 钢芯镀镍。因为铜价和镍价都快速上涨，为了降低成本，在第十一届亚洲运动会时开始将纪念币的材质改成了钢芯镀镍。这种纪念币的外观看起来跟白铜是比较相似的。

(4) 紫铜合金。这是在钢芯镀镍和黄铜合金过渡期间所使用的一种材质，在我国仅仅发行了一套，那就是“珍稀野生动物纪念币”，在这套纪念币里第一次使用了 5 元面额。

(5) 黄铜合金。目前纪念币中使用这种材质的数量比较多，达到了 50 枚左右，所以，目前我们看到的纪念币绝大部分都是这种材质。

(6) 双色合金镶嵌。因为人民币不断对内贬值，其购买力越来越小，所以 5 元和 1 元的纪念币不再适合继续发行，10 元纪念币开始走进人们生活中，但是，面值提高，纪念币的材质和生产工业也必须相应改进才行。因此，双色合金镶嵌纪念币开始走进大众视野，我国首枚双色纪念币是“香港回归纪念币”。

本章复习思考题

6-1 铝及铝合金的物理、化学、力学及加工性能有什么特点？

6-2 说明铝合金分类的大致原则。

6-3 硅铝明是指哪一类铝合金？它为什么要进行变质处理？变质处理后硅铝明的组织有什么特点？简要说明其组织变化的机理。

6-4 为什么在所有钛合金中，都要加入一定量的 Al，且 Al 的质量分数须控制在 6% 左右？

6-5 指出钛合金的特性、分类及各类钛合金的大致用途。

6-6 指出下列牌号的材料各属于哪类非铁合金，并说明牌号中的字母及数字含义：LF2，LY11，LC4，LD5，ZL104，ZL302，H62，HSn62-1，QSn4-3，ZQSn5-5-5，TA3，TA7，TB2，TC4。

第7章 其他工程材料

7.1 高分子材料

7.1.1 概述

高分子材料，是指以高分子化合物为基础的材料，包括橡胶、塑料、纤维、涂料、胶黏剂和高分子基复合材料。高分子材料按来源分为天然高分子材料（如松香、天然橡胶、淀粉等）、半合成高分子材料（改性天然高分子材料）和合成高分子材料（如塑料、合成橡胶等）。人类社会一开始就利用天然高分子材料作为生活资料和生产资料，并掌握了其加工技术。如利用蚕丝、棉、毛织成织物，用木材、棉、麻造纸等。19世纪30年代末期，进入天然高分子材料改性阶段，出现半合成高分子材料。1869年，美国人Hyatt用硝化纤维素和樟脑制得赛璐珞塑料，是有划时代意义的一种人造高分子材料。1907年出现的合成高分子酚醛树脂，标志着人类应用化学合成方法有目的地合成高分子材料的开始。1953年，德国科学家Ziegler和意大利科学家Natta发明了配位聚合催化剂，大幅度地扩大了合成高分子材料的原料来源，得到了一大批新的合成高分子材料，使聚乙烯和聚丙烯这类通用合成高分子材料走入了千家万户，使合成高分子材料成为当代人类社会文明发展阶段的标志之一。现如今，高分子材料已与金属材料、无机非金属材料一样，成为科学技术、经济建设中的重要材料。本章主要介绍人工合成的工业高分子材料。

1. 高分子材料分类

高分子材料的分类方法很多，常用的有以下几种。

（1）按用途可分为塑料、橡胶、纤维、胶黏剂、涂料等。塑料在常温下有固定形状，强度较大，受力后能发生一定变形。橡胶在常温下具有高弹性，而纤维的单丝强度高。有时把聚合后未加工的聚合物称为树脂，如电木未固化前称为酚醛树脂。

（2）按聚合反应类型可分为加聚物和缩聚物。加聚物是由加成聚合反应（简称加聚反应）得到的，链节结构与单体结构相同，如聚乙烯；而缩聚物是由缩合聚合反应（简称缩聚反应）得到的，聚合过程中有小分子（水、氨等分子）副产物放出，如聚酯的缩聚反应。

（3）按聚合物的热行为可分为热塑性聚合物和热固性聚合物。热塑性聚合物的特点是热软冷硬，如聚乙烯；热固性聚合物受热时固化，这种转变是不可逆的，再加热时不能熔融塑化，也不溶于溶剂，一般是体型聚合物，如酚醛树脂、环氧树脂、硫化橡胶等。

（4）按主链上的化学组成可分为碳链聚合物、杂链聚合物和元素有机聚合物。碳链聚合物的主链由碳原子一种元素组成，如-C-C-C-C-C-C-C-；杂链聚合物的主链除碳外还有其他元素，如-C-C-O-C-、-C-C-N-、-C-C-S-等；元素有机聚合物的主链由氧和其他元素组成，如-O-Si-O-Si-O-等。

(5) 按高分子主链几何形状的不同可分为线型高聚物、支链型高聚物和体型高聚物，如图 7-1 所示。

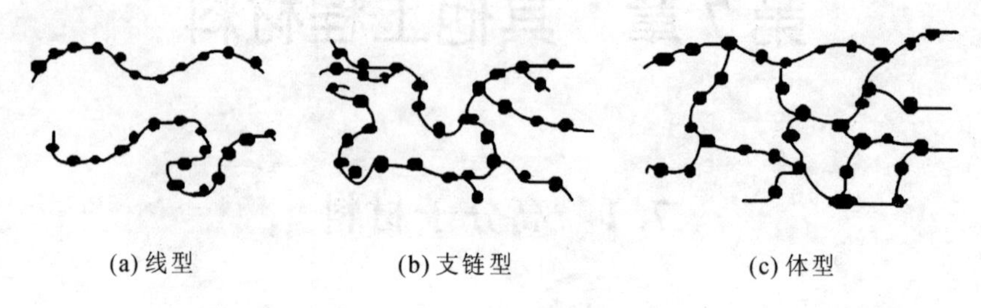

图 7-1 高分子主链的几何形状

2. 高分子材料的命名

高分子材料多采用习惯命名。常用的有以下几种方法。

(1) 在原料单体名称前加“聚”字，如聚乙烯、聚氯乙烯等。

(2) 在原料单体名称后加“树脂”，如环氧树脂、酚醛树脂等。

(3) 采用商品名称，如聚酰胺称为尼龙或锦纶、聚酯称为涤纶、聚甲基丙烯酸甲酯称为有机玻璃等。

(4) 采用英文字母缩写，如聚乙烯用 PE 表示、聚氯乙烯用 PVC 表示等。

3. 高分子材料的力学状态

1) 线型非晶态高聚物的力学状态

根据线型非晶态高聚物的温度-形变曲线，可以描述聚合物在不同温度下出现的三种力学状态，如图 7-2 所示。

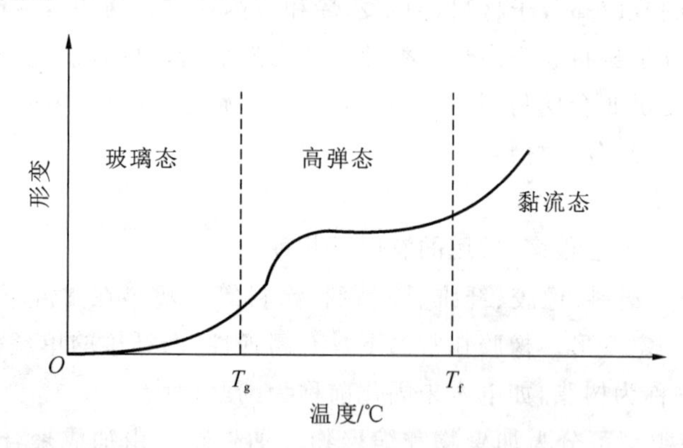

图 7-2 线型非晶态高聚物的温度-形变曲线

(1) 玻璃态。在低温下，分子运动能量低，链段不能运动，在外力作用下，只能使大分子的原子发生微量位移而产生少量弹性变形。高聚物呈玻璃态的最高温度称为玻璃化温度，用 T_g 表示。在这种状态下使用的材料有塑料和纤维。

(2) 高弹态。温度高于 T_g 时，分子活动能力增强，大分子的链段发生运动，因此受力时产生很大的弹性变形，可达 100%～1000%。在这种状态下使用的高聚物是橡胶。

(3) 黏流态。由于温度高，分子活动能力很强，在外力作用下，大分子链可以相对滑动。黏流态是高分子材料的加工态，大分子链开始发生黏性流动的温度称为黏流温度，用 T_f 表示。

一些常见高分子材料的 T_g 和 T_f 见表 7-1。

表 7-1　常见高分子材料的 T_g 和 T_f

聚合物	T_g/℃	T_f/℃	聚合物	T_g/℃	T_f/℃	聚合物	T_g/℃	T_f/℃
聚乙烯	−80	100～300	聚甲醛	−50	165	乙基纤维素	43	—
聚丙烯	−80	170	聚砜	195	—	尼龙 6	75	210
聚苯乙烯	100	140	聚碳酸酯	150	230	尼龙 66	50	260
聚氯乙烯	85	165	聚苯醚	—	300	硝化纤维	53	700
聚偏二氯乙烯	−17	198	硅橡胶	−123	−80	涤纶	67	260
聚乙烯醇	85	240	聚异戊二烯	−73	122	腈纶	104	317
聚乙酸乙烯酯	29	90	丁苯橡胶	−60	—			
聚甲基丙烯酸甲酯	105	150	丁腈橡胶	−75	—			

2）线型晶态高聚物和体型高聚物的力学状态

线型晶态高聚物的温度-形变曲线如图 7-3 所示（T_m 为熔点），这种高聚物分为相对分子质量一般和相对分子质量很大两种情况。相对分子质量一般的高聚物在低温时，链段不能活动，变形小，因此温度在 T_m 以下阶段，其与非晶态高聚物的玻璃态相似，高于 T_m 则进入黏流态；相对分子质量很大的晶态高聚物存在高弹态（$T_m \sim T_f$）。由于高分子材料只是部分结晶，因此在非晶区的 T_g 与晶区的 T_m 温度区间，非晶区柔性好，晶区刚性好，处于韧性状态，即皮革态。

体型高聚物的力学状态与交联密度有关，交联密度小，链段仍可运动，具有高弹态，如轻度硫化的橡胶；交联密度大，链段不能运动，此时 $T_g = T_f$，高聚物变得硬而脆，如酚醛树脂。

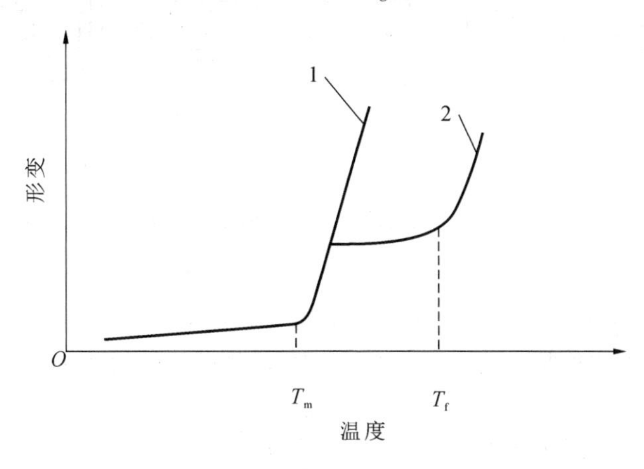

图 7-3　线型晶态高聚物的温度-形变曲线

1—相对分子质量一般的高聚物；2—相对分子质量很大的高聚物

4. 常用高分子材料的化学反应

1）交联反应

交联反应是指大分子由线型结构转变为体型结构的过程。交联反应使聚合物的力学性能、化学稳定性提高，如树脂的固化、橡胶的硫化等。

2）裂解反应

裂解反应是指大分子链在各种外界因素（光、热、辐射、生物等）作用下，发生链的断裂，相对分子质量下降的过程。

3）高分子材料的老化

老化是指高分子材料在长期使用过程中，在受热、氧、紫外线、微生物等因素的作用下发生变硬变脆或变软发黏的现象。老化的主要原因是大分子的交联或裂解，可通过加入防老剂、涂镀保护层等方法防止或延缓。

5. 高分子材料的流变性能

高分子材料根据其物理特性可表现为固态和流体态两大类。固态材料的特点是其变形时表现出弹性行为，弹性形变在外力撤销时能够恢复，且产生形变时储存能量，形变恢复时释放能量。而流体态在运动时，由于分子间的内聚力阻止分子的相对运动，从而产生一种内摩擦力，这种现象称为流体的黏性。遵从牛顿流动定律的流态液体称为牛顿流体，遵从胡克定律的固态材料称为胡克弹性体。牛顿流体和胡克弹性体是两类性质被简化的理想物体，实际材料往往表现出更复杂的力学性质。例如，对于高分子材料，它们既能流动又能变形，既有黏性又有弹性，变形中会发生黏性损耗，流动时又有弹性效应，是一种典型的黏弹性非牛顿流体。

1）材料流变性测量

我们常用"流变"来表示材料的流动与变形。常用的材料流变测量仪器分为以下几种类型：旋转流变仪、毛细管流变仪、转矩流变仪及界面流变仪。其中，我们主要介绍旋转流变仪。旋转流变仪一般是通过一对夹具的相对运动来产生流动。如图 7-4 所示，夹具转子根据几何结构不同，可分为锥-板型、平板型、同轴圆筒型等。

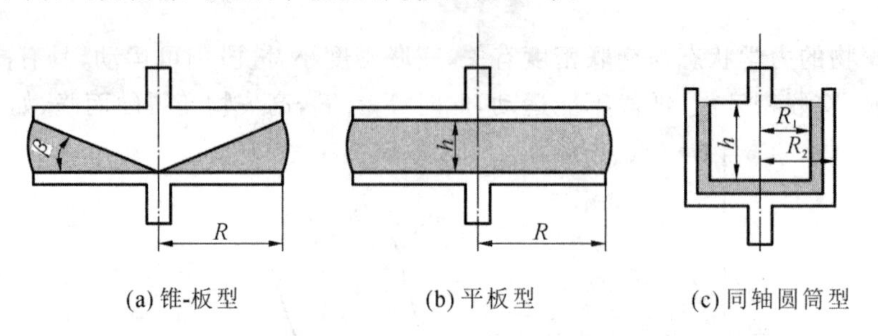

图 7-4 旋转流变仪工作原理示意图

2）材料黏性表征

黏性是流体的一种宏观属性，表现为流体的内摩擦力。黏性的大小用黏性系数（即黏度）来表示。牛顿黏性定律指出，在纯剪切流动中，流体两层间的剪应力 τ 可以表示为

$$\tau = \eta\dot{\gamma} \tag{7-1}$$

式中：$\dot{\gamma}$ 为剪切变形速率；η 为比例常数，即黏性系数。

凡是剪应力与速度梯度成正比的流体叫作牛顿流体，而不符合牛顿黏性定律的为非牛顿流体，主要有以下几种非牛顿流体。

(1) 假塑性流体。

假塑性流体指无屈服应力，并具有黏度随剪切速率增加而减小（剪切变稀）的流体。它们的关系可以表达为幂律方程（power-law）：

$$\tau = K\dot{\gamma}^n = \eta\dot{\gamma}\ (n < 1) \tag{7-2}$$

式中：K 为稠度系数，单位为 $N \cdot s^n/m$，K 越大，黏度越大，流动阻力越大；n 为幂律指数，对于假塑性流体，$n<1$，n 偏离 1 的程度越大，表明材料的假塑性越强。

（2）膨胀性流体。

膨胀性流体指剪切黏度随剪切速率的增加而提高的一种非牛顿流体，如泥沙、聚氯乙烯塑料溶胶等流体。其幂律方程为

$$\tau = K\dot{\gamma}^n = \eta\dot{\gamma}(n > 1) \tag{7-3}$$

（3）宾汉流体（塑性流体）。

宾汉流体（塑性流体）指在受到外力作用时并不立即流动而要待外力增大到某一程度时才开始流动的流体。其关系式可以表示为

$$\tau = \tau_0 + \mu_p\dot{\gamma} \tag{7-4}$$

式中：μ_p 是塑性黏度；τ_0 是屈服应力。

（4）屈服-假塑性流体。

屈服-假塑性流体具有以下特征：当剪切应力小于一定值时，剪切速率为零；当剪切应力大于这个值时，呈现出与假塑性流体类似的性质。常用 Herschel Bulkley 流变模型来表示：

$$\tau = \tau_0 + K\dot{\gamma}^n(n < 1) \tag{7-5}$$

（5）屈服-膨胀性流体。

屈服-膨胀性流体具有以下特征：当剪切应力小于一定值时，剪切速率为零；当剪切应力大于这个值时，呈现出与膨胀性流体类似的性质。可以用 Herschel Bulkley 流变模型来表示：

$$\tau = \tau_0 + K\dot{\gamma}^n(n > 1) \tag{7-6}$$

3）材料动态黏弹性表征

高分子材料的动态黏弹性是指在交变的应力（或应变）作用下，材料表现出来的力学响应规律。图 7-5 所示为黏弹性材料交变应力与应变的相位关系。设在小振幅下，对高分子液体施以正弦的应变：

$$\gamma*(\mathrm{i}\omega) = \gamma_0 e^{\mathrm{i}\omega t} \tag{7-7}$$

式中：γ_0 为应变振幅，设为小量；ω 为交变圆频率，单位为 s^{-1}；$e^{\mathrm{i}\omega t}=\cos(\omega t)+\mathrm{i}\sin(\omega t)$。则高分子液体内的应力响应也是正弦变化，且频率相同。只是由于材料是黏弹性的，应力与应变之间有一个相位差 δ。应力响应记为 $\sigma*(\mathrm{i}\omega)=\sigma_0 e^{\mathrm{i}(\omega t+\delta)}$。对于纯弹性材料，$\delta=0$；对于纯黏性材料，$\delta=\pi/2$；对于黏弹性材料，$0<\delta<\pi/2$。即应变比应力落后一个相位差 δ。

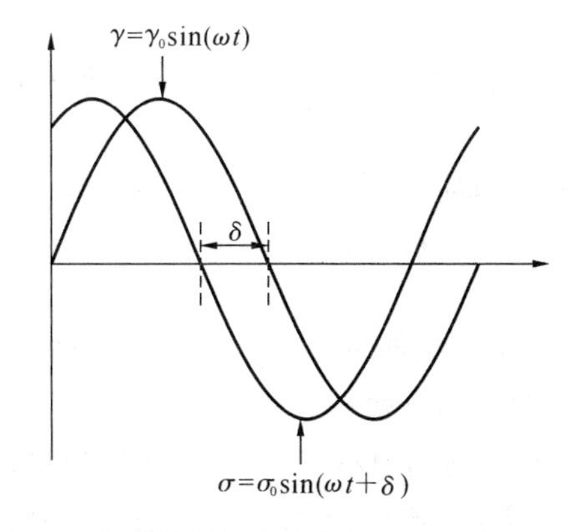

图 7-5　黏弹性材料交变应力与应变的相位关系

根据上述条件，定义复数模量为

$$G*(\mathrm{i}\omega) = \sigma*/\gamma* = \frac{\sigma_0}{\gamma_0}e^{\mathrm{i}\delta} = \frac{\sigma_0}{\gamma_0}(\cos\delta + \mathrm{i}\sin\delta) = G'(\omega) + \mathrm{i}G''(\omega) \tag{7-8}$$

式中：$G'(\omega)=(\sigma_0/\gamma_0)\cos\delta$，称为储能模量，表示黏弹性材料在形变过程中由于弹性形变而储存的能量；而 $G''(\omega)=(\sigma_0/\gamma_0)\sin\delta$，称为损耗模量，表示材料在发生形变时，由于黏性形变(不可逆)而损耗的能量大小，反映材料的黏性大小。当 $G'(\omega)>G''(\omega)$ 时，主要发生弹性形变，材料呈固态；当 $G'(\omega)=G''(\omega)$ 时，材料为半固态；当 $G'(\omega)<G''(\omega)$ 时，主要发生黏性形变，材料呈液态。

7.1.2 常用高分子材料

1. 工程塑料

塑料是以树脂为主要组成，加入各种添加剂，在一定温度、压力下可塑制成型，在玻璃态下使用的高分子材料，并在常温下保持其形状不变。塑料与橡胶、纤维的界限并不严格，橡胶在低温下、纤维在定向拉伸前都是塑料。由于塑料的原料丰富，制取方便，成型加工简单，成本低，并且不同塑料具有多种性能，因此其应用非常广泛。

1）塑料的组成

塑料的主要组分是树脂。树脂胶黏着塑料中的其他一切组成部分，并使其具有成型性能。树脂的种类、性质及它在塑料中占有的比例大小，对塑料的性能起着决定性作用。因此，绝大多数塑料是以所用树脂命名的。

添加剂是为改善塑料的某些性能而加入的物质。其中，填料是为改善塑料的某些性能(如强度等)、扩大其应用范围、降低成本而加入的一些物质，它在塑料中占有相当大的比例，可达20%～50%(质量分数)。如加入铝粉可提高光反射能力和防老化；加入二硫化钼可提高润滑性；加入石棉粉可提高耐热性等。

增塑剂用来提高树脂的可塑性与柔顺性。常用熔点低的低分子化合物(甲酸酯类、磷酸酯类)来增加大分子链间的距离，降低分子间作用力，从而达到提高大分子链柔顺性的目的。

固化剂加入后可在聚合物中生成横跨链，使分子交联，并由受热可塑的线型结构变成体型结构，成为热稳定塑料(如在环氧树脂中加入乙二胺等)。

稳定剂可以提高树脂在受热和光作用时的稳定性，防止过早老化，延长使用寿命。常用的稳定剂有硬脂酸盐、铅的化合物及环氧化合物等。

润滑剂(如硬脂酸等)可以防止塑料在成型过程中粘在模具或其他设备上，同时可使制品表面光亮美观。

着色剂可使塑料制品具有美丽的颜色。

其他的还有发泡剂、催化剂、阻燃剂、抗静电剂等。

2）塑料的分类

(1) 按树脂特征分类。根据树脂受热时的行为分为热塑性塑料和热固性塑料；根据树脂合成反应的特点分为聚合塑料和缩合塑料。

(2) 按塑料的使用范围可分为通用塑料、工程塑料和特种塑料。通用塑料指产量大、价格低、用途广的塑料，主要指聚烯烃类塑料、酚醛塑料和氨基塑料。它们占塑料总产量的3/4以上，是一般工农业生产和生活中不可缺少的廉价材料。工程塑料是指作为结构材料在机械设备和工程结构中使用的塑料。它们的力学性能较好，耐热、耐蚀性也较好，主要有聚酰胺、聚甲醛、聚碳酸酯、ABS、聚苯醚、聚砜、氟塑料等。特种塑料是指具有某些特殊性能的塑料，如医用塑料、耐高温塑料等。这类塑料产量少、价格高，只用于有特殊需要的场合。

3）塑料制品的成型

塑料的成型工艺形式多样，主要有注射成型、模压成型、浇注成型、挤压成型、吹塑成型、真空成型等。

（1）注射成型法，又称注塑成型，在专门的注射机上进行，如图 7-6 所示。将颗粒或粉状塑料置于注射机的料筒内加热熔融，以推杆或旋转螺杆施加压力，使熔融塑料自料筒末端的喷嘴，以较大的压力和速度注入闭合模具型腔内成型，然后冷却脱模，即可得到所需形状的塑料制品。注射成型是热塑性塑料的主要成型方法之一，近来也有用于热固性塑料的成型。此法生产效率很高，可以实现高度机械化、自动化生产，制品尺寸精确，可以生产形状复杂、壁薄和带金属嵌件的塑料制品，适用于大批量生产。

注塑成型过程

（2）模压成型法，塑料成型中最早使用的一种方法，如图 7-7 所示。它将粉状、粒状或片状塑料放在金属模具中加热软化，在液压机的压力下充满模具成型，同时发生交联反应而固化，脱模后即得压塑制品。模压成型法通常用于热固性塑料的成型，有时也用于热塑性塑料的成型，如聚四氟乙烯由于熔液黏度极高，几乎没有流动性，故也采用模压成型法。模压成型法特别适用于形状复杂或带有复杂嵌件的制品，如电气零件、电话机件、收音机外壳、钟壳或生活用具等。

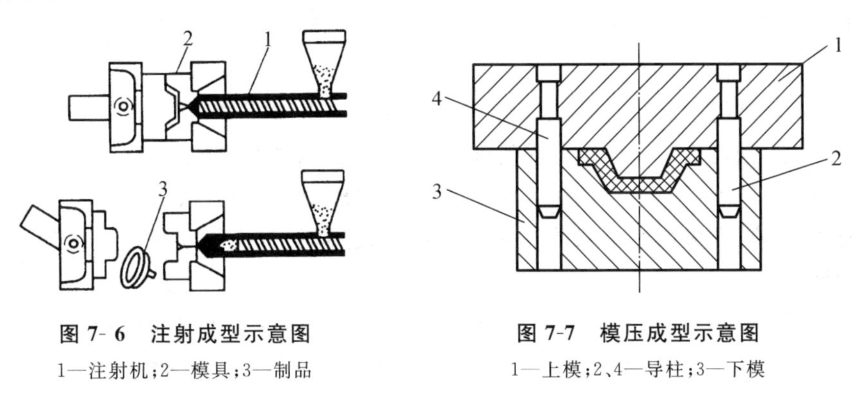

图 7-6　注射成型示意图

1—注射机；2—模具；3—制品

图 7-7　模压成型示意图

1—上模；2、4—导柱；3—下模

（3）浇注成型法，又称浇塑法。类似于金属的浇注成型，有静态铸型、嵌铸型和离心铸型等方式。它是在液态的热固性或热塑性树脂中加入适量的固化剂或催化剂，然后浇入模具型腔中，在常压或低压下，常温或适当加热条件下，固化或冷却凝固成型。这种方法设备简单，操作方便，成本低，便于制作大型制件；但生产周期长，收缩率较大。

（4）挤压成型法，又称挤塑成型。它与金属型材挤压的原理相同：将原料放在加压筒内加热软化，利用加压筒中螺旋杆的挤压力，使塑料通过不同型孔或模口连续地挤出，以获得不同形状的型材，如管、棒、条、带、板及各种异型断面型材。挤压成型法用于热塑性塑料各种型材的生产，一般需经二次加工才制成零件。

此外，还有吹塑成型、层压成型、真空成型、模压烧结等成型方法，以适应不同品种塑料和制品的需要。

4）塑料的加工

塑料加工即塑料成型后的再加工，亦称二次加工，主要工艺方法有机械加工、连接和表面处理。

（1）机械加工。塑料具有良好的切削加工性，塑料的机械加工与金属切削的工艺方法和设备相同，只是由于塑料的切削工艺性能与金属不同，因此所用的切削工艺参数、刀具几何形状及操作方法与金属切削有所差异。可用金属切削机床对其进行车、铣、刨、磨、钻及抛光等各种形式的机械加工。但塑料的散热性差、弹性大，加工时容易引起工件的变形、表面粗糙，有时可能出现分层、开裂，甚至崩落或伴随发热等现象。因此要求切削刀具的前角与后角要大、刃口锋利，切削时要充分冷却，装夹时不宜过紧，切削速度要高，进给量要小，以获得光洁的表面。

(2) 连接。塑料间、塑料与金属或其他非金属的连接，除用一般的机械连接方法外，还有热熔接、胶黏剂黏接等。

(3) 塑料制品的表面处理。为改善塑料制品的某些性能、美化其表面、防止老化、延长使用寿命，通常采用表面处理。主要方法有涂漆、镀金属（铬、银、铜等）。镀金属可以采用喷镀或电镀。

5) 塑料的性能特点

(1) 相对密度小，一般为 0.9～2.3，比强度高，这对交通运输工具来说是非常有利的。

(2) 耐蚀性能好，对一般化学药品都有很强的耐蚀能力，如聚四氟乙烯在煮沸的“王水”中也不受影响。

(3) 电绝缘性能好，大量应用在电机、电器、无线电和电子工业中。

(4) 摩擦系数较小，并耐磨，可应用在轴承、齿轮、活塞环、密封圈等，在无润滑油的情况下也能有效地进行工作。

(5) 具有消声吸振性，制作传动摩擦零件可减小噪声、改善环境。

(6) 刚性差、强度低，一般情况下其弹性模量只有钢铁材料的 1/100～1/10，强度只有 30～100 MPa，用玻璃纤维增强的尼龙也只有 200 MPa，相当于铸铁的强度。

(7) 耐热性差，大多数塑料只能在 100 ℃以下使用，只有少数几种可以在超过 200 ℃的环境下使用。

(8) 热膨胀系数大、热导率小，塑料的线膨胀系数是钢铁的 10 倍，因而塑料与钢铁结合较为困难。塑料的热导率只有金属的 1/600～1/200，因而散热不好，不利于制作摩擦零件。

(9) 蠕变温度低，金属在高温下才发生蠕变，而塑料在室温下就会有蠕变现象出现，称为冷流。

挤压塑性变形试验

(10) 有老化现象。

(11) 在某些溶剂中会发生溶胀或应力开裂。

6) 常用工程塑料

(1) 常用热塑性塑料。

静压塑性变形试验

① 聚酰胺（PA，俗称尼龙、锦纶）。聚酰胺是最早被发现能够承受载荷的热塑性塑料，在机械工业中应用比较广泛。部分尼龙的性能列于表 7-2。

表 7-2　部分尼龙的性能

名称	相对密度	抗拉强度/MPa	抗压强度/MPa	抗弯强度/MPa	伸长率/(%)	弹性模量/MPa	熔点/℃	24 h 吸水率/(%)
尼龙	1.13～1.15	54～78	60～90	70～100	150～250	830～2600	215～223	1.9～2.0
尼龙 66	1.14～1.15	57～83	90～120	100～110	60～200	1400～3300	265	1.5

续表

名称	相对密度	抗拉强度/MPa	抗压强度/MPa	抗弯强度/MPa	伸长率/(%)	弹性模量/MPa	熔点/℃	24 h 吸水率/(%)
尼龙 610	1.08～1.09	47～60	70～90	70～100	100～240	1200～2300	210～223	0.5
尼龙 1010	1.04～1.06	52～55	55	82～89	100～250	1600	200～210	0.39

尼龙 6、尼龙 66、尼龙 610、尼龙 1010、铸型尼龙和芳香尼龙是常应用于机械工业的热塑性塑料。它们由于强度较高，耐磨、自润滑性好，且耐油、耐蚀、消声、减振，因此被大量用于制造小型零件(齿轮、涡轮等)以替代有色金属及其合金。但尼龙易吸水，吸水后其性能及尺寸将发生很大变化，使用时应特别注意。

铸型尼龙(MC 尼龙)是通过简便的聚合工艺使单体直接在模具内聚合成型的一种特殊尼龙。它的力学性能、物理性能比一般尼龙更好，可制造大型齿轮、轴套等。

芳香尼龙具有耐磨、耐蚀及很好的电绝缘性等优点，在 95%的相对湿度下，性能不受影响，能在 200 ℃下长期使用，是尼龙中耐热性最好的品种。它可用于制作高温下耐磨的零件、H 级绝缘材料和宇航服等。

② 聚甲醛(POM)。聚甲醛是以线型结晶高聚物甲醛树脂为基的塑料，可分为均聚甲醛、共聚甲醛两种，其性能见表 7-3。

表 7-3　聚甲醛的性能

名称	相对密度	结晶度/(%)	熔点/℃	抗拉强度/MPa	弹性模量/MPa	伸长率/(%)	抗压强度/MPa	抗弯强度/MPa	24 h 吸水率/(%)
均聚甲醛	1.43	75～85	175	70	2900	15	125	980	0.25
共聚甲醛	1.41	70～75	165	62	2800	12	110	910	0.22

聚甲醛的结晶度可达 75%，有明显的熔点和高强度、高弹性模量等优良的综合力学性能。其强度与金属相近，摩擦系数小并有自润滑性，因而耐磨性好，同时它还具有耐水、耐油、耐化学腐蚀，绝缘性好等优点。其缺点是热稳定性差，易燃，长期在大气中暴晒会老化。

聚甲醛塑料价格低廉，且性能优于尼龙，可代替有色金属合金，并逐步取代尼龙用于制作轴承、衬套等。

③ 聚砜(PSF)。聚砜是以透明微黄色的线型非晶态高聚物聚砜树脂为基的塑料，其性能见表 7-4。

表 7-4　聚砜的性能

项目	相对密度	抗拉强度/MPa	弹性模量/MPa	伸长率/(%)	抗压强度/MPa	抗弯强度/MPa	24 h 吸水率/(%)
数值	1.24	85	2500～2800	20～100	87～95	105～125	0.12～0.22

聚砜的强度高、弹性模量大、耐热性好，最高使用温度可达 150～165 ℃，蠕变抗力高、尺寸稳定性好。其缺点是耐溶剂性差。主要用于制作要求高强度、耐热、抗蠕变的结构件、仪表零件和电气绝缘零件，如精密齿轮、凸轮、真空泵叶片、仪器仪表壳体、仪表盘、电子计算机

的积分电路板等。此外，聚砜具有良好的可电镀性，可通过电镀金属制成印制电路板和印制电路薄膜。

④ 聚碳酸酯(PC)。聚碳酸酯是以透明的线型部分结晶高聚物聚碳酸酯树脂为基的新型热塑性工程塑料，其性能见表 7-5。

表 7-5　聚碳酸酯的性能

项目	抗拉强度/MPa	弹性模量/MPa	伸长率/(%)	抗压强度/MPa	抗弯强度/MPa	熔点/℃	使用温度/℃
数值	66～70	2200～2500	≈100	83～88	106	220～230	－100～140

聚碳酸酯的透明度为 86%～92%，被誉为“透明金属”。它具有优异的冲击韧度和尺寸稳定性，有较高的耐热性和耐寒性，使用温度范围为－100～140 ℃，有良好的绝缘性和加工成型性。缺点是化学稳定性差，易受碱、胺、酮、芳香烃的侵蚀，在四氯化碳中会发生“应力开裂”现象。主要用于制造高精度的结构零件，如齿轮、蜗轮、蜗杆、防弹玻璃、飞机挡风罩、座舱盖和其他高级绝缘材料。例如，波音 747 飞机上有 2500 个零件用聚碳酸酯制造，质量达2 t。

⑤ ABS 塑料。ABS 塑料是以丙烯腈(A)、丁二烯(B)、苯乙烯(S)的三元共聚物 ABS 树脂为基的塑料，可分为不同级别，其性能见表 7-6。

表 7-6　ABS 塑料的性能

级别(温度)	相对密度	抗拉强度/MPa	弹性模量/MPa	抗压强度/MPa	抗弯强度/MPa	24 h 吸水率/(%)
超高冲击型	1.05	35	1800	—	62	0.3
高、中冲击型	1.07	63	2900	—	97	0.3
低冲击型	1.07	21～28	700～1800	18～39	25～46	0.2
耐热型	1.06～1.08	53～56	2500	70	84	0.2

ABS 塑料兼有聚丙烯腈的高化学稳定性和高硬度、聚丁二烯的橡胶态韧性和弹性、聚苯乙烯的良好成型性。故 ABS 塑料具有较高强度和冲击韧度、良好的耐磨性和耐热性、较高的化学稳定性和绝缘性，以及易成型、机械加工性好等优点。其缺点是耐高温、耐低温性能差，易燃、不透明。

ABS 塑料应用较广，主要用于制造齿轮、轴承、仪表盘壳、冰箱衬里，以及各种容器、管道、飞机舱内装饰板、窗框、隔音板等。

⑥ 聚四氟乙烯(PTFE，俗称特氟龙)。聚四氟乙烯是以线型晶态高聚物聚四氟乙烯为基的塑料，其性能见表 7-7。

表 7-7　聚四氟乙烯的性能

项目	相对密度	抗拉强度/MPa	弹性模量/MPa	伸长率/(%)	抗压强度/MPa	抗弯强度/MPa	24 h 吸水率/(%)
数值	2.1～2.2	14～15	400	250～315	42	11～14	<0.005

聚四氟乙烯的结晶度为 55%～75%，熔点为 327 ℃，具有优异的耐化学腐蚀性，不受任

何化学试剂的侵蚀，即使在高温下及强酸、强碱、强氧化剂中也不受腐蚀，故有“塑料之王”之称。它还具有较突出的耐高温和耐低温性能，在－195～250 ℃范围内长期使用，其力学性能几乎不发生变化。摩擦系数小(0.04)，有自润滑性，吸水性小，在极潮湿的条件下仍能保持良好的绝缘性。但其硬度、强度低，尤其抗压强度不高，但成本较高。

它主要用于制作减摩密封件、化工机械中的耐蚀零件及高频或潮湿条件下的绝缘材料，如化工管道、电气设备、腐蚀介质过滤器等。

⑦ 聚甲基丙烯酸甲酯(PMMA，俗称有机玻璃)。聚甲基丙烯酸甲酯是目前最好的透明材料，透光率达92%以上，比普通玻璃好。它的相对密度小(1.18)，仅为玻璃的一半。还具有较高的强度和韧性，具有不易破碎、耐紫外线、防大气老化、易加工成型等优点。但其硬度不如玻璃高，耐磨性差，易溶于有机溶剂。另外，其耐热性差(使用温度不能超过180℃)，导热性差，热膨胀系数大。

它的主要用途是制作飞机座舱盖、炮塔观察孔盖、仪表灯罩及光学镜片，亦可作防弹玻璃、电视和雷达标图的屏幕、汽车风挡、仪器设备的防护罩等。

(2)常用热固性塑料。

热固性塑料的种类很多，大都是经过固化处理获得的。所谓固化处理就是在树脂中加入固化剂并压制成型，使其由线型聚合物变成体型聚合物的过程。常见热固性塑料的性能见表7-8。

表7-8 常见热固性塑料的性能

名称	24 h吸水率/(%)	耐热温度/℃	抗拉强度/MPa	弹性模量/MPa	抗压强度/MPa	抗弯强度/MPa	成型收缩率
酚醛塑料	0.01～1.2	100～150	32～63	5600～35000	80～210	50～100	0.3～1.0
脲醛塑料	0.4～0.8	100	38～91	7000～10000	175～310	70～100	0.4～0.6
三聚氰胺塑料	0.08～0.14	140～145	38～49	13600	210	45～60	0.2～0.8
环氧塑料	0. 03～0.20	130	15～70	21280	54～210	42～100	0.05～1.0
有机硅塑料	2.5	200～300	32	11000	137	25～70	0.5～1.0
聚氨酯塑料	0.02～1.5	—	12 ～70	700～7000	140	5～31	0～2.0

① 酚醛塑料。酚醛塑料是以酚醛树脂为基，加入木粉、布、石棉、纸等填料，经固化处理而形成的交联型热固性塑料。它具有较高的强度和硬度，较高的耐热性、耐磨性、耐蚀性及良好的绝缘性；广泛用于机械、电气、电子、航空、船舶、仪表等工业中，例如齿轮、耐酸泵、雷达罩、仪表外壳等。

② 环氧塑料(EP)。环氧塑料是以环氧树脂为基，加入各种添加剂经固化处理形成的热固性塑料。它具有比强度高，耐热性、耐蚀性、绝缘性及加工成型性好的特点，缺点是价格高昂。它主要用于制作模具、精密量具、电气及电子元件等重要零件。

常用工程塑料的性能及应用列于表7-9。

表 7-9 常用工程塑料的性能及应用

名称（代号）	密度/(g/cm³)	抗拉强度/MPa	冲击韧度/(J/cm²)	特点	应用
聚酰胺（尼龙）（PA）	1.14～1.16	55.9～81.4	0.38	坚韧、耐磨、耐疲劳、耐油、耐水、抵抗霉菌、无毒、吸水性大	轴承、齿轮、凸轮、导板、轮胎帘布等
聚甲醛（POM）	1.43	58.8	0.75	良好的综合性能，强度、刚度、冲击韧度、抗疲劳、抗蠕变等性能均较高，耐磨性好，吸水性小，尺寸稳定性好	轴承、衬垫、齿轮、叶轮、阀、管道、化学容器
聚砜（PSF）	1.24	84	0.69～0.79	优良的耐热、耐寒、抗蠕变及尺寸稳定性，耐酸、碱及高温蒸汽，良好的可电镀性	精密齿轮、凸轮、真空泵叶片、仪表壳、仪表盘、印制电路板等
聚碳酸酯（PC）	1.2	58.5～68.6	6.3～7.4	突出的冲击韧度，良好的力学性能，尺寸稳定性好，无色透明，吸水性小，耐热性好，不耐碱、酮、芳香烃，有应力开裂倾向	齿轮、齿条、蜗轮、蜗杆、防弹玻璃、电容器等
共聚丙烯腈-丁二烯-苯乙烯（ABS）	1.02～1.08	34.3～61.8	0.6～5.2	较好的综合性能，耐冲击，尺寸稳定性好	齿轮轴承、仪表盘壳、窗框、隔音板等
聚四氟乙烯（PTFE）	2.11～2.19	15.7～30.9	1.6	优异的耐蚀、耐老化及电绝缘性，吸水性小，可在－195～250 ℃长期使用，但加热后黏度大，不能注射成型	化工管道泵、内衬、电气设备隔离防护屏等
聚甲基丙烯酸甲酯（有机玻璃）（PMMA）	1.19	60～70	1.2～1.3	透明度高，密度小，高强度，韧性好，耐紫外线和防大气老化，但硬度低，耐热性差，易溶于极性有机溶剂	光学镜片、飞机座舱盖、窗玻璃、汽车风挡、电视屏幕等
酚醛塑料（PF）	1.24～2.0	35～140	0.06～2.17	力学性能变化范围宽，耐热性、耐磨性、耐蚀性好，良好的绝缘性	齿轮、耐酸泵、制动片、仪表外壳、雷达罩等
环氧塑料（EP）	1.1	69	0.44	比强度高，耐热性、耐蚀性、绝缘性好，易于加工成型，但成本较高	模具、精密量具、电气和电子元件等

7）塑料在机械工程中的应用

塑料在工业上应用的历史比金属材料要短得多，因此，塑料的选材原则、方法与过程，基本是参照金属材料的做法。根据各种塑料的使用和工艺性能特点，结合具体的塑料零件结构设计进行合理选材，尤其应注意工艺和试验结果，综合评价，最后确定选材方案。以下介绍几种机械上常用零件的塑料选材。

（1）一般结构件。包括各类机械上的外壳、手柄、手轮、支架、仪器仪表的底座、罩壳、盖板等。这些结构件在使用时负荷小，通常只要求一定的机械强度和耐热性。因此，一般选用价格低廉、成型性好的塑料，如聚氯乙烯、聚乙烯、聚丙烯、聚苯乙烯、ABS等。若制品常与热水或蒸汽接触或稍大的壳体结构件有刚性要求时，可选用聚碳酸酯、聚砜；如要求透明的零件，可选用有机玻璃、聚苯乙烯或聚碳酸酯等。

（2）普通传动零件。包括机器上的齿轮、凸轮、蜗轮等。这类零件要求有较高的强度、韧性、耐磨性、耐疲劳性及尺寸稳定性。可选用的材料有尼龙、MC尼龙、聚甲醛、聚碳酸酯、增强增塑聚酯、增强聚丙烯等。如大型齿轮和蜗轮，可选用MC尼龙浇注成型，需要高的疲劳强度时选用聚甲醛，在腐蚀介质中工作可选用聚氯醚；聚四氟乙烯充填的聚甲醛可用于有重载摩擦的场合。

（3）摩擦零件。主要包括轴承、轴套、导轨和活塞环等。这类零件要求强度一般，但要求具有摩擦系数小和良好的自润滑性，要求一定的耐油性和热变形温度，可选用的塑料有低压聚乙烯、尼龙1010、MC尼龙、聚氯醚、聚甲醛、聚四氟乙烯。由于塑料的热导率小、线膨胀系数大，因此，它只有在低负荷、低速条件下才适宜选用。

（4）耐蚀零件。主要应用在化工设备上，在其他机械工程结构中应用也甚广。由于不同的塑料品种，其耐蚀性能各不相同，因此，要依据所接触的不同介质来选择。全塑结构的耐蚀零件，还要求具有较高的强度和热变形性能。常用耐蚀性塑料有聚丙烯、硬聚氯乙烯、填充聚四氟乙烯、聚全氟乙丙烯、聚三氟氯乙烯等。另外，某些耐蚀工程结构采用塑料涂层结构或多种材料的复合结构，既保证了工作面的耐蚀性，又提高了支撑强度、节约了材料。通常选用热膨胀系数小、黏附性好的树脂及其玻璃钢作衬里材料。

（5）电气零件。塑料用作电气零件，主要是利用其优异的绝缘性能（填充导电性填料的塑料除外）。用于工频低压下的普通电气元件的塑料有酚醛塑料、氨基塑料、环氧塑料等；用于高压电器的绝缘材料要求耐压强度高、介电常数小、抗电晕及优良的耐候性，常用塑料有交联聚乙烯、聚碳酸酯、氟塑料和环氧塑料等。用于高频设备中的绝缘材料有聚四氟乙烯、聚全氟乙丙烯及某些纯碳氢型的热固性塑料，也可选用聚酰亚胺、有机硅树脂、聚砜、聚丙烯等。

2. 橡胶

橡胶是具有可逆形变的高弹性聚合物材料。它在室温下富有弹性，在很小的外力作用下能产生较大形变，除去外力后能恢复原状。橡胶属于完全无定形聚合物，它的玻璃化转变温度（T_g）低，相对分子质量往往很大，高达几十万。橡胶的分子链可以交联，交联后的橡胶受外力作用发生变形时，具有迅速复原的能力，并具有良好的力学性能和化学稳定性。

橡胶分为天然橡胶与合成橡胶两种。从橡胶树、橡胶草等植物中提取胶乳，经凝聚、涤、成型、干燥即得具有弹性、绝缘性，不透水和空气的天然橡胶；合成橡胶则由各种单体经聚合反应而得，采用不同的原料（单体）可以合成出不同种类的橡胶。1900—1910年，化学家C. D. Harris测定出天然橡胶的结构是异戊二烯的高聚物，为人工合成橡胶开辟了途径。1910年俄国化学家列别捷夫以金属钠为引发剂使1,3-丁二烯聚合成丁钠橡胶，之后又陆续出现了许多新的合成橡胶品种，如顺丁橡胶、氯丁橡胶、丁苯橡胶，等等。现在，合成橡胶的产量已大大超过天然橡胶，其中产量最大的是丁苯橡胶。

橡胶是橡胶工业的基本原料，广泛用于制造轮胎、胶管、胶带、电缆及其他各种橡胶制品。

1）橡胶的组成

（1）生胶。生胶是橡胶制品的主要组分，其来源可以是天然的，也可以是合成的。生胶在橡胶制备过程中不但起着黏结其他配合剂的作用，而且是决定橡胶品质性能的关键因素。使用的生胶种类不同，则橡胶制品的性能也不同。

（2）配合剂。配合剂是为了提高和改善橡胶制品的各种性能而加入的物质。主要有硫化剂、硫化促进剂、防老剂、软化剂、填充剂、发泡剂及着色剂等。

2）橡胶的性能特点

橡胶最显著的性能特点是高弹性，其主要表现为在较小的外力作用下就能产生很大的变形，且当外力去除后又能很快恢复到近似原来的状态；高弹性的另一个表现为其宏观弹性形变量可高达100％～1000％。同时橡胶具有优良的伸缩性和可贵的积储能量的能力，良好的耐磨性、绝缘性、隔音性和阻尼性，一定的强度和硬度。橡胶成为常用的弹性材料、密封材料、减振防振材料、传动材料、绝缘材料。

3）橡胶的分类

按原料来源，橡胶可分为天然橡胶和合成橡胶两大类。按应用范围又可分为通用橡胶与特种橡胶两类，通用橡胶是指用于制造轮胎、工业用品、日常用品的量大面广的橡胶，特种橡胶是指用于制造在特殊条件（高温、低温、酸、碱、油、辐射等）下使用的零部件的橡胶。按形态分为块状生胶、乳胶、液体橡胶和粉末橡胶。乳胶为橡胶的胶体状水分散体；液体橡胶为橡胶的低聚物，未硫化前一般为黏稠的液体；粉末橡胶是将乳胶加工成粉末状，以利配料和加工制作。

4）常用橡胶材料

（1）天然橡胶。

天然橡胶具有较高的弹性、较好的力学性能、良好的电绝缘性及耐碱性，是一类综合性能较好的橡胶。缺点是耐油、耐溶胶性较差，耐臭氧老化性差，不耐高温及浓强酸。主要用于制造轮胎、胶带、胶管等。

（2）通用合成橡胶。

① 丁苯橡胶。它由丁二烯和苯乙烯共聚而成。其耐磨性、耐热性、耐油性、抗老化性均比天然橡胶好，并能以任意比例与天然橡胶混用，且价格低廉。缺点是生胶强度低、黏结性差、成型困难、硫化速度慢，制成的轮胎弹性不如天然橡胶。主要用于制造汽车轮胎、胶带、胶管等。

② 顺丁橡胶。它由丁二烯聚合而成。其弹性、耐磨性、耐寒性均优于天然橡胶，是制造轮胎的优良材料。缺点是强度较低，加工性能差，抗撕性差。主要用于制造轮胎、胶带、弹簧、减振器、电绝缘制品等。

③ 氯丁橡胶。它由氯丁二烯聚合而成。氯丁橡胶不仅具有可与天然橡胶比拟的高弹性、高绝缘性、较高的强度和高耐碱性，而且具有天然橡胶和一般通用橡胶所没有的优良性能，例如耐油、耐溶剂、耐氧化、耐老化、耐酸、耐热、耐燃烧、耐挠曲等性能，故有“万能橡胶”之称。缺点是耐寒性差、密度大，生胶稳定性差。氯丁橡胶应用广泛，由于其耐燃烧，故可用于制作矿井的运输带、胶管、电缆，也可制作高速V带及各种垫圈等。

④ 乙丙橡胶。它由乙烯与丙烯共聚而成。具有结构稳定，抗老化能力强，绝缘性、耐热

性、耐寒性好，在酸、碱中耐蚀性好等优点。缺点是耐油性差、黏着性差、硫化速度慢。主要用于制造轮胎、蒸汽胶管、耐热输送带、高压电线管套等。

(3) 特种合成橡胶。

① 丁腈橡胶。它由丁二烯与丙烯腈聚合而成。其耐油性好，耐热、耐燃烧、耐磨、耐碱、耐有机溶剂，抗老化。缺点是耐寒性差，其脆化温度为－20～－10 ℃；耐酸性和绝缘性差。主要用于制作耐油制品，如油箱、储油槽、输油管等。

② 硅橡胶。它由二甲基硅氧烷与其他有机硅单体共聚而成。硅橡胶具有高耐热性和耐寒性，在－100～350 ℃范围内保持良好弹性，抗老化能力强，绝缘性好。缺点是强度低，耐磨性、耐酸性差，价格较高。主要用于航空航天中的密封件、薄膜、胶管和耐高温的电线、电缆等。

③ 氟橡胶。它是以碳原子为主链，含有氟原子的聚合物。其化学稳定性高，耐蚀性能居各类橡胶之首，耐热性好，最高使用温度为 300 ℃。缺点是价格高昂，耐寒性差，加工性能不好。主要用于国防和高技术中的密封件，如火箭、导弹的密封垫圈及化工设备中的衬里等。常用橡胶的种类、性能和用途列于表 7-10。

3. 合成纤维

凡能使长度比本身直径大 100 倍的均匀条状或丝状的高分子材料均称纤维，分为天然纤维和化学纤维。化学纤维又可分为人造纤维和合成纤维。人造纤维用自然界的纤维加工制成，如叫“人造丝”“人造棉”的黏胶纤维和硝化纤维、醋酸纤维等。合成纤维是将人工合成的、具有适宜相对分子质量并具有可溶(或可熔)性的线型聚合物，经纺丝成形和后处理而制得，如图 7-8、图 7-9 所示。通常将这类具有成纤性能的聚合物称为成纤聚合物。与天然纤维和人造纤维相比，合成纤维的原料是由人工合成的方法制得的，生产不受自然条件的限制。合成纤维除了具有化学纤维的一般优越性能，如强度高、质轻、易洗快干、弹性好、不怕霉蛀等外，不同品种的合成纤维各具有某些独特性能，因此发展很快，产量最多的有以下六大品种(占总产量的 90%)。

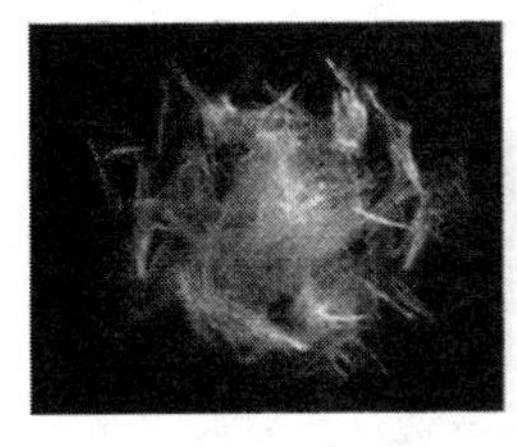
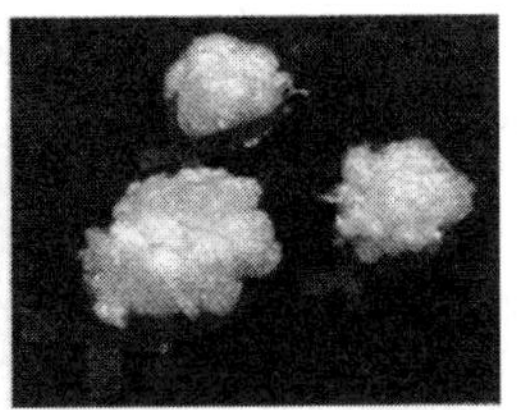

图 7-8　合成纤维

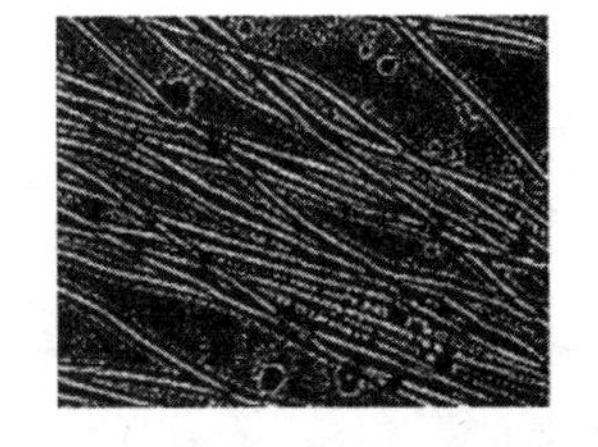

图 7-9　显微镜下的聚乳酸纤维

(1) 涤纶，又叫的确良，具有高强度、耐磨、耐蚀、易洗快干等优点，是很好的衣料纤维。

(2) 尼龙，在我国又称锦纶，其强度大、耐磨性好、弹性好，主要缺点是耐光性差。

(3) 腈纶，在国外叫奥纶、开米司纶，它柔软、轻盈、保暖，有“人造羊毛”之称。

(4) 维纶，维纶的原料易得，成本低，性能与棉花相似且强度高；缺点是弹性较差，织物易皱。

(5) 丙纶，是后起之秀，发展快，以轻、牢、耐磨著称；缺点是可染性差，且暴晒易老化。

(6) 氯纶，难燃、保暖、耐晒、耐磨、弹性好，由于染色性差、热收缩大，它的应用受到限制。

表 7-10 常用橡胶的种类、性能和用途

类别	名称（代号）	生胶密度/（g/cm³）	伸长率/（%）		抗拉强度/MPa		回弹率/（%）	最高使用温度/℃	脆化温度/℃	主要特征	用途
			未补强硫化胶	补强硫化胶	未补强硫化胶	补强硫化胶					
通用橡胶	天然橡胶（NR）	0.90～0.95	17～29	25～35	650～900	650～900	70～95	100	−70～−55	高弹、高强、绝缘、耐磨、耐寒、防振	轮胎、胶管、胶带、电线电缆绝缘层及其他通用橡胶制品
通用橡胶	异戊橡胶（IR）	0.92～0.94	20～30	20～30	800～1200	600～900	70～90	100	−70～−55	合成天然橡胶，耐水、绝缘、耐老化	可代替天然橡胶制作轮胎、胶管、胶带及其他通用橡胶制品
通用橡胶	丁苯橡胶（SBR）	0.92～0.94	2～3	15～20	500～800	500～800	60～80	120	−60～−30	耐磨、耐老化，其余同天然橡胶	代替天然橡胶制作轮胎、胶板、胶管及其他通用橡胶制品
通用橡胶	顺丁橡胶（BR）	0.91～0.94	1～10	18～25	200～900	450～800	70～95	120	−73	高弹、耐磨、耐老化、耐寒	一般和天然橡胶或丁苯橡胶混用，主要用于制作轮胎胎面、运输带和特殊耐寒制品
通用橡胶	氯丁橡胶（CR）	1.15～1.30	15～20	15～17	800～1000	800～1000	50～80	150	−42～−35	抗氧和臭氧、耐酸碱油、阻燃、气密性好	重型电缆护套、胶管、胶带和化工设备衬里，耐燃地下采矿用品及汽车门窗嵌条、密封圈
通用橡胶	丁基橡胶（IIR）	0.91～0.93	14～21	17～21	650～850	650～800	20～50	170	−55～−30	耐老化、耐热、防振、气密性好、耐酸碱油	主要做内胎、水胎、电线电缆绝缘层、化工设备衬里及防振制品、耐热运输带等
通用橡胶	丁腈橡胶（NBR）	0.96～1.20	2～4	15～30	300～800	300～800	5～65	170	−20～−10	耐油、耐热、耐水、气密性好，黏结力强	主要用于各种耐油制品，如耐油胶管、密封圈、储油槽衬里等，也可用于耐热运输带
特种橡胶	乙丙橡胶（EPDM）	0.86～0.87	3～6	15～25	—	400～800	50～80	150	−60～−40	密度小、化学稳定、耐候、耐热、绝缘	主要用于化工设备衬里、电线电缆绝缘层、耐热运输带、汽车零件及其他工业制品

续表

类别	名称（代号）	生胶密度/（g/cm³）	伸长率/（%）		抗拉强度/MPa		回弹率/（%）	最高使用温度/℃	脆化温度/℃	主要特征	用途
			未补强硫化胶	补强硫化胶	未补强硫化胶	补强硫化胶					
特种橡胶	氯磺化聚乙烯橡胶（CSM）	1.11～1.13	8.5～24.5	7～20	—	100～500	30～60	150	−60～−20	耐臭氧、耐日光老化、耐候	臭氧发生器密封材料、耐油垫圈、电线电缆包皮及绝缘层、耐蚀件及化工设备衬里等
	丙烯酸酯橡胶（AR）	1.09～1.10	—	7～12	—	400～600	30～40	180	−30～0	耐油、耐热、耐氧、耐日光老化、气密性好	用作一切需要耐油、耐热、耐老化的制品，如耐热油软管、油封等
	聚氨酯橡胶（UR）	1.09～1.30	—	20～35	—	300～800	40～90	80	−60～−30	高强、耐磨、耐油、耐日光老化、气密性好	用作轮胎，耐油、耐苯零件，垫圈，防振制品及其他要求耐磨、高强度零件
	硅橡胶（SR）	0.95～1.40	2～5	4～10	40～300	50～500	50～85	315	−120～−70	耐高、低温，绝缘	耐高、低温制品，耐高温电绝缘制品
	氟橡胶（FPM）	1.80～1.82	10～20	20～22	500～700	100～500	20～40	315	−50～−10	耐高温、耐酸碱油、抗辐射、高真空性	耐化学腐蚀制品，如化工设备衬里、垫圈、高级密封件、高真空橡胶件
	聚硫橡胶（PSR）	1.35～1.41	0.7～1.4	9～15	300～700	100～700	20～40	180	−40～−10	耐油、耐化学介质、耐日光、气密性好	综合性能较差，易燃，有催泪性气味，工业上很少采用，仅用作密封腻子或油库覆盖层
	氯化聚乙烯橡胶（CPE）	1.16～1.32	—	＞15	400～500	—	—	—	—	耐候、耐臭氧、耐酸碱油水、耐磨	电线电缆护套、胶带、胶管、胶辊、化工衬里

4. 合成胶黏剂

1) 胶黏剂的组成

胶黏剂(adhesive)又称黏结剂、黏合剂或胶水。有天然胶黏剂和合成胶黏剂之分，也可分为有机胶黏剂和无机胶黏剂。主要组成除基料(一种或几种高聚物)外，还有固化剂、填料、增塑剂、增韧剂、稀释剂、促进剂及着色剂。

2) 胶接的特点

用胶黏剂把物品连接在一起的方法叫胶接，也称黏接。和其他连接方法相比，它有以下特点。

(1) 整个胶接面都能承受载荷，因此强度较高，而且应力分布均匀，避免了应力集中，耐疲劳性好。

(2) 可连接不同种类的材料，而且可用于薄形零件、脆性材料及微型零件的连接。

(3) 胶接结构质量轻，表面光滑美观。

(4) 具有密封作用，而且胶黏剂电绝缘性好，可以防止金属发生电化学腐蚀。

(5) 胶接工艺简单，操作方便。

3) 常用胶黏剂

(1) 环氧胶黏剂。基料主要使用环氧树脂，我国使用最广的是双酚 A 型。它的性能较全面，应用广，俗称“万能胶”。为满足各种需求，有很多配方。

(2) 改性酚醛胶黏剂。酚醛树脂胶的耐热性、耐老化性好，胶接强度也高，但脆性大、固化收缩率大，常加其他树脂改性后使用。

(3) 聚氨酯胶黏剂。它的柔韧性好，可低温使用，但不耐热、强度低，通常作为非结构胶使用。

(4) α-氰基丙烯酸酯胶。它是常温快速固化胶黏剂，又称为“瞬干胶”。胶接性能好，但耐热性和耐溶性较差。

(5) 厌氧胶。这是一种常温下有氧时不能固化，排掉氧后即能迅速固化的胶。它的主要成分是甲基丙烯酸的双酯，根据使用条件加入引发剂。厌氧胶有良好的流动性和密封性，其耐蚀性、耐热性、耐寒性均比较好，主要用于螺纹的密封，因强度不高仍可拆卸。厌氧胶也可用于堵塞铸件砂眼和构件细缝。

(6) 无机胶黏剂。高温环境要用无机胶黏剂，有的可在 1300 ℃下使用，胶接强度高，但脆性大，它的种类很多，机械工程中多用磷酸-氧化铜无机胶。

4) 胶黏剂的选择

为了得到最好的胶接效果，必须根据具体情况选用适当的胶黏剂成分，万能胶黏剂是不存在的。胶黏剂的选用要考虑被胶接材料的种类、工作温度、胶接结构形式，以及工艺条件、成本等。

5. 涂料

1) 涂料的作用

涂料就是通常所说的油漆，是一种有机高分子胶体的混合溶液，涂在物体表面上能干结成膜。涂料的作用有以下几点。

(1) 保护作用：避免外力碰伤、摩擦，也防止大气、水等的腐蚀。

(2) 装饰作用：使制品表面光亮美观。

(3) 特殊作用：可作标志用，如管道、气瓶和交通标志牌等。船底漆可防止微生物附着，保护船体光滑，减少行进阻力。另外还有绝缘涂料、导电涂料、抗红外线涂料、吸收雷达波涂料、示温涂料，以及医院手术室用的杀菌涂料等。

2）涂料的组成

（1）黏结剂。黏结剂是涂料的主要成膜物质，它决定了涂层的性质。过去主要使用油料，现在使用合成树脂。

（2）颜料。颜料也是涂膜的组成部分，它不仅使涂料着色，而且能提高涂膜的强度、耐磨性、耐久性和防锈能力。

（3）溶剂。溶剂用以稀释涂料，以便于加工，干结后挥发。

（4）其他辅助材料。如催干剂、增塑剂、固化剂、稳定剂等。

3）常用涂料

（1）酚醛树脂涂料。应用最早的涂料，有清漆、绝缘漆、耐酸漆、地板漆等。

（2）氨基树脂涂料。涂膜光亮、坚硬，广泛用于电风扇、缝纫机、化工仪表、医疗器械、玩具等各种金属制品。

（3）醇酸树脂涂料。涂膜光亮、保光性强、耐久性好，适用于作金属底漆，也是良好的绝缘涂料。

（4）聚氨酯涂料。综合性能（特别是耐磨性和耐蚀性）好，适用于列车、地板、舰船甲板、纺织用的纱管及飞机外壳等。

（5）有机硅涂料。耐高温性能好，也耐大气腐蚀、耐老化，适用于在高温环境下使用。

为拓宽高分子材料在机械工程中的应用，人们用物理及化学方法对现有的高分子材料进行改进，积极探索及研制性能优异的新型高分子材料（如纳米塑料），采用新的工艺技术制取以高分子材料为基的复合材料，从而提高其使用性能。同时人们利用纳米技术解决了“白色污染”的问题，将可降解的淀粉和不可降解的塑料通过超微粉碎设备粉碎至纳米级后，进行物理共混改性。用这种新型原料，可生产出100％降解的农用地膜、一次性餐具、各种包装袋等类似产品。农用地膜经4～5年的大田实验表明：在70～90天内淀粉完全降解为水和二氧化碳，塑料则变成对土壤和空气无害的细小颗粒，并且地膜在17个月内完全降解为水和二氧化碳，这是彻底解决“白色污染”的实质性突破。

功能高分子材料是近年来发展较快的领域。一批具有光、电、磁等物理性能的高分子材料被相继开发，应用在计算机、通信、电子、国防等工业部门。与此同时，生物高分子材料在医学、生物工程方面也获得了较大进展。可以预计，未来高分子材料将在高性能化、高功能化及生物化方面发挥日益显著的作用。

7.2　陶瓷材料

7.2.1　概述

陶瓷是陶器与瓷器的总称，是一种既古老又现代的工程材料，同时也是人类最早利用自然界所提供的原料制造而成的材料，亦称无机非金属材料。陶瓷材料由于具有耐高温、耐蚀、高硬度、绝缘等优点，在现代宇航、国防等高科技领域得到越来越广泛的应用。随着现代科学技术的发展，许多性能优良的新型陶瓷材料相继出现。

陶瓷材料的发展经历了三次重大飞跃。旧石器时代的人们只会采集天然石料加工成器皿和工件。经历了漫长的发展和演变过程，以黏土、石英、长石等矿物原料配置而成的瓷器才登上了历史舞台。从陶器发展到瓷器，是陶瓷发展史上的第一次重大飞跃。低熔点的长石和黏土等成分由于相互配合，在焙烧过程中形成了流动性很好的液相，且冷却后成为玻璃态，形成釉，因此使瓷器更加坚硬、致密和不透水。从传统陶瓷到先进陶瓷，是陶瓷发展史上的第二次大飞跃，这一过程始于20世纪40～50年代，目前仍在不断发展。当然，传统陶瓷与先进陶瓷之间并无绝对的界限，但二者在原材料、制备工艺、产品显微结构等多方面却有相当的差别，二者的对比可参见表7-11。

表 7-11　传统陶瓷和先进陶瓷的对比

类别	原料	成形烧结方式/设备	产品
传统陶瓷	天然原料	浇浆铸造、陶土制坯，窑	陶瓷、砖
先进陶瓷	人造原料	热等静压机、热压机	涡轮、核反应堆、汽车件、机械件、人工骨

从先进陶瓷发展到纳米陶瓷将是陶瓷发展史上的第三次飞跃，陶瓷科学家还需在诸如纳米粉体的制备、成形、烧结等许多方面进行艰苦的工作，预期在本世纪，将取得重大突破，有可能解决陶瓷的致命弱点——脆性问题。陶瓷研究发展的三次飞跃如图7-10所示。

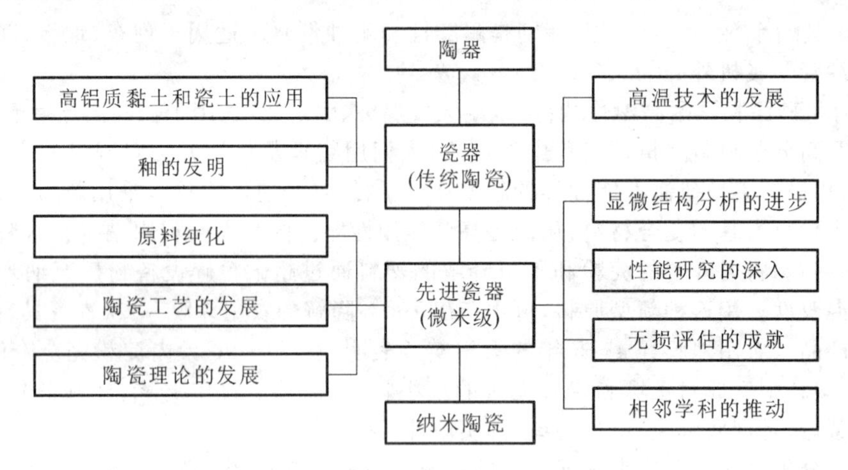

图 7-10　陶瓷研究发展的三次飞跃

1. 陶瓷材料的特点

1）相组成特点

陶瓷材料通常是由晶体相、玻璃相和气相三种不同的相组成的，如图7-11所示。决定陶瓷材料物理化学性能的主要是晶体相；而玻璃相的作用是填充晶粒间隙，黏结晶粒，提高材料致密度，降低烧结温度和抑制晶粒长大；气相是在工艺过程中形成并保留下来的，它对陶瓷的电性能及热性能影响很大。

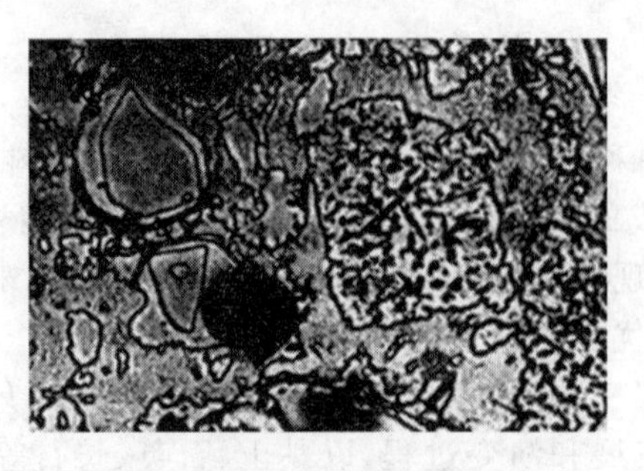

图 7-11　陶瓷的典型组织

2）结合键特点

陶瓷材料的主要成分是氧化物、碳化物、氮化物、硅化物等，其结合键以离子键（如 MgO、Al_2O_3）、共价键（如 Si_3N_4、BN）及离子键和共价键的混合键为主，取决于两原子间电负性差异的大小。

3）性能特点

陶瓷材料的结合键为共价键或离子键，因此，陶瓷材料具有高熔点、高硬度、高化学稳定性、耐高温、耐氧化、耐腐蚀等特性。此外，陶瓷材料还具有密度小、弹性模量大、耐磨损、强度高、脆性大等特点。功能陶瓷还具有电、光、磁等特殊性能。

2. 陶瓷的分类

陶瓷材料种类繁多，性能各异，如表7-12所示。

表7-12 陶瓷的分类

<table>
<tr><th rowspan="3">普通陶瓷</th><th colspan="6">特种陶瓷</th></tr>
<tr><th rowspan="2">按性能分类</th><th colspan="5">按化学成分分类</th></tr>
<tr><th>氧化物陶瓷</th><th>氮化物陶瓷</th><th>碳化物陶瓷</th><th>复合陶瓷</th><th>金属陶瓷</th></tr>
<tr><td>日用陶瓷</td><td>高强度陶瓷</td><td>氧化铝陶瓷</td><td>氮化硅陶瓷</td><td>碳化硅陶瓷</td><td>氧氮化硅铝瓷</td><td></td></tr>
<tr><td>建筑陶瓷</td><td>高温陶瓷</td><td>氧化锆陶瓷</td><td>氮化铝陶瓷</td><td>碳化硼陶瓷</td><td>镁铝尖晶石瓷</td><td></td></tr>
<tr><td>绝缘陶瓷</td><td>耐磨陶瓷</td><td>氧化镁陶瓷</td><td>氮化硼陶瓷</td><td></td><td>锆钛酸铅镧瓷</td><td></td></tr>
<tr><td>化工陶瓷</td><td>耐酸陶瓷</td><td>氧化铍陶瓷</td><td></td><td></td><td></td><td></td></tr>
<tr><td>多孔陶瓷
（过滤陶瓷）</td><td>压电陶瓷</td><td></td><td></td><td></td><td></td><td></td></tr>
<tr><td></td><td>电介质陶瓷</td><td></td><td></td><td></td><td></td><td></td></tr>
<tr><td></td><td>光学陶瓷</td><td></td><td></td><td></td><td></td><td></td></tr>
<tr><td></td><td>半导体陶瓷</td><td></td><td></td><td></td><td></td><td></td></tr>
<tr><td></td><td>磁性陶瓷</td><td></td><td></td><td></td><td></td><td></td></tr>
<tr><td></td><td>生物陶瓷</td><td></td><td></td><td></td><td></td><td></td></tr>
</table>

1）按原料分类

按原料来源可将陶瓷材料分为普通陶瓷（传统陶瓷）和特种陶瓷（先进陶瓷）。普通陶瓷是以天然硅酸盐矿物（黏土、长石、石英）为原料，经过原料加工、成形、烧结而成，因此这种陶瓷又叫硅酸盐陶瓷。特种陶瓷是采用纯度较高的人工合成化合物（如 Al_2O_3、ZrO_2、SiC、Si_3N_4、BN），经配料、成形、烧结而制得。

2）按化学成分分类

按化学成分可将陶瓷材料分为氮化物陶瓷、氧化物陶瓷、碳化物陶瓷等。氧化物陶瓷种类多、应用广，常用的有 Al_2O_3、ZrO_2、SiO_2、MgO、CaO、BeO、Cr_2O_3、CeO、ThO_2 等。氮化物陶瓷常用的有 Si_3N_4、AlN、TiN、BN 等。

3）按用途分类

按用途可将陶瓷材料分为日用陶瓷和工业陶瓷，工业陶瓷又可分为工程陶瓷和功能陶瓷。在工程结构上使用的陶瓷称为结构陶瓷。利用陶瓷特有的物理性能制造的陶瓷材料称为功能陶瓷,它们的物理性能差异往往很大,用途很广。

4) 按性能分类

陶瓷材料按性能可分为高强度陶瓷、高温陶瓷、耐酸陶瓷等。

3. 陶瓷的制造工艺

陶瓷的生产制作过程虽然各不相同,但一般都要经过坯料制备、成形与烧结三个阶段。

1) 坯料制备

当采用天然的岩石、矿物、黏土等物质作原料时,一般要经过原料粉碎→精选(去掉杂质)→磨细(达到一定粒度)→配料(保证制品性能)→脱水(控制坯料水分)→练坯、陈腐(去除空气)等过程。

当采用高纯度可控的人工合成的粉状化合物作原料时,如何获得成分、纯度、粒度均达到要求的粉状化合物是坯料制备的关键。制取微粉的方法有机械粉碎法、溶液沉淀法、气相沉积法等。

原料经过坯料制备后依成形工艺的要求,可以是粉料、浆料或可塑泥团。

2) 成形

陶瓷制品的成形方法很多,主要有以下三类。

(1) 可塑法。可塑法又叫塑性料团成形法。它是在坯料中加入一定量的水或塑化剂,使其成为具有良好塑性的料团,然后利用料团的可塑性通过手工或机械成形。常用的工艺有挤压和压坯成形。

(2) 注浆法。注浆法又叫浆料成形法。它是先把原料配制成浆料,然后注入模具中成形,分为一般注浆成形和热压注浆成形。

(3) 压制法。压制法又叫粉料成形法。它是将含有一定水分和添加剂的粉料在金属模中用较高的压力压制成形(和粉末冶金成形方法相同)。

3) 烧结

未经烧结的陶瓷制品称为生坯。生坯是由许多固相粒子堆积起来的聚集体,颗粒之间除了点接触外,尚存在许多空隙,因此没有多大强度,必须经过高温烧结后才能使用。生坯经初步干燥后即可送去烧结。烧结是指生坯在高温加热时发生一系列物理化学变化(水的蒸发,硅酸盐分解,有机物及碳化物的汽化,晶体转型及熔化),并使生坯体积收缩,强度、密度增大,最终形成致密、坚硬的具有某种显微结构烧结体的过程。烧结后颗粒之间由点接触变为面接触,粒子间也将产生物质的转移。这些变化均需一定的温度和时间才能完成,所以烧结的温度较高,所需的时间也较长。常见的烧结方法有热压或热等静压法、液相烧结法、反应烧结法。

7.2.2 常用工程结构陶瓷材料

1. 普通陶瓷

普通陶瓷是用黏土($Al_2O_3 \cdot 2SiO_2 \cdot H_2O$)、长石($K_2O \cdot Al_2O_3 \cdot 6SiO_2$、$Na_2O \cdot Al_2O_3 \cdot 6SiO_2$)、石英($SiO_2$)为原料,经配料、成形、烧结而制成的。组织中主要晶相为莫来石($3Al_2O_3 \cdot SiO_2$),占25%~30%(质量分数),次晶相为SiO_2,玻璃相占35%~60%,气相占1%~3%。其中玻璃相是以长石为溶剂,在高温下溶解一定量的黏土和石英后经凝固而

形成的。这类陶瓷质地坚硬，不会氧化生锈，不导电，能耐 1200 ℃高温，加工成形性好，成本低廉。其缺点是因含有较多的玻璃相，故强度较低，且在高温下玻璃相易软化，所以其耐高温性能及绝缘性能不如特种陶瓷。

这类陶瓷产量大，广泛应用于电气、化工、建筑、纺织等工业部门，用来制作工作温度低于 200 ℃的耐蚀器皿和容器、反应塔管道、供电系统的绝缘子、纺织机械中的导纱零件等。

2. 特种陶瓷

1）氧化物陶瓷

（1）氧化铝陶瓷。氧化铝陶瓷是以 Al_2O_3 为主要成分，含有少量 SiO_2 的陶瓷，α-Al_2O_3 为主晶相。根据 Al_2O_3 含量的不同分为：75 瓷[$\omega(Al_2O_3)=75\%$]、95 瓷[$\omega(Al_2O_3)=95\%$]和 99 瓷[$\omega(Al_2O_3)=99\%$]，前者又称刚玉-莫来石瓷，后两者又称刚玉瓷。氧化铝陶瓷中 Al_2O_3 含量越高，玻璃相越少，气孔也越少，其性能越好，但工艺复杂，成本高。

氧化铝陶瓷的强度比普通陶瓷高 2～3 倍，有的甚至高 5～6 倍；硬度高，仅次于金刚石、碳化硼、立方氮化硼和碳化硅；有很好的耐磨性；耐高温性能好；Al_2O_3 含量高的刚玉瓷有高的蠕变抗力，能在 1600 ℃高温下长期工作；耐蚀性及绝缘性好。缺点是脆性大，抗热振性差，不能承受环境温度的突然变化。主要用于制作内燃机的火花塞、火箭和导弹整流罩、轴承、切削工具，以及石油及化工用泵的密封环、纺织机上的导线器、熔化金属的坩埚及高温热电偶套管等。

（2）氧化锆陶瓷。氧化锆陶瓷的熔点在 2700 ℃以上，能耐 2300 ℃的高温，其推荐使用的温度为 2000～2200 ℃。由于它还能抗熔融金属的侵蚀，所以多用作铂、锗等金属的冶炼坩埚和 1800 ℃以上的发热体及炉子、反应堆绝热材料等。特别指出，氧化锆作添加剂可大大提高陶瓷材料的强度和韧性。各种氧化锆增韧陶瓷在工程结构陶瓷领域的研究和应用不断取得突破。氧化锆增韧氧化铝陶瓷材料的强度达 1200 MPa，断裂韧度为 15 $MPa \cdot m^{1/2}$，分别比原氧化铝提高了 3 倍和近 3 倍。氧化锆增韧陶瓷可替代金属制造模具、拉丝模、泵叶轮等，还可制造汽车零件，如凸轮、推杆、连杆等。氧化锆增韧陶瓷制成的剪刀既不生锈，也不导电。

（3）氧化镁/氧化钙陶瓷。氧化镁/氧化钙陶瓷通常是由热白云石（镁/钙的碳酸盐）矿石除去 CO_2 而制成的。其特点是能抗各种金属碱性渣的作用，因而常作炉衬的耐火砖。但这种陶瓷的缺点是热稳定性差，氧化镁在高温下易挥发，氧化钙甚至在空气中就易水化。

（4）氧化铍陶瓷。除了具备一般陶瓷的特性外，氧化铍陶瓷最大的特点是导热性好，因而具有很高的热稳定性。虽然其强度不高，但其抗热冲击性较好。氧化铍陶瓷由于具有消散高辐射的能力强、热中子阻尼系数大等特点，所以经常用于制造坩埚，还可作为真空陶瓷和原子反应堆陶瓷等。另外，气体激光管、晶体管热片和集成电路的基片和外壳等也多用该种陶瓷制造。

（5）氧化钍/氧化铀陶瓷。这是具有放射性的一类陶瓷，具有极高的熔点和密度，多用于制造熔化铑、铂、银和其他金属的坩埚及动力反应堆中的放热元件等。氧化钍陶瓷还可用于制造电炉构件。

常见氧化物陶瓷的基本性能列于表 7-13。

表 7-13 常见氧化物陶瓷的基本性能

氧化物	熔点/℃	理论密度/(10^3 kg/m^3)	强度/MPa			弹性模量/GPa	莫氏硬度	线膨胀系数/($\times10^{-6}$/℃)	无气孔时的热导率[W/(m·K)]	体积电阻率/(Ω·m)	抗氧化性	热稳定性	耐蚀能力
			抗拉	抗弯	抗压								
Al_2O_3	2050	3.99	255	147	2943	375	9	8.4	28.8	10^{14}	中	高	高
ZrO_2	2715	5.6	147	226	2060	169	7	7.7	1.7	10^2 (1000 ℃)	中	低	高
BeO	2570	3.02	98	128	785	304	9	10.6	209	10^{12}	中	高	中
MgO	2800	3.58	98	108	1373	210	5～6	15.6	34.5	10^{13}	中	低	中
CaO	2570	3.35		78			4～5	13.8	14	10^{12}	中	低	中
ThO_2	3050	9.69	98		1472	137	6.5	10.2	8.5	10^{11}	中	低	高
UO_2	2760	10.96			961	161	3.5	10.5	7.3	10 (800 ℃)	中		

2）氮化物陶瓷

(1) 氮化硅陶瓷。它是以 Si_3N_4 为主要成分的陶瓷，Si_3N_4 为主晶相。按其制造工艺不同可分为热压烧结氮化硅（β-Si_3N_4）陶瓷和反应烧结氮化硅（α-Si_3N_4）陶瓷。热压烧结氮化硅陶瓷组织致密，气孔率接近于零，强度高。反应烧结氮化硅陶瓷是以 Si 粉或 Si-SiN 粉为原料，压制成形后经氮化处理而得到的。因其有 20%～30%的气孔，故其强度不及热压烧结氮化硅陶瓷，但与 95 瓷相近。氮化硅陶瓷硬度高，摩擦系数小，只有 0.1～0.2；具有自润滑性，可以在没有润滑剂的条件下使用；蠕变抗力高，热膨胀系数小，抗热振性能在陶瓷中最佳，比氧化铝陶瓷高 2～3 倍；化学稳定性好，抗氢氟酸以外的各种无机酸和碱溶液的侵蚀，也能抵抗熔融非铁金属的侵蚀。此外，由于氮化硅为共价晶体，因此具有优异的电绝缘性能。

反应烧结氮化硅陶瓷因在氮化过程中可进行机加工，因此主要用于制作形状复杂、尺寸精度高、耐热、耐蚀、耐磨、绝缘的制品，如石油、化工泵的密封环、高温轴承、热电偶导管。热压烧结氮化硅陶瓷只用于制作形状简单的耐磨、耐高温零件，如切削刀具等。

近年来在氮化硅中添加一定数量的 Al_2O_3，制成的过渡新型陶瓷材料，称为塞纶（Sialon）陶瓷。它用常压烧结方法就能达到接近热压烧结氮化硅陶瓷的性能，是目前强度最高并有优异的化学稳定性、耐磨性和热稳定性的陶瓷。

(2) 氮化硼陶瓷。氮化硼陶瓷的主晶相是 BN，属于共价晶体。其晶体结构与石墨相仿，为六方晶格，故有“白石墨”之称。此类陶瓷具有良好的耐热性和导热性；热膨胀系数小（比其他陶瓷及金属均小得多），故其抗热振性和热稳定性均好；绝缘性好，在 2000 ℃的高温下仍是绝缘体；化学稳定性高，能抵抗铁、铝、镍等熔融金属的侵蚀；硬度较其他陶瓷低，可进行切削加工；有自润滑性。它常用于制作热电偶套管、熔炼半导体及金属的坩埚、冶金用高温容器和管道、玻璃制品成形模、高温绝缘材料等。此外，由于 BN 有很大的吸收中子截面，因此其可作为核反应堆中吸收热中子的控制棒。立方氮化硼由于其硬度高，在 1925 ℃高温下不会氧化，已成为金刚石的代用品。

3）碳化物陶瓷

碳化物陶瓷包括碳化硅、碳化硼、碳化铈、碳化钼、碳化铌、碳化钛、碳化钨、碳化钽、碳化钒、碳化锆、碳化铪等。该类陶瓷的突出特点是具有很高的熔点、硬度（接近于金刚石）和耐磨性（特别是在侵蚀性介质中），缺点是耐高温（900～1000 ℃）氧化能力差、脆性极大。

(1) 碳化硅陶瓷。碳化硅陶瓷在碳化物陶瓷中的应用最为广泛。其密度为 3.2×10^3 kg/m^3，抗弯强度和抗压强度分别为 200～250 MPa 和 1000～1500 MPa，莫氏硬度为 9.2(高于氧化物陶瓷中最高的刚玉和氧化铍的硬度)。该种材料热导率很高，热膨胀系数很小，但在 900～1300 ℃时会慢慢氧化。

碳化硅陶瓷通常用于制作加热元件、石墨表面保护层及砂轮和磨料等。将由有机黏结剂黏结的碳化硅陶瓷，加热至 1700 ℃后加压成形，有机黏结剂被烧掉，碳化物颗粒间呈晶态黏结，从而形成具有高强度、高致密度、高耐磨性和高抗化学侵蚀的耐火材料。

(2) 碳化硼陶瓷。碳化硼陶瓷的硬度极高，抗磨粒磨损能力很强，熔点高达 2450 ℃左右；但在高温下会快速氧化，并与热或熔融钢铁材料发生反应。因此其使用温度限定在 980 ℃以下。其主要用途是制作磨料，有时用于超硬质工具材料。

(3) 其他碳化物陶瓷。碳化铈、碳化钼、碳化铌、碳化钽、碳化钨和碳化锆陶瓷的熔点和硬度都很高，通常在 2000 ℃以上的中性或还原气氛中作为高温材料使用。碳化铌、碳化钛等甚至可用于 2500 ℃以上的氮气气氛。在各类碳化物陶瓷中，碳化铪的熔点最高，达 2900 ℃。

4) 硼化物陶瓷

最常见的硼化物陶瓷包括硼化铬、硼化钼、硼化钛、硼化钨和硼化锆等。其特点是高硬度，同时具有较好的耐化学侵蚀能力，其熔点范围为 1800～2500 ℃。比起碳化物陶瓷，硼化物陶瓷具有较高的抗高温氧化性能，使用温度达 1400 ℃。硼化物陶瓷主要用于高温轴承、内燃机喷嘴、各种高温器件、处理熔融非铁金属的器件等；此外，还用作防触电材料。

常用工程结构陶瓷的种类、性能和应用列于表 7-14。

表 7-14　常用工程结构陶瓷的种类、性能和应用

名称		密度/(g/cm^3)	抗弯强度/MPa	抗拉强度/MPa	抗压强度/MPa	线膨胀系数/($\times10^{-6}$/℃)	应用
普通陶瓷	普通工业陶瓷	2.3～2.4	65～85	26～36	460～680	3～6	绝缘子、绝缘的机械支撑件、静电纺织导纱器
	化工陶瓷	2.1～2.3	30～60	7～12	80～140	4.5～6	受力不大和工作温度低的酸碱容器、反应塔、管道
特种陶瓷	氧化铝陶瓷	3.2～3.9	250～450	140～250	1200～2500	5～6.7	内燃机火花塞，轴承，化工、石油用泵的密封环，火箭和导弹整流罩，坩埚，热电偶套管，刀具等
	氮化硅陶瓷(反应烧结)	2.4～2.6	166～206	141	1200	2.99	耐磨、耐蚀、耐高温零件，如石油、化工泵的密封环，电磁泵管道、阀门，热电偶套管，转子发动机刮片，高温轴承，刀具等
	氮化硅陶瓷(热压烧结)	3.10～3.18	490～90	150～275	—	3.28	
	氮化硼陶瓷	2. 15～2.2	53～109	25(1000 ℃)	233～315	1.5～3	坩埚、绝缘零件、高温轴承、玻璃制品成形模等
	氮化镁陶瓷	3.0～3.6	160～280	60～80	780	13.5	熔炼 Fe、Cu、Mo、Mg 等金属的坩埚及熔化高纯度 U、Th 及其合金的坩埚
	氮化铍陶瓷	2.9	150～200	97～130	800～1620	9.5	高绝缘电子元件，核反应堆中子减速剂和反射材料、高频电炉坩埚
	氮化锆陶瓷	5.5～6.0	1000～1500	140～500	144～2100	4.5～11	熔炼 Pt、Pd、Ph 等金属的坩埚、电极等

7.2.3 金属陶瓷

金属陶瓷是以金属氧化物(如 Al_2O_3、ZrO_2 等)或金属碳化物(如 TiC、WC、TaC、NbC 等)为主要成分,再加入适量的金属粉末(如 Co、Cr、Ni、Mo 等),通过粉末冶金方法制成的,具有金属某些性质的陶瓷。它是制造金属切削刀具、模具和耐磨零件的重要材料。

1. 粉末冶金法及其应用

金属材料一般是经过熔炼和铸造方法生产出来的,但是对于高熔点的金属和金属化合物,用上述方法制取是很困难而又不经济的。20 世纪初研制出了一种由粉末经压制成形并烧结而制成零件或毛坯的方法,这种方法称为粉末冶金法。其实质是陶瓷生产工艺在冶金中的应用。

粉末冶金法是一种可以制造具有特殊性能金属材料的加工方法,也是一种精密的少、无切削加工的方法。近年来,粉末冶金技术和生产迅速发展,在机械、高温金属、电子电气行业的应用日益广泛。

粉末冶金法的应用主要有以下几个方面。

(1) 减摩材料。其应用最早的是含油轴承。因为毛细孔可吸附大量润滑油,一般含油率为 12%～30%(质量分数),所以利用粉末冶金的多孔性能够使滑动轴承浸在润滑油中,故含油轴承有自润滑作用。一般作为中速、轻载的轴承使用,特别适宜用作不能经常加油的轴承,如纺织机械、食品机械、家用电器等所用的轴承,在汽车、拖拉机、机床中也有应用。常用含油轴承有铁基(Fe＋石墨、Fe＋S＋石墨等)和铜基(Cu＋Sb＋Pb＋Zn＋石墨等)两大类。

(2) 结构材料。用碳素钢或合金钢的粉末为原料,采用粉末冶金方法制造结构零件。该类制品的精度较高、表面光洁(径向精度 2～4 级、表面粗糙度 Ra 值为 1.6～0.2 μm),不需或少量切削加工即为成品零件,制品可通过热处理和后处理来提高强度和耐磨性。用来制造液压泵齿轮、电钻齿轮、凸轮、衬套等及各类仪表零件,是一种少、无切屑新工艺。

(3) 高熔点材料。一些高熔点的金属和金属化合物,其熔点都在 2000 ℃以上,用熔炼和铸造的方法生产比较困难,而且难以保证纯度和冶金质量,可通过粉末冶金生产,如各种金属陶瓷、钨丝及 W、WC、TiC、Mo、Ta、Nb 等难熔金属和高温合金。

此外,粉末冶金还用于制造特殊电磁性能材料,如硬磁材料、软磁材料;多孔过滤材料,用于空气的过滤、水的净化、液体燃料和润滑油的过滤等;假合金材料,如钨-铜、铜-石墨系等电接触材料,这类材料的组元在液态下互不溶解或各组元的密度相差悬殊,只能用粉末冶金法制取合金。

由于设备和模具的限制,粉末冶金只能生产尺寸有限和形状不很复杂的制品,烧结零件的韧性较差,生产效率不高,成本较高。

2. 硬质合金

硬质合金是金属陶瓷的一种,它是以金属碳化物(如 WC、TiC、TaC 等)为基体,再加入适量金属粉末(如 Co、Ni、Mo 等)作黏结剂而制成的具有金属性质的粉末冶金材料。

1) 硬质合金的性能特点

(1) 硬度、耐磨性、热硬性高。这是硬质合金的主要性能特点。由于硬质合金以高硬度、高耐磨性和高热稳定性的碳化物为骨架(起坚硬耐磨作用),因此其在常温下硬度可达 86～93 HRA(相当于 69～81 HRC),热硬度可达到 900 ℃以上。故作切削刀具使用时,其耐磨性、寿命和切削速度相比高速钢都显著提高。

(2) 抗压强度、弹性模量高。硬质合金抗压强度可达 6000 MPa,高于高速钢;但抗弯强度低,只有高速钢的 1/3～1/2。其弹性模量很高,为高速钢的 2～3 倍;但它的韧性很差,冲击韧性 a_K 仅为 2.5～6 J/cm^2,约为淬火钢的 30%～50%。此外,硬质合金还有良好耐蚀性和抗氧化性,热膨胀系数比钢低。

抗弯强度低、脆性大、导热性差是硬质合金的主要缺点,因此其在加工、使用过程中要避免冲击和温度急剧变化。

硬质合金由于硬度高,不能用一般的切削方法进行加工,只能采用电加工(电火花、线切割)和专门的砂轮磨削。一般是将一定形状和规格的硬质合金制品,通过黏结、钎焊或机械装夹等方法固定在钢制刀体或模具体上使用。

2) 硬质合金的分类、编号和应用

(1) 硬质合金分类及编号。

常用的硬质合金按成分和性能特点分为三类,其代号、成分与性能列于表 7-15。

表 7-15 常用硬质合金的代号、成分和性能

类别	代号	化学成分(质量分数)/(%)				物理、力学性能		
		WC	TiC	TaC	Co	密度/(g/cm^3)	硬度/HRA(不低于)	抗弯强度/MPa(不低于)
钨钴类硬质合金	YG3X	96.5	—	<0.5	3	15.0～15.3	91.5	1100
	YG6	94	—	—	6	14.6～15.0	89.5	1450
	YG6X	93.5	—	<0.5	6	14.6～15.0	91	1400
	YG8	92	—	—	8	14.5～14.9	89	1500
	YC8C	92	—	—	8	14. 5～14.9	88	1750
	YG11C	89	—	—	11	14.0～14.4	86.5	2100
	YC15	85	—	—	15	13.9～14.2	87	2100
	YC20C	80	—	—	20	13.4～13.8	82～84	2200
	YG6A	91	—	3	6	14.6～15.0	91.5	1400
	YC8A	91	—	<1.0	8	14.5～14.9	89.5	1500
钨钴钛类硬质合金	YT5	85	5	—	10	12.5～13.2	89	1400
	YT15	79	15	—	6	11.0～11.7	91	1150
	YT30	66	30	—	4	9.3～9.7	92.5	900
通用硬质合金	YW1	84	6	4	6	12.8～13.3	91.5	1200
	YW2	82	6	4	8	12.6～13.0	90.5	1300

注:代号中的"X"代表该合金是细颗粒合金,"C"代表粗颗粒合金,不加字母的为一般颗粒合金;"A"代表该合金是含有少量 TaC 的合金。

(2) 典型硬质合金。

① 钨钴类硬质合金。由碳化钨和钴组成,常用代号有 YG3、YG6、YG8 等。代号中的"YG"为"硬""钴"两字汉语拼音首位字母,后面的数字表示钴的含量百分数。如 YG6,表示

$\omega_{Co}=6\%$，余量为碳化钨的钨钴类硬质合金。

② 钨钴钛类硬质合金。由碳化钨、碳化钛和钴组成，常用代号有 YT5、YT15、YT30 等。代号中"YT"为"硬""钛"两字的汉语拼音首位字母，后面的数字表示碳化钛的含量百分数。如 YT15，表示 $\omega_{TiC}=15\%$，余量为碳化钨及钴的钨钴钛类硬质合金。

硬质合金中，碳化物含量越多，钴含量越少，则硬质合金的硬度、热硬性及耐磨性越高，但强度及韧性越低。当含钴量相同时，钨钴钛合金由于含有碳化钛，故硬度、耐磨性较高；同时，由于这类合金表面形成一层氧化钛薄膜，切削时不易粘刀，故有较高的热硬性，但其强度和韧性比钨钴类硬质合金低。

③ 通用硬质合金。在成分中添加 TaC 或 NbC，取代部分 TiC。其代号用"硬"和"万"两字汉语拼音首位字母"Y"和"W"加顺序号表示，如 YW1、YW2。它的热硬性高（>900 ℃），其他性能介于钨钴类与钨钴钛类硬质合金之间。它既能加工钢材，又能加工铸铁和有色金属，故称为通用或万能硬质合金。

(3) 硬质合金的应用。

在机械制造中，硬质合金主要用来制造切削刀具、冷作模具、量具和耐磨性零件。

钨钴类硬质合金刀具主要用来切削加工产生断续切屑的脆性材料，如铸铁、有色金属、胶木及其他非金属材料。钨钴钛类硬质合金主要用来切削加工韧性材料，如各种钢。在同类硬质合金中，含钴量多的硬质合金韧性好些，适宜粗加工；含钴量少的适宜精加工。通用硬质合金既可切削脆性材料，又可切削韧性材料，特别对于不锈钢、耐热钢、高锰钢等难加工的钢材，切削加工效果更好。

硬质合金也用于冷拔模、冷冲模、冷挤压模及冷镦模。在量具的易磨损工作面上镶嵌硬质合金，使量具的使用寿命延长、可靠性提高。许多耐磨零件，如机床顶尖、无心磨导杠和导板等，也都应用硬质合金。硬质合金是一种重要的刀具材料。

3) 钢结硬质合金

钢结硬质合金是近年来发展的一种新型硬质合金。它是以一种或几种碳化物（如 WC、TiC 等）为硬化相，以合金钢（如高速钢、铬钼钢）粉末为黏结剂，经配料、压制成形、烧结而成的。

钢结硬质合金具有与钢一样的可加工性能，可以锻造、焊接和热处理。在锻造退火后，其硬度为 40～45 HRC，这时能用一般切削加工方法进行加工。加工成工具后，经过淬火、低温回火后，硬度可达 69～73 HRC。用其作刃具，寿命与钨钴类合金差不多，而大大超过合金工具钢。它可以制造各种复杂的刀具，如麻花钻、铣刀等，也可以制造在较高温度下工作的模具和耐磨零件。

脆性大、韧性低、难以加工成形是制约工程结构陶瓷发展及应用的主要原因。近年来，国内外都在陶瓷的成分设计、改变组织结构、创建新工艺等方面加强研究，以期达到增韧及扩大品种的目的。利用 ZrO_2 进行相变增韧、纤维补强增韧，以及应用特殊工艺、方法，制造微米陶瓷及纳米陶瓷等增韧技术都取得了一定进展。用纳米陶瓷材料可制得"摔不碎的酒杯"或"摔不碎的碗"，这无疑会进一步扩大其在工程结构中的应用范围。

在结构陶瓷发展的同时，种类繁多、性能各异的功能陶瓷也不断涌现。导电陶瓷、压电陶瓷、快离子导体陶瓷、光学陶瓷（如光导纤维、激光材料）、敏感陶瓷（如光敏、气敏、热敏、湿敏陶瓷）、激光陶瓷、超导陶瓷等陶瓷材料在各个领域中正发挥着巨大的作用。

7.3 复合材料

7.3.1 概述

随着现代机械、电子、化工、国防等工业的发展及航天、信息、能源、激光、自动化等高科技的进步，各行各业对材料性能的要求越来越高。除了要求材料具有比强度高、比模量高、耐高温、耐疲劳等性能外，还对材料的耐磨性、尺寸稳定性、减振性、无磁性、绝缘性等提出了特殊要求，甚至有些构件要求材料同时具有相互矛盾的性能。如要求材料既导电又绝缘；强度比钢好而弹性又比橡胶强，并能焊接等。这对单一的金属、陶瓷及高分子材料来说是无法实现的。若采用复合技术，把一些具有不同性能的材料复合起来，取长补短，就能实现这些性能要求，于是现代复合材料应运而生。

1. 复合材料的概念

所谓复合材料，是指由两种或两种以上性质不同的物质，通过不同的工艺方法人工合成的，各组分有明显界面且性能优于各组成材料的多相材料。为满足性能要求，人们在不同的非金属之间、金属之间及金属与非金属之间进行"复合"，使其既保持组成材料的最佳特性，同时又具有组合后的新性能。复合材料有些性能往往超过各项组成材料的性能总和，从而充分地发挥了材料的性能潜力。"复合"已成为改善材料性能的一种手段，复合材料已引起人们的重视，新型复合材料的研制和应用也越来越广泛。

2. 复合材料的分类

1）按基体材料分类

（1）无机非金属基复合材料。如陶瓷基、水泥基复合材料等。

（2）高分子基复合材料。如热固性树脂基、热塑性树脂基复合材料。

（3）金属基复合材料。如铝基、铜基、镍基、钛基复合材料。

2）按增强材料分类

（1）叠层复合材料。如双层金属复合材料（巴氏合金-钢轴承材料）、三层复合材料（钢-铜-塑料复合无油滑动轴承材料），如图 7-10(a)所示。

（2）纤维增强复合材料。如纤维增强塑料、纤维增强橡胶、纤维增强陶瓷、纤维增强金属等，如图 7-10(b)所示。

（3）粒子增强复合材料。如金属陶瓷、烧结弥散硬化合金等，如图 7-12(c)所示。

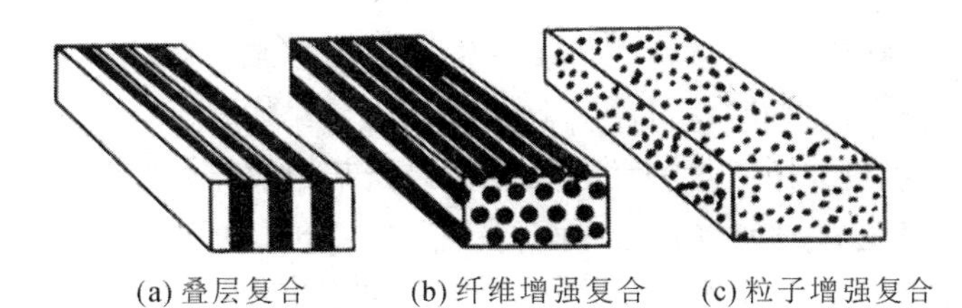

(a) 叠层复合　　(b) 纤维增强复合　　(c) 粒子增强复合

图 7-12　复合材料增强相的主要性状

(4) 混杂复合材料。由两种或两种以上增强相材料混杂于一种基体相材料中构成，与普通单增强相复合材料相比，其冲击韧度、疲劳强度和断裂韧度显著提高，并具有特殊的热膨胀性能。分为层内混杂、层间混杂、夹芯混杂、层内/层间混杂和超混杂复合材料。

在上述前三类增强材料中，以纤维增强复合材料发展最快、应用最为广泛。复合材料的种类列于表 7-16。

表 7-16　复合材料的种类

增强体			基体							
			金属	无机非金属				有机非金属		
			陶瓷	玻璃	水泥	碳素	木材	塑料	橡胶	
金属			金属基复合材料	陶瓷基复合材料	金属网嵌玻璃	钢筋水泥	无	无	金属丝增强材料	金属丝增强橡胶
无机非金属	陶瓷	纤维	金属基超硬合金	增强陶瓷	陶瓷增强玻璃	增强水泥	无	无	陶瓷纤维增强塑料	陶瓷纤维增强橡胶
		粒料								
	碳素	纤维	碳纤维增强合金	增强陶瓷	陶瓷增强玻璃	增强水泥	碳纤维增强碳复合材料	无	碳纤维增强塑料	碳纤碳黑增强橡胶
		粒料								
	玻璃	纤维	无	无	无	增强水泥	无	无	玻璃纤维增强塑料	玻璃纤维增强橡胶
		粒料								
有机非金属	木材		无	无	无	水泥木丝板	无	无	纤维板	无
			无	无	无	增强水泥	无	塑料合板	增强塑料	高聚物纤维增强橡胶
	高聚物纤维橡胶颗粒		无	无	无	无	无	橡胶合板	高聚物纤维高聚物合金	高聚物合金

3) 按性能分类

(1) 结构复合材料。以其力学性能(如强度、刚度、形变等)为工程所应用，结构复合材料主要用于结构承力或维持结构外形。如制作飞机零部件所用的芳纶纤维、碳纤维、硼纤维增强的环氧树脂基复合材料，制作汽车活塞所用的 Al_2O_3 短纤维增强铝基复合材料。

(2) 功能复合材料。功能复合材料是指除力学性能以外而提供其他物理性能并凸显某一功能的复合材料。这些物理性能涉及导电、超导、半导、磁性、压电、阻尼、吸波、透波、摩擦、屏蔽、阻燃、防热、吸声、隔热等。由功能体和增强体及基体组成。功能体可由一种或一种以上功能材料组成。多元功能体的复合材料可以具有多种功能，同时，还可能具有由于复合效应而产生的新的功能。多功能复合材料是功能复合材料的发展方向。

3. 复合材料的命名

(1) 强调基体材料时以基体材料为主来命名，例如金属基复合材料。

(2) 强调增强材料时以增强材料为主来命名，如碳纤维增强复合材料。

(3) 基体与增强材料并用。这种命名法常用以指某一具体复合材料，一般将增强材料的名称放在前面，基体材料的名称放在后面，最后加“复合材料”而成。例如，“C/Al 复合材料”即碳纤维增强铝合金复合材料。

(4) 商业名称命名。如“玻璃钢”，即玻璃纤维增强树脂基复合材料。

7.3.2　复合材料的增强机制及性能

1. 复合材料的增强机制

复合材料增强效果涉及基体材料和增强材料的性能，尤其是它们之间结合界面的状况、断裂力学行为等因素。对于复合材料而言，了解其力学性能的复合增强机理和规律，有助于将其应用于实践。复合材料增强理论根据其增强相材料的不而有所不同。

1）纤维增强复合材料的增强机制

纤维增强复合材料是由高强度、高弹性模量的连续（长）纤维或不连续（短）纤维与基体（树脂、金属或陶瓷等）复合而成。复合材料受力时，高弹性、高模量的增强纤维承受大部分载荷，而基体主要作为媒介，起传递和分散载荷作用。

单向纤维增强复合材料的断裂强度 σ_c 和弹性模量 E_c 与各部分材料性能关系如下：

$$\sigma_c = k_1[\sigma_f\varphi_f + \sigma_m(1-\varphi_f)] \tag{7-9}$$

$$E_c = k_2[E_f\varphi_f + E_m(1-\varphi_f)] \tag{7-10}$$

式中：σ_c、E_c 分别为纤维的断裂强度和弹性模量；σ_m、E_m 分别为基体材料的强度和弹性模量；φ_f 为纤维的体积分数；k_1、k_2 为常数，主要与界面强度有关。

纤维与基体界面的结合强度，还与纤维的排列、分布方式、断裂形式有关。为达到强化目的，必须满足下列条件。

(1) 增强纤维的强度、弹性模量应远远高于基体的，以保证复合材料受力时主要由纤维承受外加载荷。常用纤维的性能列于表 7-17。

(2) 纤维和基体之间应有一定的结合强度，这样才能保证基体所承受的载荷能通过界面传给纤维，并防止脆性断裂。

(3) 纤维的排列方向要和构件的受力方向一致，才能发挥增强作用。

表 7-17　常用纤维的性能

纤维种类	密度/(g/cm³)	抗拉强度/GPa	比强度/(10^6 N · m/kg)	弹性模量/GPa	比模量/(10^8 N · m/kg)
碳纤维	1.78～2.15	2.2～4.8	0.7～2.7	340～720	106～406
玻璃纤维	2.58	3.4	1.34	72	28
Al_2O_3纤维	3.95	2.0	0.35	380	96
硼纤维	2.57	3.6	1.40	410	160
SiC 晶须	3.2	20	6.25	480	150
SiN 晶须	3.2	5～7	1. 56～2.2	350～380	109～118
钨丝	19.3	2.89	0.15	407	21
钼丝	10.2	2.2	0.22	324	31.8
高强度钢丝	7.9	2.39	0.30	210	26.6

(4) 纤维和基体之间不能发生使结合强度降低的化学反应。

(5) 纤维和基体的热膨胀系数应匹配，不能相差过大，否则在热胀冷缩过程中会使纤维与基体的结合强度降低。图 7-13 所示为高分子基复合材料中纤维与基体结合的电镜照片。

(a) 结合不良

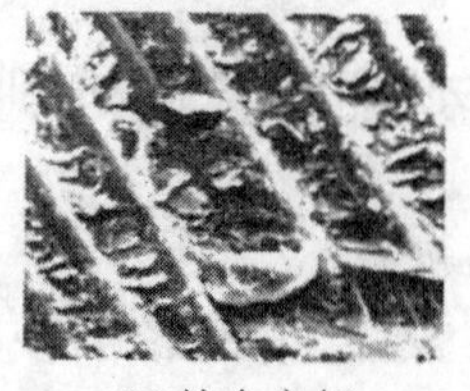
(b) 结合良好

图 7-13 高分子基复合材料中纤维与基体结合的电镜照片

(6)纤维所占体积分数、纤维长度 L、直径 d 及长径比 L/d 等必须满足一定要求。纤维体积分数对复合材料性能的影响如图 7-14 所示。

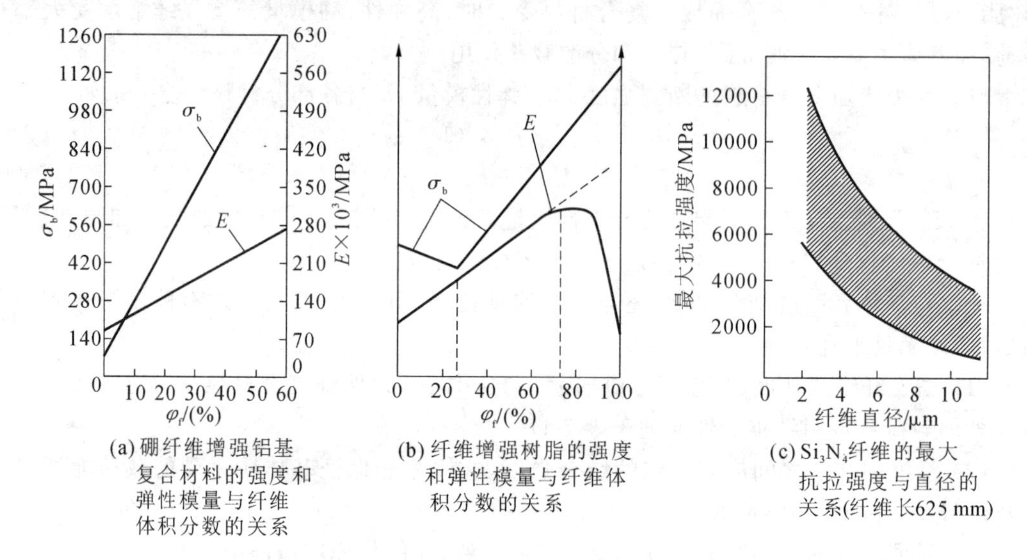

(a) 硼纤维增强铝基复合材料的强度和弹性模量与纤维体积分数的关系

(b) 纤维增强树脂的强度和弹性模量与纤维体积分数的关系

(c) Si_3N_4纤维的最大抗拉强度与直径的关系(纤维长625 mm)

图 7-14 纤维体积分数对复合材料性能的影响

2) 粒子增强复合材料的增强机制

粒子增强复合材料按照颗粒尺寸大小和数量可以分为:弥散强化的复合材料,其粒子直径 d 一般为 0.01～0.1 μm,粒子体积分数 φ_p 为 1%～15%;颗粒增强的复合材料,其粒子直径 d 为 1～50 μm,粒子体积分数 $\varphi_p>20\%$。

(1) 弥散强化的复合材料的增强机制。这类复合材料就是将一种或几种材料的颗粒弥散、均匀地分布在基体材料内所形成的材料。其增强机制:在外力的作用下,复合材料的基体将主要承受载荷,而弥散均匀分布的增强粒子将阻碍导致基体塑性变形的位错的运动(例如金属基体的绕过机制,如图 7-15 所示)或分子链的运动(聚合物基体时)。弥散强化复合材料的增强粒子相主要是氧化物,这些氧化物颗粒熔点、硬度较高,化学稳定性好,弥散分布中能有效地阻碍位错或分子链的运动,所以粒子加入后,不但使常温下材料的强度、硬度有较大提高,而且使高温下材料的强度下降幅度减小,即弥散强化复合材料的高温强度高于单一材料,强化效果与粒子尺寸、形状、弥散分布状况及体积分数等因素有关,粒子尺寸越小、体积分数越高,强化效果越好。通常 $d=0.01\sim0.1$ μm,$\varphi_p=1\%\sim15\%$。

(2) 颗粒增强的复合材料的增强机制。这类复合材料是以金属或高分子聚合物为黏结剂,把耐热性好、硬度高但不能耐冲击的金属氧化物、碳化物等黏结在一起而形成的材料。这类材料既具有陶瓷的高硬度及耐热性,又具有脆性小、耐冲击等优点,显示了突出的复合

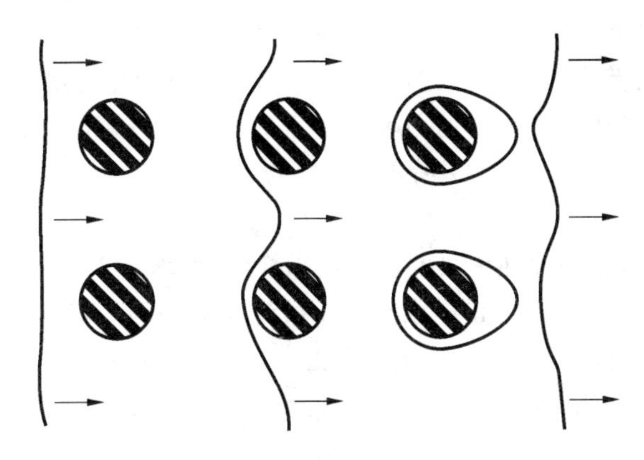

图 7-15　位错绕过增强粒子

效果。但是，由于强化相的颗粒比较大($d>1\ \mu m$)，它对位错的滑移(金属基)和分子链运动(聚合物基)已没有多大的阻碍作用，因此强化效果并不显著，颗粒增强复合主要不是为了提高材料强度，而是为了改善材料的耐磨性或综合的力学性能。颗粒增强复合材料的性能取决于颗粒大小以及颗粒与基体间的结合力，颗粒尺寸小，增强效果好，颗粒与基体间的结合力越大，增强效果越明显。

2. 复合材料的性能特点

1）比强度和比模量高

材料的强度与其密度的比值，称为材料的比强度；材料的弹性模量与其密度的比值，称为材料的比模量。比强度与比模量是衡量材料承载能力的重要指标，材料的比强度越高，在同样强度下构件的自重就会越小，而材料的比模量越大，在质量相同的条件下零件的刚度越大。这对高速运动的机械及要求减轻自重的构件是非常重要的。一些金属与纤维增强复合材料的性能比较列于表 7-18。由表 7-18 可见，复合材料都具有较高的比强度和比模量，尤其是碳纤维-环氧树脂复合材料。

表 7-18　金属与纤维增强复合材料的性能比较

材料	密度/(g/cm^3)	抗拉强度/10^3 MPa	弹性模量/10^5 MPa	比强度/(10^6 N·m/kg)	比模量/(10^8 N·m/kg)
钢	7.8	1.03	2.1	0.13	27
铝	2.8	0.47	0.75	0.17	27
钛	4.5	0.96	1.14	0.21	250
玻璃钢	2.0	1.06	0.4	0.539	20
高强度碳纤维-环氧树脂	1.45	1.5	1.4	1.03	97
高模量碳纤维-环氧树脂	1.6	1.07	2.4	0.67	150
硼纤维-环氧树脂	2.1	1.38	2.1	0.66	100
有机纤维-环氧树脂	1.4	1.4	0 8	1.0	57
SiC 纤维-环氧树脂	2.2	1.09	1.02	0 5	46
硼纤维-铝	2.65	1.0	2.0	0.38	75

2）良好的抗疲劳性能

复合材料的基体中密布着大量的增强纤维，因而基体的韧性和塑性都比较好，有利于消除或减少应力集中，使得微裂纹不易产生。由于增强纤维与基体界面能有效阻止疲劳裂纹扩展，因此复合材料的疲劳强度得到较大幅度的提高，从而保证复合材料具有较高的疲劳强度。在复合材料中，疲劳裂纹的扩展过程如图 7-16 所示。相关实验研究表明，碳纤维增强复合材料的疲劳强度可达抗拉强度的 70%～80%，而金属材料的只有其抗拉强度的 40%～50%，两者的疲劳强度对比如图 7-17 所示。

3）破裂安全性好

在纤维增强复合材料中存在大量的独立细小纤维，平均每立方厘米上有几千到几万根。当纤维复合材料构件由于超载或其他原因使少数纤维断裂时，载荷就会重新分配到其他未破裂的纤维上，因而构件不致在短期内突然断裂，故其破裂安全性好。

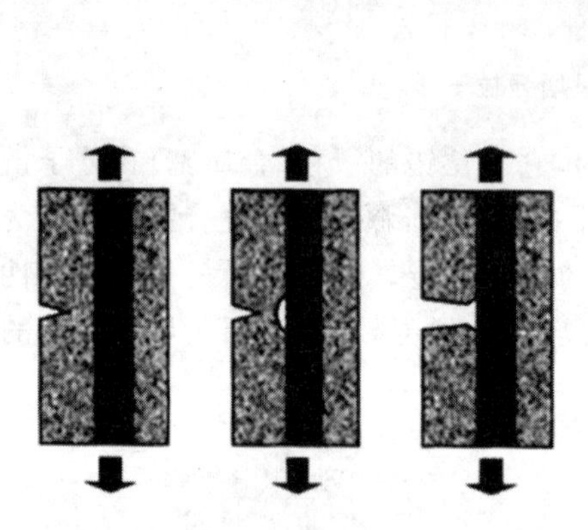

图 7-16 复合材料中疲劳裂纹的扩展过程

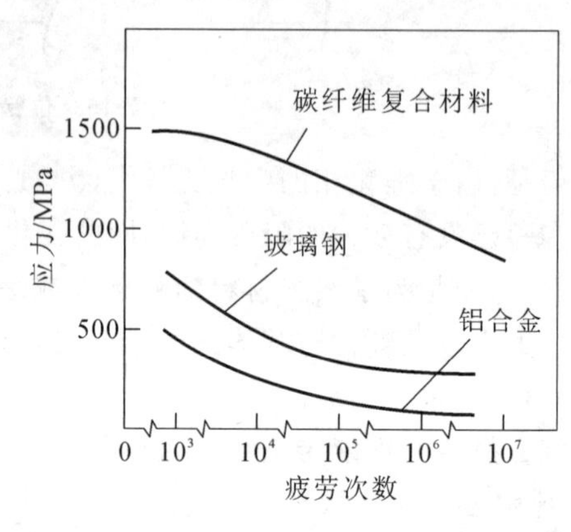

图 7-17 复合材料与铝合金的疲劳强度对比

4）优良的高温性能

大多数增强纤维的材料熔点和弹性模量都较高，因此在高温下仍能保持高的强度，用其增强金属和树脂基体时能显著提高它们的耐高温性能。例如，铝合金的弹性模量在 400 ℃时大幅度下降并接近于零，强度也明显降低，而经碳纤维、硼纤维增强后，在同样温度下强度和弹性模量仍能保持室温下的水平。可见，增强纤维明显起到了提高基体的耐高温性能的作用。几种常用纤维的强度与温度的关系如图 7-18 所示。

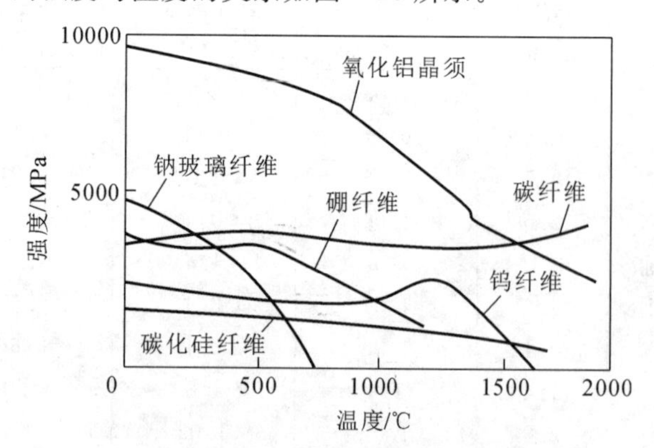

图 7-18 几种常用纤维的强度与温度的关系

5）减振性好

因为结构的自振频率与材料的比模量平方根成正比，复合材料的比模量高，因此其自振频率也高。这样可以避免构件在工作状态下产生共振，而且纤维与基体界面能吸收振动能量，即使产生了振动也会很快地衰减下来，所以纤维增强复合材料具有很好的减振性能。例如，用尺寸和形状相同而材料不同的梁进行试验时，金属材料制作的梁停止振动的时间为 9 s，而碳纤维增强复合材料制作的梁停止振动的时间仅为 2.5 s。

7.3.3 常用的复合材料

1. 纤维增强复合材料

1）常用增强纤维

纤维增强复合材料中常用的纤维有玻璃纤维、碳纤维、硼纤维、碳化硅纤维、Kevlar 有机纤维等。这些纤维除可增强树脂外，其中的碳化硅纤维、碳纤维、硼纤维还可以增强金属和陶瓷。常用增强纤维与金属丝性能见表 7-19。

（1）玻璃纤维。玻璃纤维是由各种金属氧化物的硅酸盐经熔融后以极快的速度拉成细丝而制得。按玻璃纤维中的 Na_2O 和 K_2O 的含量不同，可将其分为无碱纤维（碱的质量分数＜2%）、中碱纤维（碱的质量分数为 2%～12%）、高碱纤维（碱的质量分数＞12%）。随着碱含量的增加，玻璃纤维的强度、绝缘性、耐蚀性降低，因此高强度复合材料多用无碱玻璃纤维。

玻璃纤维复合材料不仅应用于军用产品，在民用产品中也有较为广泛的应用，如防弹服、体育用品及性能优异的轮胎帘子线等。玻璃纤维的优点：强度高，抗拉强度可达 1000～3000 MPa；弹性模量比金属低得多，为$(3～5)\times10^4$ MPa；密度小，为 2.5～2.7 g/cm^3，与铝相近，约是钢的 1/3；比强度、比模量比钢的高；化学稳定性好；不吸水、不燃烧、尺寸稳定、隔热、吸声、绝缘等。其缺点是脆性较大，耐热性差，一般在 500 ℃左右开始软化。玻璃纤维主要用于增强聚合物，由于价格低廉，制作方便，是目前应用最多的增强纤维。

表 7-19　常用增强纤维与金属丝性能

增强纤维、金属丝	密度/(g/cm^3)	抗拉强度/10^3 MPa	弹性模量/10^5 MPa	比强度/(10^6 N·m/kg)	比模量/(10^8 N·m/kg)
无碱玻璃纤维	2.55	3.40	0.71	1.40	29
高强度碳纤维（Ⅱ型）	1.74	2.42	2.16	1.80	130
高模量碳纤维（Ⅰ型）	2.00	2.23	3.75	1.10	210
Kevlar-49	1.44	2.80	1.26	1.49	875
硼纤维	2.36	2.75	3.82	1.20	160
SiC 纤维（钨芯）	2.69	3.43	4.80	1.27	178
钢丝	7.74	4.20	2.00	0.54	26
钨丝	19.40	4.10	4.10	0.21	21
钼丝	7.2.20	2.20	3.60	0.22	36

（2）碳纤维。碳纤维是人造有机纤维（如聚丙烯腈纤维、黏胶纤维等）在 200～300 ℃空气中加热并施加一定张力进行预氧化处理，然后在氮气的保护下于 1000～1500 ℃的高温中进行碳化处理而得。其碳含量 $\omega_C=85\%～95\%$。它由于具有高强度因而被称为高强度碳纤维，也称Ⅱ型碳纤维。这种碳纤维是由许多石墨晶体组成的多晶材料，其结构如图 7-19 所示。

碳纤维复合材料是以碳纤维或其织物为增强相，以金属、陶瓷或树脂为基体相制成的复

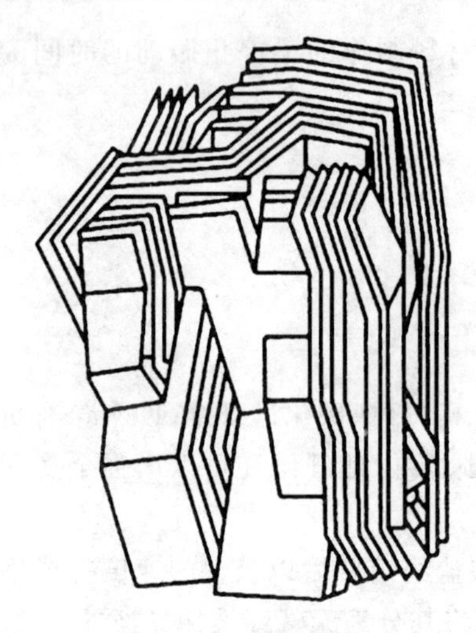

图 7-19 高强度碳纤维结构

合材料。如果将碳纤维在 2500～3000 ℃高温的氩气中进行石墨化处理，就能够获得含碳量 ω_C>98%的碳纤维。这种碳纤维中的石墨晶体的层面规则地沿纤维方向排列，具有高的弹性模量，又称石墨纤维或高模量碳纤维，也称Ⅰ型碳纤维。

碳纤维复合材料在航空、航天、航海等领域得到了广泛应用，以碳纤维增强树脂复合材料应用最为广泛。与玻璃纤维相比，碳纤维密度小（1.33～2.0 g/cm^3），弹性模量高（2.8×10^5～4×10^5 MPa），为玻璃纤维的 4～6 倍；高温及低温性能好，在 1500 ℃以上的惰性气体中强度仍然保持不变，在－180 ℃下脆性也不增大；导电性好、化学稳定性高、摩擦系数小、自润湿性能好。其缺点是脆性大、易氧化、与基体结合力差，必须用硝酸对纤维进行氧化处理以增大结合力。

(3) 硼纤维。硼纤维是用化学沉积法将非晶态的硼涂覆到钨丝或碳丝上而得到的。它具有高熔点、高强度（平均抗拉强度达 3090 MPa）、高弹性模量（1.96×10^5 MPa）等优点。其突出特点是具有优良的高温强度，在 1100 ℃时其强度仍高达 2100 MPa。主要用于增强金属及陶瓷，制成耐高温的金属或陶瓷复合材料。

(4) 碳化硅纤维。碳化硅纤维是以碳和硅为主要成分的一种陶瓷纤维，这种纤维具有高熔点（2300 ℃）、高强度（2450～2750 MPa）、高弹性模量（3.8×10^5～4.9×10^5 MPa）。其弹性模量是无碱玻璃纤维的 5 倍，与碳纤维相当，在无氧条件下 1000 ℃时其模量值也不变。此外，它还具有良好的抗氧化性和耐蚀性。缺点是密度大、直径较大及生产工艺复杂、成本高、价格高昂，因此它在复合材料中的应用远不及玻璃纤维和碳纤维广泛。

(5) Kevlar 有机纤维（芳纶、聚芳酰胺纤维）。芳纶纤维是一种高分子化合物纤维，具有强度高、弹性模量高、韧性好等特点，目前世界上生产的芳纶纤维是以对苯二胺和对苯甲酰为原料，采用“液晶纺丝”和“干湿法纺丝”等新技术制得的。芳纶纤维的强度可达 2800～3700 MPa，比玻璃纤维高 45%；密度小，只有 1.45 g/cm^3，是钢的 1/6；耐热性比玻璃纤维好，能在 290 ℃下长期使用。此外，它还具有优良的抗疲劳性、耐蚀性、绝缘性和加工性，且价格低。其主要纤维种类有 Kevlar-29、Kevlar-49 和我国的芳纶Ⅱ纤维。

2) 纤维-树脂复合材料

(1) 玻璃纤维-树脂复合材料。它亦称玻璃纤维增强塑料，有时也称玻璃钢。按树脂性质可将其分为玻璃纤维增强热塑性塑料（即热塑性玻璃钢）和玻璃纤维增强热固性塑料（即热固性玻璃钢）。

① 热塑性玻璃钢。热塑性玻璃钢由 20%～40%（质量分数）的玻璃纤维和 60%～80%（质量分数）的热塑性树脂（如尼龙、ABS 等）组成。它具有高强度、高冲击韧度、良好的低温性能及低的热膨胀系数。几种热塑性玻璃钢的性能列于表 7-20。

② 热固性玻璃钢。热固性玻璃钢由 60%～70%（质量分数）的玻璃纤维（或玻璃布）和 30%～40%（质量分数）的热固性树脂（如环氧树脂、不饱和聚酯树脂等）组成。它的主要优点是密度小、强度高，比强度超过一般高强度钢和铝及钛合金，耐蚀性、绝缘性、绝热性好，吸水性低，防磁，微波穿透性好，易于加工成形；缺点是弹性模量低，热稳定性不高，只能在

300 ℃以下工作。为此更换基体材料，用环氧树脂和酚醛树脂混溶后作基体或用有机硅和酚醛树脂混溶后为基体制成玻璃钢。前者热稳定性好、强度高；后者耐高温，可作高温结构材料。几种热固性玻璃钢的性能列于表 7-21。

表 7-20　几种热塑性玻璃钢的性能

基体材料	密度/(g/cm³)	抗拉强度/MPa	弹性模量/10^2 MPa	热膨胀系数/($\times10^{-6}$/℃)
尼龙 60	1.37	182	91	3.24
ABS	1.28	101.5	77	2.88
聚苯乙烯	1.28	94.5	91	3.42
聚碳酸酯	1.43	129.5	84	2.34

表 7-21　几种热固性玻璃钢的性能

基体材料	密度/(g/cm³)	抗拉强度/MPa	弹性模量/10^2 MPa	热膨胀系数/($\times10^{-6}$/℃)
聚酯树脂	1.7～1.9	180～350	210～250	210～350
环氧树脂	1.8～2.0	70.3～298.5	180～300	70.3～470
酚醛树脂	1.6～1.85	70～280	100～270	270～1100

玻璃钢主要用于制作要求自重轻的受力构架及无磁性、绝缘、耐蚀的零件。例如，直升机的机身、螺旋桨、发动机叶轮，火箭导弹发动机的壳体、液体燃料箱，轻型舰船(特别适于制作扫雷艇)，机车、汽车的车身、发动机罩，重型发电机的护环、绝缘零件，化工容器及管道等。

(2) 碳纤维-树脂复合材料。它也称碳纤维增强塑料。最常用的是碳纤维与聚酯、酚醛、环氧、聚四氟乙烯等树脂组成的复合材料。其性能优于玻璃钢，具有高强度、高弹性模量、高比强度和比模量。例如，碳纤维-环氧树脂复合材料的上述四项指标均超过了铝合金、钢和玻璃钢。此外，碳纤维-树脂复合材料还具有优良的抗疲劳性能、耐冲击性能、自润滑性、减摩耐磨性、耐蚀性及耐热性。其缺点是纤维与基体结合强度低，材料在垂直于纤维方向上的强度和弹性模量较低。其用途与玻璃钢相似，常用于制作飞机机身、螺旋桨、尾翼，卫星壳体，宇宙飞船外表面防热层，机械轴承齿轮，磨床磨头等。

(3) 硼纤维-树脂复合材料。它主要由硼纤维与环氧树脂、聚酰亚胺树脂组成；具有高的比强度、比模量，良好的耐热性。例如，硼纤维-环氧树脂复合材料的抗拉强度、抗压强度、抗剪强度和比强度均高于铝合金和钛合金；其弹性模量为铝的 3 倍，为钛合金的 2 倍；比模量则是铝合金和钛合金的 4 倍。其缺点是各向异性明显，即纵向力学性能高而横向力学性能低，两者相差十几至几十倍；此外加工困难，价格高昂。它主要用于航空、航天中制作要求刚度高的结构件，如飞机的机身、机翼等。

(4) 碳化硅纤维-树脂复合材料。由碳化硅与环氧树脂组成的复合材料，具有高的比强度、比模量。其抗拉强度接近碳纤维-环氧树脂复合材料，而抗压强度为后者的 2 倍。因此，它是一种很有发展前途的新型材料，主要用于制作宇航器上的结构件，如飞机的门、机翼、降落传动装置箱等。

(5) Kevlar 纤维-树脂复合材料。它是由 Kevlar 纤维与环氧树脂、聚乙烯、聚碳酸酯、聚酯组成。最常用的是 Kevlar 纤维与环氧树脂组成的复合材料，其主要性能特点是抗拉强度高于玻璃钢，而与碳纤维-环氧树脂复合材料相似；延展性好，与金属相当；耐冲击性超过碳纤维增强塑料，具有优良的疲劳抗力和减振性，其疲劳抗力高于玻璃钢和铝合金，减振能力为钢的8倍、玻璃钢的4～5倍。它主要用于制作飞机机身、雷达天线罩、火箭发动机外壳、轻型船舰、快艇等。

3）纤维-金属（或合金）复合材料

纤维增强金属复合材料由高强度、高模量的脆性纤维（碳、硼、碳化硅纤维）与具有较高韧性及低屈服强度的金属（铝及其合金、钛及其合金、镍合金、镁合金、银、铅等）组成。此类材料具有比纤维-树脂复合材料高的横向力学性能、高的层间抗剪强度，冲击韧度好，高温强度高，耐热性、耐磨性、导电性、导热性好，不吸湿，尺寸稳定性好，不老化。但是由于其工艺复杂、价格较高，故仍处于研制和试用阶段。

（1）纤维-铝（或合金）复合材料。

① 硼纤维-铝（或合金）复合材料。硼纤维-铝（或合金）复合材料是纤维-金属基复合材料中研究最成功、应用最广泛的一种复合材料。它由硼纤维与纯铝、变形铝合金、铸造铝合金组成。由于硼和铝在高温易形成 AlB_2，硼与氧易形成 B_2O_3，故在硼纤维表面要涂一层 SiC 以提高硼纤维的化学稳定性。这种硼纤维称为改性硼纤维或硼矽克。

② 石墨纤维-铝（或合金）复合材料。石墨纤维（高模量碳纤维）-铝（或合金）复合材料由Ⅰ型碳纤维与纯铝或变形铝合金、铸造铝合金组成。它具有高比强度和高温强度，在 500 ℃时其比强度为钛合金的 1.5 倍。它主要用于制造航天飞机的外壳，运载火箭的大直径圆锥段、级间段、接合器、油箱，飞机蒙皮、螺旋桨，涡轮发动机的压气机叶片等。

③ 碳化硅纤维-铝（或合金）复合材料。碳化硅纤维-铝（或合金）复合材料是由碳化硅纤维与纯铝（或铸造铝合金、铝铜合金等）组成的复合材料。其性能特点是具有高的比强度、比模量，硬度高，用于制造飞机机身结构件及汽车发动机的活塞、连杆等。

（2）纤维-钛合金复合材料。这类复合材料由硼纤维或改性硼纤维、碳化硅纤维与钛合金（Ti-6Al-4V）组成。它具有低密度、高强度、高弹性模量、高耐热性、低热膨胀系数等特点，是理想的航空航天用结构材料。例如，由改性硼纤维与 Ti-6Al-4V 组成的复合材料，其密度为 $3.6\ g/cm^3$，比钛密度还低，抗拉强度可达 1.21×10^3 MPa，热膨胀系数为 $(1.39\sim1.75)\times10^{-6}/℃$。目前纤维增强钛合金复合材料还处于研究和试用阶段。

（3）纤维-铜（或合金）复合材料。纤维-铜（或合金）复合材料是由石墨纤维与铜（或铜镍合金）组成的材料。为了增强石墨纤维和基体的结合强度，常在石墨纤维表面镀镍后再镀铜。石墨纤维增强铜或铜镍合金复合材料具有高强度、高导电性、低摩擦系数和高耐磨性，以及在一定温度范围内的尺寸稳定性。它主要用来制作高负荷的滑动轴承，集成电路的电刷、滑块等。

4）纤维-陶瓷复合材料

用碳（或石墨）纤维与陶瓷组成的复合材料能大幅提高陶瓷的冲击韧度和抗热振性，降低脆性，而陶瓷又能保护碳（或石墨）纤维不被氧化。因而这些材料具有很高的强度和弹性模量。例如，碳纤维-氧化硅复合材料可在 1400 ℃下长期使用，用于制造喷气式飞机的涡轮叶片。又如碳纤维-石英陶瓷复合材料，相比纯烧结石英陶瓷，其冲击韧度高 40 倍，抗弯强度高 5～12 倍，比强度、比模量成倍提高，能承受 1200～1500 ℃高温冲击气流，是一种很有前途的复合材料。

除上述三大类纤维增强复合材料外，近年来科研人员研制了很多新型纤维增强复合材料，如 C/C 复合材料、混杂纤维复合材料等。

2. 叠层复合材料

叠层复合材料由两层或两层以上不同材料结合而成。其目的是将组成材料层的最佳性能组合起来以便得到更为有用的材料。用叠层增强法可使复合材料的强度、刚度、耐磨、耐蚀、绝热、隔声、减轻自重等若干性能分别得到改善。

1）双层金属复合材料

双层金属复合材料，是将性能不同的两种金属用胶合或熔合铸造、热压、焊接、喷漆等方法复合在一起，以满足某种性能要求的材料。最简单的双层金属复合材料是将两块不同热膨胀系数的金属胶合在一起制得的。用它组成的悬臂架，当温度发生变化后，由于热膨胀系数不同而产生翘曲变形，从而可作为测量和控温的简易测温器，如图 7-20 所示。

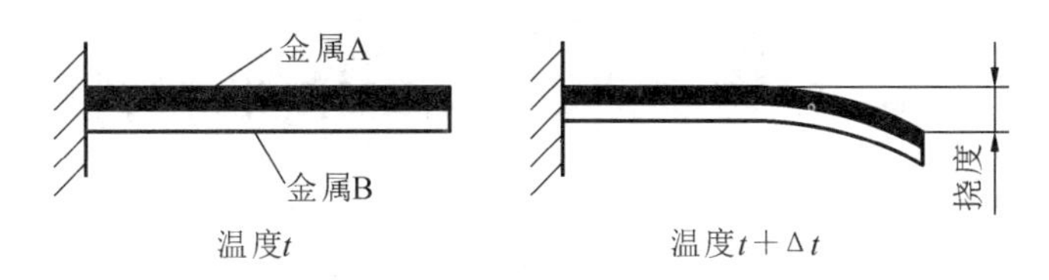

图 7-20　简易测温器

此外，典型的双层金属复合材料还有不锈钢-普通钢复合钢板、合金钢-普通钢复合钢板等。

2）塑料/金属多层复合材料

这类复合材料的典型代表是 SF 型三层复合材料，如图 7-21 所示。SF 型三层复合材料是以钢为基体，烧结铜网或铜球为中间层，塑料为表面层的一种自润滑材料。其整体性能取决于基体，而摩擦磨损性能取决于塑料表层；中间层系多孔性青铜，其作用是使三层之间有较强的结合力，且一旦塑料磨损露出青铜亦不致损伤基体。常用的表面塑料为聚四氟乙烯（如 SF-1）和聚甲醛（如 SF-2）。此类复合材料常用于无润滑的轴承，与单一的塑料相比，其承载能力提高 20 倍、热导率提高 50 倍、热膨胀系数降低 75%，因而提高了尺寸稳定性和耐磨性。它适于制作高应力（140 MPa）、高温（270 ℃）和低温（－195 ℃）及无润滑条件下的滑动轴承，已在汽车、矿山机械、化工机械中应用。

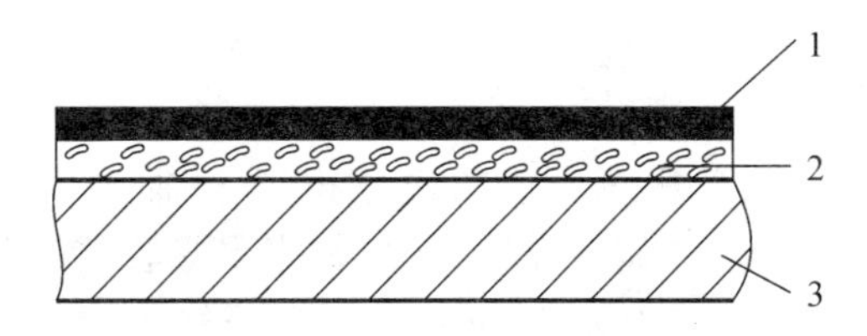

图 7-21　SF 型三层复合材料

1—塑料；2—多孔性青铜；3—钢料

3. 粒子增强复合材料

1）颗粒增强复合材料（d 为 1～50 μm，体积分数 φ_p＞20%）

金属陶瓷是常见的颗粒增强型复合材料。金属陶瓷是以 Ti、Cr、Ni、Co、Mo、Fe 等金属（或合金）为黏结剂，与以氧化物（Al_2O_3、MgO、BeO）粒子或碳化物粒子（TiC、SiC、WC）为基体组成的一种复合材料。硬质合金就是以 TiC、WC（或 TaC）等碳化物为基体，以金属 Ni、Co 为黏结剂，将它们用粉末冶金方法烧结而成的金属陶瓷，它们均具有高强度、高硬度、耐磨损、耐蚀、耐高温和热膨胀系数小的优点，常被用来制作工具（如刀具、模具）。砂轮就是由

Al_2O_3 或 SiC 粒子与以玻璃(聚合物)等非金属材料为黏结剂所形成的一种复合材料。

2) 弥散强化复合材料($d=0.01\sim0.1\ \mu m$,体积分数 $\varphi_p=1\%\sim5\%$)

弥散强化复合材料的典型代表为 SAP 及 Th-Ni 复合材料。SAP 是在铝的基体上用 Al_2O_3 进行弥散强化的复合材料。Th-Ni 材料就是在镍中加入 1%～2%的 Th 形成的材料,其在压实烧结时使氧扩散到镍内部并氧化产生了 ThO_2,细小的 ThO_2 质点弥散分布在镍的基体上,使其高温强度显著提高。SiC/Al 材料是另外一种弥散强化复合材料。

随着科学技术的进步,一大批新型复合材料将得到应用。例如,C/C 复合材料、金属化合物复合材料、纳米复合材料、功能梯度复合材料、智能复合材料及体现复合材料“精髓”的混杂复合材料将得到发展及应用。21 世纪无疑是复合材料大力发展的时代。

7.4 生物制造工程用水凝胶材料

7.4.1 水凝胶的性能

生物材料通常用于医学治疗和诊断,是一种和组织或者生物接触的材料。生物材料广泛用于制造各种各样的生物设备、药物制剂和医疗保健上的诊断产品。目前组织工程使用最广泛的生物材料是水凝胶。水凝胶具有聚合网络结构,可以吸收和保存大量的水。1960 年,Wichterle 和 Lim 首次合成 HEMA 水凝胶。水凝胶的高含水量、生物相容性和机械性能类似天然组织,使其在组织工程应用方面特别有吸引力,目前水凝胶已应用于骨、肝脏、皮肤、血管等组织工程各个领域。接下来着重介绍水凝胶具有的一些特性。

1. 生物相容性

生物3D打印

生物相容性是生物材料作为医学应用的先决条件,关于生物材料的定义有两种说法,第一种将生物相容性定义为材料对于生物系统不产生毒性或者损害性影响的特性;第二种将生物相容性定义为材料在特定应用中发生的宿主反应可以接受的能力。通俗地说,生物材料应支持细胞附着、细胞迁移和其他的基础细胞功能。

2. 降解性

生物材料的降解速率应与新组织生成的速率相当,从而确保支架可以为新生组织提供足够的支撑,使组织完全再生。如果降解太快,则当水凝胶支架移入人体时会被纤维组织包围,抑制细胞再生;如果降解太慢则有可能发生慢性炎症反应,对人体造成更大的伤害。

3. 力学性能

力学性能可以由抗拉强度、弹性模量、极限强度和疲劳强度等来表征。对于特定的应用,还有其他的力学性能,比如对于牙科应用,对材料的蠕变强度、压缩强度等有一定的要求。

4. 溶胀行为

水凝胶的溶胀行为不协调会导致结构体变形不均匀,导致应力产生。溶胀速率与结构体所处的环境息息相关,比如环境的 PH 值、离子浓度和溶液条件。溶胀速率也影响胶体的表面性能、溶质扩散系数和光学性能。水凝胶溶液中的动态溶胀行为也与其力学性能相关。

用于体内的生物材料还应具备无毒和无致癌性、化学稳定性、抗腐蚀和加工性能良好等特点。

7.4.2　水凝胶的分类

水凝胶按照来源不同，可分为天然水凝胶和合成水凝胶；根据水凝胶三维网络结构形成方式的不同，可分为化学水凝胶和物理水凝胶。

1. 天然水凝胶

天然水凝胶具有良好的生物相容性，对环境比较敏感，来源丰富，且大多具有生物可降解性。

1）胶原

胶原(collagen)，俗称胶原蛋白，广泛存在于低级脊椎动物的体表和哺乳动物机体的组织中。在生理条件下，胶原以水凝胶形式存在，其结构可分为四级。这种复杂的结构对其分子大小、形状、化学反应性及独特的生物功能都起着决定性的作用。

根据其结构分类，目前已发现胶原有25种。按照胶原形态的不同可将胶原分为6类：纤维类胶原、与纤维相关的胶原、网状结构胶原、细丝状胶原、短链胶原、长链胶原。在生理环境中胶原一般以凝胶状态存在，但由于胶原凝胶的力学性能差，而且在体内应用时降解速率高，因此它容易被体内的胶原酶分解。

2）明胶

明胶(gelatin)来源于动物的骨、腱、软骨、皮肤、肌膜等结缔组织中的胶原蛋白，胶原经温和及不可逆断裂后的主要产物称作明胶。明胶是一种典型的热可逆水凝胶，在65～70 ℃热水中溶解，当溶液温度低于35 ℃时凝固成胶。明胶根据其用途可分为照相明胶、食用明胶和工业明胶三大类。明胶是胶原的衍生物，因此它具有与其母体胶原相似的氨基酸组成。

明胶具有许多优良的功能性质，如增稠性、胶凝性、起泡性等，其中应用最多的是胶凝性。衡量胶凝性的主要指标为胶凝温度、熔化温度、胶凝时间、最低胶凝浓度及凝胶强度等。一般认为胶凝温度越高，最低胶凝浓度越高，凝胶强度越大，明胶的胶凝性越好。明胶具有许多优良的功能性质，因此被广泛用于商品化蛋白质、照相工业、造纸工业、食品工业等。

3）透明质酸

透明质酸(hyaluronic acid，HA)，又名玻璃酸或糖醛酸，是一种大分子黏多糖。区别于其他黏多糖，透明质酸不含硫，广泛存在于生物体的各种组织中，目前人们已从结缔组织、脐带、皮肤、关节滑液、软骨等组织中分离出透明质酸。

透明质酸分子因每一个双糖单位中均含一个羧基，在生理条件下均可解离成负离子，等空间距离的负离子相互排斥，使其分子在水溶液中处于松散状，因此具有特殊的保水作用，被誉为理想的天然保湿因子，广泛地应用在保养品和化妆品中。

4）海藻酸和海藻酸钠

海藻酸，是海藻细胞壁和细胞间质的主要成分，为淡黄色粉末，无特殊气味，在碱性环境下溶解，在甲醇、乙醇、丙酮、氯仿中不溶。

海藻酸钠(sodium alginate)，又称海藻胶、褐藻酸钠、海带胶，是从褐藻类的海带或者马尾藻中提取碘和甘露醇以后的副产品，也是海藻酸碱中和的产物。海藻酸钠溶于水，不溶于乙醇、乙醚、氯仿等有机溶剂。

海藻酸及其水溶性盐，容易与 Ca^{2+}、Co^{2+}、Cu^{2+} 等二价阳离子交联，但由于二价离子很容易与周围介质环境中的离子发生交换，因而海藻酸钠凝胶容易溶解、失去凝胶特性。作为天然海藻的提取物，海藻酸和海藻酸钠具备来源广泛、生物安全性良好的优势，在食品、日用化工、医药等领域有广泛应用。

2. 合成水凝胶

合成水凝胶是指在人工条件下通过加成反应、开环聚合反应等制备的交联聚合物，具有易工业化生产和化学改性、凝胶性能精密可控等优点，但是与天然高分子水凝胶相比，其生物安全性、生物活性和生物降解性较差。

1）聚乙二醇

聚乙二醇（poly(ethylene glycol)），一种具备生物相容性和亲水性的物质，具有有限的抗原性、免疫原性、细胞贴附和蛋白质结合等性能。聚乙二醇均聚物可以通过环氧乙烷的压缩聚合得到，由于在聚合物链上缺少蛋白质结合点，因此它是非吸附的。聚乙二醇被认为是组织工程应用上合成水凝胶最成功的案例之一。聚乙二醇聚合物的末端可以使用丙烯酸酯或者甲基丙烯酸甲酯修饰，以形成可光交联的聚乙二醇二甲基丙烯酸甲酯（poly(ethylene-glycol)dimethacrylate，简称 PEGDA）。聚乙二醇二甲基丙烯酸甲酯广泛用于制造含细胞的支架。

2）聚左旋乳酸

聚左旋乳酸（poly (L-lactic acid)），一种可吸收和生物降解的聚合物，属于 α 羟基酸集团的混合物。其玻璃转化和熔点分别通常为 60～65 ℃和 175 ℃。聚左旋乳酸降解慢，显示低延伸、高抗拉强度、高模量，是人工制造承重组织结构体的合适替代物。

3）聚乙醇酸

聚乙醇酸（poly(glycolic acid)），一种具有高刚度的热塑性物质。高的结晶度使得它在大部分有机溶剂中不可溶，除了高度氟化有机溶剂，比如六氟异丙醇（hexafluoroisopropanol）。由于聚乙醇酸的降解产物乙醇酸（GA）是天然的代谢产物，可以通过尿液排出体外；因此聚乙醇酸在医学应用中变得非常受欢迎，比如制作可吸收的缝线。多孔的支架和泡沫也可以使用聚乙醇酸制造。通常，聚乙醇酸的降解涉及其酯键的任意水解。除了水解，聚乙醇酸也可以被特定的酶消化。

除了上诉几种常见的合成水凝胶，还有聚己内酯（polycaprolactone，简称 PCL）、聚乳酸-羟基乙酸共聚物（poly(lactic-co-glycolic acid)，简称 PLGA）等。

7.4.3 几种典型的水凝胶交联机制

交联反应是指两个或者更多的分子（一般为线型分子）相互键合交联成网络结构的较稳定分子（体型分子）的反应。这种反应使线型或轻度支链型的大分子转变成三维网状结构，以此提高其强度、耐热性、耐磨性、耐溶剂性等性能。交联反应分为物理交联和化学交联。

按照交联方式的不同，水凝胶可分为化学水凝胶和物理水凝胶。化学水凝胶是由分子之间通过化学交联作用形成的，高分子链间以共价键的形式交联而形成三维网络结构，交联过程具有不可逆性。物理水凝胶则主要是由线性分子间通过非共价键作用而形成的三维网络，分子间的静电、氢键、链缠绕及疏水作用力形成凝胶网络结构中的物理交联点。由于破坏分子间的物理作用力所需要的能量较低，所以这类水凝胶一般都具有可逆的溶胶-凝胶转化行为。

1. 物理交联

物理交联是由聚合物通过分子间的非共价键相互作用在水溶液中自聚集形成。物理交联水凝胶一般具有良好的可降解性和触变性。又因为非共价键活化能低，所以凝胶易对外界环境的刺激做出响应。

物理交联包括自组装法、加热法、冷冻-解冻法等。

自组装法是由分子或亚基自发形成超分子结构的过程，不需要额外能量。它包括肽链自组装、两亲聚合物自组装等。

加热法是热敏性聚合物凝胶制备常用方法之一。对于交联的水凝胶网络，当温度较低时，各交联点之间链段的亲水基团与水形成氢键，水分子在链段周围形成溶剂化层，填充在水凝胶网络中；当温度升高时，凝胶交联点之间链段的疏水基团与疏水集团的作用力加强，水分子与亲水基团之间的氢键遭到破坏，水分子从凝胶网络中运动至凝胶网络外。

冷冻-解冻法制备水凝胶是利用相分离技术，使含羟基、羧基等活泼基团的聚合物侧链在局部由微晶富集形成刚性的三维网络结构。该物理交联水凝胶不溶于水，具有较高的力学强度、良好的弹性和室温稳定性。

2. 化学交联

1）化学引发自由基聚合

自由基聚合是通过引发剂分解产生自由基来引发单体的链式聚合反应，制备高分子水凝胶材料的单体主要有丙烯酸系列、丙烯酰胺系列等，聚合反应常用的化学引发剂分为过氧化物及氧化-还原体系两种类型。

过氧化物引发体系代表的是热化学引发聚合，热化学引发聚合是在一定的加热环境下，促使化学引发剂生成自由基，引发单体可聚合官能团参与聚合反应而形成水凝胶。氧化-还原体系无须热源或光源，通过特定的氧化-还原反应产生可用于引发聚合反应的自由基。

2）光引发自由基聚合

在紫外或可见光的照射下，含有光敏基团的化合物可通过分子内或分子间交联，形成三维网络水凝胶。光引发聚合反应条件温和、过程可控、副产物少、无需使用毒性催化剂与引发剂。常见的光引发聚合方式分为两类，一类是在光引发剂作用下，含有乙烯基团的聚合物被引发形成凝胶，另一类是无须外加光引发剂，含有可交联基团的聚合物发生交联反应形成凝胶，如曙红、肉桂酸、香豆素等。

水凝胶种类繁多，目前水凝胶支架已经广泛地应用于组织工程领域，包括软骨、骨、肌肉、脂肪、肝脏和神经等。虽然水凝胶有许多优点，但应用于组织工程中还存在以下问题。

(1) 水凝胶如何促进被修复组织血管化，向受损组织输送营养物，排泄代谢产物，与周围组织整合。解决这个问题的一个重要的方法就是使用水凝胶控制释放血管形成生长因子或血管形成细胞到受损部位，血管形成生长因子的持续控制释放可优化局部血管的形成。

(2) 许多组织都存在力学环境，而目前使用的很多水凝胶都没有足够的力学强度。力学信号的改变导致细胞结构、新陈代谢、各种基因转录和翻译的改变，因此水凝胶必须正确地传送力学信号到复合的细胞中。

在解决了以上问题后，水凝胶在组织工程中必将有更为广阔的应用前景。

身边的工程材料应用 7:C919 大飞机用到的先进材料

在民用飞机中,主要用到的金属材料有铝合金、钢铁和钛合金。其中用量最多的是铝合金,占比 75%左右;其次是钢,占比约 15%;少量用到钛合金。近年来,复合材料用量逐渐攀升,以碳纤维增强树脂基复合材料为代表的新型材料,能够有效降低机体重量,降低油耗,并减少维修成本,深受航空公司青睐。

C919 大飞机(见图 7-22)项目启动于 2008 年 11 月,2009 年 9 月,C919 的外形样机在香港举行的亚洲国际航空展上首次正式亮相。2014 年 9 月,第一架 C919 大型客机在中国商飞上海浦东总装基地正式开始结构总装工作。2017 年,C919 在试飞中心共进行了 4 次测试(包括第一次自主滑行测试、第二次自主滑行测试、第三次高速滑行测试及第四次高滑抬轮试验)后,于 2017 年 5 月 5 日在上海浦东国际机场首飞成功。

图 7-22　C919 大飞机

目前,多种先进材料大规模应用在 C919 大飞机项目中,C919 飞机的机身蒙皮、长桁、地板梁、座椅滑轨、边界梁、客舱地板支撑立柱等部件都使用了第三代铝锂合金,其在机体结构中的用量(质量分数)达到了 8.8%。C919 飞机的后机身后段、平尾、垂尾、升降舵、方向舵、襟翼、副翼、小翼、扰流板等部位均使用了碳纤维复合材料。

碳纤维兼具高强度和纤维柔软两大特征,是一种力学性能优异的新材料。碳纤维抗拉强度为 2～7 GPa,拉伸模量为 200～700 GPa,强度是铁的 20 倍左右;且其密度小,相同体积下比铝还要轻;碳纤维还具有不同于其他纤维的热学性能,热膨胀系数具有各向异性,并且具有良好的耐疲劳性、抗腐蚀性和耐水性。目前全球碳纤维制造的主导者是日本和其在欧美设立的工厂,其次是依靠欧美航空航天市场健康发展的美国 Hexcel 和 Cytec 公司,以及依靠强大工业创新体系的德国 SGL 公司。随着在碳纤维领域投入的不断增大,我国碳纤维产量占世界份额也在不断提高。据中国化学纤维工业协会预测,2020 年碳纤维在全球工业领域的需求将达到 75%,航空航天和体育休闲领域分别占 20%和 5%左右。碳纤维工业用途中,汽车、风电和土木工程将是今后的大市场。

2005 年 3 月,毕业于武汉理工大学的张国良教授作为全国人大代表参加全国两会时就萌生了投入碳纤维产业化之路的想法,他立志要改变我国在这一领域受制于人的局面,力争实现碳纤维产业化。同年 9 月,张国良教授带着中复神鹰碳纤维有限责任公司(简称中复神鹰)研发团队完全凭借自己的摸索搭建起年产 500 t 碳纤维原丝生产线,并开始试产。随着生产线规模不断扩大、技术成熟度不断提升,2007 年,中复神鹰成功生产出第一批碳纤维;2010 年,1000 t T300 级碳纤维实现规模化生产,研发团队建成了国内最大的万吨碳纤维生产企业,成功实现了碳纤维国产化和产业化,攻克一个又一个世界性技术难题,彻底打破了发达国家对国内碳纤维市场的长期垄断地位，扭转了我国碳纤维完全依赖进口的局面，张国良教授研发团队牵头完成的“干喷湿纺千吨级高强/百吨级中模碳纤维产业化关键技术及应用”项目荣获国家科技进步一等奖，为我国经济发展和国家安全做出了卓越贡献。

复合材料具有密度小、重量轻、比刚度高、比强度高、抗腐蚀、抗疲劳、可设计、整体成形等许多优点，先进复合材料在 C919 机体结构用量达到 12%(质量分数)。新材料在飞机上的应用要求非常严格，材料的静力性能、各向异性、疲劳性能、断裂韧性、疲劳裂纹扩展性能等一系列性能指标都要通过试验后经统计分析产生，生产条件下零件制造的工艺参数也要通过工艺验证试验获得。目前 C919 所有材料和标准件均满足适航审定要求，获得大量有效数据，建立了复合材料规范体系和设计许用值、第三代铝锂合金材料规范体系和制造工艺规范体系，为将来先进材料在国内民机产业的广泛使用奠定了坚实基础。

材料是工业的基础。大力推动新材料的研发应用，对于高端装备制造业而言是必争的战略高地。目前，我国已经发布了《新材料产业“十三五”发展规划》，提出要加快培育和发展新材料产业，引领材料工业升级换代，保障国家重大工程建设。通过与专业研究机构的合作，C919 大飞机正在不断提高对国产材料产业转型升级的引领作用。

本章复习思考题

7-1　试述大分子链的形态对高聚物性能的影响。

7-2　何谓高聚物的结晶度？它们对高聚物性能有何影响？

7-3　塑料的主要成分是什么？它起什么作用？常用的添加剂有哪几类？

7-4　为下列四种制件分别选择一种最合适的高分子材料(提供的高聚物：酚醛树脂、聚氯乙烯、聚甲基丙烯酸甲酯和尼龙)。

(1) 电源插座；(2) 飞机窗玻璃；(3) 化工管道；(4) 齿轮。

7-5　何谓陶瓷材料？普通陶瓷与特种陶瓷有什么不同？

7-6　普通陶瓷材料的显微组织中通常有哪三种相？它们对材料的性能有何影响？

7-7　说明陶瓷材料的结合键与其性能的关系。

7-8　如何提高陶瓷材料的强度和韧性？

7-9　说明工程陶瓷材料的主要应用情况。

7-10　陶瓷材料的生产工艺大致包括哪几个阶段？为什么外界温度的急剧变化会导致一些陶瓷件的开裂？

7-11　列举几种不同的工程陶瓷，说明它们的大致用途。

7-12　何谓复合材料？常用复合材料的基体与增强相有哪些？它们在材料中各起什么作用？

7-13　复合材料有哪些常见的复合状态？不同的复合状态对其性能造成什么样的影响？

7-14　举出几个复合材料在工程中的应用实例。

第8章　工程材料的选择及应用

零件材料选择的正确与否对其制造和使用有重要影响。选材正确合理，零件性能达到使用要求，制造工艺简单，生产成本低，机器运行安全可靠，使用寿命长。若选用不当或热处理工艺不当，就可能造成零件成本增高、加工困难、机械设备不能正常运转或使设备的正常工作周期缩短，严重的甚至可能引起设备损坏和人身事故。因此，零件材料的选用是机械设计和制造的一项重要工作。

工程结构和机械设备上使用的零件材料种类极其繁多，每个零件不仅要符合一定的形状与尺寸，更重要地，应该根据零件的服役条件（包括工作环境、应力状态、载荷性质和大小等），选用合适的工程材料、制造的精度等级，配合相应的热处理，以保证零件正常工作。

8.1　选材的一般原则

对零件材料进行慎重选择主要涉及以下情况：新产品或新零件的设计；为降低成本改变了零件原来的材料，或者为适应设备条件需要改变零件的加工工艺；零件的原材料缺乏以致需要更换材料等。

有些零件的材料已有较长的成功使用史，已基本定型化，如发动机活塞采用铝合金，汽车壳体采用冷冲压钢等，如无特殊原因，一般可根据规定或传统经验来选用材料。

已标准化的零件，如滚动轴承及弹簧（除有特殊要求外），设计时只需选用某一规格和质量等级的产品即可，一般不涉及选材问题。

实际工作中的选材大都涉及一些尚未标准化的零件。

产品由众多零件组成，产品质量的主要标志是效能、寿命和重量。设计者的目的是在保证效能的前提下，分析影响机械产品质量的关键指标——寿命和重量，进行零件选材与设计。在选材时，不仅要考虑机械产品（包括内部零件）的质量好，还要求零件加工方便、成本低廉等。

因此，零件材料的选用一般遵循以下三条原则。

(1) 零件使用要求。对一般机械零件，主要是力学性能和理化性能要求，如强度、刚度足够，密度小，热膨胀系数小，电绝缘性好，抗腐蚀等。

(2) 制造工艺要求。零件不同的形状结构，采用不同的方法制造；选择不同的材料，零件具有不同的成形加工方法适应性。其目的是制造工艺简单，制造成本较低。

(3) 材料价格与供应情况。在满足零件使用要求与制造工艺要求的前提下，材料价格应尽量低且材料供应充足。

8.1.1　按零件使用要求选材

材料的使用性能是指为保证零件能正常工作时材料必须具备的性能。工程结构和机械设备上的零件在使用过程中，都要承受一定的外力，有时还有周围环境（如温度、接触介质等)对它的影响,如果材料使用性能不足,就会导致零件失效。

材料的使用性能有力学性能(如强度、刚度、塑性、韧性及硬度)和物理、化学性能(如抗蚀性、耐热性、导电性、磁性)等。材料的使用性能决定着零件的使用价值和工作寿命,是选材的主要依据。

不同零件的工作条件和失效形式不同,要求材料的使用性能会很不一样。因此对某个零件进行选材时,首要任务是根据工作条件及失效形式准确地判断零件要求的重要使用性能;然后根据主要使用性能指标及其他因素选择较为合适的材料,有时还需要进行一定的模拟试验来最后确定。

零件的工作条件可能会极其复杂,主要分析零件承受载荷的类型与大小、工作环境及某些特殊要求(如导电、导热、磁性和表面粗糙度等)。一般情况下,经常将材料的力学性能作为保证零件正常工作的主要依据。某些情况下,一些理化性能指标也是首选依据之一。如与腐蚀介质接触时,抗蚀性则成为十分重要的选材依据;作永久磁铁的材料时,硬磁性是重要的选材依据等。

材料的力学性能指标很多,零件的实际受力情况又比较复杂,往往还受短时过载、润滑不良及内部组织缺陷等影响。选材时首先应分析、确定影响零件质量的最关键力学性能指标,将其作为零件选材的基本出发点,再对材料其他性能指标进行补强。

按零件使用要求,选材有两种方式,一种是按零件工作条件选材,另一种是按零件失效形式选材。

1. 按零件工作条件选材

1) 承受拉伸、压缩载荷

这类零件受力时整个截面应力均匀分布。要求材料具有较高的抗拉强度、屈服强度和屈强比,一般选用钢材,对屈强比指标的选择应适当。高的屈强比可提高使用应力,但安全性降低,一旦超载,零件就可能断裂。相对而言,屈强比低的材料,虽然安全性提高,但零件截面增大,材料耗量大。这类零件(如地脚螺栓、不重要的拉杆、吊钩等)若载荷不大,可选用碳素结构钢,如Q215、Q235等。

载荷较大的零件,如小型连杆、重要的拉杆、螺栓等,应选用中碳的优质碳素结构钢,如45钢。其正火状态的屈服强度为360 MPa,经调质处理,屈服强度可达500 MPa。

如果零件承受的载荷更大,或截面尺寸较大,则所用材料除了具有更高的屈服强度之外,还应具有高的淬透性,以便调质处理后整个截面具有均匀的性能,这就要求选用合金调质钢。各种调质钢经调质后的力学性能及淬透性,可在有关手册中查得。

2) 承受周期性交变载荷

以旋转轴为代表的这类零件,主要承受弯曲疲劳载荷。齿轮和弹簧工作时也承受疲劳载荷。这类零件所用材料首先应具有高的弯曲疲劳强度。一般钢材的疲劳强度为抗拉强度的40%～60%。

零件的抗疲劳能力除与材料的疲劳强度有关外,还与零件的尺寸、形状和表面质量有关。表面光亮、无形状突变,表面无微裂纹,都可提高零件的抗疲劳能力。零件经过表面强化处理后,如渗碳淬火、表面淬火、氮化、喷丸处理等,可明显提高材料的疲劳强度。如旋转轴一类承受对称循环弯曲疲劳载荷的零件,截面应力为非均匀分布,表层应力最大,中心最小,故不必选用高淬透性钢。在强度级别相同时,可以选用碳素钢而不必选用合金钢。

3）承受摩擦磨损载荷

承受这种载荷的零件有两类：一类是摩擦副，如轴颈与轴承、导轨与滑块（拖板）、蜗轮与蜗杆、丝杠与螺母等；另一类为非摩擦副，主要用于工程机械和农用机械，如拖拉机履带、挖掘机斗齿、破碎机衬板及收割机刀片等。

摩擦副为成对零件配合使用，应尽量减少彼此的磨损，一般选用摩擦系数小的材料，且提供良好的润滑条件。选材时应将尺寸大、形状复杂、制造工艺复杂、制造成本高的零件，选用高一级的材料，并规定较高的硬度。另一个配合件则选用摩擦系数小并使之具有较低的硬度，以便在磨损后先更换配合件，保证主要件具有较长的使用寿命。如导轨与滑块，虽然同属铸铁，但导轨应选用较高牌号的铸铁，并规定导轨的硬度比滑块高。又如轴颈与轴承，轴颈选用调质钢并表面淬火，轴承则选用铜合金或轴承合金。

对于非摩擦副零件，则应选用经适当处理后具有高硬度的材料，如履带、斗齿、衬板可选用 ZGMn13、65Mn，犁铧、耙片可选用 65Mn、65SiMnRE，收割机刀片可选用 T8、9Mn2V、65Mn；也可选用低碳钢渗碳淬火或渗硼、碳氮共渗等。各种材料都应配合相应的热处理。

4）高速旋转及有惯性要求的零件

对于高速旋转的零件，应选用屈服强度高的材料，因为巨大的离心力可能超过材料的屈服强度而使零件发生塑性变形，破坏配合精度，甚至使零件失效。对于作飞轮使用的零件，要求借助其惯性具有储存能量及释放能量的作用，应选用密度大的材料，如铸钢或铸铁。对于要求快速启动、减小加速时的能量消耗的零件，如发动机活塞、带轮等，应选用密度小的材料，如铝合金。对于强度要求不高的带轮，也可以选用塑料或选用薄钢板冲压成形。

5）专业用钢的选用

随着机械制造业的迅速发展，许多类型零件的用材已经专业化，选材时只要在专业用钢的材料中，按零件具体要求选择合适的牌号即可，不必在通用材料中寻找。按零件用途分类，压力容器、冷作模具、热作模具、弹簧、接触腐蚀介质的化工设备、锅炉、燃气轮机、内燃机等都有专业用钢，可分别在各类材料中选用。按生产工艺分类，需经渗碳或氮化处理的零件，应分别选用渗碳钢或氮化钢。用自动机床加工的标准件，则选用易切钢。

6）以力学性能为主进行选材时需注意的几个问题

（1）大多数机械零件一般是在弹性范围内工作，故常以力学性能中的强度作为主要指标，即以屈服强度 σ_s（有些场合则采用抗拉强度 σ_b）为强度计算的原始数据。

特别指出，从有关设计手册中查到的大多是在拉、压、弯、扭等简单受力条件下所获得的数据，而且测试时采用了标准试样，形状平整、表面光滑。但是零件实际工作时的应力状态要复杂得多，有时还可能发生短时过载；而且零件上不可避免地会有形状要素，如台阶、键槽、油孔、焊缝等成为引起应力集中的因素。因此零件的工作应力仅根据材料屈服强度 σ_s 来选择是不够的，必须保证零件的工作应力 σ、材料的许用应力 $[\sigma]$ 和材料屈服强度 σ_s 之间应满足：$\sigma < [\sigma] = \sigma_s / K$ 的关系。式中的 K 是为保证零件安全工作（即考虑到复杂应力状态和造成应力集中等诸因素）所选取的安全系数，K 值的大小应根据零件工作状态、结构形状和表面状态等在有关手册中查阅。

（2）除了首先考虑材料的强度因素，还应充分注意材料应具有足够塑性。

在零件的设计、计算中一般并不采用伸长率、断面收缩率等塑性指标，但实际使用时零件在某些部位产生应力集中时，若材料有一定塑性，就能被该处材料的局部塑性变形所松弛，就不致出现脆性断裂。但是选材时也不宜要求过高的塑性和韧性，因其会造成所使用的材料强度水平降低，这是导致零件粗大笨重的主要原因。

(3) 选材前必须确定零件所承受载荷的类型和载荷形式，如静载、动载、交变载荷等及其大小。因为零件承受的载荷类型不同，材料的力学性能指标也不同。同时还要确定载荷形式，如仅仅是拉伸、压缩、扭转、剪切、弯曲单一载荷，还是几种形式的复合等。

例如，若载荷为持久作用的静载荷，则应以材料屈服强度为主要性能指标；如零件承受交变载荷，则以材料的疲劳强度为主要性能指标；对承受冲击载荷的零件，一般以强度极限和冲击韧性为主要性能指标；等等。

(4) 在初步确定材料力学性能主要指标后，可在有关设计手册中查阅各类材料的性能数据，确定哪些较为合适。当可能有多种材料均达到性能指标要求时，应该从加工工艺性、经济效益等方面考虑，确定一种相对较好的材料。

特别指出，设计手册中的实验数据，都是在一定条件(如零件尺寸、加工和处理方法等)下获得的，因此要核对零件的使用状况与材料性能测试条件的基本相符性，有些性能指标(如高温强度、疲劳强度和断裂韧性等)可能在手册中查不到实验数据，此时可根据查到的基本性能数据来估算其他性能数据(如采用外推法)，并考虑估算所得性能指标的可靠性，必要时还需要先进行相关模拟或实物试验才能确定。

(5) 根据力学性能指标选材后，理论上应该把要求的性能指标和数值标注在设计图纸上，作为零件质量检验的标准。而实际生产中，除少数情况外，一般都仅注明硬度指标。

以硬度作为零件实用检验标准的原因，第一是硬度测试方法简单方便，不易损坏零件；第二是金属材料尤其是钢的硬度与强度等指标有一定的量化关系(如硬度值达到要求后，其他力学性能指标也基本能达到)。但是当以硬度作为检验零件的指标时，还应该对热处理方法作出具体的规定，因为有时通过不同热处理方法获得的材料硬度相同(如调质钢和正火钢)，但其他力学性能会有很大差别，不予以明确就不能保证零件要求的全部使用性能。

2. 按零件失效形式选材

零件丧失使用功能称为失效。设计零件时可通过对零件的失效分析来选择材料。对失效的分析有两种方法：一种是在设计时先对零件可能发生的失效形式进行分析预测，作为选材的依据之一；另一种是对已经发生失效的零件进行检测，分析失效原因，根据与材料有关的因素，改选材料或改变处理方法。

1) 零件失效形式

(1) 断裂。

零件工作时发生断裂即完全破坏。各种机器运行时应严防零件断裂，尤其是高速运转的零件。断裂失效又分为三种形式。

① 塑性断裂。塑性断裂是指零件断裂前先发生塑性变形，此后应力迅速增大至超过强度极限，致使零件断裂。这种失效形式比较少见。因为零件断裂前发生塑性变形，机器将出现异常情况，操作人员可立即停机。有时零件发生塑性断裂是由于设计时零件的实际应力很接近材料的屈服强度，而且材料的屈强比(σ_s/σ_b)大，某些非正常因素使零件应力迅速增大，并很快超过强度极限。因此只要选择屈强比较小的材料，并使实际工作应力较低于材料的屈服强度，这种失效是可以避免的。

② 脆性断裂。脆性断裂是指零件在断裂时无明显塑性变形。这种失效有三种情况。第一种发生在高强度钢与灰铸铁等脆性材料。这些材料受力时无明显的屈服现象，以致在临断裂时无预兆。第二种发生在低温工作状态。有些材料低温(一般在室温以下)时冲击韧

性明显降低，受到冲击载荷作用时就发生脆性断裂。第三种是指发生在零件内部存在微小裂纹或类似裂纹的其他缺陷情况下的脆性断裂。当裂纹尖端应力超过材料的断裂韧性值（小于强度极限 σ_b）时，裂纹迅速扩展而脆断。设计时降低零件工作应力，选用脆性转变温度低的材料和断裂韧性值高的材料，可以避免零件发生脆性断裂失效。

如 1943 年 1 月，美国一艘油轮停泊在装货码头时突然断裂成两半。其设计的甲板工作应力仅为 70 MPa，远小于造船用钢的抗拉强度极限 σ_b（300～400 MPa），经分析属于第三种低应力脆性断裂情况。此类断裂常发生在有尖锐缺口或有裂纹的构件或零件中，特别是在低温或冲击载荷的条件下易产生。又如，美国北极星导弹固体燃料发动机壳体在实验时发生爆炸，经过研究，发现破坏的原因是材料中存在 0.1～1 mm 的裂纹并扩展。

③ 疲劳断裂。零件在周期性交变应力作用下发生断裂的现象称为疲劳断裂。疲劳断裂强度 σ_N 低于屈服强度 σ_s，因此疲劳断裂亦属无预兆断裂。如内燃机的连杆工作时承受拉伸-压缩疲劳载荷，传递功率的转轴承受弯曲疲劳载荷，齿轮的齿根承受断续弯曲载荷，这些零件大多数发生疲劳断裂失效。故这类零件应选择疲劳强度高的材料。

疲劳裂纹的形成一般发生在构件的表面，但也可能出现于材料内部（特别是在高应力作用情况下）。典型的表面裂纹起始点可以是在键槽、螺纹齿根、尖锐的棱角、切削加工的刀痕等位置，因此构件的疲劳强度在很大程度上取决于其表面状态。为了防止零件表面微裂纹在拉应力的作用下发生裂纹扩展，从而引起疲劳断裂，可以通过提高零件表面质量、热处理或喷丸处理等工艺，使零件表面产生预压应力，有效提高零件抗疲劳断裂的能力。

就材料类别而言，金属材料的疲劳强度较高，特别是高强度钢；陶瓷材料疲劳强度很低，不能有效地承受拉伸载荷，且非常脆，因此它不能用来制作在疲劳条件下工作的零件；塑料的疲劳强度也很低。

（2）过量变形。

在使用状态下，构件或零件总要受到各种力的作用，在力的作用下，零件都要发生不同程度的变形。不论是弹性变形、塑性变形还是蠕变，都会造成零件尺寸和形状的改变，进而影响零件的正确使用位置，破坏零件或部件间相互的正确安装位置与配合关系，并可能导致零件或机械设备不能正常工作。

① 塑性变形。除少数要求不高的拉杆和轴在工作时允许微量塑性变形外，一般零件是不允许发生塑性变形的。因为塑性变形使零件失去原有的精度，使零件的尺寸和形状发生变化，轻者造成设备工作情况的恶化，严重时造成设备的损坏。

例如，高压容器的紧固螺栓若发生过量塑性变形而伸长，就会使容器渗漏。又如，变速箱中的齿轮齿形由于受力后发生塑性变形，齿形变得不正确，轻者造成啮合不良，产生振动和噪音；重者造成卡齿或断齿，易引起设备事故。

此种工况下，零件发生塑性变形就被认为失效。防止这种失效的方法是使零件的工作应力低于材料的屈服强度。

② 弹性变形。任何零件承受载荷时都会发生弹性变形，尤其是承受拉伸、弯曲载荷时更为明显。悬臂梁、大跨距双支梁的弹性变形比较大。设计零件时都规定允许产生一定的弹性变形量。在允许的弹性变形量之内，零件的工作是正常的，当零件的实际弹性变形量超过允许的变形量时，则被视为失效。

例如，传递较大功率的传动轴、汽缸或液压缸的紧固螺钉等，都不允许过量的弹性变形；车床主轴在工作过程中若发生过量的弹性弯曲变形，不仅产生振动，而且会造成被加工零件质量的严重下降，还会使轴与轴承的配合不良；异步电动机转子的弹性变形量过大，将会使转子和定子之间的间隙（气隙）不均匀，导致旋转磁场对转子作用力减小、输出转矩减小或不稳定，以及定子线圈电流增大、电动机发热增加。

影响弹性变形量的因素有二。一是零件的截面积和截面形状。增大零件截面积可减少变形量。同样大小的截面积，不同形状其变形量不同。例如矩形截面的弯曲梁，载荷方向与短边平行时变形量大，与长边平行时变形量小。二是材料的弹性模量。弹性模量愈大，在相同载荷下弹性变形愈小。弹性模量主要取决于材料的本质，合金化或热处理对材料弹性模量的影响不大。

在钢铁材料中，碳素钢、低合金钢和铸铁的弹性模量相差不多。因此，对于单纯弹性变形失效的零件，可以选用碳素钢，不必选用价格高昂的合金钢。

③ 蠕变。零件在低于屈服强度的应力下，长时间承受载荷也会发生微量塑性变形，这种变形称为蠕变。当蠕变量超过某一数值时，零件被视为失效。蠕变量的大小与工作温度和承载时间有关。

高温蠕变变形是指在小于 σ_s 的工作应力作用下，随时间延长零件变形量不断增加的现象。零件最终会因发生过大的变形而失效，故蠕变的实质是一种过量的塑性变形失效。材料的蠕变强度与熔点有关，材料熔点高产生蠕变的温度也高，高温状态下工作的零件，应选用高温蠕变强度高的材料。

高温蠕变变形一般都是在一定温度以上发生的。金属材料的蠕变温度一般高于（0.3～0.4）T_m（T_m 为金属熔点，量纲为 K）；陶瓷材料的蠕变温度一般高于（0.4～0.5）T_m；高分子材料的蠕变温度则高于玻璃化温度 T_g。

在常用工程材料中，陶瓷材料的蠕变温度最高，是最好的抗蠕变材料。钢约在 600 ℃时产生蠕变。除陶瓷外，热强钢是最常用的抗蠕变材料。汽轮机叶片、内燃机排气阀、锅炉过热管道等零件都应选用热强钢。一般热强钢的工作温度都为 600～700 ℃。工作温度高于 700 ℃的零件，应选用镍基合金或钼基合金，最好选用陶瓷材料。高分子材料的蠕变温度很低，不宜用于制作可能产生蠕变失效的零件。

（3）零件磨损。

磨损是指零件在相对运动过程中，由于机械或化学作用，物质从零件表面上不断除去的现象。零件受到摩擦作用就会产生磨损，磨损使零件精度和表面质量降低，磨损量超过一定数值时零件失效。例如，刀具的变钝，轴在滑动轴承的支承处的轴颈尺寸变小等都是磨损。根据相关机械制造行业的资料统计，70%左右的机器是由于过量磨损而失效的。

磨损的主要形式：磨粒磨损、黏着磨损和表面接触疲劳磨损。

① 磨粒磨损是在零件表层的硬物或外界嵌入的硬颗粒对摩擦副配对零件表面的切削作用下发生的，这一过程在摩擦副中是相互作用的。材料的摩擦系数低或提供良好的润滑条件可以减小摩擦副的磨损率（单位时间磨损量）。对单个零件而言，提高硬度可减小磨损。

② 黏着磨损是两零件表面凸出处在摩擦热的作用下焊合，然后连续滑动又导致接点撕裂造成的。提高零件表面硬度，降低表面粗糙度并提供良好的润滑条件，可以减小黏着磨损。

③ 表面接触疲劳磨损又称为表面疲劳麻点，是零件两个运动表面在周期性交变接触应力作用下，经过一定次数的循环，表面微裂纹扩大引起材料剥落的一种磨损形式。表层材料剥落到一定程度后，就造成零件的失效。例如，滚珠轴承中的滚珠与轴承环常因表面疲劳麻

点而失效，齿轮副的啮合齿面也经常会因产生表面疲劳麻点而失效。防止这种失效的方法是减少材料中的夹杂物，避免存在表面微裂纹(表面微裂纹容易在热处理时产生)，使表层既具有较高硬度又具有一定韧性。

实际上机械构件或零件的失效，往往不是单一的某种形式。随着外界条件的变化，失效的形式可以从一种类型转变到另一种类型，如齿轮的失效形式可能是断齿、齿形变形、齿面磨损和点蚀等多种。工作中零件究竟发生何种类型的失效，由多方面的因素造成，必须根据实际情况进行具体分析。另外，实际零件在工作中也不只是一种失效方式起作用，一般会是一种方式起主导作用，另一种方式起辅助作用。例如一根轴的轴颈可能既有相对摩擦的磨损，也有应力集中处产生疲劳，两种破坏方式会同时起作用，但这要通过失效分析来找出主要的失效形式。

原则上，材料的耐磨性高，则磨损率小，零件的使用寿命就长。

(4) 腐蚀。

腐蚀失效与磨损失效同属表面破坏失效，但两者的过程与机理不同。腐蚀是指材料在介质中，由于化学或电化学作用，材料表面发生化学反应形成新物质的过程。上述介质包括大气、水，以及酸、碱、盐等。腐蚀产生的新物质大多数比母材疏松，自身强度低，与母材的黏着力小，容易自行脱落或在流体的冲刷下脱落。金属的腐蚀给国民经济带来的损失是非常巨大的。据有关资料介绍，全世界因腐蚀而报废的钢铁材料相当于年产量的30%。我国有关部门2014年调查估算表明，由腐蚀事故所造成的直接经济损失约2万亿元人民币，占当年我国国民经济总产值的3%左右。

通常所说的金属表面生锈，就是腐蚀最常见的一种类型。金属的腐蚀是一种非常普遍的现象，机器、厂房、船舶、钢轨、桥梁和管道等物体，在大气、海洋、土壤和化工原料等作用下，再加上机械应力、磨损、辐射和微生物等各种因素的综合作用，金属材料每时每刻都发生损耗而造成零件的破坏。金属的腐蚀可以是整个表面的全面性腐蚀，也可以是局部腐蚀和晶间腐蚀等。腐蚀造成金属材料的损耗，可引起零件尺寸及性能的变化，脱落层至一定深度时，最后导致零件失效。

需要注意的是，也有通过化学或电化学作用的反应形成新生物质，其组织致密，与母材黏着力大，工程上利用这一特征可将其作为零件防腐蚀的一种手段。因此，防止腐蚀失效的方法有二：一是选用抗腐蚀性能好的材料，二是在零件与介质接触的表面涂上涂层或通过反应形成镀层。

(5) 老化。

老化一般只发生在高分子材料中。金属与陶瓷一般不出现这种形式的失效。

高分子材料在长期使用过程中受氧、热、紫外线、机械力、水蒸气及微生物的作用，力学性能与物理性能受影响，出现龟裂、变脆、失去弹性、变软发黏，零件失去使用功能，即为老化失效。产生老化的内在原因是高分子链发生裂解或交联；防止的方法是在材料中加入防老剂、紫外线吸收剂，或进行改性。产生老化的外在原因是周围介质的影响；防止的方法是在零件表面涂保护层，使之与介质隔离。

2) 零件失效原因分析

以上所述零件的各种失效形式，大多数与材料的性能有关。然而，并非所有零件失效都是由材料因素引起的，许多非材料因素也可以导致零件失效。因此，正确分析零件失效的原因是防止零件早期失效的重要工作。凡属材料因素引起的，则更改材料；若非材料因素引起失效，误判为材料因素而更换材料，不但不能有效地防止失效，反而会弄巧成拙。

以金属零件为例，零件失效原因分析的内容与步骤如图 8-1 所示。

(1) 收集原始资料。

对零件失效进行分析的基本依据是失效零件残体。故必须收集和完整保护失效零件残体，尤其是失效的部位，如断裂口、变形段、磨损和腐蚀表面等。同时详细了解零件失效当时的环境条件与失效过程，如周围温度、介质性质、失效是逐步产生还是突发、有无超速过载等。

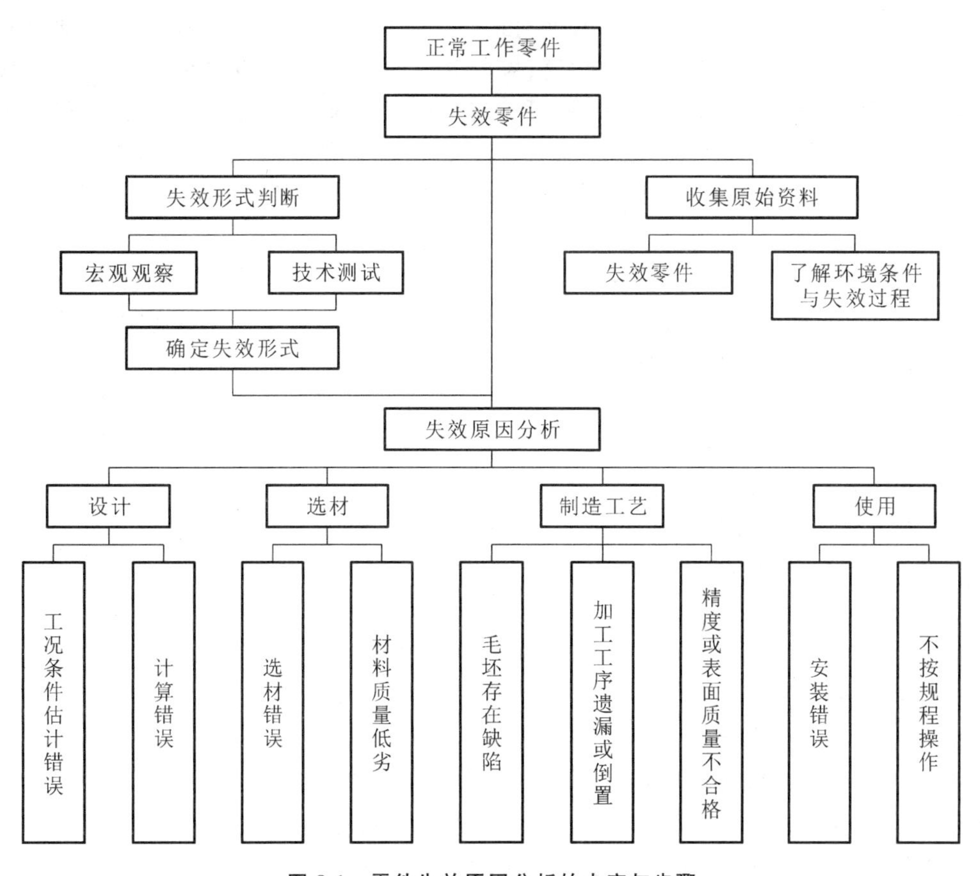

图 8-1 零件失效原因分析的内容与步骤

(2) 技术检测。

① 宏观观察。

宏观观察包括肉眼观察和使用放大镜、显微镜观察。通过对失效部位的观察，确定失效的形式和性质。例如对断口的分析，首先看断口附近有无塑性变形，断口面有无平行作用力方向的纤维状结构，具有这些特征的为塑性断裂；若断口平整，并呈极细颗粒状，附近又无塑性变形现象，则为脆性断裂。此外，还需观察断口面上有无微裂纹，微裂纹是否呈氧化状态，以确定裂纹存在的时间；再观察断口有无疲劳断裂特征，疲劳断裂的断口应可明显地看到发源区、扩展区和终断区。对磨损表面，先应观察两个对磨零件的磨损状况，以判断两个零件所用的材料和规定的硬度是否合适，再观察整个磨损面属正常均匀磨损还是由外来硬颗粒擦伤，如属后者，即属非材料因素失效。

② 材料成分分析。

材料成分分析是指鉴别所用材料是不是规定牌号。有时设计者选材正确，制造时错用材料，或购买材料有误，通过对材料成分进行分析即可得到纠正。分析时尽量在破坏处取样，以便更真实地反映实际情况。

③ 显微分析。

显微分析是失效零件的重要检测手段。金属材料的力学性能直接取决于组织，组织又取决于热处理工艺。材料与热处理工艺的正确配合，即可获得所要求的组织。因此，通过显微分析，既可鉴别所用材料是否正确，又可判断热处理工艺是否正确。例如承受拉伸载荷的重要零件，应进行调质处理使整个断面组织基本相同。若这种零件断裂失效，显微分析发现中心部位的组织不是调质状态的组织，即可断定所用材料的淬透性太小，应更换材料；或调质处理工艺不当，应改进工艺。又如对承受摩擦载荷的表面强化件，发生快速磨损失效。通过显微分析观察表面硬化层的结构与深度是否符合要求，即可判断失效的真实原因。

④ 力学性能测试。

力学性能测试能直接取得具体数据，以判断零件失效时材料具有的性能指标。对过量塑性变形、拉伸断裂、疲劳断裂、冲击断裂等失效零件，在可能情况下应取样制作试棒，进行拉伸、疲劳和冲击试验。判断所得 σ_b、σ_s、σ_{-1} 和 a_K 值是否符合设计要求（其中 σ_s 可能比原来的数值要高），从而判断是材料性能未达到要求，还是超载导致的失效。对磨损失效零件，则可进行硬度测试。对拉断的调质零件，也可在断面上由中心沿半径方向测量硬度，通过零件的淬透性指标来判断其调质效果。

以上对失效零件的几种检测方法是相互配合的，不能只做一种检测就对失效原因下结论。

(3) 确定失效原因。

根据以上测试结果，通常从如下几方面寻找失效原因并提出改进措施。

① 选材方面。

首先分析零件失效是否是由材料因素所致。其中又包括材料选择错误和材料质量低劣两方面。例如承受均匀载荷，要求具有综合力学性能好的零件，没有选择碳素调质钢或合金调质钢；表面承受强烈摩擦的零件，没有选择表面强化钢；经受腐蚀的零件选用了普通碳素钢或铸铁等；都属材料选择错误。对于选材正确，但因所用材料质量低劣而发生失效，则应加强生产管理，严格执行检验制度即可避免。

② 设计方面。

设计错误也可能导致零件失效。一是计算错误。手册中材料的性能指标是在一定条件下测得的，实际零件的情况比较复杂，零件的形状、尺寸、加工、热处理等都会影响材料的性能。安全系数的选取也有很大影响。如果这些方面考虑不周，计算所得的尺寸承受不了实际载荷，就会发生过量变形或断裂。二是设计时对工况条件估计不足。如可能出现短时间超载，启动时有冲击等，这些都可能导致零件失效。

③ 制造工艺方面。

零件制造工艺与失效的关系非常密切。工艺与材料应正确配合，否则优良的材料不能充分发挥作用，甚至导致失效。毛坯不能有缺陷，铸件的缩孔和缩松、锻件和焊接件的裂纹都是零件断裂的根源。在机械加工方面，若尺寸精度达不到要求，应该紧密配合的部位出现松动，就会加速零件失效。表面粗糙度值过大，容易导致零件过早磨损而失效。此外，热处理工序与机械加工的配合非常重要。如大而精密的零件，除锻造后进行退火或正火外，粗加工后还应进行去应力退火，甚至应多次进行，以防使用时因应力松弛而变形。表面强化件不宜在最后磨去过多余量。特别像渗层很薄的氮化工艺，不应该在热处理后再大量磨削。以上这些情况若处理不当，都会导致零件过早失效却误判为选材错误。

④ 使用方面。

工程结构和机械设备的工作寿命长短，除本身质量外，与使用情况有密切关系。首先，必须正确安装。若安装不当，使用前就已变形，零件会存在很大的内应力甚至不能正常运转。其次，经常超载超速使用或未定期维护保养都会导致零件过早失效。

从以上分析可以看出，零件失效的原因很多，但正确的选材可以有效推迟零件失效。

8.1.2　按制造工艺要求选材

完成一个合格零件的制作必须经过一系列复杂的加工过程。金属材料的基本加工方法有铸造、压力加工、焊接、切削加工和热处理。材料的工艺性能是指材料为保证承受各种加工工艺而具备的性能。材料本身加工工艺性能的好坏，将直接影响零件质量、生产效率和制造成本。

1. 基本制造方法的工艺性能

1）铸造性

铸造性能包括金属材料的流动性、收缩性、偏析和吸气性等。一般金属材料的熔点低、结晶温度范围小，其铸造性能就较好。接近共晶成分的合金，其铸造性能为最佳。所以铸铁、硅铝明等都是接近共晶点成分的合金材料。

在常用合金材料中，铸造铝合金和铜合金的铸造性能优于铸铁和铸钢，而铸铁的铸造性能又优于铸钢。

2）压力加工性

压力加工性能主要包括冷冲压性和可锻性等，反映了金属材料承受冷塑性变形和热塑性变形的能力。

冷冲压性能好的标志是材料的塑性、加工表面质量好，且不易产生裂纹，所以薄板冲压件大多应采用低碳、低硫和低磷的细晶粒钢。可锻性包括变形抗力、接受热变形能力、抗氧化性、可加工温度范围和热脆倾向等，一般低碳素钢的可锻性比高碳素钢好，碳素钢比合金钢的可锻性好。

3）可焊性

可焊性是指材料在一定生产条件下接受焊接形成原子间结合的能力，以焊缝区强度不低于基体金属，同时不产生裂纹、气孔等缺陷作为优劣的标准。

铝合金极易氧化，需要在保护性气氛中焊接，故可焊性差。铜合金的导热性好，不宜用熔化焊；一般采用钎焊方法进行焊接，可焊性较好。铸铁基本上不能进行焊接，对重要的铸铁结构件主要进行焊补。碳素钢与合金钢是进行焊接的主要材料，随着钢含碳量提高，或合金元素增多，其可焊性下降。所以常用的焊接件宜采用低碳、低合金元素的钢种。

4）切削加工性

切削加工性能指标主要由刃具磨损、动力消耗和加工后零件表面粗糙度数值等表征。

铝及其合金的切削加工性能最好。奥氏体不锈钢及高速钢的加工性能最差。钢的硬度过高和偏低，其切削加工性能都将变差，一般在 180～220 HBS 时切削加工性能较好。

5）热处理工艺性

热处理工艺性是一个不可忽视的性能，它主要是指过热敏感性、淬透性、变形与开裂倾向、回火脆性和回火稳定性等。

淬透性值得引起重视，因为同种材料的零件的断面大小不同，即使热处理工艺完全相同，所得的力学性能仍会产生较大的差异，这种现象称为热处理的"尺寸效应"。因此在手册中查阅的有关性能指标，一定要注意该数据是何种截面的试样及采用何种热处理方法所得。一般来说，碳素钢的淬透性小，强度较低，容易过热造成晶粒粗大，淬火时易变形和开裂。因此工作应力要求一般的简单形状的小零件可直接采用碳素钢；而制造高强度、大截面和形状复杂的零件要选用合金钢。

注意到材料的各种工艺性能之间往往会有矛盾，如碳素钢的切削加工性能、可焊性和压力加工性等较好，但其力学性能和淬透性较差；合金钢的强度和淬透性好，但可焊性、切削加工性能等较差。因此选材时要充分考虑具体情况（如零件形状、大小和生产率等），通过改变工艺规范，调整工艺参数，改进刀具和设备，变更热处理方法等来改善材料的工艺性能。

对材料选择而言，与使用性能相比，加工工艺性能居于从属地位。但是在某些情况（如大批量生产）下，工艺性能也可能成为选材需考虑的主要问题。例如，在自动机床上进行大量生产时，一般选用易切钢，虽然它的某些性能并不是最好，但该材料的切削加工性能很好。因此选材时，应考虑到零件的各种加工方法对材料性能的要求。

2. 常用材料的工艺性能

材料制造工艺包括毛坯成形工艺，机械加工工艺，热处理工艺及装饰性处理工艺（如抛光、电镀、涂覆）等。毛坯成形包括金属的铸造、锻造、焊接、冲压，以及粉末冶金、塑料注射和挤压、陶瓷模压等工艺；机械加工包括车削、铣削、刨削、磨削及特种加工等工艺。

1）铸铁

铸铁中的灰铸铁、球墨铸铁与可锻铸铁的含碳量都在状态图的共晶成分附近，熔点较低，流动性好。由于石墨化作用，铸造收缩小（可锻铸铁除外），故各类铸铁都具有良好的铸造性能，而且以灰铸铁为最佳，球墨铸铁和可锻铸铁的铸造性能稍差。

各类铸铁在室温时的组织是金属基体和石墨，塑性差。加热时也得不到单相组织，因而锻压性能和焊接性能极差。机械制造过程中一般不对其进行锻造、焊接加工。

铸铁的硬度适中，由于石墨具有自润滑作用，故可进行各种切削加工，具有良好的切削加工性能。

对灰铸铁进行热处理强化只能改变基体组织，不能改变石墨形态，故强化效果不明显。球墨铸铁制造的发动机曲轴、凸轮轴、大齿轮可进行正火或表面淬火处理，以提高强度及耐磨性。

2）碳素钢与合金钢

碳素钢和合金钢在室温时为多相结构，加热至一定温度时呈单相奥氏体组织，有良好的塑性和较小的变形抗力；因此，其具有良好的锻造性能。随着含碳量增多，锻造温度范围缩小，锻件冷却时容易产生内应力，锻造性能变差。合金元素含量愈多，锻造性能愈差。

含碳量 $w_C<0.20\%$ 的碳素钢及一些低碳合金钢（如不锈钢），在室温时也具有良好的塑性，良好的冷冲压性能。含碳量愈低，冲压性能愈好。

低碳碳素钢和低碳合金钢都具有良好的焊接性能。中、高碳素钢和中、高碳合金钢的焊接性能差，焊接时容易产生较大内应力或裂纹，以及夹渣、气孔等缺陷。

各类钢都可采用铸造方法成形，但由于钢的熔点高、流动性差、收缩大、对熔炼设备及铸造工艺要求严格，故其铸造性能不如铸铁。

各类钢都可采用机械加工方法（如车削、铣削、刨削、磨削等）和大多数特种加工方法进行精密切削加工。但是含碳量很低和很高的碳素钢及高合金钢，其切削加工性都不好。中碳钢经适当热处理使其硬度为 200～220 HBS 时，切削加工性最好。

综上所述，碳素钢和合金钢兼具多种工艺性能，又有良好的力学性能，故在各类机械零件中广泛应用。

3）非铁合金

机械工程中常用的非铁合金是铜合金与铝合金。按制造工艺性能，铜合金与铝合金又可分为两类：一类是合金元素含量较少的合金，室温时呈单相组织，具有良好的塑性，锻压性能优良，称为变形合金；另一类是状态图中共晶成分附近的合金，具有良好的铸造性能，称为铸造合金。

铸造合金的切削加工性比变形合金好。室温呈单相组织的合金不能进行热处理强化；室温时为两相组织，加热至一定温度呈单相组织的合金，可以进行热处理强化。

4）工程塑料

热固性塑料成型工艺性略差，一般都采用压制成型。近来也有热固性塑料采用注塑成型，其工艺规范要求严格。

热塑性塑料有非常良好的成型工艺性，可采用注塑、挤塑、吹塑、吸塑等成型方法。另外，其良好的焊接和黏接性能，大大提高了制品设计的灵活性和结构复杂性。

塑料制品成型后一般不再进行切削加工，但必要时仍可进行切削。由于塑料的导热性差，又因强度低，装夹时容易变形，因此其加工方法和工艺参数都与切削金属材料有所区别。

日用品注塑

以上所述常用材料的工艺性能特点是零件选材的重要依据。

3. 制造方法、零件结构、零件材料三者的关系

制造方法、零件结构和零件材料三者之间存在相互依存又相互制约的关系。某一类零件结构可以有几种制造方法，并有几种材料可供选择。有时某种零件结构只有一种合理的制造方法，而某种制造方法只能选用某一类材料。有时先确定零件的制造方法，再按制造工艺要求选择材料，并确定零件结构使之符合制造工艺要求。还可以先选定材料，后确定制造方法，最后设计零件结构。不论哪一种情况，都要使三者实现最佳的统一，下举数例说明。

1）先设计零件结构，后确定制造方法，再选择零件材料

（1）轴类、管套类、盘类零件。

这类零件的结构特点：外形简单、尺寸小、实体。这类零件的制造方法可有以下三种。

① 用型材直接切削加工而成。所用材料主要是各种圆钢，根据使用要求也可选用非铁合金型材。

② 锻造成形。阶梯轴、带法兰管套及盘类零件，常采用锻造成形，所用材料应是形变合金，最常用的也是各类结构钢，少数选用非铁合金。

③ 铸造成形。较大的管套和盘类零件可用铸造成形，材料可以选用灰铸铁、球墨铸铁或铸钢。

(2) 箱体类零件。

箱体类零件的结构特点是外形复杂，常有许多凸台和肋条，中心为空腔。各种机身、机座、立柱、横梁都属这类零件。毛坯成形方法采用铸造，材料应选用铸造合金。首先应选用灰铸铁，只有当灰铸铁的力学性能不能满足使用要求时才选用铸钢。

2）先确定制造方法，后选用零件材料，再设计零件结构

单件生产的大型箱体零件，设计时有可能确定采用焊接方法制造毛坯。这时，其材料只能选用低碳钢或低碳合金钢，同时，零件的外形与内腔就不宜太复杂，不能与铸造结构相同。

3）先确定零件材料，后确定制造方法，再设计零件结构

例如发动机曲轴目前采用两类材料，一类是锻钢，采用模锻或自由锻成形；另一类是球墨铸铁，采用铸造成形。设计时可先选定材料，再确定制造方法，最后设计与制造工艺相适应的结构。采用锻造成形时，曲轴曲拐处的平衡块常设计成装配式；采用铸造成形时，平衡块可与曲轴铸成一体。

8.1.3 按经济性原则选材

零件选材时，除了满足使用性能和工艺性能外，经济性也是选材必须考虑的重要问题。选材的经济性不仅指选用材料本身的价格高低，更重要的是降低产品的总成本，同时所选材料应符合市场资源状况和供应情况等。

零件总成本降低，有利于得到较好的经济效益。零件总成本不仅包括材料价格、加工和管理等费用，还包括附加成本(如零件维修费等)。常用金属材料的相对价格比较大致如表8-1 所示。原则上尽量采用价格低廉和加工性能优良的碳素钢与铸铁，在必要时选用合金钢，而且尽量采用我国富有元素组成的合金钢(如锰钢、锰硅钢等)，少采用含有钴、镍等元素的合金钢种。

表 8-1 常用金属材料的相对价格比较

材料名称	相对价格/(元/千克)	材料名称	相对价格/(元/千克)
铸铁	1	弹簧钢	1.7～2.3
铸钢	2	滚动轴承钢	3
铝、铜合金	8～10	合金工具钢	3～20
碳素结构钢	1	硬质合金	250
优质碳素结构钢	1.3～1.8	不锈钢	10～14
低合金结构钢	1.7～2.5	耐热钢	5

零件材料选用是否合理，对企业生产总成本有重大影响。选材的经济性原则就是通过合理选材使生产总成本降至最低，获取最大利润。

1. 材料价格对成本的影响

选用材料首先考虑的是在满足使用要求的前提下选用价格最低的材料。在同类材料中，价格低的材料常常是某些性能较差的材料。例如各类钢材中，普通碳素结构钢是最便宜

的，且其强度也是最低的。有时选用价格较高的材料，如低合金高强度钢，因其强度高零件截面积减小、重量减轻，反而使材料费降低。零件重量减轻还可使材料进厂和产品出厂的运输费降低。当然选材时必须注意物尽其用，采用低级别材料能满足的就不要选用高级别材料。

2. 材料工艺性对成本的影响

小批或单件生产结构简单的零件，材料费在零件制造成本中所占的比例较大；而大批量生产、结构复杂、技术要求高、加工工序多的精密零件，加工费则是零件制造成本的主要部分。因此材料的工艺性对成本影响很大。工艺性差的材料不仅加工困难，常要采取许多技术措施才能达到要求，而且废品率较高，使生产成本提高。例如箱体类零件，应该选用灰铸铁而不要选用铸钢；又如对无摩擦表面的机身、底座之类的铸件，应选用强度级别较低的牌号，以降低铸件成本和机械加工费用；再如对锻件材料，应尽量选用中、低碳的优质碳素结构钢，避免选用高碳钢或高合金钢。

材料的切削加工性对零件制造成本的影响很大。灰铸铁和中碳结构钢的切削加工性最好。高碳钢、高强钢、热强钢、不锈钢、耐磨钢等的切削加工性都很差。这些材料允许的切削用量小，刀具磨损大，切削加工费明显提高。

3. 零件使用寿命对成本的影响

零件的使用寿命实质上是材料的疲劳强度、蠕变强度、耐磨性、抗蚀性和抗老化性的综合反映。材料的上述性能差，则零件使用寿命短。因此承受这类载荷的零件，选材时不能只考虑材料价格。例如，某公司因产品中一关键零件质量差、寿命短，在一定时间内前往用户单位维修更换零件所花的费用，高达产品售价的 50%，还未计算用户停机停产的经济损失。

4. 材料供应状况对成本的影响

选用材料应充分考虑材料的供应状况，尽可能选用市场产量大、供应充足的材料，也不要过分追求进口优质材料。在同一产品中，选用的材料种类尽量少，以减少采购运输及库存的费用。

总之，按经济性选材的原则是物美价廉。

8.2　失效判断与选材综合举例

8.2.1　失效判断

零件的失效原因涉及很多方面，如失效形式、结构设计、材料选择、加工制造、装配使用及维护等。

1. 失效形式

零件的关键指标通常根据零件的失效形式来确定。例如数控镗床的镗杆，失效主要形式为过量弹性变形，则关键性能指标为材料的刚度；重要螺栓，失效主要形式为过量塑性变形和疲劳断裂，则关键性能指标为屈服强度和强度极限等。表 8-2 列举了几种典型零件的工作条件、主要失效形式及关键性能指标。

表 8-2 几种典型零件的工作条件、主要失效形式及关键性能指标

零件名称	工作条件	主要失效形式	关键性能指标
重要螺栓	交变拉应力	过量塑性变形或疲劳断裂	$\sigma_{0.2}$，σ_{-1}，HBS
重要传动齿轮	交变弯曲应力，交变接触压应力，齿面滚动摩擦，冲击载荷	齿面过度磨损，疲劳麻点，轮齿折断	σ_{-1}，σ_{bb}，HRC，接触疲劳强度
轴类	交变弯曲应力，扭转应力，冲击载荷，轴颈摩擦	过度磨损，疲劳断裂	$\sigma_{0.2}$，σ_{-1}，HRC
弹簧	交变应力，振动	弹性丧失或疲劳断裂	σ_e，σ_s/σ_b，σ_{-1}
滚动轴承	点、线接触下的交变压应力，滚动摩擦	过度磨损破坏，疲劳断裂	σ_{bc}，σ_{-1}，HRC

由表 8-2 可知，进行失效原因分析时，首先应该准确判断零件类别、实际工作条件、承受的载荷类型、可能的失效形式。

2. 结构设计不合理

对零件工作或加工时的受力分析、过载能力和环境估计不足，结构设计时零件几何形状和尺寸不正确或不合理，都是造成零件失效的常见原因，如过渡圆角过小、尖角、缺口等。图 8-2 所示为零件上避免尖角的设计示例。尖角的存在，不仅使零件工作时引起应力集中从而导致裂纹的产生，而且某些时候也不利于切削加工。另外，尖角还是淬火应力最集中的地方，常导致淬火裂纹出现。

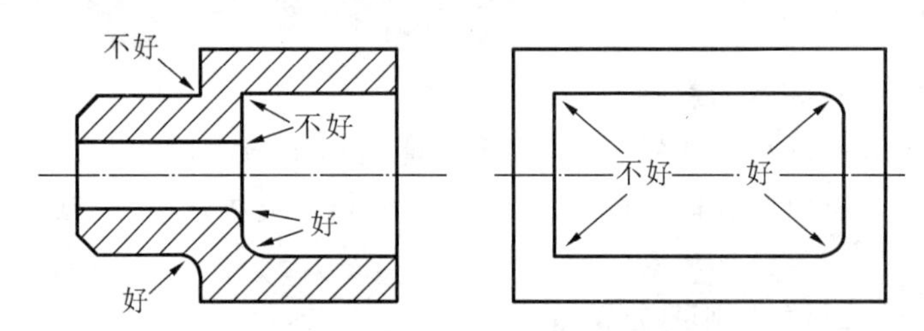

图 8-2 零件上避免尖角的设计示例

特别指出，初学者在设计时往往只注意到零件结构形状要适合工作的需要或切削加工的简便，而忽视零件结构形状不合理给热处理操作（特别是淬火）带来困难，甚至引起过量变形、开裂，致使零件报废。设计淬火零件的结构形状时，在满足零件使用要求的前提下，应考虑机械设计的热处理工艺性，例如：尽量避免尖锐的棱角、边缘、台阶，交界处应以圆角过渡；避免厚薄悬殊，力求壁厚均匀，必要时可开热处理用工艺孔或局部减薄；零件各部分应尽量均匀封闭和对称，以减少淬火后的变形和翘曲；在可能条件下，对尺寸过大、形状复杂的零件宜采用组合结构等。图 8-3 所示为考虑了热处理工艺性的淬火零件设计的示例。

3. 材料选择不合理或错误

选材是指选择材料的成分、组织状态、冶金质量三者都必须符合要求，否则上述因素都会导致零件失效。材料的冶金质量不好是指夹杂物过多或过大、夹层或折叠、杂质含量过多等，这些常常导致零件断裂。材料成分选择错误，材料性能就达不到使用要求。在材料成分一定时，金属材料的组织是由热处理（或其他强化方法）所决定，所以热处理工艺必须能获得要求性能的组织状态。由此可知，加强材料和零件检验工作十分重要。

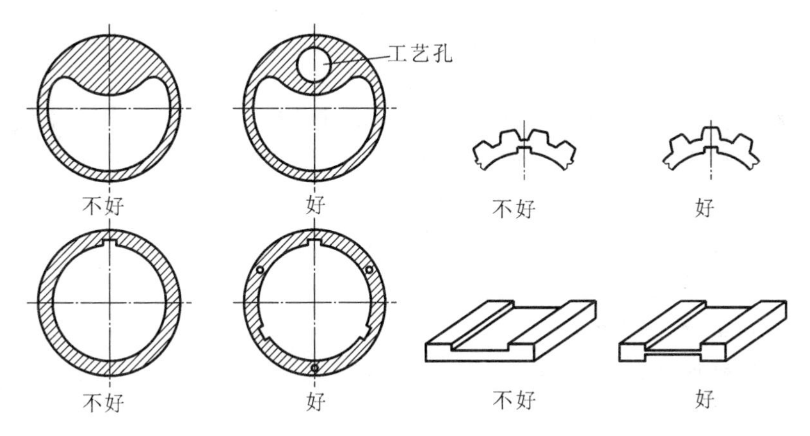

图 8-3　淬火零件设计的示例

4. 加工和制造工艺不正确

加工和制造工艺包括热加工(铸造、热变形加工)、冷加工、切削加工和热处理等。铸造过程中的铸件气孔、缩孔(或缩松)、成分偏析、裂纹、内应力等缺陷,易引起零件的失效。热变形加工会产生过热、过烧、带状组织、内应力、裂纹等缺陷,这些缺陷是造成零件失效的重要原因。冷加工主要是指冷冲压,会产生冷作硬化现象。切削加工后工件会产生局部应力变化或工件变形。热处理过程中的淬火变形、开裂、表面脱碳、回火不充分、硬度不足和硬度不均匀等缺陷都会在零件工作时导致其失效。

切削加工时没有全部按照零件图纸的技术要求进行加工,如存有较深的刀痕、圆角半径过小,磨削裂纹与应力等致使表面质量过于粗糙,也可能导致零件失效。例如倒角是切削加工中轻而易举之事,但往往被人忽视。又如,某公司生产的电动葫芦,起重量为 5 t,其花键轴经常断裂,经检查是键齿根部未曾倒角,经倒角后即能安全使用。

5. 安装、操作使用及维护不良

安装对设备正常运行和使用寿命都有很大影响。如配合太松或太紧、紧固件太松或太紧、间隙太大或太小等都会导致零件不正常或不安全工作。未按工艺规程、违章操作或操作不当,超负荷运行等都易发生事故。经常维护检修,是防止零件早期失效的有效措施之一。

以上分析的仅是零件失效主要方面,不足以涵盖复杂的实际情况。由于失效往往并非单方面原因,很可能是多种原因的综合结果,因此对某零件进行失效分析时,要全面考虑,找出起主导作用的原因,使产品质量得到提高。如图 8-4 所示,要提高一个产品的质量,有时必须进行反复的生产循环或可靠性评测,每经过一次循环,产品质量和可靠性才会提高一步。

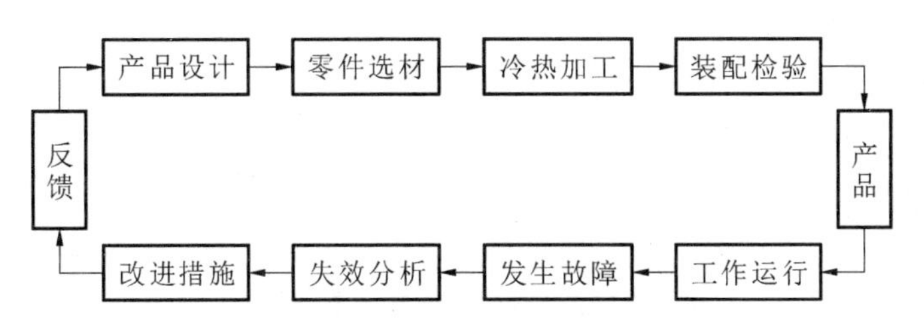

图 8-4　提高产品质量的生产循环示意图

8.2.2 材料类别选择分析

机械工程材料种类繁多,有金属材料与非金属材料。金属材料又分为钢铁材料与非铁金属及合金,钢铁材料又分碳素钢、合金钢和铸铁,铸铁又分为灰铸铁、球墨铸铁和可锻铸铁等,最后才是各种具体牌号的材料。在如此繁多的类别和层次中要正确地选用一个具体牌号的材料,就必须按材料的类别和层次,由粗到细逐一分析筛选,最后选定一个牌号。

1. 工程材料的主要性能对比

金属、无机非金属(主要是陶瓷)和有机高分子材料是工程上使用的最主要材料,它们各有独到的特性,应合理分析,确定其适宜使用的场合。

金属材料与高分子材料、陶瓷材料相比,具有最优良的综合力学性能,可用来制造各种重要的机器零件,所以金属材料(特别是钢铁材料)仍是目前最重要的结构材料。

陶瓷材料在室温下很脆,不能制造重要受力(特别是冲击载荷)结构零件,但其具有耐高温性、耐磨性和很好的化学稳定性,因而可用于制造航空工业、电器部门和国防尖端产品中高温工作的零件,也可制造切削刀具和耐磨零件等。

高分子材料的强度、弹性模量和韧性都比较低,一般不用于制造重要或重载的机器结构零件,但由于其具有比强度较高、减振性好、摩擦系数小、密度小和高弹性变形等特性,因此可以用于制造轻载传动齿轮、轴承、密封垫圈等零件,以及家用电器、计算机外部设备和通信工具等结构件。

需要说明的是,选用非金属材料时,应充分考虑到各种非金属材料的力学性能、理化性能与金属材料之间的巨大差异。例如,有机高分子材料在使用中,周围环境影响(如温差、光、水、油、酸等介质的作用)将会使材料的力学性能产生变化,且其敏感程度远超过金属材料;又如,有机高分子材料的耐热性比金属材料差,只有少数塑料、橡胶能在 200 ℃左右长期使用,温度过高容易发生老化、分解、变质;再如,温度变化会引起零件尺寸剧烈变化(因为塑料导热性差、线膨胀系数大),故不宜用来制造精度要求高的零件。此外,各种高分子材料性能指标的差别较大,需通过对比寻找和确认合适的材料品种与牌号。

2. 金属材料与非金属材料的选择

金属材料与非金属材料的性能主要在以下两方面有所不同。

1) 力学性能

金属材料的力学性能一般都高于非金属材料,个别指标则可能例外。例如钢铁材料,既有高的强度、硬度,又有良好的塑性、韧性。陶瓷材料的硬度和弹性模量超过金属,但强度不高,塑性、韧性极低。工程塑料的强度和硬度都不及金属。因此对于承受大载荷的零件,尤其是对强度、硬度、塑性、韧性要求良好匹配的零件,都应选择金属材料。对于要求具有极高硬度或要求弹性变形量很小而其他性能要求不很高的零件,可以选择陶瓷材料。许多塑料具有良好的减摩性和自润滑性,载荷小的摩擦件可选用塑料。

2) 理化性能

金属材料的特点是密度大,导热、导电性良好,熔点高,热稳定性好;但热膨胀系数大,耐热性比塑料好比陶瓷差,抗蚀性比陶瓷和塑料都差。陶瓷材料的导电、导热性很差,是良好的电与热的绝缘体,热膨胀系数很小,耐热性和抗蚀性都很好。塑料的密度小,也是电、热的良好绝缘体,但耐热性极差,而且很容易老化。

因此，凡在高温状态下或在光热作用下工作的零件，应选用金属或陶瓷，不能选用塑料。而要求电、热绝缘或在腐蚀介质作用下工作的零件，应选用陶瓷或塑料，不宜选用金属。要求质轻的零件，采用塑料最理想。

3. 钢铁材料与非铁合金的选择

钢铁材料包括碳素钢、合金钢和铸铁。与非铁合金（铜合金和铝合金）相比，钢铁材料具有较高的强度和硬度，耐热性也较好。目前绝大多数机械零件都选用钢铁材料制造。

在常用的非铁合金中，轴承合金仅作滑动轴承材料使用。铜合金的强度不及钢，价格高昂，又是重要的国防物资，不宜轻易选用；但铜合金的摩擦系数小，减摩性好，又有美丽的外观。因此铜合金一般用于制造耐蚀零件、减摩零件、装饰性零件和艺术品。铝合金的强度不及钢，价格比钢高；但其密度小，抗蚀性好，也具有美丽的外观。铝合金适用于制造要求重量轻、抗腐蚀、外观美的零件。

4. 碳素钢与合金钢的选择

碳素钢与合金钢具有相应的用途，并有相同的分类。如合金钢中有渗碳钢、调质钢、弹簧钢，碳素钢中也有相应的钢种。但合金钢具有较高的强度和淬透性，以及优良的热处理性能，如淬火变形小、加热时晶粒不易长大、有较高的回火抗力等。故凡承受载荷大、载荷形式复杂、截面粗大又要求淬透的零件，则选用合金钢。在一般情况下应优先选用碳素钢。

8.2.3　各类常用零件的选材

1. 轴类零件

1）轴的工作条件及对材料的要求

轴是各种机器的重要零件，具体工作条件虽各不相同，但也有共同特点。

（1）承受交变弯曲载荷和扭转载荷。要求材料具有良好的弯曲疲劳强度和扭转强度。

（2）使用滑动轴承时，轴颈处承受较大摩擦，要求轴颈具有高硬度和耐磨性。

（3）在启动、变速、加载时常有较大的冲击，要求材料具有良好的综合力学性能，尤其应具有较好的冲击韧性。

根据轴的工作条件和对材料的要求，一般都选用钢材制造。在实际工作中，每根轴因载荷形式和大小不同，故应选择不同牌号的钢制造。

2）轴的选材依据

轴类零件是机械设备中的一类最主要零件，也是影响机械设备的精度和寿命的关键零件，而且各种轴类零件的尺寸相差很大，如手表中的摆动轴最小直径是 0.085 mm，而汽轮机的转子轴的直径可达 1 m 以上。轴与齿轮一样，主要用来承受各种载荷和传递动力。

轴类零件受力的情况较为复杂，但主要承受交变弯曲应力和扭转应力，因此对疲劳性能有较高的要求；同时轴还要受到各种冲击作用和振动，有时还会短时过载，因此要求轴类材料有足够韧性和高强度。在外力作用下，轴若发生过量弹性变形或塑性变形就会影响设备的正常运行，故要求轴有较好的刚度。轴的支承处如果装有滑动轴承，在高速运转过程中会发生较大的摩擦，故要求轴颈处有较高的硬度和耐磨性。

根据上述分析和实际工作情况统计，轴在工作过程中的失效形式主要有断裂（包括疲劳断裂和过载断裂）、磨损（主要发生在轴颈处）和过量的变形。因此要求制造轴类的材料有优良的综合力学性能（即高强度与韧性的配合）、高的疲劳强度、足够的刚性和良好的耐磨性。

以轴的受力状态和受力性质为选材的基本依据，考虑实际工作中轴的具体受力大小、尺寸大小或工作环境等因素。各类轴的基本分类如下。

(1) 要求不高的轴。

使用次数不多的自制设备、临时使用的工具、载荷不大的低速转轴等，可选用价格低廉、性能一般的碳素结构钢，如 Q235、Q255。直接用圆钢加工而成，不进行热处理而使用。

(2) 要求硬度高、耐磨性好的小轴。

这类轴常见于有复杂轮系的小型机械中，如放映设备、钟表、仪器仪表中的小轴。这类零件如果选用中碳结构钢配合表面淬火或低碳钢渗碳淬火，由于轴径很小，工艺上有一定困难；故可选用含碳量较低的碳素工具钢 T8 或 T10，利用材料固有的硬度满足使用要求，不必再经复杂的表面热处理。例如，尺寸较小、精度要求较高的仪表或手表中的轴，可选用高碳素钢(如 T10)或含铅高碳易切钢(Y100Pb)制造，经淬火和低温回火后使用。

(3) 要求较高的轴。

这类轴载荷较大、尺寸较大、转速中等、工作平稳，在正式产品中使用，如各种普通机床的主轴。这类轴主要考虑轴的刚度、耐磨性和精度，轴的材料具有良好的综合力学性能，最合适的材料是中碳优质碳素结构钢，最常用的是 45 钢。选用此类材料，毛坯应经锻造后再进行机械加工，并配合适当的热处理，即锻造后进行退火或正火，粗加工后进行调质处理，在配合滑动轴承的轴颈与其他硬度有特殊要求的部位，应该精车后进行表面淬火及低温回火，最后磨削加工。

这类轴若要求较高者，如转速较高、载荷较大、精度要求较高，还可选用合金调质钢，最常用的是 40Cr 钢，其制造工艺类似 45 钢。

(4) 要求更高的轴。

这类轴主要有承受交变弯曲载荷或交变扭转载荷的轴，如卷扬机的卷筒轴、砂轮机主轴，或齿轮变速箱的轴等；还有同时承受交变弯曲和交变扭转载荷的轴，如机床主轴、发动机曲轴、汽轮机主轴等。以上的这些轴在外力作用下，应力在轴的截面上分布是不均匀的，表面部位的应力值较大，向中心应力逐渐减小，心部应力值最小。因此该受力状态下的轴类零件选材时，可不选择淬透性很好的钢种，一般只需选淬透轴断面的 1/3～1/2 的钢材就可以。通常可选用 45 钢、40Cr 钢和 40Mn2 钢等，先经过调质处理，然后在轴颈处进行高、中频表面淬火和低温回火。这类轴若要求心部具有更高的韧性，表面具有更高的硬度，也可选用 20Cr、20CrMnTi，配合渗碳淬火及低温回火的热处理。

对高精度机床的主轴或高速机械主轴，要求心部有优良的综合力学性能，表面要求很高硬度和耐磨性。这类轴可选用 38CrMoAl、42CrMo、40CrMnMo 等，并配合调质、氮化等热处理。后两个牌号也可进行碳、氮共渗。

(5) 要求承受各向冲击和扭转的轴。

如锻锤锤杆、船舶推进器曲轴等，这类轴的整个断面上工作应力分布基本均匀，因此必须选用淬透性较高的钢材，如 40B、40CrNiMo 和 30CrMnSi 等钢种。一般先经过调质处理，然后在轴颈处进行高、中频表面淬火和低温回火。

例如承受较大冲击载荷、要求较高耐磨性，而且形状复杂的汽车、拖拉机变速轴，可以选用低碳高合金钢，如 18Cr2Ni4WA，先经过渗碳处理，然后进行淬火和低温回火后使用。

轴的材料选择不仅限于上述钢种，根据工作条件和制造工艺，还可选用不锈钢、球墨铸铁和铜合金等。

以发动机上两个重要零件——凸轮轴与曲轴为例，要求具有高的抗拉强度、抗弯强度、疲劳强度、冲击韧性和耐磨性。小型的凸轮轴与曲轴常选用中碳的合金结构钢，采用模锻或自由锻后经大量切削加工成形。这种方法制造成本很高。近来成功地选用球墨铸铁铸造成形，可免去制造锻模的高昂费用或避免将大量贵重材料切成切屑。目前，球墨铸铁的性能完全能达到使用要求，并可经正火、表面淬火等热处理强化。球墨铸铁已是凸轮轴和曲轴的常用材料。

3）轴的选材应用实例

例 8-1　M131W 万能磨床砂轮主轴。

M131W 万能磨床用于磨削圆柱或圆锥形金属零件上 1～2 级精度的外圆或内孔。图 8-5所示的磨床砂轮主轴的质量与精度将直接影响到磨床的加工精度和磨床的使用寿命。

工作条件：砂轮主轴是用于传递切削加工动力，同时承受弯曲、扭转及冲击等复杂受力的零件。在主轴两端的圆锥面上分别安装有皮带轮和砂轮，砂轮的经常装拆容易损坏锥面。因此，主轴在加工时受力变化较大、工作较平稳，工作转速较高，工件局部需要一定的耐磨性。

性能要求：整根主轴要有较高的强度，心部要有足够的韧性，轴颈和两端圆锥面要有高硬度以获得足够的耐磨性。主轴基体硬度为 241～280 HBS；轴颈处硬度＞55 HRC；圆锥面硬度为 50～55 HRC。

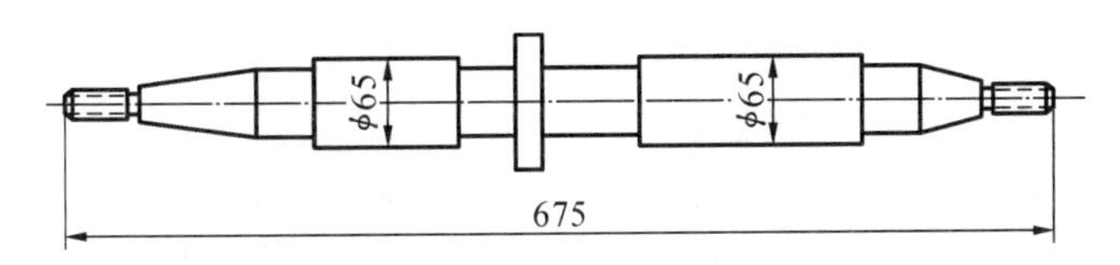

图 8-5　M131W 万能磨床的砂轮主轴的示意图

选用材料：为了保证机床的加工精度和使用寿命，选材时主要考虑砂轮主轴的耐磨性和强度，故选用 40Cr 或 65Mn 钢来制造，经调质、轴颈和圆锥面处表面淬火和低温人工时效处理后使用。

热处理：退火，调质，表面淬火和低温回火，低温人工时效处理。

工艺路线：下料→锻造→退火→粗加工→调质→精加工→表面淬火和低温回火→粗磨→低温人工时效→精磨。

调质处理是为了使砂轮主轴获得良好的综合力学性能。调质处理一般位于粗精加工之间较合适，其原因一是轴的直径较大，粗加工后淬火，能使轴的淬硬层较深并被淬透；二是毛坯的氧化、脱碳层（由于锻造工序所造成）被切除，工件表面光洁，能保证淬火后有足够高且均匀的硬度；三是调质后硬度较高（240～280 HBS），若调质放在粗加工之前，则会使粗加工难度增加、效率降低。

低温人工时效处理是为了稳定组织并消除粗磨时所造成的磨削内应力，减少主轴的变形，提高主轴的精度。

例 8-2　手表摆轴。

图 8-6 所示的手表摆轴是机械表中摆轮游丝系统的一个重要工作零件，其形状复杂，尺寸很小（最小处的直径＜0.09 mm），精度要求很高。

工作条件：摆轮上安装的摆轴工作条件在机械表轴类零件中最差，属于机械表最脆弱零件。一般慢摆手表的摆频为每小时 18000 次，快摆手表摆频高达每小时 36000 次以上，摆轴随摆轮游丝系统一起摆动。以 21600 摆频为例，摆轴每天运行 518400 转，摆轴细小娇嫩，即使摆轴轴径采用宝石轴承抵御冲击，仍然是机械手表中最易损坏的部件。其原因一方面是自身高速磨损，另一方面是必须考虑外力撞击下摆轴的冲击损伤。

性能要求：直径最小的摆轴两端轴榫部位会因在长期（至少十年以上设计寿命）高频振动过程中与轴承（或宝石）摩擦而磨损；有时也会因手表受到突然振动或撞击，摆轴游丝系统产生很大惯性力（比系统重量大几十倍到几百倍），导致轴的弯曲或折断。因此要求摆轴具有一定的强度和刚度、适当的韧性，以及较高的硬度和良好的耐磨性，其硬度要求为 59～61 HRC。

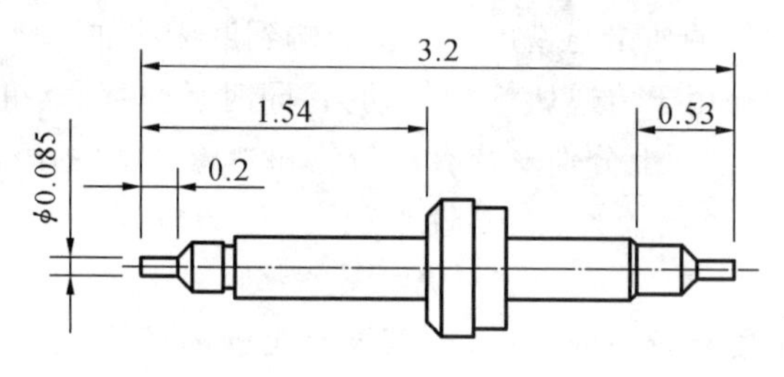

图 8-6　手表摆轴示意图

选用材料：普通机械表可以选用碳素工具钢 T10A 同时满足上述性能要求。由于机械表零件细小，加工工艺较复杂，其轴类零件一般都在自动车床上加工。为了满足高精度和大批量生产的需要，要求轴类零件材料应具有良好的切削加工性能，而且材质要均匀，其显微组织和表面质量均应符合技术条件的规定。按其工作条件，考虑到 T10A 钢切削加工性能较差，不易断屑，因此改用高碳易切削钢（如 Y100Pb 或 Y105Pb 钢）。

Y100Pb 或 Y105Pb 钢属于国内外手表厂采用的手表零件专用材料，其特点是切削性能好。影响切削性能的重要因素是铅含量及分布，非金属夹杂物的数量、形态及分布，球状珠光体的级别和硬度。这些影响因素主要由材料的化学成分、冶炼技术、加工工艺和热处理工艺来保证。Y100Pb 或 Y105Pb 钢的含碳量分别为 0.95%～1.05%和 1.00%～1.15%，含铅量分别为 0.15%～0.25%和 0.15%～0.35%。铅的主要作用是改善钢的切削加工性能，减小轴的表面粗糙度值。

热处理：淬火和低温回火。有时为了更好地消除加工过程中的内应力，也可穿插去应力退火。

工艺路线：自动车床加工→检验→淬火和低温回火→定长→去毛刺→磨轴榫→去毛刺→擦光→化学镀镍。

由于摆轴尺寸小、精度要求高，因此在热处理时必须采取一些措施来保证质量，如：为了防止氧化和脱碳，淬火加热一般在气体保护炉中进行，淬火温度为 760～780 ℃；为了减少和防止淬火冷却时的变形，常采用等温淬火（110～120 ℃）；为了获得回火马氏体，则可在 180～200 ℃的热油中进行回火。

2. 齿轮类零件

1）齿轮的工作条件及对材料的要求

齿轮是机械设备中的主要零件之一，在机床、汽车、拖拉机和仪表装置中应用很广泛、很重要。齿轮起着传递动力、改变运动速度或方向的作用；也有齿轮仅作阶段性的分度定位使用，受力并不大。其共同的特点如下。

(1) 齿轮工作时齿根承受弯曲应力，尤其是承担传递动力的齿轮，弯曲应力很大；齿面有很大的接触应力；载荷形式是周期性变化的。因此要求材料具有良好的抗接触疲劳性能和弯曲疲劳强度。

(2) 在启动、换挡和加载时，齿部受到很大冲击，要求材料具有较高的强度和冲击韧性。

(3) 齿面存在滚动和滑动摩擦，要求材料具有高的硬度和耐磨性。

2) 齿轮选材依据

齿轮种类极其繁多，在机床设备、汽车、拖拉机中有变速齿轮、差速齿轮、后轿齿轮、凸轮轴齿轮及油泵齿轮，其他还有各种仪表齿轮、手表齿轮等。由于不同机构的齿轮工作条件不一样，对各类齿轮的性能要求差别很大，因此使用的材料也不尽相同。各种齿轮材料选用的主要依据是载荷性质与大小、转速及精度要求等。

齿轮在工作过程中，齿面上承受脉动接触压应力；齿根承受脉动弯曲应力；齿面受到强烈磨损的同时还会受到冲击作用，因此齿轮的工作条件比较复杂。齿轮失效形式有多种：从齿面的麻点、剥落和磨损，到起源于齿根的过载断裂、疲劳断裂等。因此制作齿轮的材料应具有下列性能：高的接触疲劳强度和耐磨性，防止表面损伤；高的强度及韧性，防止过载断齿；高的弯曲疲劳强度，防止疲劳断裂。

载荷性质及大小主要指齿轮传递的转矩大小，通常以齿面上单位压应力来衡量载荷大小。对于齿面上单位压应力，轻载荷的＜4000 Pa；中等载荷的＜7000 Pa；重载荷的＜10000 Pa；超重载荷的＞100000 Pa。

齿轮工作时转速愈大，齿面及齿根受到交变应力的次数就愈多，齿面的磨损也就愈严重。因此常用圆周速度 v 的大小作为判断材料抗疲劳和磨损能力的标志。低速齿轮 $v=1\sim6$ m/s，中速齿轮 $v=6\sim10$ m/s，高速齿轮 $v=10\sim15$ m/s。

齿轮的精度要求愈高，表明齿形愈准确，且啮合紧密，传动平稳无噪声。

按照载荷性质与大小、转速及精度要求，综合分析后选材类别如下。

(1) 低速、轻负载和承受轻微冲击作用的齿轮。各种机床中不常运转或不重要的低速齿轮（如挂轮、溜板箱中的齿轮等）及小型农机具上的低速齿轮，可选用中碳钢（如 45 钢）经正火处理后使用。

(2) 低速、中或重载荷且承受一定冲击作用的齿轮。一般选用中碳钢或中碳合金钢（如 45 钢或 40Cr 钢），先经调质处理，再进行高、中频表面淬火处理后使用。有些大直径大模数齿轮，如大滚筒上的齿轮和塔式起重机底座上的大齿轮，因为转速很低，还可以采用铸造方法生产毛坯，故材料应选用高强度铸铁或铸钢。

(3) 中速、轻或中载荷且承受轻微冲击作用的齿轮，这类齿轮的典型实例如各种机床的变速箱齿轮。这类齿轮还可分为两种。

① 转速较低，载荷较小、不受冲击。这种齿轮常选用碳素调质钢。要求较低者不经热处理或经正火后使用；要求较高者经调质及表面淬火、低温回火后使用。这种齿轮也可选用球墨铸铁，经适当热处理后使用。如果模数很小，又要求表面淬火，应选用低淬透性钢 55Tid 或 60Tid，以防止齿面淬透层太深而崩齿。

② 转速较高、载荷较大，受轻微冲击。这类齿轮应选用合金调质钢，如 40Cr、40MnB、40MnVB 等，经调质、表面淬火、低温回火后使用，通常指应用于各种机床中的变速箱齿轮和汽车、拖拉机中的启动器变速齿轮。

(4) 中速、中或重载荷且承受冲击作用较大的齿轮。这类齿轮由于承受较大冲击作用，因此 45 钢或 40Cr 钢就不太适用，一般选用低碳低、中合金渗碳钢（如 20Cr、20CrMo 等）经渗碳淬火和低温回火后使用。如机床中走刀箱或变速箱中的齿轮，以及汽车、拖拉机中的驱动齿轮等，要求齿轮整体强度高，齿部冲击韧性好，齿面耐磨，热处理变形小。

（5）高速、高载荷且承受轻微冲击作用的齿轮。这类齿轮常选用中碳合金钢（如 40Cr、38CrMoAl 和 42SiMn 钢等），先进行调质和表面淬火处理，再通过氮化处理提高齿轮的耐磨性来使用。

（6）高速、重载荷且承受较大冲击作用的齿轮。这类齿轮常选用低碳中、高合金钢（如 20CrMnTi、20CrMnMoVB、20Mn2B 钢等），经渗碳淬火后使用。例如汽车、拖拉机的后轿齿轮和精密机床中主动轴的传动齿轮和分度传动齿轮等。

（7）载荷小、冲击小、以传递运动为主的齿轮。这类齿轮的典型实例如小型仪器仪表上的齿轮，高档玩具及某些家用电器上的齿轮，食品及纺织机械上的齿轮等。这类齿轮要求重量轻、摩擦系数小、运转平稳无噪声，可在无油或少油润滑的条件下工作，有良好的异物埋入性等。这类齿轮最理想的材料是塑料，常用的有聚酰胺、夹布酚醛塑料、聚甲醛、聚碳酸酯、聚砜等。选材时应注意塑料齿轮的使用温度不能太高。

实际工作中，在选用材料的同时还需考虑齿轮的尺寸大小与热处理后的变形量大小。虽然以上几类齿轮所选的材料仅限于钢，但是生产上用作齿轮的材料还有很多种。例如，对低、中速且承受低载荷、低冲击作用的齿轮，也可选用普通灰铸铁和球墨铸铁；对轻、中载荷且无润滑条件下工作的齿轮，还可考虑采用高分子材料（如尼龙、聚碳酸酯等材料）；对载荷很轻且低速工作、有耐磨性要求的小齿轮，就可选用黄铜或不锈钢，尤其是用于仪表、手表等精密小装置中的齿轮。

对于同一牌号材料的齿轮，还可通过改变热处理工艺获得不同的力学性能。例如对 45 钢进行热处理，其相关的硬度指标如表 8-3 所示。

表 8-3　45 钢齿轮的热处理工艺与硬度

热处理工艺	硬度/HBS
840～860 ℃正火	156～217
820～840 ℃水冷，500～550 ℃回火	200～250
高频加热水冷，300～340 ℃回火	45～50
高频加热水冷，180～200 ℃回火	54～60

3）齿轮的选材应用实例

例 8-3　车床床头箱的传动齿轮。

工作条件：工作中受力不大，转速中等，工作较平稳，无强烈冲击。

性能要求：对齿轮的齿面和心部强度与韧性要求不高，齿轮的心部硬度为 220～250 HBS，齿面的硬度为 52 HRC。

选用材料：45 钢或 40Cr 钢。

热处理：调质或正火，表面淬火和低温回火。

工艺路线：下料→锻造→正火或退火→粗加工→调质或正火→精加工→高频淬火→低温回火→精磨。

例 8-4　汽车变速箱中的齿轮。

工作条件：工作中受力较大(包括疲劳弯曲应力和接触压应力)，时有短时间过载，承受较大的冲击作用，工况比机床齿轮恶劣。

性能要求：对齿轮齿面和心部的强度要求较高，齿轮心部要求具有足够的韧性。齿面硬度为 58～64 HRC，心部硬度为 30～45 HRC。

选用材料：20CrMnTi 钢。

热处理：渗碳，淬火和低温回火；渗碳层厚度为 1.0～1.3 mm。

工艺路线：下料→锻造→正火或退火→切削加工→渗碳、淬火和低温回火→喷砂→磨削加工。

正火在锻造后进行，属于预先热处理。其目的是为均匀化和细化锻造后的粗晶粒组织，消除锻造内应力，获得良好的切削加工性能，并为最终热处理做好组织准备。正火后如果硬度偏高，可以再进行退火。

渗碳是为了提高齿轮表面的含碳量，以保证淬火后得到具有高硬度与良好耐磨性的高碳马氏体和细小碳化物组织。

淬火是除了使表面获得高硬度的高碳马氏体组织外，还可使心部获得足够强度和韧性的板条马氏体组织。因为 20 CrMnTi 钢属于细晶粒钢，故既可以在渗碳后经预冷直接淬火，也可以采用等温淬火减少齿轮的变形。

低温回火是为了消除淬火应力，减少齿轮脆性，获得回火马氏体组织。

喷砂处理的目的不仅是消除表面氧化皮，而且使齿面形成压应力，提高齿面的疲劳强度，所以喷砂是热处理中的辅助强化工序。

例 8-5　尼龙齿轮。

将尼龙塑料粒子通过注射或压铸方法制成齿轮，不仅使生产工艺大为简化，而且设备专业、工模具可靠、工艺简单。尼龙品种较多，应根据不同的使用条件比较、选择和确定合适的品种与牌号。

表 8-4 中列举了几种常用尼龙齿轮的性能特点和适用范围。

表 8-4　几种常用尼龙齿轮的性能特点和适用范围

名称	性能特点	适用范围
尼龙 6	一定的疲劳强度、刚性和耐热性，弹性好，有较好的消振性和降低噪声的能力	在轻负荷、80～100 ℃、无润滑和要求低噪声条件下使用
尼龙 66	较高的疲劳强度和刚性，较好的耐热性和低摩擦系数，耐磨性好，但吸湿性大，尺寸稳定性不够	在中等负荷、100～120 ℃、无润滑条件下使用
尼龙 610	强度、刚度和耐热性稍低于尼龙 66，但吸湿性较小，耐磨性好	同尼龙 6，用于要求齿轮较精密、温度波动较大的情况下
尼龙 1010	强度、刚度、耐热性与尼龙 610 相近，吸湿性低于尼龙 610，成型工艺性好，耐磨性好	在轻负荷、湿度不大、无润滑和要求低噪声条件下使用
MC 尼龙	强度、刚性、耐热性均优于尼龙 66，吸湿性低于尼龙 66，耐磨性优良，能直接挤出成型，也可浇铸成型大件制品	在较高负荷、<120 ℃的较高温度、无润滑条件下使用

尼龙齿轮的主要优点：得到的制品摩擦系数低、耐磨性好，能在无润滑或少润滑条件下

良好运转；尼龙齿轮的弹性能够补偿加工和装配误差，还可以相应降低制造与装配的技术要求；尼龙重量轻，可减轻机器设备或装置的重量，降低惯性力和启动功率。尼龙齿轮的不足之处：强度相比金属齿轮较低，传递载荷不宜过大；导热系数较低，不利于散热；当环境温度、湿度变化时，尺寸稳定性较差。

3. 箱体类零件

箱体将机器中的轴、套、齿轮等有关零件组装成一个整体，使其相互之间保持正确的安装位置，并按照一定的传动关系协调传递运动和动力。因此，箱体的受力情况和加工质量直接影响机器或部件的精度、性能和寿命。箱体属于机器或部件的基础零件。

箱体的受力形式不外乎各类受压、受拉、受弯和受扭，或者这些情况的复合。

箱体的结构形式有多样性，其共同特点是形状复杂、壁薄且不均匀，内部呈腔形，加工部位多，加工难度大，既有精度要求较高的孔系与平面，也有许多精度要求不高的紧固孔。

箱体类零件的选材根据使用要求和制造方法而确定，按制造方法可分为铸造箱体、焊接箱体和注塑箱体。

1）铸造箱体

如果箱体外形和内腔结构复杂，有许多凸台和肋条，可以采用铸造方法生产。按其使用要求选择如下材料。

（1）灰铸铁。

以承受压应力为主的机座类零件，内部装有传动轴而且要求有良好刚性的箱体，以及一般的设备机身等，应该选用灰铸铁。除带导轨的机身要求耐磨性好选用 HT200 或 HT250 之外，一般箱体以选用 HT250 为宜。后者虽然抗拉强度较低，抗压强度却与前两者相差不多，特别是铸造性能较前者为好，铸造工艺比较简单。

（2）铸钢。

用于工程机械、矿山机械、机车车辆的箱体零件，承受较大冲击，要求强度高、冲击韧性好。这类零件选用铸铁不能满足使用要求，应选用铸钢，常用的牌号有 ZG230-450 和 ZG270-500。若有其他特殊使用要求（如耐蚀、耐热等）时，则选用合金铸钢。

（3）可锻铸铁。

在工程机械和矿山机械中承受冲击载荷的箱体，若外形尺寸小、壁薄，选用铸钢铸造工艺比较困难时，可考虑选用可锻铸铁。

压力铸造

（4）铸造铝合金。

要求质轻或要求具有一定的抗蚀性能，或拟采用金属型铸造或压力铸造的小型箱体零件，如小型发动机缸体和缸盖，仪器仪表壳体等，可选用铸造铝合金。常用的有铝硅合金系列，如 ZL102、ZL104、ZL105 等。

2）焊接箱体

（1）厚板焊接箱体。

这类箱体一般是在单件生产时用来代替中、大型铸铁箱体或铸钢箱体，以节省制造模样的费用，并缩短生产周期。所用材料必须具备优良的焊接性能。常用的材料有 Q215、Q235 中厚板低碳钢。强度要求较高者可选用 Q345 或同类其他材料。

（2）薄板焊接箱体。

这类箱体不能承受大的载荷，箱内也不安装传动轴，无冲击，故对材料强度与刚度要求不高，如各种电器箱、仪表壳体等。制造方法是先经冷冲压或钣金方法辅助成形，再用气焊或钎焊制作成形。这类箱体应选用普通低碳钢板，以保证具有良好的冲压性能和焊接性能。

3）注塑箱体

小型的仪器仪表外壳、家用电器外壳，中等复杂程度，要求质量轻并有绝缘性，内外常有一些用于固定其他元件的螺纹，生产批量大，要求生产率高。这类箱体如果采用金属铸造，则壁厚大、笨重且不绝缘；而采用薄板冲压，刚性较差，螺纹结构如何制造比较难以处理。此时，理想的方法是选用热塑性塑料注射成型，或选择热固性塑料压制成型。

4. 滑动轴承

1）滑动轴承材料的性能要求及选用依据

滑动轴承工作时既要承受交变载荷，还会在轴的转动下产生相对滑动和滚动摩擦。所以，滑动轴承材料必须在一定的载荷和转速条件下，具有足够的强度、良好的耐磨性和较小的摩擦系数。作为滑动轴承的材料很多，常用的有巴氏合金、青铜、铝锑镁合金等金属材料和多种高分子材料。

2）滑动轴承的类别

（1）重载、低速、大直径轴承。

这类轴承的技术要求较低，如一些自制设备中断续手摇转动的轴承，可选用灰铸铁。石墨是固体润滑剂，加入润滑油后可获得较小的摩擦系数。其特点是承载能力强，制造工艺简单，价格低廉。

（2）中等载荷，中、高速运转的轴承。

这类轴承要求高，除具有足够的承载能力外，摩擦系数要小，导热能力要强。这类轴承应选用铸造青铜，常用的有锡青铜、铅青铜和铝青铜。在充分润滑的条件下，可获得满意的性能。

（3）中等载荷、重载荷、高速轴承。

这类轴承要求抗烧伤性和磨合性优良，摩擦系数小，导热性和抗蚀性良好。这类轴承应选用锡基或铅基轴承合金。锡基轴承合金的性能比铅基轴承合金好，但后者价格低廉。

（4）中等载荷、在强腐蚀介质中工作的轴承。

这类轴承的抗蚀性能要求高，可以选用聚四氟乙烯（F-4）。F-4 除有高抗蚀性外，其摩擦系数是固体材料中最小之一，又是良好的密封材料，具有密封与承载双重功能。

（5）中、小载荷，润滑条件差的轴承。

这类轴承应用广泛，如家用电器，航空、航天中某些设备，在野外工作的设备等都用此类轴承，其特点是润滑困难甚至无法润滑。小载荷、小尺寸的轴承可选用粉末冶金含油轴承材料；尺寸大、精度要求高、pv 值大的轴承，可选用金属塑料三层复合材料。有些虽然加油润滑方便，但须严防油污染的设备，如食品机械和纺织机械的某些部位的轴承，也应选用含油轴承或三层复合材料轴承。

以上各类零件的选材只是一些实例，每种零件常有几种可供选择的材料，本书中推举的材料只是其中的一种，并非唯一的选择。设计者可结合实际情况，依据有关资料自行选择，并注意实际使用情况的信息反馈，使以后同类零件的选材更加合理正确。

3）塑料基滑动轴承选材依据

几乎各种塑料都可以作为滑动轴承的材料，这是因为塑料具有优异的自润滑性能、较小的摩擦系数和特殊的抗咬合性能，而且有优良的耐磨性及成型性，即使在润滑条件非常不良的情况下也能正常工作，所以塑料在许多场合下可取代金属，而且在某些情况下能完成金属所不能胜任的工作。例如，在干摩擦条件下或者在清水、污水、酸、碱、盐的水溶液中工作的轴承。塑料轴承还有质轻、制造成型方便的优点，具有较大的弹性，可以抗振及吸收声频，有减少或消除噪声的作用。

塑料作为滑动轴承材料也存在一些缺点：线膨胀系数大，为金属的 3～10 倍；导热系数小，约为金属的几百分之一；尺寸稳定性差等。表 8-5 所示为几种工程塑料与常用金属滑动轴承材料的摩擦磨损情况比较。

表 8-5　几种工程塑料与常用金属滑动轴承材料的摩擦磨损情况比较

材料名称	负荷/N	时间/min	摩擦系数	磨痕宽度/mm	磨损量/mg
锡基巴氏合金	300	60	—	18.9	1531.0
铝青铜	300	30	0.31～0.48	19.3	1957.0
铝锑镁合金	300	120	0.27	12.8	钢盘磨损
高铅锡磷青铜	300	120	0.25～0.32	16.6	1231.0
尼龙 66	300	180	0.45～0.50	9.7	33.1
聚甲醛	300	180	0.44	5.5	3.8
MC 尼龙	300	120	0.42	4.8	9.3
聚碳酸酯	300	120	0.47	16.5	—
聚砜	230	30	不稳定	16.0	121.0
聚四氟乙烯(F－4)	250	30	0.13～0.16	14.5	445.0
ABS	300	120	0.35～0.46	17.0	122.0

轴承用塑料基材料主要考查三方面的性能，即摩擦磨损性能、力学性能及耐老化性能。作为理想的轴承材料，要求其有如下性能：优异的耐磨性及较小摩擦系数、良好的自润滑性、耐蠕变性好、极限 pv 值大、导热性好。

滑动轴承的性能要求与摩擦磨损指标关系如下：为了防止轴承的变形、抱轴或烧焦等严重磨损情况的出现，塑料轴承和金属轴承一样，均有最高使用速度（v 表示轴颈与轴承表面之间的滑动线速度，单位为 m/s）和承载能力（p 表示滑动轴承投影面的压强，单位为 Pa）的极限值，用 pv 值表示。轴承材料的 pv 值是设计和选择工程塑料轴承的一项重要技术指标。任何塑料的磨损与承受的载荷和滑动速度之积成正比，滑动轴承有最高极限 pv 值和最高的工作温度的限制。

除了 pv 值，还应考虑工程塑料的其他性能指标（如抗压强度、冲击强度、热变形温度、线膨胀系数、吸水率和吸油率等），确定塑料基轴承的耐磨性、摩擦系数、旋转精度、环境温度、长度与壁厚、润滑与密封等参数，以做出全面正确的选择。表 8-6 所示为几种工程塑料制轴承性能指标。

表 8-6　几种工程塑料制轴承性能指标

轴承材料	最高承载能力/Pa	最高温度/℃	最高速度/(m/s)	极限 pv 值/(kPa · m/s)
填充酚醛	41.37	130	12.8	0.53

续表

轴承材料	最高承载能力 /Pa	最高温度 /℃	最高速度 /(m/s)	极限 pv 值 /(kPa · m/s)
尼龙	6.9	90	5.1	0.0352
聚甲醛	6.9	120	5.1	0.0352
聚碳酸酯	6.9	105	5.1	0.0352
聚四氟乙烯	3.45	260	0.5	0.0017
填充聚四氟乙烯	1.72	260	5.1	0.0088

随着塑料基轴承的应用拓展与深化，选用轴承用塑料时，可根据轴承使用工况的复杂性，先选择综合性能能满足要求、成形加工方便易行、价格合理的塑料品种，然后考虑塑料基轴承的耐高温需求。如果耐高温性能有限，在热及负荷的作用下易发生形变，则通过材料改性或结构改进等工艺方法来弥补塑料基轴承材料的自身不足。

4）塑料基滑动轴承应用实例

例 8-6 柴油机推力轴承。

工作条件：柴油机是动力机械设备，推力轴承用于限制旋转轴的轴向运动。对 220 匹马力的柴油机，其推力轴承工作平均线速度为 7.1 m/s，载荷为 1.525 MPa，此类推力轴承属于大载荷、高转速、油润滑条件的工作状况。

性能要求：首先，大载荷高转速下的旋转轴对其支承位置有精确要求；其次，转速很高时采用滚动轴承，工作寿命较短，采用滑动轴承比滚动轴承影响精度的零件数量要少，易于准确制造而且价格相对较低，滑动轴承还能承受较大冲击与振动载荷。

选用材料：以往此类推力轴承多采用巴氏合金，现可以考虑采用塑料基轴承。比如采用优质碳素结构钢板基体，钢板面上烧结球形青铜粉层，再喷涂尼龙 1010（含 5%二硫化钼），涂层厚度为 0.5 mm。在运转过程中，其工作油温比用巴氏合金约降低 10 ℃，轴径磨损量更小。

例 8-7 汽车底盘传动系统用衬套轴承。

工作条件：一般载重汽车底盘传动系统通常装有数个在转轴之间进行变角度动力传递的十字万向节，每个万向节上都装有四个滚针轴承，使万向节起活络连接的作用。滚针轴承在工作中承受了很大扭力，当汽车上下坡时，扭力的突变冲击更为严重，每行驶几百千米路程就需要停车加油保养，否则容易发生轴承滚针的折断和轴颈咬伤等现象。

性能要求：载重汽车在这类大载荷、较低速度和干摩擦条件下工作的传动系统，采用不给油或少给油的自润滑滑动轴承较为合理。塑料基滑动轴承适用于无法加油、难加油的场所，可在使用时不保养或少保养，同时能免除供油不足或油品混杂等造成的设备损坏风险。

选用材料：既可采用尼龙 66 加二硫化钼或聚甲醛直接制作轴承衬套，也可以采用聚四氟乙烯塑料与铅粉为填料的聚甲醛轴承，其相关使用性能指标更好。如果采用钢板烧结粉末层再涂覆聚四氟乙烯塑料工作层为滑动轴承，其使用寿命有更大幅度提高。

例 8-8 重型机械大型轴承。

工作条件：重型机械（如水压机、大型轧钢机和汽轮机）上的主承力轴承各有其大载荷、突变冲击和高转速要求，有些大型轴承还有安装空间的局部限制性要求。又如履带式工程机械底盘的四轮一带中采用了支重轮，支重轮由轮体、支重轮轴、轴承、密封圈、端盖等相关部件构成，其主要作用是支撑着挖掘机或推土机的重量，让履带沿着轮子前进。其上使用的大型轴承质量达 150 kg 以上。

性能要求：高精度制造滑动轴承相对滚动轴承更容易控制，造价较低；滑动轴承能更好地承受巨大冲击和振动载荷；滑动轴承能根据装配要求做成剖分式轴承，并易于满足阻止轴向蹿动、油密封和水密封的要求；转速较高时采用滑动轴承还能提高使用寿命。

选用材料：采用 MC 尼龙制作的大型轴承，不仅具有一般工程塑料的质量轻、强度高、自润滑、耐磨、防腐，绝缘等性能，而且比一般工程塑料有更高的 pv 值，摩擦系数小，抗冲击。因此，轴承在使用过程中不易抱轴、熔结，不易损伤轴颈；润滑周期长、能减少保养，在恶劣环境下适应性强、寿命长。

以某型挖掘机绷绳平衡轮滑动轴承为例，其尺寸为 ϕ200 mm×ϕ160 mm×160 mm，以往多选用 ZQA19-4 铝青铜或巴氏合金，但由于工作时灰尘极大，润滑条件恶劣，滑动轴承磨损很快。采用 MC 尼龙，按其抗压强度设计的理论载荷约 2800 kN，在 1400 kN 实际工作载荷与 40～42 ℃露天环境温度下使用 5 年多，工作挖掘 526.5 万吨矿石后进行解体检查，发现表面平整光滑并形成良好油膜，基本无磨损。由此可知，MC 尼龙可直接在相关工作场合取代铜、不锈钢、铝合金等金属制品来制作轴套、轴瓦等滑动轴承，在工程机械中的应用十分普遍。

5. 压力容器

1）压力容器材料性能要求及特点

所谓压力容器是相对于常压容器或设备而言的，其主要故障特征是容器在外压或内压作用下爆裂。其安全使用的要点如下。

（1）优良的使用性能和工艺性能指标。

压力容器壁厚基本参数主要有室温下足够的抗拉强度 σ_b、设计温度下的屈服强度 σ_s 和高温蠕变强度；良好的塑性和韧性，特别是要考虑不同类别压力容器通过夏比 V 形缺口冲击试验确定的各级温度下钢件最低韧性要求；较小的应变时效敏感性；优良的抗腐蚀性能；良好的可锻性、焊接性和热处理性等制造加工工艺性能。

压力容器根据需求主要选用碳素钢、低合金钢和不锈钢。特殊情况下也可选用有色金属或复合结构材料。选材要与合理的制造工艺相配合。

（2）压力容器用钢特点。

基于压力容器的工作条件和制造工艺，与普通钢板相比，压力容器用钢的主要特点如下。

① 化学成分要求更为严格，且随着压力容器工作压力或温度的极端化，钢板允许的硫、磷含量值应越低；冶炼方法上尽量减少氮化物的时效析出，不能用空气转炉钢冶炼轧制，这是提高压力容器用钢塑性和韧性的基本要求。

② 高温压力容器用钢还应以高温屈服强度为主要选材指标之一，并在蠕变温度范围内使用。

③ 低温压力容器或受核辐照压力容器，要求有尽可能低的韧脆性转变温度，即在低温下钢板能够吸收足量的冲击功，抗冷脆性能好。

④ 高等级的压力容器钢板制造中需要金相检验和超声波探伤，增加力学性能检验频次和检验取样数量。

2）常用压力容器选材和热处理

（1）中低压力容器。

碳素钢和低合金高强钢主要用于工作温度≤450 ℃、非腐蚀性介质的压力容器。其中，碳素钢用于设计中小工作压力、较大直径、刚度足够，不能发生弹性失稳失效的压力容器。根据压力容器用钢板国家标准和设计压力、设计温度、容器直径、介质等工况，碳素钢中仅有Q245R可选（"R"是压力容器"容"的汉语拼音首字母）。

随着工况要求逐渐提高，可以从Q345A、Q345B能用于常温和中温工况下的低合金高强钢中选材，也可以直接从压力容器规范确定的Q345R、Q370R、Q420R等钢种中选材。低合金高强钢的高温强度和低温韧性比碳素钢高出较多，同样工况下使用能减小容器壁厚，不同工况下使用能扩大应用范围。

碳素钢和300～450 MPa强度级别的低合金钢需在热成形加工后使用。强度级别≥450 MPa以上的低合金钢，先进行热轧锻造，再进行调质、正火或正火加回火后才能转入下一道制造工艺。

(2) 高压压力容器。

高压容器工作条件苛刻，特别是化工超高压容器，除了高温高压外，还伴有交变与冲击载荷，或者介质腐蚀作用。因此高压容器的选材并非强度越高越好，应注重钢材综合力学性能的匹配。可选择强度高、韧性好的钢材，并有一定的抗应力腐蚀和抗腐蚀疲劳性能。此外，高压容器用钢要有良好可锻性和焊接性。

高压容器用钢主要为各种低碳中合金高强钢、中碳低合金超高强钢、中合金超高强钢、半奥氏体化沉淀硬化不锈钢和马氏体时效钢。可先从Q500、Q550、Q620、Q690中高质量等级的低碳中合金高强钢中开始选择，也可选18MnMoNbR、12Cr2Mo1VR等锅炉压力容器用钢，不需焊接的整体锻造超高压容器可以选择30CrNi5Mo、40CrNiMoA等，以调质为最终热处理。高压下各类抗腐蚀的压力容器用钢一般是在内部以抗腐蚀材料为衬层来解决的。

低碳中合金高强钢、中碳低合金超高强钢和中合金超高强钢因具有较高的强韧性及良好的工艺性，成本较低，应用相对较多，但抗蚀性、耐热性较差。同时，碳当量增加使钢焊接性明显下降。通常高压容器用钢的最终热处理多采用正火加回火或者调质处理。

(3) 高温压力容器。

高温条件下工作的压力容器，其用钢应具有良好的抗氧化性和热强性。

热强钢有铬钢、铬钼钢和铬钼钒钢等珠光体耐热钢，如在400～600 ℃使用的15CrMoR、13MnNiMoNbR，正火或调质后使用。

抗氧化钢可采用奥氏体耐热钢，如在600～1000 ℃可选0Cr18Ni9、0Cr17Ni12Mo2，经过固溶处理或稳定化处理后使用。

(4) 低温压力容器。

低温压力容器的失效形式主要是低应力脆断。因此，低温用钢的关键指标是在工作温度下有足够的韧性，其值一般用钢材冲击吸收功来表示，现在部分用钢也开始采用断裂韧性指标来表示。常用低温压力容器材料有低合金高强钢、锰系低温钢和高铬镍奥氏体低温钢。

当温度≥－40 ℃时，可分别选择正火状态的Q345C、Q345D、Q345E低合金高强钢。

当温度≥－70 ℃时，可分别选择正火或调质状态的07MnNiCrMoVDR、09MnNbDR低温容器用钢（"DR"是"低容"的汉语拼音首字母）。

当温度≥－120 ℃时，可选择固溶处理或稳定化处理后的1Cr18Ni9、0Cr18Ni9奥氏体钢。

由于压力容器需在热加工成形后焊接为整体，焊接热影响区的金相组织与力学性能劣化会导致低温韧性转变温度的提高，抗冷脆性变差，因此用钢的各级低温冲击功数值应有足够冗余量。

(5) 压力容器热处理。

压力容器的热处理应根据相关压力容器制造法规和标准,合理选择正火、调质、正火后回火、焊后去应力退火、扩氢处理及稳定化处理等工艺。

压力容器热处理用于减少和消除焊接应力,改善材料性能,提高安全可靠性,有效防止疲劳、蠕变,特别是脆断失效等事故的发生。

8.3 工程材料探究——手机机身或中框的选材和成形

1. 基于使用性能和工艺性能的选材

1) 手机机身材料的发展过程

(1) 塑料。

在智能手机之前的功能手机时代,手机机身多采用塑料,根据机身使用性能要求,以聚碳酸酯为主。

其主要优点,第一是聚碳酸酯机身具有足够的强度和抗冲击性能要求,聚碳酸酯俗称"防弹胶",当年具有代表性的诺基亚手机既能砸核桃,还能"挡子弹"。第二是机身不会阻挡通信信号,没有信号衰减等问题。第三是适合大批量生产制造,成本低廉。

其主要缺点,第一是质感不佳,相比金属、玻璃产生的外观美感和价格溢出效应,即使对塑料机身采用花纹、仿皮等设计和制造工艺,也无法做到与金属相媲美的观感和手感。第二是散热效果较差,因为塑料是热的不良导体,可能影响手机长期运行效果。

(2) 玻璃。

玻璃材质始于苹果公司的设计,iPhone 4 手机首次采用前后双面玻璃中间夹有金属边中框的机身结构,颠覆了手机界对机身选材和结构设计组合的常规做法,成为经典产品机身工艺,开拓和深化了相关结构件和材料的生产制造技术。

其主要优点,第一是具有适度的耐用性,如采用康宁公司 Gorilla 玻璃,既耐用、抗划伤又美观大方。第二是玻璃机身不会屏蔽信号。第三是具有高度拓展性,专业材料厂家以此为目标致力于研发更先进的蓝宝石玻璃等,玻璃生产的关键优势是规模大,能降低成本。

其主要缺点,第一是玻璃的抗冲击性能相对较差,即使强化玻璃在应力作用下破碎概率也较其他材料大。实用数据表明玻璃面板触摸屏是手机中最脆弱的组件。第二是设计有局限性,虽然柔性屏和曲面屏在不断研发和涌现,但目前主流手机面板玻璃多为平面,因而其设计制造可选性不如塑料和金属。

值得关注的是在 iPhone 8 和 iPhone X 上,苹果公司采用了玻璃后盖,满足了无线充电的要求。

(3) 陶瓷。

随着玻璃材质手机机身的大量应用,陶瓷材料也引起研究者的关注和市场追捧。陶瓷与玻璃同属无机硅酸盐材料,力学性能相近,但也有理化性能、工艺性能和制造方法等方面的较大区别。

其主要优点,第一是具有优良的耐用性,硬度比玻璃更高,也更耐划。第二是具有优异的观感和质感,附加值高,可应用于高端手机。第三是其应用拓展性比玻璃更强。

其主要缺点,第一是好观感需要复杂的制造工艺支撑,由于烧制难度大,报废概率高,量产的优良成品率较低,成本偏高。第二是此陶瓷非彼陶瓷,与日常生活中的陶瓷制品(如茶杯、器皿)不同,为了达到智能手机用陶瓷机身的力学性能要求,添加的金属氧化物配料组分有一定屏蔽作用,影响通信信号的穿透效果。

未来随着工艺提升,陶瓷机身量产与成本高之间的矛盾将得到解决,陶瓷将因其性能优于玻璃而成为智能手机主流材质之一。

(4) 金属。

玻璃用作机身一部分,质感比塑料好,成本也高。以此出发考察相关使用性能和工艺性能指标,金属手机机身应运而生。包括苹果、华为等高端手机普遍采用整块金属背板作为机身,大多数中低端手机则局部使用铝合金或不锈钢边中框以提升质感,后壳采用可更换电池的塑料背盖提高性价比。

其主要优点,第一是质感出众,采用金属机身的手机具有亮丽质感,整机更为精美,观感更为高档。第二是散热效果好,金属比塑料更容易传导热量,手机不容易发生过热死机等故障。第三是金属强度高,可以制作塑料机身无法实现的机构。第四是金属具有良好的成形和切削加工性能,能进行复杂形状的大批量、高效率生产,既具玻璃机身无法达到的局部细节精美度,又有高效成品率。

其主要缺点,第一是热量外传会导致局部不适,影响手感。第二是表面易划伤,目前手机金属外壳多用阳极氧化和多色喷漆处理,物理碰撞下容易掉漆;又因为铝合金硬度不高,磕碰后容易留下痕迹。第三是全金属机身手机会阻挡通信信号,必须在机身上精心设计天线。

与其他机身材料相比较,金属机身的光泽、出色手感、抗压抗弯、抗刮抗划是其使用性能的良好表现,其中金属机身的质感与玻璃机身相近,精密加工和表面处理后的美感不亚于甚至局部高于玻璃机身,大批量生产能力正逐步接近塑料机身。

金属材料用于手机机身,是使用性能与工艺性能有机、良好结合的选材和制造范例。

2) 手机机身的金属材料

(1) 不锈钢。

苹果公司发布于 2010 年的代表机型 iPhone 4 系列,开始采用玻璃为前后盖,边框和中部是不锈钢机身,如图 8-7 所示,两面钢化玻璃紧固在 SUS304 不锈钢中框上,边框与钢化玻璃精密配合,整机设计精巧、制作精美。SUS304 近似于我国牌号 06Cr19Ni10,该不锈钢可制作要求具有良好综合性能(包括抗腐蚀和成形性)的零件。其中,不锈钢的抗腐蚀性由 18%以上的铬和 8%以上的镍作化学成分保证,金相组织为单相奥氏体。

(a) 手机外形

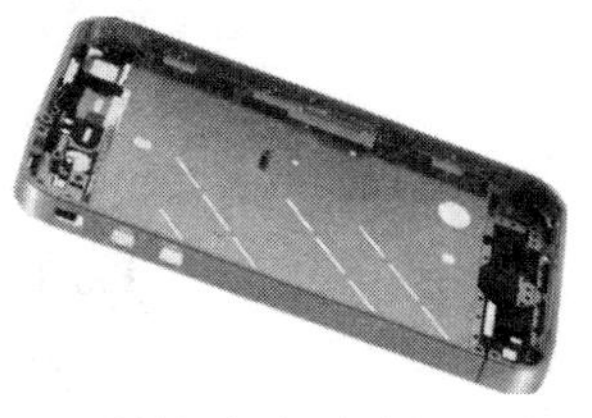

(b) 不锈钢机身(边中框一体)

图 8-7　iPhone 4 系列手机

(2) 铝合金。

苹果公司自 2014 年推出 iPhone 6 和 iPhone 6 Plus 开始,机身上先采用了 6000 系列变形铝合金，继而在 2016 年的 iPhone 6 Plus 和 iPhone 7 上采用了 7000 系列变形铝合金。图 8-8 所示是 iPhone 6 Plus 手机与 iPhone 7 Plus 手机。

(a) iPhone 6 Plus手机　　(b) iPhone 7 Plus手机

图 8-8　iPhone 6 Plus 手机与 iPhone 7 Plus 手机

表 8-7 所示是两种高性能变形铝合金的化学成分和模锻件力学性能比较。

以 6061 铝合金为例，由表 8-7 中力学性能指标可知，6061-T6 铝合金的强度比 7075-T6 的低，其在刚投入实际使用的 iPhone 6 Plus 中曾有被压弯的实例，这与手机局部因材料性能略有不足和结构设计薄弱导致的强度和刚度问题有关。该型号在第二批出货时改进了结构，才消除了这一缺陷。

表 8-7　两种高性能变形铝合金的化学成分和模锻件力学性能比较

类别	牌号	化学成分/(%)									热处理状态	试样厚度/mm	锻造流线	力学性能≥		
		Si	Fe	Cu	Mn	Mg	Cr	Zn	Ti	Al				σ_b/MPa	δ/(%)	HBS
Al-Mg-Si合金	6061	0.40~0.80	0.70	0.15~0.40	0.15	0.80~1.20	0.04~0.35	0.25	0.15	余量	T6(固溶+完全人工时效)	≤100	顺向	262	7~10	80
													非顺向	262	5	80
Al-Zn-Mg-Cu 合金	7075	0.40	0.50	1.20~2.00	0.30	2.10~2.90	0.18~0.28	5.10~6.10	0.20	余量	T6(固溶+完全人工时效)	25~100	顺向	503~517	—	135
													非顺向	483~490	2~3	135

注：部分摘自 GB/T 32249—2015。

iPhone 6 Plus 至 iPhone 7 Plus 使用类似 7075-T6 的铝合金。由力学性能指标可知，在 T6 状态下，由于热塑性变形所形成的锻造流线强化作用，其在顺锻造流线方向的延伸性能几乎达到极限，仅在非顺向时略有很低的延展性，材料强度和刚度也比 6061-T6 提高了一倍。实际制造时，该材料难以通过压力加工成形为近似手机形状的毛坯，而采用热轧和固溶时效强化的铝板型材，落料为长方形毛坯后，再进行数控切削加工。该材料在使用时也不容易被压弯，当外力超过弯曲极限，机身表现为微弯后断裂。

T6 状态是变形铝合金(有别于铸造铝合金)的一种热处理工艺，即固溶处理后进行人工时效。其主要热处理工艺参数是固溶温度、淬火速率(由淬火介质决定)、时效温度、保温时间、时效级数(一级时效或多级时效)等。

选用 T6 状态铝合金，适用于固溶-时效处理后不再进行冷加工(可以进行矫直、矫平、但不影响力学性能极限)的产品。如果选用 T651 状态,即经固溶-时效热处理后再进行预拉伸和稳定化处理的铝合金,可以进一步提高产品的力学性能。

(3) 钛合金。

从目前各种应用实例看,钛合金具有优良的使用性能。

纯钛呈银白色,具有许多优良性能。它比钢轻 43%,强度却与钢相差不多,是铝的两倍、镁的五倍。钛耐高温,熔点比钢高,近 500 K。常温下钛表面易生成极薄致密的氧化物保护膜,甚至能抵抗王水,表现出很强的抗腐蚀性。钛可以和多种金属形成合金,如钛钢坚韧而富有弹性。钛无磁性。

钛合金潜艇机身既能抗海水腐蚀,又能抗深层压力,其下潜深度比不锈钢潜艇增加 80%。同样质量下,钛合金制造的飞机会比其他金属材质飞机增加 40%载重量。

钛是亲生物性金属,在生物体内能抵抗分泌物腐蚀且无毒。将生物肌肉纤维包覆在钛器件上,能维系人体正常活动并适应任何杀菌方法。它已广泛用于医疗器械,如人造关节、头盖、骨骼固定夹和医疗夹具。

钛合金的工艺性能较差,特别是切削加工性差。表现在当硬度>350 HB 时切削加工非常困难;硬度<300 HB 时又容易粘刀,难于切削加工。原因在于:钛合金变形系数小,加速刀具磨损;切削温度高,这是因为钛合金导热系数只有 45 钢的 15%~20%,切削热不易传导;由于主切削力比切钢时约小 20%,加上切屑与前刀面接触长度极短,故容易造成崩刃;钛合金弹性模量小,刀具加工时容易振动,加大刀具磨损并影响零件的精度;在高的切削温度下,容易吸收空气中的氧和氮形成硬而脆的外壳,工件冷作硬化现象严重,而且进一步加剧刀具磨损或粘刀。

目前,钛合金材质零件制造工艺性差、与优良的使用性能不匹配的缺点,限制了其在手机机身中的应用。但是随着对钛合金材料性能和制造工艺研究的不断深化,其在手机中的应用值得期待。

2. 铝合金手机机身的成形与加工

首先,由于机身或边中框的选材与制造工艺是手机品质的重要显性增值部分,生产商很重视。其次,现实中严谨的数字化设计制造和冰冷的机械成形加工过程已经能体现在金属零件成形加工的运动、电光、热力、火花与声响之中。

铝合金手机机身的成形主要有压铸和切削加工(全 CNC 加工)两大类。对于手机机身,压铸成形属于粗加工,还需要进行精切加工(CNC 加工);也有采用整块铝板,直接进行精切加工的。分述如下。

1) 铸造铝合金的成形与数控加工

根据手机机身的形状、结构与尺寸精度要求,应采用特种铸造中的压力铸造进行零件毛坯成形制造。工业上常用的压铸铝合金有 Al-Si、Al-Mg、Al-Zn、Al-Si-Mg、Al-Si-Cu、Al-Si-Mg-Cu 等。

压铸是在模具型腔中对融熔铝合金液施加压力,让液态铝合金充满型腔、结晶和冷却为固态手机机身或边中框的成形工艺。压铸成形优点是节省原材料、时间和成本,缺点是铸造过程中渣孔、气孔、熔液流痕、烧焦等影响产品质量与观感。

手机机身的压铸和加工工艺流程

压铸铝合金的力学性能提高与其铸造工艺性有时是矛盾的。比如,铝合金充型能力优于锻造,固溶-时效处理也能提高力学性能,但是压铸件缺乏预拉伸和锻造流线的强化作用,制约了产品力学性能的进一步提高。目前研究的充氧压铸、真空压铸等方法在一定程度上提高了合金力学性能，但还不足。

简而言之，铸造铝合金按压铸效果有中低强度和高强度两类产品。在手机机身中可采用高强度铝合金压铸方法，但是也存在缺点：第一，压铸件产品强度不如变形铝合金；第二，铸造铝合金中如果含有较多的硅、铜和少量铁元素，则难以很好地进行阳极氧化处理和提高表面观感；第三，压铸铝外观质量受到铸造过程影响，压铸中的难熔合金组织或在切削加工，或在表面处理清洗时容易暴露。以上原因，使高档手机中采用铸造铝合金受到一些局限。

2）变形铝合金的全数控整体切削加工

为了避免铸造铝合金的上述不足，目前高档手机可采用变形铝合金进行整体切削加工。

根据表 8-7 中两类变形铝合金的力学性能数据，变形铝合金经过固溶-时效处理和预拉伸处理能够获得很高的力学性能。因此如果对铝板进行整体落料，然后对毛坯做全数控整体切削加工，再完成手机机身或边中框精密切削加工，就可获得较好产品。

高档手机机身的制造包括了选材、压力加工、数控切削加工、天线槽纳米粒子净化和注塑、数控切削修磨、抛光、喷砂、阳极氧化、高光处理、激光雕刻等多道工序，即使其中一半工序良品率达到 97%～99%，只要还有一般工序质量良品率为 92%～95%，则最终的成品合格直通率不足 60%。这为大批量生产所不能允许。据了解，iPhone 6、iPhone 7 等系列的手机成品直通率可以达到 92%以上。其中，最核心的控制能力表现在铝合金材料的选择准确，机身或边中框加工工序稳定，后续各道表面处理工艺稳定性很好，产品最终制造质量和使用效果好。图 8-9 所示是手机机身铝合金与塑料的选材与结构组合。

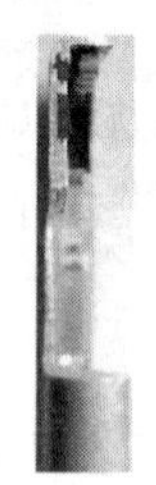

图 8-9　手机机身铝合金与塑料的选材与结构组合

采用全数控整体切削加工变形铝合金机身或边中框虽然是目前质量最好和最稳定的选材及制作工艺，但也有缺点，表现在切削工艺时间相对较长，大概需要 1 个小时；材料浪费也比较多，因此制造成本随之提高。

身边的工程材料应用 8：充电电池——移动式机电产品的动力之源

移动式机电产品的应用领域和用量日益增大，对兼备便携性和功能性的能源装置——电池的要求随之提高。因此，像移动通信设备、电动汽车乃至机器人等涉及用户重要体验感受的产品表现与其电池的选择紧密相关。

1. 电池类别及充电电池的发展

1）电池类别

电池是一种将预先存储的能量提供给外部设备使用的动力装置。

电池按工作原理分为三大类：化学电池、燃料电池与核电池。在目前的技术水平和使用工况下，预计移动式机电产品仍将长期采用化学电池。

化学电池是通过氧化还原反应，使正极、负极所存储的活性材料的化学能转化为电能，其中负极进行氧化反应，正极进行还原反应，外部线路完成电子得失，形成电流。

化学电池按氧化还原反应是否可逆，分为一次电池（俗称干电池）和二次电池（俗称充电电池），前者是放电后不能通过充电复原的电池，后者是放电后可以通过充电恢复放电能力的电池。

充电电池与干电池作为装置的一个基本区别是，前者在充放电过程中，正负电极的体积与结构能调节氧化还原反应产生的可逆性变化。

化学电池在相关行业已得到广泛应用，其质量轻到数克、重达数百吨，其体积尺寸小到数毫米、大到需靠整栋建筑来容纳。由于化学电池反应材料中存储的化学能受到电池体积限制，在移动式机电产品中普遍采用的是由单节充电电池组成的电池组，如 18650 锂离子电池就是由日本索尼公司在 20 世纪 90 年代初为商业化设定的一种标准规格尺寸的锂离子电池型号，18 表示电池直径为 18 mm，65 表示电池长度为 65 mm，0 表示圆柱形电池。

目前符合国家标准的充电电池要求能反复使用 1 千次以上，由此可知充电电池产生的废弃物仅为干电池的千分之一，而特斯拉汽车多采用的 18650 三元锂离子电池充放电次数已达到 2 千次。从减少废弃物和资源利用及经济性等角度出发，将充电电池特别是锂离子电池作为目前移动式机电产品的动力源，优越性比较明显。

2）充电电池的发展

作为移动式机电产品使用的充电电池，其成功的商业化发展历经了铅酸电池，镍镉电池，镍氢电池和锂离子电池等标志性产品。

铅酸电池由铅和其氧化物制成，电解质是硫酸水溶液。铅酸电池放电状态下，正极主要成分为二氧化铅，负极主要成分为铅；充电状态下，正负极的主要成分均为硫酸铅。铅酸电池主要优势是价格低廉、原料易得、性能可靠、容易回收和适于大电流放电等；但由于体积、质量大，能量密度低，深充深放电次数少（不超过 400 次），寿命仅约 2 年，特别是电池废弃后如果处理不当，仍将对环境造成二次铅污染，故其应用受到法规限制，已逐渐被锂离子电池取代。

镍镉电池是最早应用于移动通信设备的充电电池。其正极活性材料是氢氧化镍，负极活性材料是氢氧化镉，电解质是氢氧化钾溶液。镍镉电池具有大电流放电、耐过充能力强、维护简单等优点，但是在充放电过程中存在的严重“记忆效应”，逐步降低了电池的使用寿命，所含的重金属元素镉对环境产生了很大危害，因此，镍镉电池已在移动式机电产品应用中被基本淘汰。

镍氢电池的正极活性材料是氢氧化镍，负极活性材料是金属氢化物，简称储氢合金（故负电极又称储氢电极），电解液为氢氧化钾溶液。镍氢电池是氢能源应用的重要方向之一，它既没有明显的记忆效应，又不含镉、铜等金属元素，不存在重金属污染问题，同时其充放电特性与镍镉电池相似，因此镍氢电池基本取代了镍镉电池，在安全性能方面甚至超过锂离子电池，具有广泛的应用。

对于移动式机电产品用锂离子电池，目前较为成熟方案中负极材料一般采用石墨，再按照正极材料不同，可分为：第一类是普通锂离子电池，如钴酸锂电池、锰酸锂电池、镍酸锂电池；第二类是三元锂离子电池，如镍钴锰酸锂电池、镍钴铝酸锂电池，其中的镍钴锰比例可根据实际需要调整，是目前日本、韩国等国家电池企业的主攻技术方向，也是特斯拉电动汽车使用的锂离子电池；第三类是磷酸铁锂电池，它是比亚迪公司的主打产品。

锂离子具有电池能量密度高，容量为同质量镍氢电池的 1.5～2 倍，自放电率很低几乎没有“记忆效应”，不含有毒物质等优点。结合纳米技术的发展，它具有广泛深入的开拓前景。图 8-10 所示是健康保健用智能手环与内置的锂离子聚合物电池，图 8-11 所示是移动通信设备 iPhone 6 Plus 手机的锂离子聚合物电池。

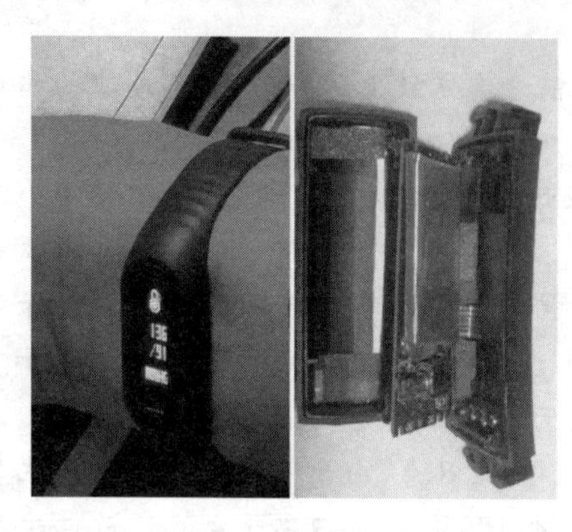

图8-10　智能手环与内置的锂离子聚合物电池

图 8-11　iPhone 6 Plus 手机的锂离子聚合物电池

2. 锂离子电池材料和基本工作原理

1）锂离子电池材料

由于移动式机电产品的使用工况差异很大，锂离子电池作为目前主流的机电产品用动力装置，其中的正负电极材料与电池发挥的工作能力密切相关。不同的锂离子电池正、负极材料和工作机理使电池装置具有不同的放电出力、充电恢复和安全防护能力。锂离子电池装置的基本结构组成：正极材料、负极材料、隔膜与电解质（或凝胶态聚合物电解质）、正负集电极（柱）、保护外壳。

正电极材料：相对锂而言，一般选择电位大于 3 V 并且在空气中稳定的嵌锂过渡金属氧化物为正极，如 $LiCoO_2$、$LiNiO_2$、$LiMn_2O_4$。

负电极材料：选择电位尽可能接近锂电位的可嵌入锂化合物，如各种碳材料包括天然石墨、合成石墨、碳纤维和 SnO、SnO_2、锡基复合等金属氧化物。目前常用的是合成石墨。

隔膜材料：既能使正负极片隔开防止电池短路，即电子不能通过电解液直接传递到正极，只能通过外电路形成电流，又能保证充放电时锂离子能正常穿透隔膜上的微孔，让电池正常工作。隔膜性能好坏直接影响电池容量、充放电倍率、寿命和安全等性能。采用聚烯类微多孔膜如 PE、PP 或 PP/PE/PP 三层复合膜，不仅具有较高的抗穿刺强度，而且熔点较低，起到电池的热保险作用。

电解质材料：在正负两极之间起传输离子的作用，应具有良好的离子导电性、高离子迁移数和稳定性，没有电子导电性。可采用乙烯碳酸酯、丙烯碳酸酯和低黏度二乙基碳酸酯等烷基碳酸酯搭配的混合溶剂。

目前商品化的锂离子电池多使用液态有机电解质或凝胶态聚合物电解质。其中，凝胶态聚合物电解质主要成分与液态有机电解质基本相同，既可作为正负电极间隔膜又可作为传递离子的电解质。通过加入增塑剂使液态有机电解质吸附在凝胶状聚合物基体上，该聚合物基体具备了有机电解质与电极活性物质之间的良好黏结性（即所有溶剂均能固持在聚合物基体上，有机溶剂不以自由形态存在，所以没有漏液），电池的力学性能如强度、抗弯性以及安全性都较好。

集电极(柱)材料:一般采用铝为正集电极(柱),铜为负集电极(柱)。铝或铜在电解液中各有其稳定的电位范围,在此稳定电位范围内不会发生明显的氧化或还原反应。如此选择的原因在于:第一,正极电位较高,铝能形成致密薄氧化层,防止集电极进一步氧化,铜的氧化层较为疏松,取低电位易防止氧化;第二,铝在较低电位下会发生 LiAl 合金化,而铜与锂在低电位下不易形成嵌锂合金。因为一旦铜表面发生氧化,在电位较高时锂会与氧化铜发生嵌锂反应。

外壳材料:对于需要放电倍率大而且容量大的功率型电池,可以采用低碳钢或铝合金,制作电池外壳,并加装防爆断电等安全防护功能。对于移动通信用的容量型电池,目前一般直接采用凝胶态聚合物锂离子电池,用铝塑复合薄膜封装为电池外壳。因胶体状电解质无漏液与燃烧爆炸等安全问题,装配方便,整体轻薄,电池比容量大。

2) 锂离子电池基本工作原理

锂离子电池的充放电本质上是锂离子不断从正极→负极→正极的传递循环运动过程。充电时,电池正极上生成锂离子,并经过电解液运动到负极。负极的石墨为层状结构,其上有很多微孔,到达负极的锂离子嵌入到碳层微孔中,嵌入的锂离子越多,充电容量越大。放电时,嵌在负极碳层中的锂离子脱出,经过电解液运动回到正极。回到正极的锂离子越多,放电容量越大。

图 8-12 所示是钴酸锂离子电池的基本工作原理。

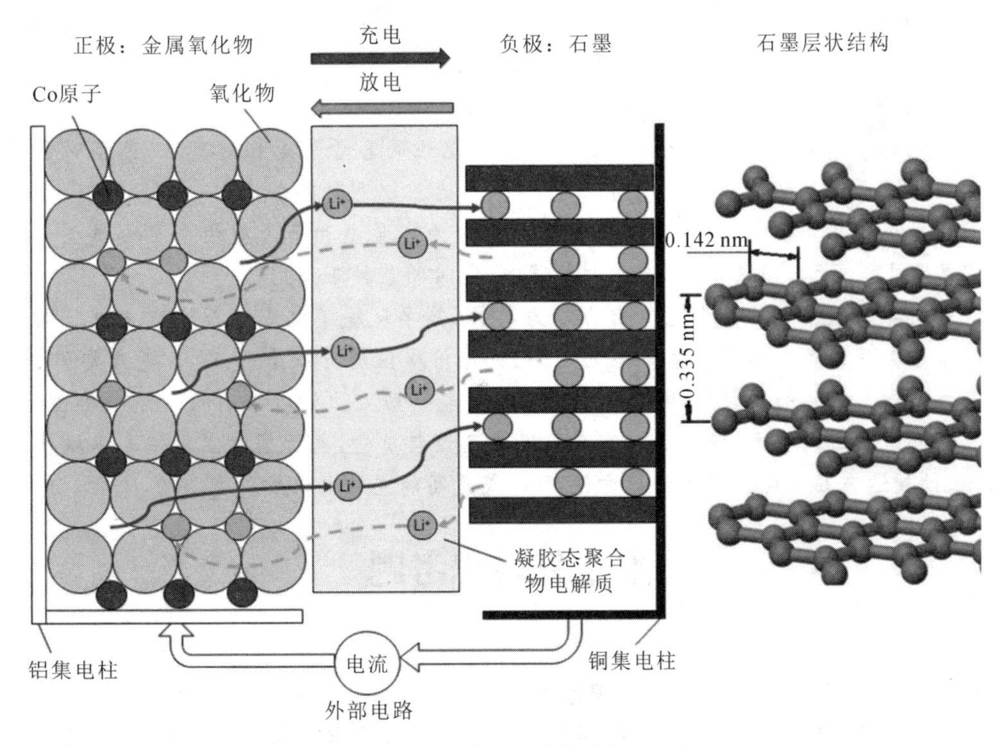

图 8-12 钴酸锂离子电池的基本工作原理

3. 锂离子电池的几个性能指标和选型

锂离子电池的应用目前涵盖了数码类、动力类、消费类、医疗保健类和安防类产品及相关领域。在便携式电器如手提电脑、摄像机和移动通信设备中容量型锂离子电池已得到普遍应用。功率型锂离子电池则在电动汽车中开展应用。

1) 锂离子电池的几个性能指标

(1) 电池容量。指电池所储存的电荷量，实测时表现为在一定的放电率、温度和终止电压等条件下电池放出的电量。有两种表示方法：

一种是对定型产品，如手机，一般已知其额定电压，可以用 Ah(安时)或 mAh 表示，便于直接理解充电电流。图 8-11 所示的手机电池额定容量为 2915 mAh。

另一种采用 Wh(1 kWh=1 度)，在对不同电压等级的电池进行容量比较时用此量纲更为直观。图 8-11 所示的手机电池的额定容量另行标识为 11.1 Wh，标称电压为 3.82 V，充电截止电压为 4.35 V；对电动汽车，如一般轿车多为 20～30 kWh，大客车多为 140～210 kWh，故其配置的电池组可以理解为电动汽车储存了多少度电。

(2) 比能量。指单位质量电池所放出的能量，以 Wh/kg 表示，是容量型电池的主要考虑指标。

(3) 能量密度。表征单位体积电池的能量水平，以 Wh/L 表示。

(4) 比功率。表征电池瞬间所能放出较大能量的能力，以 Wh/s 表示。如电动汽车在启动加速的时候需要在很短时间内放出较大能量，则要求电池的比功率大。它是功率型电池的主要考虑指标。

(5) 充电倍率和放电倍率。充放电电流的大小常用充放电倍率来表示，如充电倍率=充电电流/额定容量，放电倍率=放电电流/额定容量。该倍率称为 C 率。

图 8-11 所示的手机电池，若以 0.583 A 充电，则充电倍率为 0.2 C；若以 2.915 A 放电，则放电倍率为 1 C。充放电倍率也可称为充放电 C 率。

2) 典型工况的锂离子电池选型

移动式机电产品中使用的能源装置——充电电池的容量总是相对有限，选型时需要在长时间使用与高能耗短时间使用之间求得平衡，两者难以同时俱全。

基于产品使用工况的区别，可以将电池选型分为容量型和功率型两个主要类型。前者主要满足小电流、长时间使用，后者在大电流、一定时间条件下使用。

放电倍率反映了电池的大电流出力能力，充电倍率反映了电池能否快速充电。对用于移动通信等数码设备用的所谓容量型电池，充放电倍率值均可以小一点，一般只要用 0.3 C 进行充放电就可满足日常使用所需。对于电动汽车等动力性要求很高的所谓功率型电池，充放电倍率最好都足够大，既能适应复杂路况的变速与负荷，也希望能实现快充来减少等待时间，让行驶途中的充电如同加油般方便，5 C 或更高的充放电倍率是需要的。

本章复习思考题

8-1　合理选用零件材料，一般应根据哪些原则？

8-2　承受拉伸、压缩载荷的零件，对材料性能有哪些要求？屈强比高的材料，使用时有什么优缺点？

8-3　承受周期性交变载荷的零件，要求材料应具有哪些优良性能？哪些典型零件承受这种载荷？哪些工艺因素影响零件的抗疲劳能力？

8-4　零件承受摩擦载荷有哪两种类型？对材料性能有何不同要求？对摩擦副零件应

如何合理确定对磨材料的耐磨性要求？

8-5　脆性断裂与塑性断裂的断口有何特征？疲劳断裂的断口又有何特征？

8-6　磨损失效与腐蚀失效有何异同点？防止这类失效的主要途径是什么？

8-7　为什么常选用铸钢或铸铁制造飞轮？而制造带轮、发动机活塞则常选用铝合金，为什么？

8-8　高分子材料老化的机理是什么？防止老化失效的主要方法是什么？

8-9　失效零件的技术检测有哪些主要项目？检测时应注意哪些问题？

8-10　对失效零件的技术分析有何重大意义？一般应按哪些步骤进行，包含哪些主要内容。

8-11　除材料因素外，设计、制造工艺、使用情况与零件寿命有何关系？

8-12　为什么选用材料要考虑材料的工艺性？材料的工艺性与制造成本有何关系？碳素钢、合金钢与各类铸铁的工艺性有何主要区别？

8-13　试举实例分析以下三种选材方法的关系：

(1) 设计零件结构—选择制造方法—选用材料；

(2) 选择制造方法—选用材料—设计零件结构；

(3) 选用材料—选择制造方法—设计零件结构。

在一般生产中常选择哪种方法？

8-14　在数以万计的材料品种中，如何选择一个牌号的材料用于所设计的零件，试举一例说明。

8-15　一般热电偶套管都用陶瓷材料制造，能不能改用不锈钢制造？电热丝与电源连接处的接线座也用陶瓷制造，能不能改用聚氯乙烯或聚乙烯等绝缘材料制造？为什么？

8-16　根据选材三原则分析，为什么大模数大直径齿轮常选用灰铸铁、球墨铸铁或铸钢，中速中载齿轮常选用碳素调质钢，高速重载齿轮常选用合金渗碳钢或合金调质钢，而仪表齿轮则常选用工程塑料？

参考文献

[1] 周继烈,倪益华,徐志农.工程材料[M].杭州:浙江大学出版社,2013.

[2] 陈培里.工程材料及热加工[M].北京:高等教育出版社,2007.

[3] 吴超华,彭兆,黄丰.工程材料[M].上海:上海交通大学出版社,2016.

[4] 黄振源.工程材料及机械制造基础Ⅰ工程材料[M].北京:高等教育出版社,1999.

[5] 中国机械工程协会.中国材料工程大典.第1卷.材料工程基础[M].北京:化学工业出版社,2006.

[6] 杨瑞成,郭铁明,陈奎,等.工程材料[M].北京:科学出版社,2012.

[7] 戴枝荣,张远明.工程材料及机械制造基础(Ⅰ)工程材料[M].3版.北京:高等教育出版社,2014.

[8] 白天.AP1000压力容器法兰接管锻件的组织和性能评价[D].昆明理工大学,2013.

[9] JONES D R H. ASHBY M F Engineering Materials 2:an introduction to microstructures and processing[M]. Oxford:Butterworth-Heinemann,2012.

[10] CORNISH E H. Materials and the Designer[M]. Cambridge:Cambridge University Press,1990.

[11] CRANE F A A,CHARLES J A. FURNESS J. Selection and use of engineering materials [M]. Amsterdam:Elsevier,1997.

[12] 唐纳德·R·阿斯克兰.材料科学与工程[M].刘海宽,王鲁,李临西,等,译.北京:宇航出版社,1988.

[13] 浙江大学等四校合编.机械工程非金属材料[M].上海:上海科学技术出版社,1984.

[14] 李杰.工程材料学基础[M].北京:国防科学技术大学出版社,1995.

[15] 陈贻瑞,王建.基础材料与新材料[M].天津:天津大学出版社,1994.

[16] 孙鼎伦,陈全明.机械工程材料学[M].上海:同济大学出版社,1992.

[17] 肖纪美.材料的应用与发展[M].北京:宇航出版社,1992.

[18] 柴惠芬,石德琦.工程材料的性能、设计与选材[M].北京:机械工业出版社,1991.

[19] 刘静安.热加工工艺对Al-Mg-Si系合金型材性能的影响[J].轻合金加工技术,2002,30(2).

[20] 张晓明,刘雄亚.纤维增强热塑性复合材料及其应用[M].北京:化学工业出版社,2007.

[21] 低碳钢拉伸实验的视频链接:http://v. youku. com/v_show/id_XMTQ3Mjg3NTI5Ng==. html? spm=a2h0j. 8191423. module_basic_relation. 5~5! 2~5~5! 6~5! 2~1~3~A.

[22] Frank-Read 位错源发展过程链接:https://en. wikipedia. org/wiki/Frank%E2%80%93Read_source

与本书配套的二维码资源使用说明

本书部分课程资源以二维码的形式在书中呈现，读者第一次利用智能手机在微信下扫码成功后提示微信登录，授权后进入注册页面，填写注册信息。按照提示输入手机号后点击获取手机验证码，稍等片刻收到 4 位数的验证码短信，在提示位置输入验证码成功后，再设置密码，选择相应专业，点击“立即注册”，注册成功。若手机已经注册，则在“注册”页面底部选择“已有账号？绑定账号”，进入“账号绑定”页面，直接输入手机号登录。接着提示输入学习码，需刮开教材封底防伪涂层，输入 13 位学习码（正版图书拥有的一次性使用学习码），输入正确后提示绑定成功，即可查看二维码数字资源。手机第一次登录查看资源成功后，以后在微信端扫码可直接微信登录进入查看。